内容简介

　　本教材根据高等职业教育的特点，按照"项目为导向，能力为本位"组织教学内容，力求体现理实结合，深浅适度，重点突出，兼具科学性、实用性和针对性。内容共分为3篇，9个项目，40个技能训练，包括作物生产基础知识，水稻、小麦、玉米、棉花和油菜5种农作物，马铃薯、葡萄、草莓和苹果4种果蔬作物的生产技术。本教材适用于我国高等职业院校现代农业技术、作物生产技术等专业学生使用，也可供农技人员阅读参考。

高等职业教育农业农村部「十三五」规划教材

杨宝林 史培华 ◎ 主编

作物生产技术

中国农业出版社

北京

编审人员名单

主　编　杨宝林（江苏农林职业技术学院）

　　　　史培华（江苏农林职业技术学院）

副主编　赵剑鸣（平凉职业技术学院）

编　者（以姓名笔画为序）

　　　　史培华（江苏农林职业技术学院）

　　　　刘卓香（丽水职业技术学院）

　　　　汤　军（吉安职业技术学院）

　　　　杨宝林（江苏农林职业技术学院）

　　　　赵剑鸣（平凉职业技术学院）

　　　　潘　颀（阿克苏职业技术学院）

审　稿　王友成（江苏省镇江市句容市农业委员会）

前　言

　　《作物生产技术》是面向高等职业院校种植类相关专业学生的教材。本教材以农业农村部"十三五"规划教材编写要求为指导，按照"项目为导向，能力为本位，理论知识结合生产实践"的教学目标组织内容，注重学科体系的系统性和完整性，既具有传统理论和技术的总结与凝练，又引入了现代农业前沿科技介绍，重点突出，深浅适度，兼具科学性、实用性和针对性，以尽可能满足我国高等农业职业院校培养现代农业高级技术技能型人才的需求。

　　本教材的编写特点是以理论知识为基础，以生产环节为模块，以工作任务为导向，理顺了作物生产知识体系的横向结构与纵向层次，兼顾技能训练，又包含农业生产前沿的拓展阅读，是一本生产实践性较强的实用性教材。

　　教材共分为3篇。第一篇为作物生产基础知识，系统地介绍了作物与作物生产、作物的生长发育、作物产量与品质的形成、作物种植制度、作物栽培的主要环节等共性知识与技术。第二篇包含5个生产项目，分别介绍了水稻、小麦、玉米、棉花和油菜5种主要作物的栽培技术。第三篇包含4个生产项目，主要介绍了马铃薯、葡萄、草莓和苹果4种常见果蔬的栽培技术。第二、第三篇中介绍的9个项目还特地编写了技能训练模块，用于指导学生进行生产实践，提升专业技能。由于作物生产过程中技术方法的多样性、时效性，各模块主体内容中未涉及的常见生产技术、前沿的农业科技或生产方法将在各项目的拓展阅读中进行介绍。每个项目后还编有信息收集、思考题、总结与交流等练习，以便学生进行课后巩固和知识面拓展。

　　本教材由杨宝林、史培华担任主编，赵剑鸣担任副主编。编者分工如下：第一篇的基础一至基础五和第二篇的项目二由杨宝林编写，第二篇的项目一和项目四由史培华编写，第二篇的项目三和第三篇的项目四由赵剑鸣编写，第二篇的项目五和第三篇的项目三由汤军编写，第三篇的项目一由潘顾编写，第三篇的项目二由刘卓香编写。王友成对本教材进行了审定与修改。教材编写过程中得到了中国农业出版社和江苏农林职业技术学院、吉安职业技术学院、丽水职业技术学院、平凉职业技术学院、阿克苏职业技术学院的大力支持，在此一并表示感谢。

　　由于我国幅员辽阔，各地区种植制度、作物品种、气候条件和栽培技术存在较大差异，本教材难以面面俱到。因此，各院校在使用本教材时，应根据当地实际情况选择相关内容组织教学，并及时补充当地所需的生产理论和技术。限于编者的经验和水平，教材中的不妥之处在所难免，恳请广大读者批评指正。

编　者

2019 年 6 月

目 录

1 第一篇

作物生产基础知识

作物与作物生产

【学习目标】

了解作物的概念、分类及分布，作物生产的概念、特点、概况以及作物生产技术的发展趋势。

掌握作物分类的方法，能够根据作物用途及特征对生产上常见的作物进行分类。

【学习内容】

一、作物的概念

作物是农业生产的基础。广义而言，对人类有利用价值、能为人类所栽培利用的植物都统称为作物，包括粮、油、棉、麻、桑、糖、茶、烟、果、菜、花、药用类作物等。狭义的作物指在大田里大面积栽培的植物，即大田作物，一般包括粮、油、棉、麻、烟、糖类作物等。随着种植业内涵的延伸，果、菜、花、饲料等作物也被纳入了大田作物的范畴。

已记载的高等植物有 20 万种以上，均起源于自然野生植物，经过长期的自然选择和人工培育，才逐渐演变为各种栽培作物和品种。目前，被人类栽培利用的植物有 2 300 种以上，但常见的大面积栽培的作物仅 100 余种。

二、作物的分类

作物的种类繁多，为了更好地研究和利用，需要对作物进行分类。作物分类的标准很多，最常用的主要有按照作物的植物学系统、生物学特性、产品用途与植物学系统相结合等 3 种分类方法。

（一）按植物学系统分类

按植物学系统分类可以明确植物的科、属、种。一般用双命名法对植物进行命名，称为拉丁学名。例如玉米属禾本科，其学名为 *Zea mays* L.，"*Zea*" 为属名，"*mays*" 为种名，"L." 为命名者的姓氏缩写。这种分类法的最大优点是能把全世界所有植物按其形态特征进行系统的分类和命名，可以为国际上所通用。

（二）按生物学特性分类

1. 按作物对温度条件的要求分类

（1）喜温作物。作物生长发育期需要的温度和积温都比较高，其生长发育的三基点温度（最低温度、最适温度和最高温度）分别为 10℃左右、20～25℃和 30～35℃。如水稻、玉米、甘蔗、花生、烟草等。

（2）耐寒作物。生长发育期需要的积温相对较低，其生长发育的三基点温度分别为1～3℃、12～18℃和26～30℃。如大麦、小麦、油菜、蚕豆等。

2. 按作物对光周期的反应分类

（1）长日照作物。日照时间越长越有利于开花，日照时间短于一定极限则不开花或延迟开花。如麦类作物、油菜等。

（2）短日照作物。日照时间越短越有利于开花，日照时间长于一定极限则不开花或延迟开花。如水稻、玉米、大豆、烟草、棉花等。

（3）日中性作物。开花与日照时间长短没有关系（对日照时间长短没有严格要求的作物）。如荞麦、豌豆。

（4）定日照作物。要求有一定的日照时间才能完成其生育周期。如甘蔗的某些品种，只能在12.75h的日照长度下开花，长于或短于这个日照时间都不能开花。

3. 按作物对二氧化碳（CO_2）同化途径的特点分类

（1）C3作物。光合作用最先形成的中间产物是带3个碳原子的磷酸甘油酸，其光合作用的CO_2补偿点高。如水稻、小麦、大豆等。

（2）C4作物。光合作用最先形成的中间产物是带4个碳原子的草酰乙酸等双羧酸，其光合作用的CO_2补偿点低，在强光高温下其光合作用能力比C3作物强。如玉米、高粱、甘蔗等。

（3）CAM作物（具景天酸代谢途径的作物）。为了能在干旱热带地区生存下来，CAM作物CO_2的固定与卡尔文循环在时间上分开，晚上气孔开放，进行CO_2固定，白天气孔关闭，参与卡尔文循环，形成淀粉。这类植物较少，主要有凤梨科及龙舌兰、剑麻等。

（三）按产品用途和植物学系统相结合分类

这是通常采用的最主要的分类方法，按照这一分类方法通常将作物分为四大类。

1. 粮食作物

（1）禾谷类作物。绝大部分属禾本科，主要作物有水稻、小麦、大麦、玉米、燕麦、黑麦、高粱等。蓼科的荞麦因其籽实可供食用，习惯上也列入此类。

（2）豆类作物。属豆科，主要提供植物性蛋白质，常见的作物有大豆、豌豆、蚕豆、绿豆、豇豆、菜豆、小扁豆等。

（3）薯类作物。植物学的科属不一，主要生产淀粉类食物，常见的有甘薯、马铃薯、薯蓣、木薯、芋、菊芋等。

2. 经济作物

（1）纤维作物。其中有种子纤维作物，如棉花等；韧皮纤维作物，如大麻、亚麻、黄麻等；叶纤维作物，如龙舌兰、蕉麻、剑麻等。

（2）油料作物。主要作物有油菜、花生、芝麻、向日葵、胡麻、红花、油茶、油棕等食用油料作物和蓖麻、油桐等工业油料作物。

（3）糖料作物。主要有甘蔗和甜菜，甘蔗主要生长在南方，甜菜主要生长在北方，是制糖工业原料，可制食用糖。

（4）嗜好作物。主要有烟草、茶、咖啡、可可等。

（5）其他经济作物。主要有桑、橡胶、香料作物（薄荷、花椒等）及编织原料作物（席草、芦苇等）。

3. 饲料及绿肥作物 豆科中常见的有苜蓿、苕子、紫云英、草木樨、田菁、三叶草、沙打旺等，禾本科中常见的有黑麦草、雀麦草等，其他如红萍、凤眼莲、水浮莲等也属此类。这类作物既可用于家畜的饲料，也可以用于改土肥田。

4. 药用作物 药用作物主要提供中草药原料。种类繁多，栽培上常见的有三七、天麻、短葶飞蓬、白芍、枸杞、当归、黄连、人参、甘草、半夏、红花、百合、茯苓、灵芝等。

三、作物的分布

（一）影响作物分布的因素

作物的分布与作物的生物学特性、气候条件、地理环境、社会经济条件、生产技术水平和社会需求、国内外市场的销售和价格等有关。

作物生长发育离不开温度、光照、水分等环境条件。作物通过叶绿体把太阳能转化为自身的能量，把 CO_2 和水合成有机物质。在能量和物质的转化过程中，各种作物对温度的要求不同，对光能和水的利用也不一样，从而对环境的适应性就有显著差异。有些作物喜温湿环境，而有些作物则适合于干旱地区生长。

作物的起源地不同，其生长环境也就不一样。一般来说，作物在与起源地相类似的环境条件下，才能生长良好。如野生稻生长于热带、亚热带的沼泽地带，形成了水稻喜温好光、需水较多的特性，从而适合在我国南方种植。然而，随着科学技术的发展，人们利用农业科技成果，对作物的品种特性加以改善，使其耐瘠、抗旱、抗病等，从而使作物的分布越来越广，扩大了作物的种植区域。此外，随着人们生活水平的提高、消费习惯的改变，作物的分布也会发生相应变化。

（二）主要作物的分布

1. 谷类作物

（1）小麦。小麦是世界栽培面积最大的谷物，总栽培面积约 2 亿 hm^2，主要在亚洲和欧洲种植。

（2）水稻。水稻为世界第二大谷物，总栽培面积约 1.5 亿 hm^2，主要在东亚、南亚地区种植。

（3）玉米。玉米为世界第三大谷物，主要作为优质饲料作物，总栽培面积约 1.3 亿 hm^2，主要在亚洲与美洲种植。分布于 $58°N \sim 40°S$ 的温带、亚热带和热带地区，从低于海平面的盆地到海拔 3 600m 以上地区都能种植，以北美洲最多，亚洲次之。

2. 油料作物

（1）大豆。世界主要出口大豆的国家有美国、加拿大、巴西和阿根廷。近年来我国大豆产量维持在 1 600 万 t 左右，其中有接近半数的大豆用于榨油。中国大豆主产区有黑龙江、吉林、内蒙古、辽宁、安徽、河南等。

（2）花生。在油料作物中，花生的重要性居首位，主要分布于亚洲、非洲和美洲。我国花生主产区为辽宁东部、广东雷州半岛、黄淮地区以及东南沿海的海滨丘陵地区和沙土地区。

（3）油菜。油菜适应性广，主要分布在亚洲、欧洲和北美洲，种植面积较大的国家有加拿大、印度、中国。长江流域是我国油菜的主产区，也是世界上最大的油菜生产区，其油菜籽总产量占世界油菜籽总产量的 25%。近年有"北移南迁"趋向，如黄淮海平原、华南地区及辽宁、黑龙江都有栽培。

（4）向日葵。向日葵主产区在 35°N～55°N。向日葵为近 30 年来总产量增长最快的油料作物之一，年增长率 7.1%。世界上向日葵的主产国是俄罗斯、阿根廷、法国、中国等。我国向日葵主产区分布在东北、西北和华北地区，如内蒙古、吉林、辽宁、黑龙江、山西等省、自治区。向日葵的生产潜力很大，可向西南、中南和华东地区扩种。

3. **糖料作物**

（1）甘蔗。甘蔗生长期长，需水肥量大，喜高温。热带地区的光照使巴西非常适合种植甘蔗。现在，巴西已经是世界上最大的甘蔗种植国。其他主要种植区有印度北部、西印度群岛的古巴及澳大利亚昆士兰州北部等。我国甘蔗种植面积十分有限，主要分布在台湾、广东、广西、福建、四川、云南等地。

（2）甜菜。甜菜生长期短，耐盐碱、干旱，喜温凉，分布在 65°N～45°S 的冷凉地区，其中俄罗斯、法国、美国、波兰、德国和中国等种植较多。我国甜菜主要分布在东北、华北、西北 3 个产区，其中东北种植最多。

4. **嗜好作物**

（1）茶。茶是茶属植物中的常绿植物，它起源于中国云南、贵州、四川一带。茶树有灌木和乔木两大品系，生长于中国长江流域各省，后来传入日本、印度尼西亚、斯里兰卡、俄罗斯等国。世界产茶国主要有中国、印度、孟加拉国、斯里兰卡、印度尼西亚、土耳其、肯尼亚、马拉维等。

（2）咖啡。咖啡树理想的生长环境温度为 36～42℃，适当的年降水量在 1 000～3 000mm，最好的土壤是分解的火山土、腐殖土和透气性强的土壤的混合土。巴西咖啡的消费量占全球的 1/3，是世界第一大生产国。此外，哥伦比亚、越南、安哥拉、哥斯达黎加、牙买加、委内瑞拉也是重要的咖啡生产国。

（3）可可。可可原产于南美洲，19 世纪后期被移植到非洲几内亚湾一带。可可集中分布在南北半球等温线 20℃ 以内地区。可可全部在发展中国家生产，消费却以发达国家为主。非洲占世界总栽培面积的 70% 和产量的 1/2 以上，是世界最大的可可生产区，其中科特迪瓦居首位，是世界最大的可可生产国（占世界的 30%）和出口国（占世界的 1/3）。拉丁美洲约占世界总栽培面积的 1/4 和产量的 1/3，其中巴西年产可可 20 多万 t，占世界总产量的第二位（占 5%）和出口量的第五位。

5. **纤维、麻类作物**

（1）棉花。美国、中国和印度是世界上较大的棉花生产国，此外埃及和乌兹别克斯坦也是世界著名的棉花生产国。棉花是埃及最重要的经济作物，埃及也是长绒棉生产、出口大国。我国棉花生产集中分布在黄河、长江中下游以及新疆地区，其中新疆地区光热条件是最适宜种植棉花的，这里出产的棉花拥有较好的品质优势，每年出产的棉花占到世界总产量的 1/10。

（2）蕉麻。蕉麻是热带纤维作物，原产菲律宾，厄瓜多尔和危地马拉等国有少量种植，我国台湾、广东曾引种。蕉麻要求高温、高湿，适宜生长于温度 27～29℃、年降水量 2 500～2 800mm 的环境。要求土层深厚、排水好的肥沃土壤。从叶鞘中提取硬质纤维，这种纤维耐水浸，拉力大，用于织渔网、绳索、麻布或包装袋等。

（3）亚麻。亚麻起源于中东、地中海沿岸，是古老的韧皮纤维作物和油料作物。油用型亚麻又称为胡麻。胡麻在我国至少有 1 000 年的栽培历史。纤维型亚麻是 1906 年从日本引入的。我国主要分布在黑龙江和吉林两省。亚麻喜凉爽、湿润的气候。亚麻纤维具有拉力强、柔软、细度好、导电能力弱、吸水散水快、膨胀率大等特点，可纺高支纱，制高级衣料。

（三）中国主要作物的分布

为了充分合理地利用我国农业资源，因地制宜发挥各地区优势。20 世纪 80 年代初，中国农业科学院等单位在此基础上，依据发展种植业的自然条件和社会经济条件、作物结构、布局和种植制度等，将全国种植业划分为 10 个一级区。

1. 东北大豆、春麦、玉米、甜菜区　本区包括黑龙江、吉林、辽宁、内蒙古的大兴安岭地区和通辽中部的西辽河灌区，总耕地占全国的 16.5%。大部分地区一年一熟，南部地区可二年三熟或一年两熟。主要作物有大豆、玉米、高粱、谷子、春小麦、马铃薯、水稻、甜菜、亚麻及早熟棉花等。其中大豆、春小麦、高粱的产量和质量均居全国之冠，玉米种植面积居全国首位。该区北部是马铃薯集中产区，也是全国种薯基地。

2. 北部高原小杂粮、甜菜区　本区位于我国北部，包括内蒙古包头以东地区，辽宁朝阳、铁岭和阜新等地区，河北、山西、陕西北部，甘肃中部、东部，青海东部和宁夏南部，共 275 个县、旗、市，总耕地占全国的 14.4%。大部分地区一年一熟，粮食作物以旱粮为主，经济作物有甜菜、油菜、胡麻和向日葵等，是我国旱地农业较为集中的地区之一，也是农牧交替区。本区盐碱、滩川、荒地较多，日照充足，温度日较差大，有利甜菜生长和糖分积累，播种面积和产量均居全国第三位。

3. 黄淮海麦、棉、油、烟、果区　本区位于长城以南，太行山以东，渭北高原以南，秦岭-淮河以北，包括北京、天津全市，江苏、山东全省，河北、河南大部，安徽的淮河以北和关中平原，总耕地占全国的 25.6%。作物二年三熟或一年二熟。本区作物种类繁多，冬小麦、棉花、花生、芝麻面积和产量均占全国产量的 1/2 左右，烤烟产量占 60%，是我国重要的麦、棉、油、烟、果等集中产区。

4. 长江中下游稻、棉、油、桑、茶区　本区位于秦岭-淮河以南，南方丘陵山地以北，西接湖北西部山地，东临黄海，包括上海、安徽、江苏与湖北大部，浙江、江西、湖南 3 省北部的太湖、鄱阳湖、洞庭湖平原。耕地中主要以水田为主。该区素有鱼米之乡的称号，是我国粮、棉、油、麻、丝、茶等重要产地。水稻、棉花、油菜播种面积和总产量均占全国的 1/3 左右，麻类作物种植面积占全国麻类种植面积的 18%，总产量的 30% 左右。

5. 南方丘陵双季稻、茶、柑橘区　本区位于长江中下游平原区以南，华南区以北，雪峰山脉以东至东海之滨，包括湖南、浙江、江西、福建 4 省大部，安徽南部，湖北东南部，广东北部，广西东北部。耕地以水田为主，双季稻栽培面积占水田栽培面积的 73%，是我国双季稻栽培面积最大的一个区。

6. 华南双季稻、甘蔗、热带作物区　包括福建南部，广东中部和南部，广西、云南南部及台湾。本区作物种类繁多，粮食作物中双季稻占 90% 以上，甘蔗种植面积和产量均占全国的 2/3，龙舌兰、香茅、咖啡等热带作物都分布在这一地区。

7. 川陕盆地稻、玉米、薯类、桑、柑橘区　本区包括陕西秦岭以南地区，湖北西部山区，四川盆地，甘肃东南部，河南的西峡、淅川两县，共 199 个县、市。本区丘陵、山地占全区土地总面积的 90％ 左右，耕地中旱地占 58％，水田占 42％。粮食作物中，水旱粮并重，以水稻为主，其次是玉米、甘薯、小麦等。经济作物以油菜、桑、柑橘为主，其次是甘蔗、烤烟、药材等。

8. **云贵高原稻、玉米、烟草区** 本区包括贵州，云南中北部，湖南西部，广西西北部，四川西南部。山地高原占总面积的 95％ 左右，海拔 1 000～2 000m，丘陵起伏，地形复杂，气候差异大，有高寒山地，也有温暖盆地，立体农业明显，种植制度复杂多样，烤烟品质较佳。

9. **西北绿洲麦、棉、甜菜、葡萄区** 本区包括新疆、甘肃河西走廊、青海柴达木盆地、宁夏西北部及内蒙古西部，共 137 个县、市。土地面积大，耕地少。全区 90％ 左右的耕地是灌溉区，有灌溉水源的地被开垦为农田，种植作物。粮食作物以小麦为主，南疆有长绒棉，北疆有甜菜基地，葡萄总产约占全国的 1/2。

10. **青藏高原青稞、小麦、油菜区** 本区包括西藏，青海南部和东北部，四川西部，甘肃南部，云南德钦和香格里拉，共 129 个县、市。土地面积大，耕地少。该区主要为牧区，农作物一年一熟，作物多为喜凉耐寒作物，其中青稞、小麦、豌豆、油菜 4 种作物的种植面积较大，占播种面积的 90％ 左右。

四、作物生产

（一）作物生产的概念与特点

1. **作物生产的概念** 作物生产是指人类通过栽培绿色植物将日光能转化为人类所需要的有机物质（能）的过程。人类的劳动为光合作用创造条件和提供物质保证，使物质生产向着人类需要的方向发展。人类在满足自身需要的同时，也为其他以植物为食料的动物和微生物提供了生存物质和能量，所以作物生产是第一性生产。

作物生产的基本目标是优质、高产、高效。优质指通过施肥向人类提供健康、安全和能够达到特定商品目标的产品。高产指在目前技术条件下，充分发挥肥料增产潜力，获取尽可能高的产量。高效指降低成本，有效增收。此外，作物生产的相关目标还包括可持续发展，即节约资源、培肥土壤、保护环境。

2. **作物生产的特点** 作物是有生命的，与生长环境密不可分，因此作物具有以下 4 个特点。

（1）严格的区域性。影响作物生长的地形、气候、土壤、水文等具有地域性特点，因此农业生产技术应用要因地制宜。

（2）明显的季节性。作物生长是一个连续的不可逆转过程，因此要重视农时，不误农时。

（3）生产的连续性。农产品贮藏具有时效性，而耕地会退化，水肥资源有限，因此既要连续生产，又要对土地等用养结合，使生产资源可持续利用。

（4）生产因素的综合性。生产成果受生产技术、技术条件和国家农业政策等多种因素制约，要不断提高劳动者素质、技术水平，改善生产条件和加强国家对农业生产的扶持。

（二）作物生产概况

1. **世界主要作物生产概况** 据联合国粮食及农业组织（FAO）数据库资料，2017 年世界主要作物的种植面积、总产量和单产的情况如表 I-1-1 所示。

表 Ⅰ-1-1　2017 年世界主要作物播种面积和产量

作物	种植面积（hm²）	总产量（t）	产量（kg/hm²）
水稻	167 249 103	769 657 791	4 601.9
小麦	218 543 017	771 718 579	3 531.2
玉米	197 185 936	1 134 746 667	5 754.7
大豆	123 551 146	352 643 548	2 854.2
花生	27 940 260	47 097 498	1 685.6
油菜	34 740 403	76 238 340	2 194.5
棉花	32 979 140	74 352 809	2 254.5

注：棉花产量以籽棉计算。

（1）水稻。水稻为世界第三大谷物，总栽培面积约 1.7 亿 hm²。世界水稻主产区主要在亚洲，种植面积在 1 000 万 hm² 以上的国家有印度、中国、印度尼西亚、孟加拉国和泰国 5 个国家，种植面积总和达 1.12 亿 hm²，占世界水稻种植面积的 67.3%。中国、印度两国的种植面积约占世界的 45%。我国水稻种植面积居世界第二、总产居第一、单产居第十二。单产世界排行前三的国家依次为澳大利亚、埃及、乌拉圭。澳大利亚单产为 9 820.8kg/hm²，我国为 6 916.9kg/hm²。

（2）小麦。小麦是世界种植面积最大的谷物，总种植面积约为 2.2 亿 km²。我国小麦种植面积居世界第三，总产居第一，单产为第二十位（前三位分别是爱尔兰、新西兰、荷兰）。爱尔兰单产为 10 667.7kg/hm²，我国为 5 481.2kg/hm²。

（3）玉米。玉米现已成为世界第二大谷物，主要作为优质饲料作物，总种植面积约 2.0 亿 hm²，主要集中于亚洲、美洲。世界主要的玉米生产国是中国和美国，两国的收获面积合计约占到世界的 38.5%，而产量超过世界总产量的 1/2。我国玉米种植面积居世界第一（美国居第二，巴西居第三），总产居第二（美国居第一，巴西居第三）。单产世界排行前三的国家依次为阿联酋（26 729.1kg/hm²）、以色列、约旦，我国单产较低，为 6 110.3 kg/hm²。

（4）大豆。全世界种植面积约 1.2 亿 hm²，美洲占 73.8%，亚洲占 23.2%。美国是最大的大豆生产国，产量占全球的 33.9%。我国大豆种植面积、总产均居世界第四位（前三位依次为美国、巴西、阿根廷），单产为第十三位（前三位依次为土耳其、伯利兹、巴西）。土耳其单产为 4 420.6kg/hm²，我国为 1 853.6kg/hm²。

（5）花生。全球种植面积约 2 794.0 万 hm²，中国和印度为最大的花生生产国。我国花生种植面积居第二（印度第一），总产居第一，单产居第九位（前三位依次是以色列、美国、伊朗）。以色列单产为 5 988.0kg/hm²，我国为 3 709.5kg/hm²。

（6）油菜。世界种植面积约 3 474.0 万 hm²，亚洲占 39.0%，北美洲占 26.6%。我国油菜种植面积和总产均居世界第二，但单产较低。单产居前三位的国家依次为比利时、挪威和丹麦。比利时单产为 4 260.1 kg/hm²，我国为 1 995.2kg/hm²。

（7）棉花。棉花为种植面积最大、分布最广的纤维作物，世界总种植面积约 3 297.9 万 hm²。我国棉花种植面积居世界第三（前两位依次为印度、美国），总产居第二（印度居第一，美国居第三），单产居第四（前三位依次为乌拉圭、土耳其和墨西哥）。乌拉圭籽棉单产达 6 503.0kg/hm²，我国籽棉单产为 4 730.1kg/hm²，皮棉单产为 1 933.9kg/hm²。

2. 我国主要作物生产概况 水稻、小麦、玉米是我国的主要粮食作物，这三大作物各地播种面积和产量差异很大。小宗粮食作物如豆类、高粱、谷子等作物的播种面积有不断扩大的趋势。油料、棉、麻、糖料等经济作物具有种类繁多、分布广泛、技术性强、商品率高的特点，各地均在进行着结构调整，择优发展，建立各种类型、各具特色的经济作物集中产区。茶、桑、果等多年生经济作物，也存在着产区分散、重量轻质、布局不当等问题，各地也在逐步建立名优特商品生产基地。

据 2017 年我国国家统计局的资料显示（表 I - 1 - 2）：水稻播种面积排在前三的省份依次是湖南、江西、安徽，单产较高的省份有新疆、宁夏、上海。我国小麦播种面积排在前三位的省份依次为河南、山东、安徽，单产最高的是河南（6 484kg/hm²）。玉米播种面积最大的省份是黑龙江，其次为吉林、山东，单产最高的省份是吉林（7 806kg/hm²），其次为新疆、宁夏。大豆播种面积最大的省份是黑龙江，其次为安徽、内蒙古，单产最高的省份是西藏（3 976kg/hm²），其次为新疆、上海。油菜播种面积最大的省份为四川，其次为湖南、湖北，单产最高的省份为西藏（3 033kg/hm²），其次为新疆、江苏。棉花播种面积排在前三的省份是新疆、河北、湖北，单产最高的省份是新疆（2 059kg/hm²），其次为上海、云南。

表 I - 1 - 2　2017 年我国主要作物播种面积和产量

作物	种植面积（hm²）	总产量（t）	产量（kg/hm²）
水稻	30 747 190	212 675 900	6 916.9
小麦	24 507 990	134 333 900	5 481.2
玉米	42 399 000	259 070 700	6 110.3
大豆	8 244 810	15 282 500	1 853.6
花生	4 607 660	17 092 300	3 709.5
油菜	6 653 010	13 274 100	1 995.2
棉花	3 194 730	6 178 318	1 933.9

注：我国国家统计局统计的棉花产量以皮棉计算。

总体看来，我国大宗农作物（水稻、小麦、玉米、棉花、油菜、大豆等）生产与世界各主产国相比较，最大的问题是单产偏低，全国各地主要作物单产之间的差距也很大。因此，提高单位面积作物的产量将是今后作物生产的发展目标与方向。

五、作物生产技术的发展趋势

（一）作物生产的发展目标

围绕高产、优质、高效、安全、生态的目标，作物生产逐步向区域化、专业化、规模化、标准化、简约化、产业化的方向发展，具体表现在以下几个方面。

1. 满足粮食需求，保证食物安全 作物生产是我国农业发展的主体，直接关系到农业乃至整个国民经济的发展和稳定。随着我国人口的持续增长，农业资源日益紧缺，对粮食需求迅速扩张。根据联合国预测，我国人口将在 2030 年前后达到峰值。目前我国的资源承载能力处于较低水平，如何加快发展农业尤其是提高作物生产水平，以满足人口增长对粮食需求的不断增加，确保我国的粮食安全，是必须高度重视的战略性问题。

2. 提高作物产品的质量，增加供给的多样性 随着我国农业由单纯数量增长型向质量效益增长型转变，以及城乡人民生活水平的不断提高，农产品的品种问题、质量问题日益突出。必须进行种植业调整，以满足经济和社会发展对农产品质量和多样性的追求，改善我国人民的食物构成。为此，要深入研究作物品质形成理论和优质栽培技术，开发名优特稀农产品品种及其配套的栽培技术，发展优质、专用、无公害农产品，以提升我国作物产品的国际竞争力，促进农民增收。

3. 提高作物生产效益 长期以来，我国的作物生产一直将高产作为追求目标，围绕作物高产，技术超常密集，无节制地追加物化技术，过量使用化肥、农药、生长调节剂，造成资源利用率低、环境污染、生产成本增高、经济效益低等一系列问题。现代农业科学技术要求利用最合理的自然资源配置，以最低的能耗获得最大的经济效益。因此，研究发展精确、适度、简化的高效栽培技术，降低生产成本、提高生产效益是作物生产技术的一项新内容。

4. 实现可持续发展 我国现行作物生产的显著标志是水肥反应型高产作物品种大批育成推广，化肥、农药、农膜使用量迅速增长，农业机械化生产初具规模。这种高投入、高产出的农业发展模式在促进农业生产发展、满足社会经济发展对农产品需求的同时，却在一定程度上导致了生态系统退化、生物多样性降低、土壤和水体环境污染等严重问题。由此带来的农产品硝酸盐含量超标等问题已严重影响了我国农业产业化、市场化和商品化的发展前景。因此，未来的作物生产必须以农业的可持续发展为目标，通过科学技术的进步促进作物生产和生态环境之间协调发展。

（二）作物生产技术的发展方向

1. 轻简化生产技术 简化作物生产程序，减轻劳动强度，寻求高产、高效、省力、节本的轻简栽培技术，已是农民的迫切需求。广泛使用农机作业，推广化学除草和生长调节剂，缩减作业次数，逐步形成了轻简高产栽培技术体系。常用的轻简化技术有作物少免耕技术、水稻抛秧等。

2. 机械化生产技术 作物机械化栽培是现代农业发展的基本方向。机械化在农业生产中的应用，几乎遍布于农业生产的各个环节。深松耕翻联合整地机、精量播种机、水稻插秧机、抛秧机、联合收割脱粒机、玉米地膜覆盖及残膜回收机械等的推广应用，提高了劳动生产率，降低了劳动强度及成本，同时解决了低效率造成的各种浪费和减少了人类无法抵御的自然灾害的影响。

3. 节水和抗旱栽培技术 我国是严重缺水的国家，农业用水占全国用水量的70%。发展现代节水农业、大规模提高农业用水效率是保障我国食物安全、水安全、生态安全的重大战略。研究作物高产需水规律与水分胁迫的生长补偿机制，建立新型的灌溉设施，通过减少灌溉次数的节水管理模式，可促进水资源的高效利用。

4. 设施栽培技术 设施栽培是通过人工技术手段，改变自然温光条件，创造优化动植物生长的环境因子，使作物能够全天候生长的工程技术。设施栽培是现代农业发展的重要方向，可有效解决我国人多地少、制约农业可持续发展的问题。

5. 精确定量栽培技术 所谓精确定量栽培，是将作物生产的过程作为一项工程技术对待。作物生育的各个过程都有准确的定量指标，每一项调控技术都有精确定量的原理和方法，使作物的群体结构按照设定计划发展，各项技术发挥其最佳的经济和生态效益，达到高产、优质、高效、生态、安全的综合目标。

6. 作物信息化栽培技术　农业信息技术的运用，能够通过系统的分析和综合作物的栽培生产过程，形成一套动态的模拟模型和管理决策系统，对作物的生产管理进行定量决策，从而使作物生产的过程更具规范化、信息化和科学化，实现作物智能型栽培。作物信息化栽培包含的技术有作物生长模拟与调控技术、作物生长预测和监测系统、精确农业支持系统、作物设施栽培管理信息系统等，这些技术有效地推动了我国数字农业的发展。

【拓展阅读】

农业信息技术在作物生产中的应用

农业信息技术是利用信息技术对农业生产、经营管理、战略决策过程中的自然、经济和社会信息经采集、存储、传递、处理和分析，为农业研究者、生产者、经营者和管理者提供资料查询、技术咨询、辅助决策和自动调控等多项服务的技术总称。它是利用现代高新技术改造传统农业的重要途径，是现代信息科学和农业产业内部相结合的必然产物。农业信息技术的应用目前主要包括以下4个方面。

1. 农作物生长模拟模型　农作物生长模拟技术是20世纪80年代以后迅速发展起来的一门新型学科。农作物生长模拟模型是利用系统分析方法和计算机模拟技术，综合农作物生理学、生态学、农业气象学、土壤学和农学等学科的理论研究成果，是对农作物生长发育过程及其环境和管理技术的动态关系进行定量描述和预测的模拟研究。农作物生长模拟模型把农作物生长过程的各种生理生态机制用数学表达式概括，通过程序设计形成综合的计算机仿真系统。农作物生长模型具有较强的机理性、系统性和通用性，促进了农作物生长发育规律由定性描述向定量分析的转化过程，为农作物生产决策支持系统的开发和应用奠定了定量化基础，为数字农业和精确农业的研究提供了科学的智能化工具。

2. 农作物生长信息监测　农作物生长信息监测的技术原理是通过光谱遥感、红外成像、机器视觉、图像处理等手段，对农业土壤环境、农作物生长环境、农作物苗情等农情状态实时无损监测和诊断，为农业生产预测预报和管理决策提供基础信息。目前该技术的主要应用有农作物长势监测、农作物产量估算、土壤墒情诊断、土壤营养监测、病虫草害预报、农业资源环境变化的监测与预报、世界主要粮食及经济作物的产量和土地利用监测等。

3. 农作物精确管理技术　农作物精确管理技术是基于农作物生产管理的理论与技术、知识和经验，对农作物栽培管理过程中涉及的对象及信息进行综合管理和实时感知，实现不同空间尺度下农作物播种栽培方案的定量化设计和农作物长势的快速诊断和动态调控，从而促进农作物生产管理过程的精确化与科学化。其核心技术主要包括农作物栽培方案设计技术和农作物生长监测诊断技术。该技术通过基于模型和地理信息系统（GIS）的农作物精确管理系统，在播种或移栽前为不同生产条件设计出适宜的农作物栽培管理方案，包括推荐适宜品种、确定播种/移栽期、量化播种量和基本苗、推荐肥料运筹和水分管理等栽培方案。在农作物生长过程中利用农作物生长监测诊断仪、遥感系统及农田传感网等，快速监测农作物生长中期的综合苗情信息，进一步调控农作物生长指标动态曲线，再根据实时苗情信息动态推荐适宜的追肥用量和灌溉定额，为农户提供农作物生长定量诊断与智慧管理服务。

4. 农业科技信息服务　农业科技信息服务是通过组织实施信息农业的应用平台和服务

体系，实现农业资源环境信息管理、农业系统监测评估、农业区划与管理决策、农业电子商务等农业服务应用系统。农业科技信息服务可以为农业经营者快速准确地了解国内外农业发展动态，共享农业信息资源，提高工作效率和管理水平，缩短农业技术的推广周期，并为建立农业信息交易市场提供平台和机遇。

【信息收集】

以你的家乡为调查对象，了解当地 3～5 种主要作物的种植面积、总产和单产情况，并结合当地的地理、气候、作物生产水平等做简要叙述。

【思考题】

1. 什么是作物？什么是作物生产？
2. 作物的主要分类方法有哪些？
3. 我国可分为哪 10 个农业种植区？
4. 作物生产技术的发展趋势有哪些？

作物的生长发育

【学习目标】

了解作物生长发育的过程，作物生育期与生育时期的概念，作物发育的特性以及与作物生长的相互关系。

能对不同作物的生育期和生育时期进行有效界定，掌握常见作物的温光反应特性并能在生产上进行合理应用。

【学习内容】

一、作物生长发育的过程

（一）作物生长发育的概念

作物的生长和发育是作物一生中的两种基本生命现象，它们是相互联系而又有区别的生命现象。

生长是作物个体、器官、组织和细胞在体积、质量和数量上的增加，是一个不可逆的量变过程，它是通过细胞的分裂和伸长来完成的。作物的生长既包括营养生长也包括生殖生长。

发育是作物一生中，其结构、机能的质变过程，它表现在细胞、组织和器官的分化，最终导致植株根、茎、叶和花、果实、种子的形成。

生长和发育二者存在着既矛盾又统一的关系。

1. 生长和发育是统一的 ①生长是发育的基础，停止生长的细胞不能完成发育，没有足够大小的营养体不能正常繁殖后代，如水稻的基本营养生长期，即水稻必须经过一定时间的营养生长后，才能在高温短日照诱导下进行花芽分化；②发育又促进新器官的生长，作物经过内部质变后形成具备不同生理特性的新器官，继而促进了生长。

2. 生长和发育又是矛盾的 在生产实践中经常出现两种情况：①生长快而发育慢，有时营养生长过旺的作物往往影响开花结实，如贪青晚熟；②生长受到抑制时，发育却加速进行，例如在营养不良的条件下，作物提早开花结实，发生早衰。

因此，要实现农作物产品的高产、优质，必须根据生产的需求，调节控制作物的生长发育过程和强度。

（二）作物生长发育的一般过程

无论是作物群体、个体，还是器官、组织乃至细胞，当以时间为横坐标，以它们的生长量为纵坐标时，它们的生长发育都遵循一条S形曲线的动态过程（图I-2-1），即作物的个别器官、整个植株的生长发育以及作物群体的建成和产量的积累均经历前期较缓慢、中期加快、后期又减缓以至停滞衰落的过程。这个过程遵循S形生长曲线，可将其划分为5个时期。

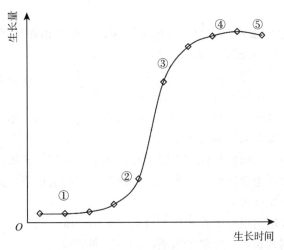

图I-2-1 作物生长的S形曲线模型

1. 初始期 作物生长初期，植株幼小，生长缓慢。

2. 快速生长期 植株生长较快，生长速率不断加大，干物质积累与叶面积成正比。

3. 生长速率渐减期 随着植株生长，叶面积增加，叶片互相荫蔽，单位叶面积净光合速率随叶面积的增加而下降，生长速率逐渐减小。但是由于这时期叶面积总量大，单位土地面积上群体的干物质积累呈直线增长。

4. 稳定期 叶片衰老，功能减退，干物质积累速度减慢，当植株成熟时停止生长，干物质积累停止。

5. 衰老期 部分叶片枯萎脱落，干物质不但不增加，反而有减少趋势。

S形曲线可以作为检验作物生长发育过程是否正常的依据之一。如果在某一阶段偏离了S形曲线轨迹，会影响作物生育进程和速度，最终影响产量。因此，作物生育过程中应密切注视苗情，使之达到该期应有的长势，使作物向高产方向发展。各种促进或抑制作物生长的措施，都应在作物生长发育速度达到最快之前应用，如用矮壮素控制小麦拔节，应该在基部节间尚未伸长前施用，若基部间已经伸长，就达不到控制的目的了。

二、作物生育期与生育时期

（一）作物的生育期

1. 作物生育期的概念 在作物生产实践中，把从作物出苗到成熟的总天数，即作物的一生，称为作物的全生育期。

以种子或果实为播种材料和收获对象的作物，其生育期是指种子出苗到新的种子成熟所持续的总天数。其生物学的生命周期和栽培学的生产周期相一致，如水稻、小麦、玉米、棉花、油菜等。由于棉花具有无限生长的习性，一般将播种出苗至开始吐絮的天数作为棉花的生育期，而将播种到全田收获完毕的天数称为棉花的大田生育期。

以营养器官为播种材料或收获对象的作物，生育期指播种材料出苗到主产品收获时期的总天数，如甘薯、马铃薯、甘蔗等。

另外，对于需要育苗移栽的作物，如水稻、甘薯、烟草等，通常还将生育期分为秧田（苗床）生育期和大田生育期。秧田生育期指作物从出苗到移栽的天数，大田生育期指作物从移栽到成熟的天数。

2. 影响生育期长短的因素　作物生育期的长短，主要是由作物的遗传特性和所处的环境条件决定的。影响生育期长短的因素主要有以下几点。

（1）品种。同一作物的生育期长短因品种而异，有早、中、晚熟之分。早熟品种生育期短，晚熟品种生育期长，中熟品种介于二者之间。

（2）温度。一定的高温可加速生育过程，缩短生育期。例如，相同的品种在不同的海拔高度种植（温度不同）生育期也会发生变化。

（3）光照。随作物对光周期的反应不同而异。例如，对于长日照作物，光照时间长，生育期缩短，光照时间短，生育期延长；对于短日照作物（如水稻等）光照时间长，生育期延长，光照时间短，生育期缩短。

（4）栽培措施。栽培措施对生育期也有很大的影响。水、肥条件好，茎、叶常常生长过旺，成熟延迟，生育期延长；土壤缺少氮素，则生育期缩短。

（二）作物的生育时期

1. 生育时期　指作物一生中其外部形态呈现显著变化的若干时期。

2. 生育时期的划分　作物一生可以划分为若干生育时期，目前，各种作物的生育时期划分方法尚未完全统一。现把主要作物的生育时期划分介绍如下。

（1）稻麦类。出苗期、分蘖期、拔节期、孕穗期、抽穗期、开花期、成熟期。

（2）玉米。出苗期、拔节期、大喇叭口期、抽穗期、吐丝期、成熟期。

（3）豆类。出苗期、分枝期、开花期、结荚期、鼓粒期、成熟期。

（4）油菜。出苗期、现蕾期、抽薹期、开花期、成熟期。

（5）马铃薯。出苗期、现蕾期、开花期、结薯期、薯块发育期、成熟期。

（6）甘蔗。发芽期、分蘖期、蔗茎伸长期、工艺成熟期。

为了更详细地进行记载，还可以将个别生育时期划分更细一些，如开花期可以分为始花期、盛花期、终花期，成熟期可以分为乳熟期、蜡熟期、完熟期。

当前对生育时期的含义有两种不同的解释，一种是把各个生育时期视为作物全田出现显著形态变化的植株达到规定百分率的起始时期（某一天）；另一种是把各个生育时期看成形态出现变化后持续的一段时期，并以该时期的起始期至下一生育时期的起始期的天数计（一段时期）。

三、作物的发育特性

（一）作物的温光反应特性与阶段发育

大多数作物全生育期可划分为3个阶段，即营养生长阶段、营养与生殖生长并进阶段和生殖生长阶段。营养生长阶段分化出根、茎、叶及分蘖等，穗分化（花芽分化）后进入营养生长和生殖生长并进阶段，此时的生长与物质分配中心仍然以营养器官为主，但营养生长与生殖生长的平衡和协调与否直接影响生殖器官的质量与数量，该时期也是作物生产管理的关键环节之一。开花后营养生长基本结束，进入生殖生长，生长中心转移到籽实等生殖器官。

同一作物的不同品种在不同季节、不同纬度和不同海拔地区种植，其生育期的长短不同，主要原因是作物品种的温光反应特性不同。所谓作物的温光反应特性（又称感温性、感光性）指作物必须经历一定的温度和光周期诱导后才能由营养生长转为生殖生长，进行幼穗分化或花芽分化，进而开花结实的特性。由于作物的这种感温和感光能力是在经过一定时期的营养生长后才具有的，这一营养生长时期称为基本营养生长期，作物的这一特性称为基本营养生长性。

（二）作物的感温性

小麦、黑麦、油菜等作物，必须经过一段时间较低温度的诱导，才能由营养生长转向生殖生长，这种低温诱导也称为春化。依据不同作物和不同品种通过春化对低温的范围和时间要求的不同，一般将其分为冬性类型、春性类型和半冬性类型 3 类。这种特性是该作物在长期的系统发育过程中形成的。

1. 冬性类型 这类作物品种春化必须经历低温，春化时间也较长，如果没有经过低温条件则不能进行花芽分化和抽穗开花。一般为晚熟品种或中晚熟品种。

2. 春性类型 这类作物品种春化对低温的要求不严格，春化时间也较短。一般为极早熟、早熟和部分早中熟品种。

3. 半冬性类型 这类作物品种春化对低温的要求介于冬性类型和春性类型之间，春化的时间相对较短，如果没有经过低温条件则花芽分化、抽穗开花严重推迟。一般为中熟或中晚熟品种。

不同类型小麦、油菜春化时所需的温度和天数不同（表Ⅰ-2-1）。小麦、油菜的低温诱导，可在处于萌动状态的种子时期进行，也可在苗期进行。在田间条件下，作物感温一般在感光之前进行，如小麦的感温阶段在二棱期结束，而感光阶段在雌、雄蕊原基分化期结束。春化作用是作物在低温逆境下形成的一种自我保护机制，一定的低温调控着作物春化阶段的发育进程。

表Ⅰ-2-1　小麦和油菜通过春化所需的温度和天数

（官春云，2011，现代作物栽培学）

作物	类型	春化温度范围（℃）	春化时间（d）
小麦	冬性	0～3	40～50
	半冬性	3～6	10～15
	春性	8～15	5～8
油菜	冬性	0～5	30～40
	半冬性	5～15	20～30
	春性	15～20	15～20

（三）作物的感光性

1. 光周期反应 作物的生长发育过程受日照长度（一天中昼夜长短，即光周期）的影响，在长期适应过程中生长发育呈周期性变化，这种对日照长度发生反应的现象称为光周期现象。

光周期现象是在 20 世纪 20 年代由美国科学家加纳尔和阿拉德通过马里兰烟草试验发现的。该烟草是短日照植物，产自美国佛罗里达州（30°N），引种到马里兰州（38°N），夏季不能开花结实，只能等到冬季日照短的时候才能在温室内开花结实；如果夏季对这种烟草进行遮光处理，那么夏季也能开花；相反，如果冬季在温室里延长光照，则不能开花，于是他们提出了成花诱导决定于日照长度的理论。之后经过大量的实验表明，植物开花与光周期有关，许多植物必须经过一定时间的光周期后才能开花。

2. 短日照作物和长日照作物 根据作物对光周期的反应，大致可以分为长日照作物、短日照作物、日中性作物和定日照作物。

诱导长日植物开花所需的最长日照时数或诱导短日植物开花所需的最短日照时数，称为临界日长，常见短日照和长日照作物的临界日长见表Ⅰ-2-2。

表Ⅰ-2-2　部分短日照作物和长日照作物的临界日长
（曹卫星，2011，作物栽培学总论）

类型	作物	24h周期中的临界日长（h）
短日照作物	大豆	15
	稻	12～15
	甘蔗	12～15
长日照作物	大麦	10～14
	小麦	>12
	甜菜	13～14

作物的感光性也是作物在长期的系统发育过程中形成的，如在低纬度地区没有长日照条件，只有短日照，而在高纬度地区因为秋季天气已冷，只有较长的日照时间，作物才能生长发育。在中纬度地区，由于气温在夏季和秋季都较合适，所以适合作物生长发育的长日照和短日照兼而有之。因此，短日照作物和长日照作物在北半球的分布是低纬度地区没有长日照条件，所以只有短日照作物；在中纬度地区，长日照作物和短日照作物都有，长日照作物在春末夏初开花，短日照作物在秋季开花；在高纬度地区，短日照时期气温已经很低，所以只能生存一些要求日照较长的作物。

由于人们的不断驯化，作物对日照长度的适应范围逐渐扩大。如水稻的野生种和晚稻是典型的短日照作物，而中稻和早稻对日照长度不那么敏感；小麦是长日照作物，但许多春性品种可以在南方冬天短日照条件下顺利生长发育。

（四）作物基本营养生长性

作物的生殖生长是在营养生长的基础上进行的，其发育转变必须有一定的营养生长作为物质基础。因此，即使作物处于适于发育的温度和光周期条件下，也必须有最低限度的营养生长，才能进行幼穗分化或花芽分化。这种在作物进入生殖生长前，不受温度和光周期诱导影响的营养生长期，称为基本营养生长期。如不同水稻品种基本营养生长期的变化幅度为24～27d。不同作物品种的基本营养生长期的长短各异，这种基本营养生长期长短的差异性，称为作物品种的基本营养生长性。

（五）作物温光反应特性在生产上的应用

1. 在引种上的应用 不同地区的温光生态条件不同，在相互引种时必须考虑品种的温光反应特性：如感光性弱、感温性也不甚敏感的水稻品种，只要不误季节，且能满足品种所要求的热量条件，异地引种较易成功。东北水稻品种经历的日照较长，温度较低，引至我国南方生育期缩短，若原为早熟品种，则出现抽穗早、穗小、粒小、产量不高的现象。我国南方的水稻品种感光性强，所经历的温度高，引至东北则生育期延长，有的甚至不能成熟。又如加拿大的春油菜品种生育期短，但引至我国长江流域作冬油菜品种栽培，其生育期变长，比当地冬性晚熟品种生育期还迟；其原因不在品种的感温性，而在品种的感光性，因为加拿大春油菜品种对长日照敏感，而在长江流域栽培，油菜开花前日照长度不足 11h。总的来说，从相同纬度或温光生态条件相近的地区引种容易成功。

2. 在栽培上的应用 作物品种搭配、播种期的安排等均需考虑作物品种的温光反应特性。例如，在我国南方双季稻地区，早稻应选用感光性弱、感温性中等、基本营养生长期较长的晚熟早稻品种，并且在栽培上还应培育适龄壮秧，同时加强前期管理，有利于获得高产。冬小麦和冬油菜若在晚播条件下，要选用偏春性的品种，并且要加强田间管理。而对冬性强的品种，则应注意适时播种。

3. 在育种上的应用 在制订作物育种目标时，要根据当地自然气候条件提出明确的温光反应特性。在杂交育种（制种）时，为了使两亲本花期相遇，可根据亲本的温光反应特性决定其是否进行冬繁或夏繁加代。此外，在我国春小麦和春油菜区，若需以冬小麦和冬油菜为杂交亲本时，则首先应对冬性亲本进行春化处理，使其在春小麦和春油菜区能正常开花，进行杂交。

四、作物生长的相互关系

（一）营养生长与生殖生长的关系

1. 营养生长和生殖生长的概念 作物生长包括营养生长和生殖生长。作物营养器官根、茎、叶的生长称为营养生长。作物生殖器官花、果实、种子的生长称为生殖生长。

营养生长和生殖生长通常以花芽分化（或穗分化）为界限，把生长过程大致分为两个阶段，花芽分化之前属于营养生长期，之后则属于生殖生长期。但是营养生长和生殖生长的划分并不是绝对的，因为作物从营养生长过渡到生殖生长之前，均有一段是营养生长与生殖生长同时并进的阶段。

2. 营养生长和生殖生长的关系

（1）营养生长期是生殖生长期的基础。营养生长是作物转向生殖生长的必要准备。如果没有一定的营养生长期，通常不会开始生殖生长。因此，营养生长期生长的优劣，直接影响到生殖生长的优劣，最后影响到作物产量的高低。一般根深叶茂，才能穗大粒满。但是作物营养生长期过旺或过弱，都会影响生殖生长，因而导致产量不高。

（2）营养生长和生殖生长并进阶段，彼此间会存在相互影响和相互竞争的关系。例如，小麦在拔节时，茎秆在伸长，幼穗也在发育时期，这时叶片制造的光合产物和根系吸收的营养物质既要满足茎秆的生长，又要保证幼穗发育的需要。因此，这时增施孕穗肥和适当灌水，有良好的增产效果。但是如果施肥灌水过多，则造成茎、叶徒长，植株倒伏，籽粒反而不易饱满。

3. 营养生长和生殖生长的调控 营养生长和生殖生长是既相互影响，又相互竞争的关系，因而协调好二者之间的关系在作物栽培中十分重要。但由于各种作物收获对象不一样，在促控植株的生长发育，调节营养生长和生殖生长的关系上也就不一样。

（1）以果实、种子为收获对象的作物。开花前重点培育壮苗，使营养生长良好，为生殖生长做好物质准备。但应防止生长过旺，以免出现"好禾无好谷"的现象。如水稻、小麦、玉米、油菜等。

（2）以营养器官为收获对象的作物。生长前期以茎、叶生长为主，生长后期以块根、块茎生长为主，因此要促控结合，前期要使茎、叶生长良好，后期要控制茎、叶疯长，以防生长过旺，否则消耗养分过多，不利于块茎形成。如甘薯、马铃薯等。

（3）茎用作物。在营养生长期要尽量利用肥水条件促进茎的伸长，从而达到高产目的。要促进早分蘖，控制迟分蘖。因为早分蘖能形成有效茎，增加产量，而迟分蘖因为受到主茎和早分蘖的影响很难形成有效茎，控制迟分蘖可以防止徒长过分消耗养分，影响主茎生长和早分蘖。如甘蔗等。

（4）叶用作物。前期保证植株良好生长，后期控制生殖生长，即封顶打杈。如烟草等。

（二）地上部生长和地下部生长的关系

作物的地上部分也称冠部，包括茎、叶、花、果实、种子；地下部分主要指根，也包括块茎、鳞茎等。作物的地上部分生长与地下部分生长密切相关，即通常说的根深才能叶茂、壮苗先壮根，根系生长不好，则地上部的生长会受较大影响；地上部的生长对根系的生长也有重要作用。

1. 根系与地上部器官之间的生长关系 根系生长依靠茎、叶制造的光合产物，而茎、叶生长又必须依靠根系所吸收的水分、矿物质营养和其他合成物质（细胞分裂素、赤霉素、脱落酸）。它们之间的物质交换是通过茎节的维管组织来完成的，木质部将根系吸收的水和矿物质向上运输，而韧皮部主要将地上部的光合产物向下运输。

2. 根系质量与地上部质量的相互关系（根冠比） 作物在生长过程中，地上部和地下部在质量上表现出一定的比例，通常用根冠比来衡量，根冠比＝根系质量/冠部质量，根冠比在作物生产中可作为控制和协调根系与冠部生长的一种参数。不同作物、不同品种的根冠比是不同的，同一作物、同一品种不同生育期的根冠比也不一致；另外，根冠比是一个相对数值，根冠比大，不一定代表根系的绝对质量大，而可能是地上部生长太弱所致。

一般作物苗期根系生长相对较快，根冠比较大，随着冠部生长发育加快，根冠比越来越小。但是对于块根、块茎类作物而言，生长前期，应有繁茂的冠层，根冠比要小，后来根冠比应越来越大。例如，甘薯前期根冠比为0.5，到收获期为2左右。

3. 环境条件和栽培措施 环境条件和栽培措施对根部和冠部的影响不一致，因此对根冠比进行适当调节，以使之协调，有利于高产。

（1）水分过多，则根冠比小，为了培育壮苗，苗期应适当控水，促进根生长，提高根冠比。

（2）增施氮肥，促进茎、叶生长，可降低根冠比。

（3）增施磷肥，有利于根系生长，可提高根冠比。

（4）增施钾肥，有利于块根、块茎的生长，可提高根冠比。

（5）甘薯在块根形成期，进行提蔓，可拉断不定根，减少对水肥的吸收，抑制茎、叶徒长，提高根冠比，有利于块根增产。

（6）修剪，消除顶端优势，促进地上部分的生长，降低根冠比。

（三）作物器官的同伸关系

在作物生长过程中，某些器官在同一时间内呈有规律的生长或伸长的对应关系，称为器官的同伸关系。同伸关系既表现在同名器官之间（如不同叶位叶的生长），也表现在异名器官之间（如叶与茎）。一般来说，环境条件和栽培措施对同伸器官有同时促进或抑制的作用，因此掌握作物器官的同伸关系，可为调控器官的生长发育提供依据。

1. 同名器官的同伸关系　例如，水稻主茎上第 n 叶展开时，其上一叶（$n+1$）迅速伸长，其上二叶（$n+2$）进行组织分化，其上三叶（$n+3$）叶原基形成。

2. 异名器官的同伸关系

（1）叶—蘖同伸关系。如水稻一般在幼苗生长第四叶时分蘖也开始发生。即当主茎上第 n 叶出生时，在 $n-3$ 叶的叶腋内出现分蘖主茎，叶与分蘖呈 $n-3$ 的同伸关系。

（2）叶—节—根同伸关系。如稻、麦发根节位与节间伸长和出叶之间存在下列规律：$n-3$ 节发根，$n-2$ 节和 $n-3$ 节节间伸长，n 节出叶。

3. 幼穗与营养器官的同伸关系　幼穗分化与其他器官之间也存在同伸关系，因此依据作物器官相关的外在表相判断各部位的生长发育进程，在禾谷类作物栽培上已广泛应用。例如，以叶龄指数、叶龄余数做鉴定穗分化和同伸器官生长发育进程的外部形态指标，在稻麦高产栽培上应用，收到了良好效果。同样，以叶龄为指标，也可以指导生产过程中技术措施的适宜时期。

（1）叶龄。即叶片数。当 n 叶时，即开始幼穗分化，$n+1$ 叶时，幼穗分化推进 1 期，$n+2$ 时推进 2 期（即幼穗分化后，每出 1 叶，幼穗分化推进 1 期）。

（2）叶龄余数。作物一生总叶数减去已抽出的叶数。例如，水稻剩余 4 片叶的时候，每出 1 片叶或每经历 1 个出叶周期，幼穗分化推进 1 期。

（3）叶龄指数。作物某一时期已抽出叶数占总叶数的百分数。

（四）个体与群体的关系

作物的一个单株称为个体，而单位土地面积上所有单株的总和称为群体。

1. 作物个体和群体之间既互相联系又互相制约　作物的个体是群体的组成单位，群体是许多个体组成的整体，但群体中的个体已不同于一个单独的个体。单独生长个体的生长状况和产量高低，不与群体中生长的个体相关，例如棉花、油菜、大豆等分枝作物，在单独生长的情况下，分枝多，且分枝部位低，而在群体中生长却分枝少，且分枝部位高。而且一般说来，群体中生长的个体植株株型比较收敛，群体的产量虽然取决于每个个体的产量，但不是每个个体产量充分增长的总和。这主要是因为作物个体在组成群体后，逐渐形成了群体内部的环境。随着种子发芽出苗、生根长叶、植株长大和分枝（分蘖）增加，个体所占据的空间扩大了，与此同时群体内部环境则日渐加深了对个体生长的影响，致使个体间的空间缩小，光照度减弱，水分和养分的供应相对减少，从而使个体生长受到抑制，分枝（分蘖）减少，叶片变小，茎秆变细，果实减少。这种在群体中个体生长发育的变化，引起了群体内部环境的改变，改变了的环境又反过来影响个体生长发育，这一反复过程称为反馈。由于反馈的作用，使得作物群体在动态发展过程中普遍存在着自动调节现象。群体的自动调节作用表现在生长发育过程中的许多方面，例如，在稻、麦等作物群体中分蘖数的消长、穗数和粒数的调节、叶面积指数和干物质的变化等，这些都是自动调节的反映。当然自动调节能力是相对的，是有一定限度的，如种植过稀，个体间彼此不妨碍，当然不存在自动调节；相反，如种植太密，超出调节的范围，也没有调节的基础。作物群体的自动调节，在植株地上部分主要是争取光合营养，而地下部分则为争取水分和无机养分。掌握作物个体与群体的关系以及群体的自动调节作用，有助于采取相应的措施，促进其向有利于产量的方向发展。

2. 合理的种植密度有利于个体与群体的协调发展　一般说来，种植密度小，有利于个体生长，但不能充分利用土地和光能；群体生长量小，单位面积产量不高；种植密度大，个体生长不良，但在一定范围内，群体生长量大，单位面积产量高，如果密度进一步加大，则群体生产量将逐渐减少，产量下降。这是因为种植密度的差异除影响个体的生长外，还会影响到群体的透光性和通风性，使作物的光合作用效能受到影响，同时水温、土温以及二氧化碳浓度等群体内环境因子也会发生变化。这种变化又会影响到土壤中有机物质的分解以及微生物的活动、病虫害的传播蔓延等，还会导致植株倒伏及不同程度的生理障碍。一般说来，只有种植密度合理，其个体与群体的矛盾协调较好，单位面积产量才会高。

3. 利用作物群体自动调节原理采取栽培技术措施提高作物产量　除了种植密度外，品种的选择、肥料和生长调节剂的应用都能影响作物群体的自动调节。在品种的选择方面，随着施肥水平的提高，一般应选择比较耐肥，中偏矮秆或半矮秆具有倾斜的叶层配置的品种；若要进一步进行多肥集约栽培，还需在半矮秆和直立叶型的基础上，注意对叶片厚度的选择，这样才有利于获得高产。肥料的施用对作物群体影响很大，如施用氮肥，一是影响作物营养器官和产品器官的生长发育，二是协调作物群体结构大小与体内的代谢过程。因此，施肥时期和施用量必须适时适量。

4. 作物高产群体的特点　光合作用是作物产量的根本来源，提高产量的根本途径在于改善光合性能，而改善光合性能的根本途径在于建立合理的群体结构。不同作物的合理群体结构不同，但总体上都具有以下特点：①产量构成因素协调发展，有利于保穗（果），增加粒重；②主茎与分枝（蘖）间协调发展，有利于塑造良好的株型，减少无效枝（蘖）的养分消耗；③群体与个体、个体与个体、个体内部器官之间协调发展；④生长发育进程与生长中心转移、生产中心（光合器官）更替、叶面积指数、茎蘖（枝）消长动态等诸进程合理一致；⑤叶层受光态势好，功能期稳定，光合效能大，物质积累多，运转效率高。

【思考题】

1. 什么是作物的生长？什么是作物的发育？试举例说明。

2. 作物生长的 S 形曲线模型有何应用价值？

3. 作物生育期和生育时期的含义分别是什么？

4. 作物分类的"三性"指的是什么？在作物引种、栽培和育种上有何意义？

5. 作物营养生长和生殖生长有何关系？

6. 作物地上部分生长与地下部分生长有何依赖关系？

7. 研究作物器官的同伸关系有何实际意义？

8. 作物个体和群体的关系如何？如何协调两者关系以促进作物高产？

作物产量与品质的形成

【学习目标】

了解作物产量的形成、品质的形成以及二者之间的相互关系。

能根据不同作物的产量构成因素计算作物产量，并能对不同作物的品质进行评价。

【学习内容】

一、作物产量的形成

（一）作物产量的含义

作物栽培的目的是为了获得较多有经济价值的农产品，作物产品的数量即作物产量。作物产量是作物在与环境条件紧密联系中所进行的各种生命活动的结果，实际上是把太阳能转化为光能以供作物生长的结果。具体地讲，作物产量是指种植作物在单位土地面积上获得的有价值的农产品数量。通常把作物产量分为生物产量和经济产量。

1. 生物产量 生物产量指作物在整个生育期间，通过光合作用生产和积累的有机物质的总量。这个总量指整个植株即根、茎、叶、花、果实等干物质的质量。一般情况下，根是不可回收的，所以，生物产量通常指地上部分总干物质的总量（除块根、块茎类作物外）。

在作物躯体的全部干物质中，有机物质占总干物质的 $90\% \sim 95\%$，矿物质占 $5\% \sim 10\%$。所以光合作用生产和积累的有机物质是形成产量的主要物质基础。

2. 经济产量 经济产量指栽培目的所需要的有经济价值的主产品的数量。由于作物种类和人们栽培目的的不同，它们被利用作为产品的部分也就不同。例如，禾谷类、豆类、油料作物的主产品是籽粒（产品器官）；薯类作物为块茎；甘蔗为茎；烟草为叶片；绿肥为全部茎、叶。再如，玉米作为粮食作物时，经济产量为籽粒收获量；作为青贮饲料时，经济产量为茎、叶和果穗的全部收获量（经济产量等于生物产量）。

3. 经济系数 经济系数是作物生物产量转化为经济产量的效率，即经济产量与生物产量的比值。

经济系数（收获指数）＝ 经济产量/生物产量

经济系数是综合反映作物品种特性和栽培技术水平的一个通用指标，经济系数越高，说明植株对有机物的利用越经济，栽培技术措施应用越得当，单位生物量的经济效益也就越高。

（1）影响经济系数的因素。对于同一作物，在正常生长情况下，其经济系数是相对稳定的。但对于不同作物，其经济系数就不同。通常，薯类作物的经济系数为 0.7～0.85，水稻、小麦为 0.35～0.5，玉米为 0.3～0.5，大豆为 0.25～0.35，油菜为 0.29 左右。

不同作物的经济系数差异较大，这与作物的遗传特性、收获器官及其化学成分，以及栽培技术和环境对作物生长发育的影响等有关。所利用的产品器官不同，其经济系数则不同：以营养器官为主产品的作物，形成主产品过程比较简单，经济系数就高，如薯类、甘蔗、蔬菜等；而以生殖器官为主产品的作物，形成主产品过程要经过生殖器官的分化、发育等复杂过程，因而经济系数较低，如禾谷类、豆类、油菜等。产品器官的化学成分不同，经济系数也不同：产品以糖类为主的（如淀粉、纤维素等），形成过程需要能量少，经济系数相对较高（如稻、麦等）；产品含蛋白质、脂肪高的，形成过程需能量高，因为糖类需进一步转化才能成为蛋白质、脂肪等，因而经济系数低（如大豆、油菜等）。

（2）生物产量、经济产量与经济系数的关系。一般情况下，作物的经济产量是生物产量的一部分，生物产量是经济产量的基础。没有高的生物产量，也就不可能有高的经济产量，但是有了高的生物产量不等于有了高的经济产量。经济系数的高低表明光合作用的有机物质运转到有主要经济价值的器官中的能力，而不表明产量的高低。在正常情况下，经济产量的高低与生物产量的高低成正比。要提高经济产量，只有在提高生物产量的基础上，提高经济系数，才能达到提高经济产量的目的。但是生物产量越高，不能说明经济产量越高，因为超过一定范围，随着生物产量的增高，经济系数会下降，经济产量反而下降。只有稳定、较高的经济系数和生物产量才能获得较高的经济产量。

（二）作物产量的构成因素

1. 各类作物产量的构成因素　作物产量按单位土地面积上的产品数量计算，构成产量的因素是单位面积上的株数和单株产量，即产量＝单株产量×单位面积的株数。作物种类不同，其构成产量的因素也有所不同，主要表现在单株产量构成上的差别。例如：

禾谷类作物产量＝每亩*穗数×每穗实粒数×粒重

豆类产量＝每亩株数×每株有效分枝数×每分枝荚数×每荚实粒数×粒重

薯类产量＝每亩株数×单株薯块数×单薯重

油菜产量＝每亩株数×每株有效分枝数×每分枝角果数×每角果粒数×粒重

2. 产量与构成因素及其相互关系　作物生产的对象是作物群体，在一定栽培条件下，产量各构成因素存在着一定程度的矛盾。

以禾谷类作物为例：禾谷类作物产量＝每亩穗数×平均每穗实粒数×粒重

从公式可以看出，产量随构成因素数值的增大而增加（各因数的数值越大，产量就越高）。但实际上，各产量构成因素很难同步增长，他们之间有一定的制约和补偿的关系。例如，作物的群体由个体构成，当单位面积上植株密度增加时，各个体所占营养和空间面积就相应减少，个体的生物产量就有所削弱，故表现出穗粒数减少、粒重减轻。相反，当单位面积的穗数较少时，穗粒数和粒重就会作出补偿性反应，表现出相应增加的趋势。密度增加，个体发育变小是普遍规律，但个体变小，不等于最后产量就小，因为作物生产的最终目的是单位面积上的产量，即单位面积上的穗数、粒数、粒重三者的乘积。当单位面积上的株数（穗数）的增加能弥补甚至超过穗粒数和粒重减少的损失时，仍表现增产。只有当三因素中

---

* 亩为非法定计量单位，1 亩≈667m²，15 亩＝1hm²。——编者注

某一因素的增加不能弥补另外两个因素减少的损失时，才表现减产。

（三）产量形成过程及影响因素

产量形成过程是指作物产量构成因素的形成和物质的积累过程，也就是作物各器官的建成过程及群体的物质生产和分配的过程。

1. 禾谷类作物产量的形成 单位面积的穗数由株数（基本苗）和每株成穗数两个因素所构成。因此穗数的形成从播种开始，分蘖期是决定阶段，拔节期、孕穗期是巩固阶段。

每穗实粒数的多少取决于分化小花数、可孕小花数的受精率及结实率。每穗实粒数的形成始于分蘖期，取决于幼穗分化至抽穗期及扬花、受精结实过程。

粒重取决于籽粒容积及充实度，主要决定时期是受精结实、果实发育成熟时期。

2. 影响产量形成的因素

（1）内在因素。品种特性如产量性状、耐肥、抗逆性等生长发育特性，以及幼苗素质、受精结实率等均影响产量形成过程。

（2）环境因素。土壤、温度、光照、肥料、水分、空气、病虫草害的影响较大。

（3）栽培措施。种植密度、群体结构、种植制度、田间管理措施，在某种程度上是取得群体高产、优质的主要调控手段。

（四）产量潜力及增产途径

1. 作物的产量潜力 前面已经提到，作物形成的全部干物质中，90%～95%是光合作用的产物，因此我们可以将作物产量表示为：

经济产量＝生物产量×经济系数＝净光合产物×经济系数＝[（光合面积×光合能力×光合时间）－呼吸消耗]×经济系数

可见，当光合面积适当、光合能力较强、光合时间长、呼吸消耗少、光合产物分配利用合理时，就能获得高产。因此，通过各种措施和途径，最大限度地利用太阳辐射能，不断提高光合生产率，形成尽可能多的光合产物，是挖掘作物生产潜力的手段。目前，作物对太阳能的利用率还很低，但现代植物生理学已阐明提高作物光能利用率的可能性，事实上也是可以提高的。例如，云南宾川、永胜等地水稻亩产突破1 000kg，其光能利用率达4%，因此作物生产潜力还是巨大的。

2. 作物增产的途径 通过提高光能利用率来提高单产，特别需要从改进作物和环境因素两个方面着手，具体如下。

（1）培育高光效的品种。选育理想株型，如矮秆、叶片厚（叶绿素含量高）、叶片挺立等（光合能力强）。

（2）合理安排茬口。充分利用生长季节，采用间、套作和育苗移栽等措施，提高复种指数，使一年中在耕地上有尽可能多的时间生长作物（延长光合时间）。

（3）采用合理的栽培技术措施。合理密植，前期迅速封行，中期有较适宜的叶面积。正确运用肥水措施，使叶面积维持较长时间光合作用和具有较强的光合能力。

（4）提高光合效率。补施二氧化碳，人工补给光照，抑制光呼吸消耗等。

二、作物品质的形成

（一）作物品质的含义

1. 作物产品品质的概念 作物产品品质是指其利用质量和经济价值。作物产品是人类生活必不可少的物质，依其对人类的用途可划分为两大类，一类是作为人类的食物，另一类是通过工业加工满足人类衣着、食糖、嗜好、药用等需要。作为植物性食物的粮食，主要包括稻米、小麦、大麦、玉米、高粱、薯类等。人类所需要的食用植物油90%以上来自油菜、棉花、大豆、花生、向日葵五大油料作物，人们越来越注重食用油脂品质的改进。此外，人类衣着原料如棉、麻等，糖料及嗜好原料如甜菜、烟草、茶叶等的产品品质也不断提升。对禾谷类作物和经济作物产品品质的衡量标准是不同的，作物品质有时和产量要求是协调的，有时和产量要求是矛盾的。

2. 评价作物产品品质的指标

（1）生化指标。生化指标中包括作物产品所含的生化成分，如糖类、脂肪、蛋白质、微量元素、维生素等，还有有害物质以及化学农药、有毒金属元素等污染物质的含量等。

（2）物理指标。如产品的形状、大小、色泽、味道、香气、种皮厚度、整齐度、纤维长度及纤维强度等。

（二）不同作物的品质概述

1. 粮食作物的品质 粮食作物产品品质可概括为营养品质、食用品质、加工品质及商品品质等。

（1）营养品质。

①禾谷类作物。如小麦、水稻、玉米、高粱、谷子等是人类获取蛋白质和淀粉的主要来源。禾谷类作物籽粒中含有大量的蛋白质、淀粉、脂肪、纤维素、糖类、矿物质等。蛋白质是生命的基本物质，因此，蛋白质含量及其氨基酸组分是评价禾谷类作物营养品质的重要指标。

②食用豆类作物。如大豆、蚕豆、豌豆、绿豆、小豆等，其籽粒富含蛋白质，而且蛋白质的氨基酸组成比较合理，因此营养价值高，是人类所需蛋白质的主要来源。大豆作为蛋白质作物，籽粒的蛋白质含量约占40%，其氨基酸组成接近全价蛋白，大豆的蛋白质生物价为64~80。其他豆类籽粒蛋白质含量在20%~30%，蛋白质组分中，赖氨酸含量较高，但甲硫氨酸和色氨酸含量较少，与禾谷类混合食用，可以达到氨基酸互补的效果。

③薯芋类作物。其利用价值主要在于其块根或块茎中含有大量淀粉，甘薯块根淀粉含量在20%左右，马铃薯块茎淀粉含量在10%~20%，高者可达29%。甘薯块根中蛋白质的氨基酸种类多于水稻、小麦，营养价值较高，马铃薯块茎中非蛋白质含氮化合物以游离氨基酸和酰胺占优势，提高了马铃薯块茎营养价值。此外，块茎中含有大量的维生素C（每100g块茎中含维生素C 10~25mg）。

（2）食用品质。作为食物，不仅要求营养品质好，而且要求食用品质好。以稻米为例，决定食用品质的理化指标有粒长、长宽比、垩白率、垩白度、透明度、糊化温度、胶稠度、直链淀粉及蛋白质含量等。一般认为，直链淀粉含量低、胶稠度长、糊化温度较低是食用品质较佳的标志。外观品质中的透明度与食味有极密切的关系。小麦、黑麦、大麦等麦类作物的食用品质主要指烘烤品质，烘烤品质与面粉中面筋含量和质量有关。一般面筋含量越高，其品质越好，烘制的面包质量越好。面筋的质量根据其延伸性、弹性、可塑性和黏结性进行综合评价。

（3）加工品质及商品品质。评价指标随作物产品不同而不同。水稻的碾磨品质指出米率，品质好的稻谷应是糙米率大于79%，精米率大于71%，整精米率大于58%。小麦的磨粉品质指出粉率，一般籽粒近球形、腹沟浅、胚乳大、容重大、粒质较硬的白皮小麦出粉率高。甘薯切丝晒干时，要求晒干率高；提取淀粉时，要求出粉率高、无异味等。稻米的外观品质即商品品质，优质稻米要求无垩白、透明度高、粒形整齐；优质玉米要求色泽鲜艳、粒形整齐、籽粒密度大、无破损、含水量低等。

2. 经济作物的品质

（1）纤维作物的品质。棉花的主要产品为种子纤维。棉纤维品质由纤维长度、细度和强度决定。我国棉纤维平均长度在 28mm 左右，35mm 以上的超级长绒棉也有生产。一般陆地棉的纤维长度在 21～33mm，海岛棉在 33～45mm。纤维的外观品质要求洁白、无僵黄花、成熟度好、干爽等。

（2）油料作物的品质。脂肪是油料作物种子的重要贮存物质。油料作物种子的脂肪含量及组分决定其营养品质、贮藏品质和加工品质。一般说来，种子中脂肪含量高，不饱和脂肪酸中的人体必需脂肪酸——油酸和亚油酸含量则较高，且两者比值（O/L）适宜；亚麻酸或芥酸（菜籽油）含量低，是提高出油率、延长贮存期、食用品质好的重要指标。

（3）糖料作物的品质。甜菜和甘蔗是两大糖料作物，其茎秆和块根中含有大量的蔗糖，是提取蔗糖的主要原料。出糖率是糖料作物的加工品质评价指标。

（4）嗜好作物的品质。嗜好作物主要有烟草、茶叶、薄荷、咖啡、啤酒花等。烟草烟叶品质由外观品质、化学成分、香气、吃味和实用性决定。烟叶品质通常分为外观品质和内在品质。外观品质即烟叶的商品等级质量，如成熟度、叶片结构、颜色、光泽等外表性状；内在品质是指烟叶的化学成分，燃吸时的香气、吃味、劲头、刺激性等烟气质量，以及作为卷烟原料的可用性。

3. 饲料作物的品质　常见的豆科饲料作物如苜蓿、草木樨，禾本科饲料作物如苏丹草、黑麦草、雀麦草等，其饲用品质主要取决于茎、叶中蛋白质含量、氨基酸组分、粗纤维含量等。一般豆科饲料作物在开花或现蕾前收割，禾本科饲料作物在抽穗期收割，此时茎、叶鲜嫩，蛋白质含量最高，粗纤维含量最低，营养价值高，适口性好。

（三）提高作物品质的途径

1. 选用优质品种　随着育种手段的不断改进，品质育种越来越受到重视，粮、棉、油等主要作物的优质品种有很多得到了推广。如"四低一高"（低纤维、低芥酸、低硫代葡萄糖苷、低亚麻酸、高亚油酸）的油菜品种；高蛋白质、高脂肪的大豆品种；高赖氨酸的玉米品种；抗病虫的转基因棉花品种等，都对我国的高产、优质农业起到了推动作用，以后在提高作物产品品质方面，仍将起着重要的作用。

2. 改进栽培技术　研究和实践表明，在作物生长发育过程中，采取各种栽培措施都可以影响产品的品质，所以，优良的栽培技术是提高产品品质的途径之一。

（1）合理轮作。合理轮作是通过改善土壤状况、提高土壤肥力而提高作物产量和品质。如棉花和大豆轮作，可使棉花产量增加，提早成熟，纤维品质提高。

（2）合理密植。作物的群体过大，个体发育不良，可使作物的经济性状变差，产品品质降低。如小麦群体过大，后期引起倒伏，籽粒空瘪，蛋白质和淀粉含量降低，产量和品质下降；但是纤维类作物适当增加密度能抑制分枝、分蘖的发生，使主茎伸长，对纤维品质的提高有促进作用。

（3）科学施肥。营养元素是作物品质提高不可缺少的因素之一，用科学的方法施肥能增加产量，改善品质。如棉花，适当增施氮肥能增加棉铃质量、增长纤维；施磷肥可增加衣分和籽指；施钾肥可提高纤维细度和强度；使用硼、钼、锰等微量元素能促进早熟，提高纤维品级等。对烟草而言，过多施用氮素，会造成贪青晚熟，难以烘烤，使品质下降。所以，要针对不同的作物，合理施用营养元素，提高其品质。

（4）适时灌溉与排水。水分的多少也会影响产品品质。水分过多，会影响根系的发育，尤其对薯类作物的品质极为不利，可使其食味差、不耐贮藏、肉色不佳，甚至会产生腐烂现象。如土壤水分过少，会使薯皮粗糙，降低产量和品质；陆稻和水稻要求的水分条件不同，水分不足使陆稻的蛋白质含量比水稻高，但在食味方面，却不及水稻。

（5）适时收获。小麦要求在蜡熟期收获，到了完熟期蛋白质和淀粉含量均下降；水稻收获过早，糠层较厚；棉花收获过早或过晚都会降低棉纤维的品质。此外，作物农药的残留、杂草的危害等都会影响产品品质。

3. 提高农产品的加工技术 农产品加工是改进和提高其品质的重要措施之一。农产品中的有害物质（单宁、芥酸、棉酚等）可以通过加工方法降低或消除。如菜籽油经过氧化处理后，将由几种脂肪酸组成的不同油脂调配成调和油，极大地改善了菜籽油的品质；将稻谷加工成一种新型的超级精米，使 80% 的胚芽保留下来，其品质较一般稻米优良。另外，在食品中添加人体必需氨基酸、各种维生素、微量元素等营养成分，制成形、色、味俱佳的食品，大大提高了农产品的营养品质和食用品质。

三、作物产量与品质的关系

作物产量和产品品质是作物栽培、遗传育种学研究的核心问题，实现高产、优质的栽培是作物遗传改良及环境和措施等调控的主要目标。作物产量及品质是在光合产物积累与分配的同一过程中形成的，因此产量与品质间有着不可分割的关系。不同作物、不同品种，其由遗传因素所决定的产量潜力和产品的理化性状有很大差异，再加上遗传因素与环境的互作，使产量和品质间的关系变得相当复杂。

从人体需求看，作物产品的数量和质量同等重要，而且对品质的要求越来越高。实际上，即使是以提高某些成分为目标，但最终仍是以提高营养产量或经济产量为目的。在大多数作物上观察到，一般营养物质含量高的成分，特别是蛋白质、脂肪、赖氨酸等很难与丰产性相结合。作物产品中的有机化合物都是由光合作用的最初产物——葡萄糖进一步转化合成的。据研究，不同的有机化合物和具有不同成分的作物籽粒的形成所需要的葡萄糖数量不同，淀粉或纤维素与所利用的葡萄糖质量比为 0.83，即 1g 葡萄糖可以转化形成 0.83g 的淀粉或纤维素；蛋白质和脂肪与所利用的葡萄糖质量比则分别为 0.40～0.62 和 0.33。水稻籽粒以淀粉为主要成分，而大豆籽粒是以蛋白质和脂肪为主要成分，这两种成分与所利用的葡萄糖质量比分别为 0.75 和 0.50。显然，在光合作用生产的葡萄糖量相等时，籽粒中的化学成分以淀粉为主的作物，其产量必然高于那些以蛋白质和脂肪为主要成分的作物。换言之，若提高籽粒中蛋白质或脂肪含量，产量将会有所下降，除非进一步提高作物的光合效率，增强物质生产的能力。

禾谷类作物如小麦、水稻、玉米，其籽粒蛋白质含量与产量呈负相关，高赖氨酸型玉米比普通同型种产量低。美国内布拉斯加大学研究了 9 个小麦品种产量与蛋白质含量的相关关系，发现有正相关，也有负相关，说明高产与低蛋白质含量不存在必然的内在联系，可以通过育种和栽培等措施，在提高产量的同时改善品质，达到高产、优质的目的。近年来，产量和品质兼优品种的选育已取得很大进展。

如前所述，环境和栽培措施对作物产量和品质均有明显影响。一般认为，不利的环境条件往往会增加蛋白质含量，提高蛋白质含量的多数农艺措施往往导致产量降低。但是，产量和蛋白质含量间的关系不是直线关系，合理的栽培措施，适宜的生态环境常常既有利于提高产量，又有利于改善品质。随着生物技术的发展，通过进一步扩大基因资源，改进育种方法，利用突变育种或近缘种技术，根据作物、品种的生态适应性，实行生态适种，调节不同生态条件下的栽培技术，创造遗传因素与非遗传因素互作的最适条件等，可以打破或削弱产量与品质间的负相关关系，促进正相关关系。

【拓展阅读】

农作物遥感估产

遥感技术起源于 20 世纪 60 年代，它可在一定距离内应用探测仪器在不直接接触目标物体的情况下获取反应地表特征的各种数据，是农业田间信息获取的关键技术。通过不同波段的反射光谱分析，遥感技术可以获取农田小区内作物生长环境及生长状况的信息，并能实时地反馈到计算机中，经信息分析与编辑构建不同条件下作物的生长模型，从而预估作物长势和产量，用于农业生产的组织、管理和决策。

作物遥感估产是根据生物学原理，在收集分析各种作物不同生育期不同光谱特征的基础上，通过平台上的传感器记录的地表信息，辨别作物类型，监测作物长势，建立不同条件下的产量预报模型，从而在作物收获前预测作物总产量的一系列技术方法。根据遥感资料来源的不同，作物遥感估产可分为空间遥感作物估产和地面遥感作物估产。前者又包括以应用卫星资料为主的航天遥感作物估产和以应用飞机航测资料为主的航空遥感作物估产，估产的范围广、宏观性强。后者根据地面遥感平台获取的作物光谱信息进行估产，估产范围较小。

作物遥感估产中所应用的遥感资料大致可分为 3 类：一是气象卫星资料，主要为美国第三代业务极轨气象卫星（NOAA 系列）装载的甚高分辨率辐射仪（AVHRR）资料，其特点是周期短、覆盖面积大、资料易获取、实时性强、价格低廉、空间分辨率低但时间分辨率较高；二是陆地卫星（Landsat）资料，应用较多的是专题制图仪（TM）资料，它重复周期长、价格高，但其空间分辨率高；三是航空遥感和地面遥感资料，主要用于光谱特征及估产农学机理的研究，其中高光谱数据可提供连续光谱，可消除一些外部条件的影响而成为遥感数据处理、地面测量、光谱模型建立和应用的强有力工具。

作物遥感估产主要包括以下几个方面的内容：①作物的识别及长势监测。不同物体的波谱特性不同，利用卫星照片可以区分出农田和非农田、同种作物和非同种作物。利用可见光和近红外波段的差值可区分出作物、土壤和水体。②作物种植面积的提取和监测。不同作物在遥感影像上可呈现出不同的颜色、纹理、形状等特征信息，利用信息提取的方法，可以将作物种植区域提取出来，从而得到作物种植面积和种植区域。③作物产量估算。利用影像的光谱信息可以反演作物的生长信息（如叶面积指数、生物量），通过建立生长信息与产量间的关联模型（可结合一些农学模型和气象模型），便可获得作物产量信息。

【思考题】

1. 作物的产量具体包括哪些?
2. 简述作物产量构成因素及构成因素间的相互关系。
3. 作物增产的途径有哪些?
4. 评价作物产品品质的指标有哪些?
5. 提高作物产品品质的途径有哪些?

作物种植制度

【学习目标】

掌握种植制度、作物布局、种植体制、种植模式和立体农业的概念，了解间、套作的技术要点。

了解本地区主要的种植方式，能开展种植制度的调查。

【学习内容】

一、种植制度的概念和建立原则

（一）种植制度的概念

作物种植制度是指一个地区或生产单位的作物组成、配置、熟制与种植方式的综合。种植制度是耕作制度的中心环节，它主要解决种什么、种多少、种哪里、怎么种的问题。其基本内容包括作物布局、种植体制等。

（二）建立合理种植制度的原则

1. 合理利用农业资源，提高光能利用率

（1）农业资源的类型。农业资源大体分为两个基本类型，即自然资源和社会资源。自然资源包括气候资源如太阳能、温度、大气等，水资源如自然降水、地表水、地下水等，土地资源，生物资源如动物、植物、微生物等；社会资源包括劳畜力、农机具、农用物资、资金、交通、电力和技术等。此外，农业资源按贮藏性能也可分为贮藏性资源如种子（苗）、肥料、农药、农膜、燃油、机具等和流失性资源如太阳光、热辐射、劳畜力等。

（2）农业资源的基本特性与合理利用。无论自然资源或是社会资源，在一定时限或一定地域内均存在数量上的上限，即使像降水、光、热等气候资源也不例外。因此，合理的种植制度在资源利用上应充分而经济有效，使有限的资源发挥最大的生产潜力。在多种可能选择的措施中，尽可能采取耗资较少的措施，或采用开发当地数量充裕资源的措施，以发挥资源的生产优势。农业中的生物种群，通过生长发育、繁殖年复一年地自我更新，土壤中的有机肥、矿物质营养等资源也借助生物循环，循环往复地更新，使植物得以长期使用。气候资源尽管属于流失性资源，年际变化大，但仍可年年持续供应，永续利用，属于可更新资源。劳畜力也属于可更新资源范畴。然而，农业资源的可更新性不是必然的，只有在合理利用下，才能保持生物、土地、气候等资源的可更新性。因此，合理的种植制度一定要合理利用农业资源，协调好农、林、牧、渔之间的关系，不宜农耕的土地应退耕还林、还牧，以增强自然资源的自我更新能力，为农业生产建立良好的生态环境。

（3）提高光能利用率的途径。生产上作物对太阳能的转化效率是很低的，一般只有 0.1%～1.0%，与理论值 5%左右相比，存在着巨大潜力。提高光能利用率的主要途径有：①适当延长作物的光合时间，如选用生育期较长的品种，进行复种和合理的肥水管理等；②提高叶面积指数，如进行合理间、套种植，合理密植等；③提高作物的光合能力，如选用高光效作物或品种，进行合理密植和合理肥水管理等；④减少光合产物的无效消耗，如进行适期播种，防止作物病虫草鼠害等；⑤促进光合产物的运转和分配，提高经济系数等。

2. 用地、养地相结合，提高土地利用率

（1）用地、养地的概念。用地就是利用土地种植农作物，生产农产品的过程。养地就是培养地力，不断保持、恢复和提高土壤肥力，使土壤具有良好的肥力条件，充足和协调的水、肥、气、热，使土壤没有或较少有不利于作物生长的有害因素。用地、养地相结合就是在用地过程中积极地培养和提高地力，使用地与养地水平相协调，不断提高用地、养地水平，使之处于动态平衡状态。

（2）提高土地利用率的途径。用地与养地相结合是建立合理耕作制度的基本原则。用地过程中地力的损耗主要有以下原因：作物产品输出带走土壤营养物质；土壤耕作促进有机质的消耗；土壤侵蚀严重损坏地力。通过作物自身的养地机制和人类的农事活动可以达到培肥地力的目的。提高土地利用率的途径有：增加投入，提高土地综合生产能力；提高单位播种面积产量；实行多熟种植，提高复种指数；因地种植，使作物布局合理；保护耕地，维持土地的持续生产能力。

3. 协调社会需要，提高经济效益 种植制度是全面组织作物生产的宏观战略措施。种植制度合理与否，不仅影响作物生产自身的效益，而且对整个农业生产甚至区域经济产生决定性影响。因此，在制订种植制度时，应综合分析社会各方面对农产品的需求状况，确立与资源相适宜的种植业生产方案，尽可能地实现作物生产的全面、持续增产、增效，同时为养殖业等后续生产部门发展奠定基础。要按照资源类型及分布，本着"宜农则农，宜林则林，宜牧则牧"的原则，使农田、森林、草地、水面占有比例得当，以发挥当地的资源优势，满足各方面的需要；合理配置作物，实行合理轮作、间作、套种以及复种等，避免农作物单一种植，减少作物生产风险，提高经济效益。

二、作物布局

（一）作物布局的概念

作物布局指一个地区或生产单位的作物结构与配置的总称。它是根据一个地区的自然资源条件和社会要求，统筹安排生产的作物种类、品种、面积比例以及在时间和空间上的配置。作物布局是一个地区或生产单位的作物种植计划，是一种作物生产的部署。

作物布局既可指作物类型的布局（如粮食作物、经济作物、绿肥饲料作物布局等），也可指具体作物或品种的布局。在多熟制地区，还包括连接下季的熟制布局。可见，作物布局所指的范围可大可小，大到一个国家、省、市、县，小到一个自然村甚至一个农户的耕地；时间可长可短，长的可以是 5 年、10 年、20 年的作物布局规划，短的可以是 1 年或 1 个生长季节作物的安排。

（二）作物布局的地位

作物布局是一个地区或生产单位的作物种植计划或规划，是一项复杂的、综合性较强的、影响全局的生产技术设计，因而在农业生产中占据十分重要的地位。

1. 作物布局是农业生产布局的中心环节　农业生产布局是指农、林、牧、副、渔各部门生产的结构和地域上的分布，作物布局必须在整体的农业生产布局的指导下进行。我国种植业在农业生产中占有重大比例，可见，作物布局是农业生产的中心环节。因此作物布局关系到增产增收、资源合理利用、农村建设、农林牧结合、多种经营、环境保护等农业发展的战略部署。

2. 作物布局是农业区划和规划的主要依据　综合农业区划必须以各种单项区划和专业区划为基础，农作物种植区划则是各种单项区划与专业区划的主体，而它又是以作物布局为前提。作物布局还是制订农业发展规划、土地利用规划、农业基本建设规划等各种农业规划的依据。

3. 作物布局是种植业较佳方案的体现　一个合理的作物布局方案应该综合气候、土壤等自然环境因素，以及各种社会因素，统筹兼顾，以满足个人和社会的需要，充分合理地利用土地与其他自然与社会资源，以最少的投入，获得最大的经济、社会与生态效益。

（三）作物布局的作用

合理地作物布局是根据社会需要将作物安排在相对最适的生态条件和生产条件下进行生产，以充分发挥农作物的生产优势，促进农、林、牧、渔等的持续发展，因而它具有如下作用：①充分利用自然资源和社会资源；②解决各类作物争地、争光温水肥、争季节和劳畜力及机械的矛盾；③有利于复种、间作、套作和轮作、连作的合理安排；④有利于充分发挥作物的生产潜力，提高生产效益；⑤有利于恢复、保持和提高地力，维持农田生态平衡，促进作物生产向持续高产、优质和高效发展；⑥有利于促进林、牧、渔副业及其他生产部门的发展。

（四）作物布局的原则

1. 作物生态适应性是基础　作物的生态适应性指作物的生物学特性及其对生态条件的要求与某地实际环境条件相适应的程度，简单来说就是作物与环境相适应的程度。适应性好，说明该环境能种植该作物并可能获得较高产量和效益；适应性差，说明该环境不能种植该作物，或勉强种植，则产量低、效益差。生态适应性较广的作物分布较广，种植的面积可能较大；生态适应性较差的作物分布较窄。生态条件较好的地区，适宜种植的作物种类多，作物布局的调整余地大，选择途径多；生态条件较差的地区，适宜种植的作物种类少，作物布局的调整余地小。在制订作物布局时，要以生态适应性为基础，以发挥当地资源优势，克服资源劣势，扬长避短。

2. 社会需求是导向　作物生产的目的是生产社会需要的产品，作物布局也要服从和服务于这一根本目的。社会需求包括两个方面，一是自给性生产需要，即直接用于生产者吃、穿、用的各种产品；二是商品生产需要，即市场经济需要。社会需求状况和发展变化制约作物布局类型，引导作物布局的发展方向。满足自给性需要的布局称为自给性作物布局，满足市场经济需要的布局称为商品性作物布局。我国正处在由传统农业向现代农业转变的时期，作物生产的商品性特征越来越明显，市场对作物布局的制约和导向作用也愈加突出。

3. 社会经济和科学技术是重要条件　社会经济和科学技术可以改善作物的生产条件，如水利、肥料、劳畜力和农机具等，为作物生长发育创造良好的环境；同时，也为作物的全面高产、优质、高效、持续发展提供保障。因此，在进行作物布局调整时，必须考虑当地的社会经济和科学技术状况。

作物生态适应性、社会需求、社会经济与科学技术对作物布局的影响各具特色，同时彼此间又相互联系、相互影响。在自然状态下不能种植某作物的地区和季节，通过社会经济和科学技术的投入，可使种植该种作物成为可能。社会对某种产品需求迫切性的增加，也会促进社会经济向该方面增加人力、物力、财力和科技的投入，从而促进该作物面积扩大、产品数量增加和质量改善。

（五）作物布局的步骤与内容

1. 明确对产品的需求 包括作物产品的自给性需求与商品性需求。一个地区的自给性需求量，可依据历年经验和人口、经济发展等来加以测算，其变化有一定的规律性，可预测性较大；而商品性需求，大部分产品随市场的变化而变化，往往难以预测。因此，要尽可能多地了解国内外市场需求量、价格、交通、加工、贮藏、农产品质量、安全卫生标准以及农村政策等方面的内容。

2. 查明作物生产的环境条件，确立作物生态适宜区 包括当地的自然条件和社会经济科学技术条件两方面。自然条件主要指热量（如全年≥10℃的积温，最低、最高温度出现时间等）、水分（如年降水量及分布、其他水资源状况等）、光照（如全年日照时数及分布、年辐射量等）、土壤（如质地、肥力、酸碱性等）。社会经济科学技术条件主要指肥料（如肥料种类、单位面积施肥水平等）、机械（如整地、排灌、播种收获机械）、科技（如农业技术推广体系、病虫害测报与防治能力）、市场、价格、政策、文化水平等。在此基础上，划分作物生态适宜区和不适宜区。

3. 选择确定适宜的作物种类和种植面积 确立作物种类（即种什么作物），是作物布局的难点和关键。一个地区或一个生产单位，往往可供选择的作物种类很多，这不但要根据产品需求状况和作物生产的其他环境条件来确定，更需要在充分了解作物特点的基础上，尽可能地选择在本地生态适应性表现最好的作物，要对重点作物规划出生产基地和商品基地，以利于推进区域化、专业化生产。商品生产基地的条件：有较大的生产规模，土地集中连片；生产技术条件较好，生态经济分区上属于最适宜或适宜区；生产水平较高；资源条件好，有较大的发展潜力。

4. 选择适宜的作物品种 作物布局的一项重要内容是确立主导作物不同品种的种植面积比例。为了便于区域化和规模化的商品生产，形成区域特色优势，带动产、加、销、科、工、贸一条龙的产业化经营，当家品种应相对稳定，搭配品种数目及其种植面积尽可能少些，以保证商品生产质量的一致性。

5. 可行性鉴定和论证 需要论证的主要内容：是否能满足各方面的需要；自然资源是否得到了合理地利用与保护；经济效益如何；肥料、土壤肥力、水、资金、劳动力等是否平衡；基本条件和设施是否满足，贮藏、加工、市场、贸易、交通是否合理可行；科学技术、文化、教育和生产者素质是否适应；是否促进农林牧、农工商综合协调发展等。

三、种植体制

种植业生产是连续使用耕地的过程。因此，在年际之间或上下季之间，同一块田地上就存在着作物种植的顺序问题，也就是作物之间的科学组配，即与特定条件相适应的作物种植体制。因此，种植体制就是根据作物对地力的影响，作物与作物之间的协调关系，作物对生态环境的适应能力，以及有利于病虫草害控制等所制订的能体现作物布局总体要求与种植模式特色的种植顺序及组配。种植体制通常由轮作、连作及其组合方式组成。

（一）轮作

1. 轮作的概念 轮作就是在同一块田地上不同年际之间有顺序地轮换种植不同种类作物或采取不同的复种形式的种植方式。如大豆→小麦→玉米，属于不同种类作物之间的轮作；油菜→水稻→绿肥→水稻→小麦—棉花→蚕豆—棉花属于由不同的复种方式组成的轮作方式。由不同复种方式组成的轮作称为复种轮作（"→"表示年间接茬种植，"—"表示年内接茬种植）。

生产上把轮作中的前作物（前茬）和后作物（后茬）的轮换，通称为换茬或倒茬。

一般情况下，轮作应具有周期性和顺序性两个特征。周期性是指一个固定的轮作方式有它的轮作周期。如大豆→小麦→玉米这种轮作方式是以3年为一个周期的轮作。顺序性则是成熟轮作方式中作物的排列顺序，是在考虑了前后作物的协调性关系以及有利于地力培养和病虫害防治等多方面因素后而确定的，随意改变就可能造成茬口的混乱。

2. 轮作的作用 轮作增产是世界各国的共同经验。轮作涉及多种作物，较易维持生态平衡。轮作主要有以下作用。

（1）能均衡利用土壤养分。不同作物对土壤营养元素的要求和吸收能力有差异，不同作物的根系深浅分布也有差异。因此不同作物实行轮作，可以全面均衡地利用土壤中各种养分，充分发挥土壤的生产潜力。

（2）改善土壤的理化性状。作物的残茬落叶和根系是土壤有机质的重要来源，不同作物有机质的数量、种类和质量不同，分解利用的程度不同，对土壤有机质和养分的补充程度也不同。有些作物根系分泌物（如大豆、西瓜）对本身的生长发育有毒害作用，轮作可避开有毒物质的积累侵害。水田在长年淹水条件下，土壤结构恶化、容重增加、氧化还原电位下降、有毒物质增多，水旱轮作能明显地改善土壤的理化性状。

（3）减轻作物的病虫草害。有些病虫害是通过土壤传播的，如水稻纹枯病、棉花枯萎病、棉花黄萎病、油菜菌核病、烟草黑胫病、大豆胞囊线虫病、甘薯黑斑病、玉米食根虫等，每种病虫对寄主都有一定的选择性。因此选择抗病虫作物与易感病虫作物进行定期轮作，便可减少或消灭病虫害。特别是水旱轮作，生态条件改变剧烈，更能显著减轻病虫害。

有些农田杂草的生长发育习性和要求的生态条件往往与伴生作物或寄生作物相似，实行合理轮作可有效抑制或消灭杂草。

（4）有利于合理利用农业资源。根据作物的生理、生态特性，在轮作中前后作物搭配，茬口衔接紧密，既有利于充分利用土地和光、热、水等自然资源，又有利于合理均衡地使用农机具、肥料、农药、水资源以及资金等社会资源，还能错开农时。

大田轮作是我国采用最广泛的一类种植体制。但随着农业结构的不断调整，农产品商品率的提高，养殖业的发展，粮菜轮作、粮饲轮作、饲饲轮作等方式会不断更新。在安排轮作时，应遵循高产高效、用地养地、协调发展和互为有利的原则，在提高土地利用效率的同时，充分发挥轮作的养地作用，以获得较高的经济效益、社会效益和生态效益。

（二）连作

1. 连作的概念 连作也称重茬，是在同一田地上连年种植相同作物或采用相同复种方式的种植方式。而在同一田地上采用同一种复种方式连年种植的称为复种连作。

2. 连作受害的原因 不适当的连作会导致产量锐减、品质下降。导致作物连作受害的原因主要有以下 3 个方面。

（1）生物因素。伴生性和寄生性杂草危害加重，某些专一性病虫害蔓延加剧，如小麦根腐病、西瓜枯萎病等，土壤微生物的种群数量和土壤酶活性的剧烈变化等。

（2）化学因素。指连作造成土壤化学性质发生改变而对作物生长不利，主要包括营养物质的偏耗和有毒物质的积累。连年种植同一作物，势必造成土壤中某一元素的缺乏，造成土壤养分比例的失调。同样，连年种植同一作物，也会使某些有毒物质积累量加大，而对作物生长产生阻碍作用。

（3）物理因素。某些作物连作或复种会导致土壤物理性状显著恶化，不利于同种作物的继续生长。

3. 不同作物对连作的反应 实践证明，不同作物不同品种，甚至是同一作物同一品种，在不同的气候、土壤及栽培条件下，对连作的反应是不同的。根据作物对连作的反应，可将作物分为 3 种类型。

（1）忌连作作物。忌连作作物可分为两种耐连作程度略有差异的类型。一类是茄科的马铃薯、烟草、番茄，葫芦科的西瓜及亚麻、甜菜等作物，它们对连作反应最为敏感。发生连作障碍时，作物生长严重受阻，植株矮小，发育异常，减产严重，甚至绝收。另一类是豌豆、大豆、蚕豆、菜豆、向日葵、辣椒等作物，这些作物的连作障碍表现为发生病害。以上作物忌连作的主要原因是一些特殊病害和根系分泌物对作物有害。

（2）耐短期连作作物。甘薯、紫云英、苕子等作物对连作反应的敏感性属于中等类型，生产上常根据需要对这些作物实行短期连作。这类作物连作二三年受害较轻。

（3）耐长期连作作物。这类作物有水稻、甘蔗、玉米、棉花及麦类等作物。在采取适当的农业技术措施的前提下，这些作物的耐连作程度较高，其中水稻、棉花的耐连作程度最高。

四、种植模式

种植模式指一个地区在特定自然资源和社会经济条件下，为了实现农业资源持续利用和农田作物高产、高效，在一年内于同一田块上采用的特定作物结构和时空配置的规范化种植方式。

种植模式由作物结构与种植熟制两部分组成。作物结构指田间作物种群组成与空间配置，包括单一作物结构（单作）和由多种作物组成的复合作物结构（多作）。种植熟制指一年内种植作物的季数，包括一熟制和多熟制。不同作物结构和种植熟制组合形成种植模式的 4 种类型：即单作一熟型、单作多熟型、多作一熟型和多作多熟型。

我国人多，耕地面积少，普遍采用多熟种植方式。多熟种植指在同一田地上同一年内种植两种或两种以上作物的种植方式，包括复种、间（混）作、套作等。

（一）复种

复种指一年内在同一块田地上种植或收获两季或两季以上作物的种植方式。复种方法有多种，可在上茬作物收获后，直接播种下茬作物，也可在上茬作物收获前，将下茬作物套种在其株、行间（套作）。此外，还可以用移栽、上茬作物再生等方法实现复种。

根据一年内在同一田块上种植作物的季数，把一年种植两季作物称为一年两熟，如冬小麦—夏玉米；种植三季作物称为一年三熟，如绿肥（小麦或油菜）—早稻—晚稻；两年内种植三季作物，称为两年三熟，如春玉米—冬小麦→夏甘薯、棉花—小麦/玉米（"/"表示套种）。

为表明大面积耕地复种程度的高低，通常用复种指数来表示，即全年作物收获总面积占耕地面积的百分比。公式为：

$$复种指数 = \frac{全年作物收获总面积}{耕地面积} \times 100\%$$

式中，全年作物收获总面积包括绿肥、青饲料作物的收获面积。根据上式也可计算粮田的复种指数以及其他类型耕地的复种指数等。国际上通用的种植指数含义与复种指数相同。套作是复种的一种方式，计入复种指数，而间作、混作则不计。一年一熟的复种指数为100%，一年两熟的复种指数为200%，一年三熟的复种指数为300%，两年三熟的复种指数为150%。

（二）单、间、混、套作

1. 单、间、混、套作的概念

（1）单作。指在同一块田地上种植一种作物的种植方式，也称为纯种、清种。这种方式作物单一，群体结构单一，全田作物对环境条件要求一致，生长发育比较一致，有利于田间统一种植、管理与机械化作业。作物生长发育过程中，个体之间只存在种内关系。

（2）间作。指在同一块田地上于同一生长期内，分行或分带相间种植两种或两种以上作物的种植方式。所谓分带是间作作物成多行或占一定幅度的相间种植，构成带状间作，如4行棉花间作4行甘薯，2行玉米间作3行大豆等。间作因为成行或成带种植，可以实行分别管理。特别是带状间作，较便于机械化或半机械化作业，与分行间作相比能够提高劳动生产率。

农作物与多年生木本作物（植物）相间种植，也称为间作，有人称为多层作。木本植物包括林木、果树、桑树、茶树等；农作物包括粮食、经济、园艺、饲料、绿肥作物等。采用以农作物为主，间作林木，称为农林间作；以林（果）木为主，间作农作物，称为林（果）农间作。

间作与单作不同，间作是不同作物在田间构成的人工复合群体，个体之间既有种内关系又有种间关系。间作时，不论间作的作物有几种，皆不增加复种面积。间作的作物播种期、收获期相同或不同，但作物共生期长，其中至少有一种作物的共生期超过其全生育期的一半。间作是集约利用空间的种植方式。

（3）混作。指在同一块田地上，同期混合种植两种或两种以上作物的种植方式，也称为混种。混作和间作都是于同一生长期内由两种或两种以上的作物在田间构成复合群体，是集约利用空间的种植方式，也不计复种面积。但混作在田间分布不规则，不便于分别管理，并且要求混种作物的生态适应性比较一致。

（4）套作。指在前季作物生长后期的株、行间播种或移栽后季作物的种植方式，也称为套种、串种。如于小麦生长后期每隔3～4行小麦种1行玉米。对比单作，它不仅能在作物共生期间充分利用空间，更重要的是能延长后季作物对生长季节的利用，提高复种指数，提高年总产量。套作是一种集约利用时间的种植方式。

　　套作和间作都存在两种作物的共生期，套作共生期只占全生育期的小部分，间作却占全生育期的大部分或几乎全部。套作选用生长季节不同的作物，一前一后结合在一起，两者互补；与单作相比，套作不仅能阶段性地充分利用空间，更重要的是能延长后季作物对生长季节的利用，使田间始终保持一定的叶面积指数，充分利用了光能、时间和空间，可提高全年总产量。黄淮海平原麦棉套作已成为主要的种植方式。

　　2. 间、套作的技术要点

　　（1）选择适宜的作物和品种。首先，要求它们对大范围环境条件的适应性在共生期间要大体相同。如水稻与花生、甘薯等对水分条件的要求不同，向日葵、田菁与茶、烟等对土壤酸碱度的要求不同，它们之间就不能实行间、套作。其次要求作物形态特征和生长发育特性要相互适应，以利于互补地利用资源。如高度上要高、低搭配，株型上要紧凑、松散对应，叶子要大、小互补，根系要深浅、疏密结合，生育期要长短、前后交错，喜光与耐阴结合。农民形象地总结为"一高一矮、一胖一瘦、一圆一尖、一深一浅、一长一短、一早一晚"，最后，要求作物搭配形成的组合具有高于单作的经济效益。

　　（2）建立合理的田间配置。合理的田间配置有利于解决作物之间及种内的各种矛盾。田间配置主要包括密度、行比、幅宽、间距、行向等。第一，密度是合理田间配置的核心问题。间、套作的种植密度一般要求高于任一作物单作的密度，或高于单位面积内各作物分别单作时的密度之和；套作时，各种作物的密度与单作时相同，当上、下茬作物有主次之分时，要保证主要作物的密度与单作时相同，或占有足够的播种面积。第二，安排好行比和幅宽，发挥边行优势。间作作物的行数，要根据计划产量和边际效应来确定。一般高位作物不可多于、矮位作物不可少于边际效应所影响行数的 2 倍。高秆、矮秆作物间、套作，其高秆作物的行数要少，幅宽要窄，而矮秆作物则要多而宽。第三，间距是相邻作物之间的距离。各种组合的间距，在生产上一般都容易过小。在充分利用土地的前提下，主要应照顾矮位作物，以不过多影响其生长发育为原则。具体确定间距时，一般可根据两种作物行距一半之和进行调整，在肥水和光照条件好时，可适当窄些，反之则可适当宽些。

　　（3）生长发育调控。在间、套作情况下，虽然合理安排了田间结构，但它们之间仍然有争光、争肥、争水的矛盾。为了使间、套作达到高产、高效，在栽培技术上应做到：适时播种，保证全苗，促苗早发；适当增施肥料，合理施肥，在共生期间要早间苗，早补苗，早追肥，早除草，早治病虫害；施用生长调节剂，控制高层作物生长，促进低层作物生长，协调各作物正常生长发育；及时综合防治病虫害；适时收获。

五、立体农业

（一）立体农业的概念

　　立体农业是在传统的间作、套种和多种经营的基础上发展起来的具有中国特色的新型农业生产方式，是着重于开发利用垂直空间资源的一种农业生产方式。

　　立体农业的概念：在单位面积土地（水域）上或一定的区域范围进行立体种植、立体养殖或立体复合种养，并巧妙地借助人工加工而建立的多物种共栖、多层次配制、多时序交替、多级质能转化的农业模式。

　　立体种植的概念：在同一块田地上，种植两种或两种以上的作物（包括木本植物），从平面上、时间上多层次利用空间、时间的种植方式。实际上立体种植是间、混、套作的总称，它也包括山地、丘陵、河谷地带不同作物垂直高度形成的梯度分层带状组合。

立体养殖的概念：在同一块田地上，作物与食用微生物、农业动物等分层利用空间种植和养殖的结构；或在同一水体内，高经济价值的水生植物与鱼类、贝类相间混养、分层混养的结构。

（二）立体农业的内容

立体农业的主要内容：根据不同生物物种的特性进行垂直空间的多层配置，自然资源的深度利用，主产品的多级、深度加工和副产品的循环利用，技术形态的多元复合等。立体农业分异基面和同基面两种类型。异基面立体农业是不同海拔、地形、地貌条件下呈现出的农业布局差异。如云贵高原的河谷地带和低山区水田以冬作物—水稻一年两熟为主，旱地以小麦—玉米、甘薯一年三熟或两熟为主，还可种植热带、亚热带瓜果；半山区以一年一熟水稻或一年二熟旱作物为主；高山区只种玉米、马铃薯、荞麦等一年一熟旱粮；桑基鱼塘、果基鱼塘等属微观异基面立体农业。同基面立体农业指同一块田地上的间、混、套作及兼养殖动物、微生物的立体种养系统。如林粮或粮菜间作、稻田养鱼、农田栽培食用菌等。合理的立体农业能多项目、多层次、高效地利用各种自然资源，提高土地的综合生产力，并且有利于生态平衡。

【拓展阅读】

全国种植业结构调整规划（2016—2020 年）

种植业是农业的重要基础，粮、棉、油、糖、菜是关系国计民生的重要产品。"十二五"时期，我国粮食连年增产，种植业持续稳定发展，为经济发展和改革大局提供了有力支撑。"十三五"时期是全面建成小康社会的决胜阶段，面临的形势更加复杂，发展的任务更加繁重。适应经济发展新常态，推进农业供给侧结构性改革，必须加快转变发展方式，调整优化种植结构，全面提高发展质量，全力保障国家粮食安全和重要农产品有效供给。

（一）调整目标

种植业结构调整的目标主要是"两保、三稳、两协调"。"两保"即保口粮、保谷物。到2020 年，粮食面积稳定在 16.5 亿亩左右，其中稻谷、小麦口粮品种面积稳定在 8 亿亩，谷物面积稳定在 14 亿亩。"三稳"即稳定棉花、食用植物油、食糖自给水平。到 2020 年，力争棉花面积稳定在 5 000 万亩左右，油料面积稳定在 2 亿亩左右，糖料面积稳定在 2 400 万亩左右。"两协调"即蔬菜生产与需求协调发展、饲草生产与畜牧养殖协调发展。到 2020年，蔬菜面积稳定在 3.2 亿亩左右，饲草面积达到 9 500 万亩。

（二）调整任务

1. 构建粮经饲协调发展的作物结构　适应农业发展的新趋势，建立粮食作物、经济作物、饲草作物三元结构。粮食作物：加强粮食主产区建设，建设一批高产、稳产的粮食生产功能区，强化基础设施建设，提升科技和物质装备水平，不断夯实粮食产能。经济作物：稳定棉花、油料、糖料作物种植面积，建设一批稳定的商品生产基地。稳定蔬菜面积，发展设施生产，实现均衡供应。饲草作物：按照以养带种、以种促养的原则，积极发展优质饲草作物。

2. **构建适应市场需求的品种结构**　消费结构升级需要农业提供数量充足、品质优良的产品。发展优质农产品，优先发展优质稻米、强筋弱筋小麦、双低油菜、高蛋白大豆、高油花生、高产高糖甘蔗等优质农产品。发展专用农产品，积极发展甜糯玉米、加工型早籼稻、高赖氨酸玉米、高油玉米、高淀粉马铃薯等加工型专用品种，发展生物产量高、蛋白质含量高、粗纤维含量低的苜蓿和青贮玉米。发展特色农产品，因地制宜发展传承农耕文明、保护特色种质资源的水稻，有区域特色的杂粮杂豆，风味独特的小宗油料，有地理标志的农产品。培育知名品牌，扩大市场影响，为消费者提供营养健康、质量安全的放心农产品。

3. 构建生产生态协调的区域结构　综合考虑资源承载能力、环境容量、生态类型和发展基础等因素，确定不同区域的发展方向和重点，分类施策、梯次推进，构建科学合理、专业化的生产格局。提升主产区，重点是发展东北平原、黄淮海地区、长江中下游平原等粮油优势产区，新疆内陆棉区，广西、云南、广东甘蔗优势区，发展南菜北运基地和北方设施蔬菜，加强基础设施建设，稳步提升产能。建立功能区，优先将水土资源匹配较好、相对集中连片的小麦、水稻田划定为粮食生产功能区，特别是将非主产区的杭嘉湖平原、关中平原、河西走廊、河套灌区、西南多熟区等区域划定为粮食生产功能区。建立保护区，加快将资源优势突出、区域特色明显的重要农产品优先列入保护区，重点是发展东北大豆、长江流域双低油菜、新疆棉花、广西双高甘蔗等重要产品保护区。

4. 构建用地养地结合的耕作制度　根据不同区域的资源条件和生态特点，建立耕地轮作制度，促进可持续发展。东北冷凉区，实行玉米大豆轮作、玉米苜蓿轮作、小麦大豆轮作等生态友好型耕作制度，发挥生物固氮和养地肥田作用。北方农牧交错区，重点发展节水、耐旱、抗逆性强的作物和牧草等，防止水土流失，实现生态恢复与生产发展共赢。西北风沙干旱区，依据降水和灌溉条件，以水定种，改种耗水少的杂粮、杂豆和耐旱牧草，提高水资源利用率。南方多熟地区，发展禾本科与豆科、高秆与矮秆、水田与旱田等多种形式的间作、套种模式，有效利用光温资源，实现永续发展。此外，以保障国家粮食安全和农民种植收入基本稳定为前提，在地下水漏斗区、重金属污染区、生态严重退化地区开展休耕试点。禁止弃耕、严禁废耕，鼓励农民对休耕地采取保护措施。

【信息收集】

查阅资料或开展实地调查，对家乡所在地作物的种类、品种、面积、分布、主要的种植方式进行了解，并自制表格，根据调查结果，写一份调查报告。

【思考题】

1. 什么是作物布局？作物布局的原则是什么？
2. 试述连作的概念和危害。
3. 简述间、套作的概念和作用。
4. 列举当地5种立体种植的形式。

作物栽培的主要环节

【学习目标】

掌握土壤耕作、播种、育苗移栽、田间管理以及收获与贮藏的主要原理、基本内容和技术要点。

能够在作物生产的各个环节合理应用栽培管理的关键技术。

【学习内容】

一、土壤耕作

(一) 土壤耕作的概念和任务

土壤耕作指使用农机具以改善土壤耕层构造和地面状况等的综合技术体系。

土壤耕作的目的是利用机械的作用，创造疏松绵软、结构良好、土层深厚、松紧度适中、平整肥沃的耕层。

土壤耕作的任务是为作物创造固相、液相、气相比例适当而且持久，土壤中的水、肥、气、热协调的土壤环境，使作物能正常地生长发育，更好地发挥增产潜力。

(二) 土壤耕作的内容

1. 基本耕作　基本耕作又称为初级耕作，指入土较深、作用较强烈、能显著改变耕层物理性状、后效较长的一类土壤耕作措施。

(1) 耕翻。耕翻的主要工具有铧犁，有时也用圆盘犁。这项措施不适于缺水地区。

①耕翻方法。因犁壁的形状不同主要有 3 种耕翻方法，全翻垡、半翻垡和分层翻垡。

②耕翻时期。全田耕翻要在前作收获后进行，随各地熟制而不同。例如，北方一年一熟地区，每年种一茬春播作物，由于冬春干旱，所以强调秋耕，接纳雨水；种植冬小麦地区，则是夏闲伏耕、播前秋耕；南方耕翻多在秋、冬季进行，有利于干耕晒垡，冬季冻垡，以加速土壤的熟化过程，又不致影响春播适时整地。播种前的耕作宜浅，以利整地播种。

③耕翻深度。耕翻深度因作物根系分布范围和土壤性质而不同。根据深耕所需动力消耗和增产效益，一般认为目前大田生产耕翻深度，旱地以 20～25cm，水田以 15～20cm 较为适宜。在此范围内，黏壤土土层深厚，土质肥沃，上、下层土壤差异不大，可适当加深；沙质土，上下层土壤差异大，宜稍浅。

(2) 深松耕。以无壁犁、深松铲、凿形铲对耕层进行全田的或间隔的深位松土。耕深可达 25～30cm，最深为 50cm，此法分层松耕，不乱土层。适合于干旱、半干旱地区和丘陵地区，以及耕层土壤为盐碱土、白浆土的地区。

（3）旋耕。采用旋耕机进行。旋耕机上安装犁刀，旋转过程中起切割、打碎、掺和土壤的作用。一次旋耕既能松土，又能碎土，土块下多上少。水田、旱田整地都可用旋耕机，一次作业就可以进行旱田播种或水田放水插秧，省工、省时，成本较低。旋耕机在实际运用中常只耕深 10～12cm 的土壤层，应作为翻耕的补充作业。从国内实践看，无论水田还是旱田，多年连续单纯旋耕，易导致耕层变浅与理化状况变劣，故旋耕应与翻耕轮换应用。

2. 表土耕作　表土耕作也称土壤辅助耕作，是改善 0～10cm 的耕作层和表面土壤状况的措施，也是配合耕翻的辅助作业。

（1）耙地。耙地是农田耕翻后，利用各种表层耕作机具平整土地的作业。常用的耙地工具有圆盘耙、钉齿耙、刀耙和水田星形耙等。耙地可以破碎土块、疏松表土、保蓄水分、增高地温，同时具有平整地面、掩埋肥料和根茎及消灭杂草等作用。我国北方常于早春季节进行顶凌耙地，南方稻区则有干耙和水耙之分。干耙在于碎土，水耙在于起浆，同时也有平整田面和使土肥相融的作用。

（2）耢地。用耢耙地的一种整地作业。耢又名耱，是用树枝或荆条编于木耙框上的一种无齿耙，是我国北方地区常用的一种整地工具。于耕翻或耙地后耢地可耱碎土块、耢平耙沟、平整地面，兼有镇压、保墒作用。

（3）耖田。水田中用耖进行的一种表土耕作作业。耖又称"而"字耙，是一类似于长钉齿耙的耖田耙，还有一种平口耖。耖田目的在于使耕耙后的水田地面平整，并进一步破碎土块和压埋残茬、绿肥，促使土肥相融。耖田耙有干耖和水耖之分。干耖时土壤水分要适宜，水耖时水层不宜过深或过浅。平口耖只适宜于水耖，常在播种前准备秧田和插秧前平整水田时使用。

（4）镇压。利用镇压器具的冲力和重力对表土或幼苗进行碾压的一种作物栽培措施。分播前镇压、播后镇压和苗期镇压。

播前土壤镇压可压碎残存土块、平整地面，适当提高土壤紧密度、增加毛细管作用而保蓄耕层含水量。播后立即镇压可压碎播种时翻出的土块，使种子覆盖均匀，种子与土壤密接，有利于幼苗发根，并可减少地面水分蒸发和风蚀。苗期镇压又称压青苗，可使地上部迟缓生长，基部节间粗短，根系充分发展，从而提高抗倒能力，因苗期镇压多在冬季进行，故还有保温防冻的作用。要注意的是，含水量较大或地下水位较高的地块、盐碱地等不宜镇压。

（5）作畦。为便于灌溉排水和田间管理，播种前一般需要作畦。我国北方干旱少雨，小麦水浇地上作平畦。畦长 10～50m，畦宽 2～4m，一般应为播种机宽度的倍数。四周做宽约 20cm、高 15cm 的田埂。南方雨水多，地下水位高，开沟作畦是排水防涝的重要措施。雨水多、土质黏重、排水不良的地区宜采用深沟窄畦，畦宽为 1.3～2m，反之，可采用浅沟宽畦。最好是三沟（畦沟、腰沟和围沟）配套，深度由浅到深，以利排水。

（6）起垄。实行垄作，可以起到防风排水、提高地温、保持水土、防止表土板结、改善土壤通气性、压埋杂草等作用。一般用犁开沟培土而成。垄宽 50～70cm。

块茎、块根作物通过起垄栽培，可增厚耕层并提高土温，不仅有利于排水和防止风蚀，还能加大昼夜温差，有利于产品增加质量。

3. 少耕和免耕

（1）少耕。少耕指在常规耕作基础上尽量减少土壤耕作次数或全田间隔耕种、减少耕作面积的一类耕作方法。此方法有覆盖残茬、蓄水保墒、防水蚀和风蚀作用，但杂草危害严重，应配合杂草防除措施。

（2）免耕。免耕又称零耕、直接播种，指作物播种前不用犁、耙整理土地，直接在茬地上播种，在播后和作物生育期间也不使用农具进行土壤管理的耕作方法。免耕的基本原理，一是用生物措施，利用秸秆覆盖代替土壤耕作，二是以除草剂、杀虫剂等代替土壤耕作的除草和翻埋病菌和害虫的作用。

二、播种

（一）种子准备

1. 种子清选 作为播种材料的种子，必须在纯度、净度和发芽率等方面符合种子质量要求。一般种子纯度应在98％以上，净度不低于95％，发芽率不低于90％。因此，播种前要进行种子清选，清除空瘪粒、虫伤病粒、杂草种子及秸秆碎片等夹杂物，保证种子纯净、饱满、生命力强、发芽出苗一致。常用的种子清选方法有以下几种。

（1）筛选。选用筛孔适当的清选器具，人工或机械过筛，清选分级，选出饱满、充实、健壮种子作为播种材料。

（2）粒选。根据一定标准，手工或用机械逐粒精选具有该品种典型特征的饱满、整齐、完好的健壮种子作为播种材料。

（3）风选。又称扬谷、簸谷、扬场。借自然风力或机械风力，吹去混于种子中的泥沙杂质、残屑、瘪粒、未熟或破碎籽粒，选留饱满、洁净的种子。

（4）液体密度选。利用液体密度，将轻重不同的种子分离，充实、饱满的种子下沉底部，轻粒则上浮液体表面。常用的液体有清水、盐水、泥水和硫酸铵水溶液等。液体密度的配制必须根据作物种类和品种而定。经液体选后的种子须用清水洗净。若先经筛选，再用液体密度选，则效果更好。

2. 种子处理 为使种子播种后发芽迅速、整齐，出苗率高，苗全苗壮，在保证种子质量的基础上，需对种子进行处理。

（1）晒种。利用日光摊晒作物种子的措施。一般在作物收获后贮藏前或播前进行。播前晒种，可以促进种子后熟，降低含水量，提高种子的酶活性、透性和胚的活力，降低发芽抑制物质的浓度，有利于发芽。

（2）种子消毒。种子消毒是预防和减轻作物种传病害的有效措施之一。不少作物病害主要是通过种子传播的，如小麦黑粉病、水稻恶苗病、棉花枯萎病和黄萎病、甘薯黑斑病等。目前常用的消毒方法有药剂拌种、浸种等。

拌种是将一定数量和一定规格的拌种剂与种子混合拌匀，使药剂均匀附着在种子表面上的一种种子处理方法，如三唑酮拌种等。

浸种是用药剂的水溶液、乳浊液、高分散度的悬浮液或温水浸渍种子和秧苗的方法。在一定温度下，经过一定时间浸渍后捞出晾干或再用清水淘洗晾干留作播种用。如温汤浸种、多菌灵浸种等。

（3）种子包衣及种子生物处理。种子包衣是应用长效、内吸杀虫剂与生理活性强的杀菌剂以及微肥、有益微生物、植物生长调节剂、抗旱剂等，加入适当助剂复配成种衣剂，对种子进行包衣处理。包衣种子呈丸粒状，且具有较高的硬度和外表光滑度，大小形状一致。

包衣种子是在工厂里对种子进行加工制成的，有利于种子标准化、丸粒化和商品化。使用包衣种子免去了播种前种子处理的烦琐程序，节约了用工和成本。油菜、烟草等小粒种子经过包衣，能进行精量播种。

为了克服农药和化肥对矿物能源的依赖，消除其对环境和食物的潜在污染，近年来可用拮抗菌和有益微生物进行种子处理，通过生物防治作物病虫害或借助有益微生物向作物供给养分。尽管这种方法刚开始使用，但其前景十分看好。

（4）催芽。催芽指人为地创造种子萌发最适的水分、温度和氧气条件，使种子提早发芽，发芽整齐，从而提高成苗率的方法。催芽多在浸种的基础上进行。催芽温度以25～35℃为好。

催芽在水稻生产上应用广泛。小麦、棉花、玉米、西瓜、花生、甘薯、烟草等作物采用催芽播种，也能获得苗早、苗全、苗壮的效果。

（二）播种

1. 播种量　确定合理的播种密度，应考虑气候条件（生长季节长密度可小些）、土壤肥力（肥力高的土壤密度可小些）、作物种类、品种类型和种子质量等因素。一般播种量的确定，应从以下两方面考虑。

（1）密播作物。由播种量确定播种密度，如麦类作物、豆类作物等。播种量的确定原则：因地力定产量，因产量定株数（苗数），因株数定播种量。公式如下：

$$每亩播种量(kg)=\frac{每亩播种粒数\times(1+损失率)}{每千克种子粒数\times发芽率}$$

（2）中耕作物。当种子出苗后，通过定苗确定密度。因此，在保证计划留苗密度的前提下，尽量减少播种量，节约种子。如棉花每亩播种量为5～7.5kg；玉米每亩播种量机播为3～4kg，点播为2～3kg；谷子每亩播种量为0.5～0.8kg。

2. 播种深度　播种深度主要取决于种子大小、顶土力强弱、气候和土壤环境等因素。一般以作物种子大小和顶土力强弱分为两类。

（1）小粒、顶土力弱的种子。一般播种深度为3～5cm，如谷子、高粱、大豆、棉花等。

（2）大粒、顶土力强的种子。一般播种深度为5～6cm，如玉米、花生、蚕豆、豌豆等。

在一定范围内，播种深度可根据土壤质地和整地质量、土壤墒情适当调整。

3. 播种方式　播种方式是指作物种子在田间的分布状况。在作物播种时，要结合播种施用种肥，并加强播后管理，以保证苗全、苗匀、苗齐、苗壮。

（1）条播。条播为播种行呈条带状的作物播种方式。手工条播先按一定行距开好播种行，均匀播下种子，并随即覆土。机械作业可用条播机，播种行距大小因不同作物、品种、栽培水平等而异。按行距大小还可细分为宽行、窄行和宽窄行条播等方式。按播种行上种子播幅宽窄不同，分窄幅和宽幅条播两类。条播作物生长发育期间通风透光良好，便于栽培管理和机械化作业。

（2）撒播。撒播为将种子直接撒在畦面的播种方式。一般先行整地，撒种，然后覆土。其优点是省工、省时，有利于抢季节。但种子分布不均匀，深浅不一致，出苗率受影响，幼苗生长不整齐，田间管理不便。

（3）点播。点播又称点种，是按一定行、穴间距，挖一小穴放入种子的一种播种方式。有方形、矩形、三角形点播等方式。主要用于高秆作物或需要较大营养面积的作物。点播可确保播种均匀，节省种子。

（4）精量播种。精量播种是在点播基础上发展起来的一种经济用种的播种方法。精量播种能将单粒种子按一定的距离和深度，准确地播入土内，以得到均匀一致的发芽和生长条件。精量播种和包衣技术配套应用是作物生产现代化的重要措施之一，具有十分广阔的发展前景。

（三）播后管理

1. 开沟理墒，覆土镇压　南方多雨地区小麦等作物播种后，应进行开沟理墒。沟土应均匀覆盖畦面，以减少露籽。播后镇压对争取早苗、全苗有显著的作用。

2. 化学除草　一般在播后出苗前进行，有些作物也可在齐苗后进行。

3. 破除土面，防止闷种　一般雨后表土干后应及时将板结土面破碎，疏松表土，以利出苗和保墒。

4. 查苗补缺，间苗定苗　齐苗后应及时检查田间出苗情况，对漏种断垄的地块应及早补种，对缺苗不多的地方可移密补稀，以保证全苗。

三、育苗移栽

农作物生产有直播和育苗移栽两种方式。育苗移栽是传统的精耕细作培育方式，主要用于水稻、甘薯、烟草等作物。在复种指数较高的地区，为解决季节茬口矛盾，培育壮苗，棉花、油菜、玉米等作物也多采用育苗移栽。

（一）育苗移栽的意义

育苗移栽和直播栽培比较，可充分利用生长季节，提高复种指数，提高土地利用率；能实现提早播种，延长作物生育期，增加光合产物的积累，提高作物产量和品质；便于精细管理，有利于培育壮苗，确保大田用苗；能实行集约经营，节省种子、肥料和农药等；能按计划移栽，保证预定行、株距和种植密度。缺点是育苗移栽费工较多，成本较高；有些作物根系入土较浅，不利于吸收土壤深层养分，抗倒伏力较弱。

（二）育苗方式

育苗方式很多，大致可分为露地育苗和温床育苗两大类。露地育苗方法简便，省工、省料，管理方便，适用范围广，如湿润育秧、方格育苗和营养钵育苗等。温床育苗的增温效果好，有酿热（生物能）温床育苗、蒸汽温室育苗，电热温床育苗和日光温室育苗等。现将其中主要的育苗方式简介如下。

1. 湿润育秧　该方法是20世纪50年代中后期发展起来的水稻育秧方式。苗床选择泥脚较浅、土质带沙、肥力较高、水源清洁、排灌方便的田块。在清除杂草、施足基肥、平整地块的基础上，按一定规格作畦，畦面力求平整，畦宽130～150cm，畦沟宽20～25cm、深10～13cm。待畦面晾紧皮后即可播种，播后塌谷使种子大半入泥，根据天气变化情况，沟内灌水，保持畦面湿润，以利发芽出苗。

2. 营养钵育苗　该方法多应用于棉花、玉米、烟草等作物。一般用肥沃熟土70%～80%，除去杂草、残根、石砾等，加入腐熟堆肥、厩肥和适量的过磷酸钙、草木灰或钾肥，充分打碎拌匀，再加适量水拌和，堆闷一周以上，然后压制成直径6～8cm、高度8～9cm的营养钵。营养钵成行排列，钵体紧靠，播前浇足水，每钵播种子1～3粒，然后覆盖细土，钵间同时盖满细土，至适宜苗龄时运到农田移栽。

3. 酿热温床育苗　该方法是用植物残体和一定量的人畜粪分层堆置于温室坑内，利用其发酵放出的热能，并利用太阳能进行育苗的一种方法，也称生物能温室育苗。

（三）苗床管理

关键是控制好苗床的温度和水分。苗床温度的高低和水分的多少与苗的强弱紧密相关。薄膜保温育苗，发芽出苗阶段要求温度较高，以 20～25℃ 为宜，一般不超过 35℃，采用日揭夜盖进行控温，苗床土壤含水量以 17％～20％ 为宜。齐苗后宜及时除草、间苗、定苗、防治病虫害、施用肥水等。

（四）移栽

移栽时期应根据作物种类、适宜苗龄和茬口等确定。一般水稻适宜的移栽叶龄为 4～6叶，油菜以 6～7 叶移栽为好。移栽可带土或不带土，移栽前要先浇好水，不伤根或少伤根。为提高移栽质量，保证移栽密度，栽后要及时施肥浇水，以促进早活棵和幼苗生长。

四、田间管理措施

田间管理十分重要，它包括从作物播种到收获整个生育过程中在田间进行的一系列管理工作。田间管理的目的在于给作物生长发育创造最理想的条件，综合运用各种有利因素，克服不利因素，发挥作物最大的生产潜力。

（一）查苗、补苗

保证全苗是作物获得高产的一个重要环节。作物播种后，常因种子质量差，整地质量不好，播种后土壤水分不足或过多，播种过早，病虫危害，播种技术差或化肥、农药施用不当等造成缺苗。故在作物出苗后，应及时查苗，如发现有漏播或缺苗现象，应立即用同品种种子进行补种或移苗补栽。

补种是在田间缺苗较多的情况下采用的补救措施。补种应及早进行，出苗后要追肥促发，以使补种苗尽量赶上早苗。

移苗补栽是在缺苗较少或发现缺苗较晚情况下的补救措施，一般结合间苗，就地带土移栽，也可以在播种的同时，在行间或田边播一些预备苗。为保证移栽成活率，谷类作物必须在 3 叶期前，双子叶作物在第一对真叶期前移栽。移栽补苗应选择在阴天、傍晚或雨后进行，用小铲挖苗，带土移栽，栽后及时浇水。

（二）间苗、定苗

为确保直播作物的密度，一般作物的播种量都要比最后要求的定苗密度大出几倍。因此，出苗后幼苗拥挤，造成苗与苗之间争光照、争水分、争养分，影响幼苗健壮生长，故必须及时做好间苗、定苗工作。

间苗又称疏苗，指在作物苗期，分次间去弱苗、杂苗、病苗，保持一定株距和密度的作业。间苗要掌握去密留匀、去小留大、去病留健、去弱留壮、去杂留纯的原则，且不损伤邻株。每次间苗后，要及时补肥补水，促进根系生长。

定苗是直播作物在苗期进行的最后一次间苗。按预定的株、行距和一定苗数的要求，留匀、留齐、留壮苗。发现断垄缺株要及时移苗补栽。

（三）中耕、培土

中耕是指在作物生育期间，在株、行间进行锄耘作业。目的在于松土、除草或培土。在土壤水分过多时，中耕可使土壤表层疏松，散发水分，改进通气状况，提高土温，促进根系生长，有利于作物根系的呼吸和吸收养分。在干旱地区或季节，中耕可切断表土毛细管，减少水分蒸发，减轻土壤干旱程度，同时可消灭杂草，减少水分和养分的消耗。中耕一般进行2～3次，深度以 6～8cm 为好。

培土也叫壅根，是结合中耕把土培到作物根部四周的作业。目的是增加茎秆基部的支持力量，促进根系发展，防止倒伏，便于排水，覆盖肥料等。越冬作物培土，有提高土壤温度和防止根部冻害的作用。

(四) 施肥

1. 施肥原则

(1) 用养结合。采用有机肥和无机肥结合，用地与养地相结合，才能在提高作物产量的同时又培肥土壤，保持地力经久不衰。

(2) 按需施肥。作物对营养元素的吸收具有选择性和阶段性，因而施肥时就应考虑作物的营养特性和土壤的供肥性能，根据作物生长所需选择肥料的种类、数量和施肥时期，合理施肥，达到相应器官正常生长的目的。在作物营养临界期，不致因作物缺乏某种养分而发育不良；在作物营养最大效率期，应及时追肥，满足作物增产的需要，提高肥料利用率。

(3) 充分发挥肥效。施肥时应遵循最小养分律、限制因子律、最适因子律，注重营养元素的合理配比和施用，充分发挥营养元素间的互补效应；在提高肥料利用率的同时，发挥肥料的最大经济效益。

2. 肥料的种类

(1) 有机肥料（农家肥料）。该肥料属迟效性肥料，包括各种废弃物，如人畜粪尿、厩肥、堆肥、沤肥、饼肥以及绿肥、秸草、塘泥等。这类肥料的主要特点是来源广、成本低、养分含量全，且分解释放缓慢、肥效期长，可改良土壤的理化性状，提高土壤肥力。在分解有机质过程中，还能生成二氧化碳，有利于光合作用，适于各种土壤和作物施用。

(2) 化学肥料（无机肥料）。化学肥料根据化肥中所含的主要成分可分为氮肥、磷肥、钾肥、复合肥和微量元素肥等。属于速效性肥料，易溶于水、肥效高、肥效快，能被作物直接吸收利用，这是化学肥料的共同特点。

(3) 微生物肥料。常用的微生物有根瘤菌、固氮菌、抗生菌、磷细菌和钾细菌等。微生物肥料的作用在于通过微生物的生命活动，增加土壤中的营养元素。在施用上应注意与有机肥料、无机肥料配合，并为微生物创造适宜的生活环境，以发挥其肥效。

3. 施肥方法

(1) 基肥。一般以有机肥料作基肥，适当配合化学肥料施用更为有效。在土壤耕翻前均匀撒施，耕翻入土，使土肥相融，可提供作物整个生育期间所需的养分。

(2) 种肥。有机肥料、化学肥料、微生物肥料均可作种肥。但有机肥料作种肥，必须沤制腐熟，并混合化肥施用。在播种前把肥料施入播种沟内，或播后盖种。使用半腐熟有机肥或施肥量多时，不能使肥料直接与种子接触，应做到肥、种隔离，以免烧芽、烧根，影响出苗。用化学肥料作种肥，可采用浸种、拌种或在播种时与肥料同时施入的方法。其作用是提供作物幼苗生长的养分。

(3) 追肥。按照不同作物的需肥特点，在不同生育时期施入的肥料。其作用是供给作物各个生育时期所需的养分，同时也可减少肥料的损失，提高肥料的利用率。一般根据化学肥料的性质，采用不同方式进行追肥，生产上常用的有深层追肥、表层追肥和叶面追肥（根外追肥）。

（五）灌溉与排水

1. 灌溉　灌溉是向农田人工补水的技术措施。除满足作物需水要求外，还有调节土壤的温热状况、培肥地力、改善田间小气候、改善土壤理化性状等作用。灌溉的方法主要有以下两种。

（1）普通灌溉。如大水漫灌等。

（2）节水灌溉。节水灌溉就是要充分有效地利用自然降水和灌溉水，最大限度地减少作物耗水过程中的损失，优化灌水次数和灌水定额，把有限的水资源用到作物最需要的时期，最大限度地提高单位耗水量的产量和产值。目前，节水灌溉技术在生产上发挥着越来越重要的作用，主要包括地上灌（如喷灌、滴灌等）、地面灌（如膜上灌等）和地下灌三大系统。

2. 排水　排水的目的在于除涝、防渍，防止土壤盐碱化，改良盐碱地、沼泽地等。通过调节土壤水分状况调节土壤通气性和温湿度状况，为作物正常生长、适时播种和田间耕作创造条件。排水方法有以下两种。

（1）明沟排水。即在田面上每隔一定距离开沟，以排除地面积水和耕层土壤中多余的水分。明沟排水系统一般由畦沟、腰沟与围沟组成。明沟排水的优点是排水快，缺点是影响土地利用率，增加管理难度等。

（2）暗沟排水。即通过农田下层铺设的暗管或开挖的暗沟排水。其优点是排水效果好、节省耕地、方便机械化耕作，缺点是成本高、不易检修。

（六）防治病虫草害

农作物从种到收，常常由于病虫草害而遭受重大损失。即使已经收获的产品，在贮藏和运输期间，也会遭受病虫的危害。因此，做好病虫草害防治工作，也是作物栽培的重要内容。病虫害防治应贯彻"预防为主，综合防治"的方针，应用农业防治、生物防治、理化防治等方法，尽量把病虫害限制在不造成损失的最低限度。

杂草对农业生产危害极大。防除杂草也是作物栽培中一项重要而艰巨的工作。杂草种类繁多，不论什么季节、什么栽培方式、旱地还是水田，都有多种杂草生长。防除杂草的方法很多，有以农业防治为主的综合防治和化学防治等。综合防治包括精选种子、轮作换茬、合理耕作、中耕除草等，化学防治则主要是应用化学除草剂防治，主要通过土壤处理和茎叶处理等方法来实现除草目的。

五、收获与贮藏

（一）收获

1. 收获时期的确定

（1）以种子、果实为产品的作物。该类作物其生理成熟期即为产品收获期，如禾谷类、豆类及花生、油菜、棉花等。禾谷类作物穗在植株上部，成熟期基本一致，可在蜡熟末期至完熟期收获。棉花、油菜等由于棉铃或角果部位不同，成熟度不一。棉花在吐絮时收获，油菜以全田 70%～80% 植株的角果呈黄绿色、分枝上部尚有部分角果呈绿色时为收获适期。花生、大豆以荚果饱满，中部及下部叶片枯落，上部叶片和茎秆转黄为收获适期。

（2）以块根、块茎为产品的作物。一般这类作物的收获物为营养器官，地上部茎、叶无显著成熟标志，一般以地上部茎、叶停止生长，并逐渐变黄，地下部贮藏器官基本停止膨大，干物质质量达最大时为收获适期，如甘薯、马铃薯、甜菜等；同时还应结合产品用途、气候条件确定收获期。甘薯在温度较高条件下收获不易贮藏；春马铃薯在高温时收获，芽眼易老化，晚疫病易蔓延，低于临界低温收获也会降低品质和贮藏性。

（3）以茎秆、叶片为产品的作物。该类作物收获期不以生理成熟期为标准，而常常以工艺成熟期为收获适期。甘蔗在蔗糖含量最高，还原糖含量最低，蔗糖质量最纯、品质最佳，外观上甘蔗叶片变黄时收获，同时结合糖厂开榨时间，按品种特性分期砍收。烟叶是由下往上逐渐成熟，其特征有叶色由深绿变成黄绿，厚叶起黄斑，叶片茸毛脱落，有光泽，茎叶角度加大，叶尖下垂，主脉乳白、发亮、变脆等。麻类作物等以中部叶片变黄，下部叶片脱落，纤维产量高，品质好，易于剥制，即为工艺成熟期，也是收获适期。

2. 收获方法 作物的收获方法因作物种类而异，目前主要有以下几种。

（1）刈割法。禾谷类作物多用此法收获，用收割机或人工刈割收获。

（2）摘取法。棉花、绿豆等作物多用此法。棉花是在棉铃吐絮后，用人工或机械采摘。绿豆收获是根据果荚成熟度，分期、分批采摘，集中脱粒。

（3）挖取法。一般块根、块茎作物多采用此法，可用机械收获或人工挖掘收获。

（二）处理与贮藏

禾谷类等作物收获后，应立即进行脱粒和干燥。种子脱粒后，必须尽早晒干或烘干扬净。棉花必须分级、分晒、分轧，以提高品质，增加经济效益。

薯类主要以食用为主，一般为鲜薯，因而薯类的保鲜极为重要。薯类保鲜必须注意3个环节：一是在收、运、贮过程中要尽量避免损伤破皮；二是在入窖前要严格选择，剔除病、虫、伤薯块；三是加强贮藏期间的管理，特别要注意调节温度、湿度和通风。

甜菜、甘蔗、麻类、烟草等经济作物的产品，一般需加工后才能出售。甜菜收获后，块根根头，特别是着生叶子的青皮含糖量低、制糖价值小，必须切削。同时，切除干枯叶柄和不利于制糖的青顶和尾根，然后尽早向糖厂交售。甘蔗的蔗茎在收获前应先剥去叶片，收获后再切去根、梢，打捆装车尽快交售。麻类作物在收获后，应先进行剥制和脱胶等加工处理，然后晒干、分级整理，即可交售或保存。烟草因晒烟、烤烟等种类的不同，其处理方法也不同。

【拓展阅读】

节水灌溉新技术在我国的应用现状

我国农业灌溉水资源浪费严重，全国农田灌溉水利用率平均仅为52%，农田对自然水的利用率仅为56%，灌溉供水近一半未被利用，而发达国家农田灌溉水利用率为70%～80%，粗放式的灌溉水管理以及节水灌溉技术的落后，导致我国水资源利用率低于发达国家。如果我国农田灌溉水利用系数再提高0.1～0.15，每年可减少取水量400亿～500亿 m^3。以色列的节水灌溉技术处于世界领先水平，20世纪60年代以色列创造了滴灌技术，随着节水灌溉技术的发展与推广，以色列境内已基本滴灌化。美国的灌溉面积占总耕地面积的13.5%，随着滴灌、喷灌等节水灌溉技术的推广，节水灌溉面积达0.89亿 hm^2，占国内总灌溉面积的37%。目前，我国的灌溉面积约0.53亿 hm^2，占我国耕地面积的40%，产出的粮食占全国粮食总产量的80%，保障着我国的粮食安全。预计2030年有效灌溉面积要达到0.7亿 hm^2，每年需要增加80亿 m^3 灌溉用水，现有的灌溉用水满足不了增加的部分。因此，提高灌溉用水效率，创新节水灌溉技术会对未来我国农业可持续发展做出重大贡献。

我国农业面临的缺水问题，主要采取节水措施予以解决，灌溉技术直接影响水利用系数。目前，滴灌、微灌、低压管道灌溉技术的应用大大提高了用水效率，有效利用系数达到了0.45。我国在1974年引入了滴灌技术，且得到了快速发展，滴灌与覆膜种植结合的膜下滴灌技术已应用到了我国多种农作物的种植上。理想的节水灌溉模式包括：在尽量大范围和任意小流量的情况下，实现灌溉均匀稳定；加入肥料、农药，灌溉均匀稳定；无论地上还是地下都能实现均匀灌溉；长时间运行后，仍能实现灌溉的均匀稳定性。灌水方式可分为局部灌溉和全面灌溉，目前研究和应用的节水灌溉技术大部分属于局部灌溉。我国的节水灌溉技术经过多年的发展，形成了种类形式多样的灌溉技术，如微灌技术、喷灌技术、膜下滴灌技术等。

1. 微灌技术　微灌技术主要包括地表滴灌、地下滴灌、微喷、涌泉灌、小管出流灌等。微灌技术最大的特点在于灌水均匀、机械化程度高和适用性广，特别是对地形适应性强，而且还可以将肥料和农药直接输送到作物根区。由于采用封闭管道输水，减少了输送过程中的渗漏损失，相关的统计资料表明，微灌技术比传统灌溉节水30%～50%，同时还可以有效避免土壤板结的问题。但是微灌技术的不足之处在于一次性资金投入较高，而且专业技术性较强，需要专业性的维护，此外，根系堵塞及鼠害问题也是制约微灌发展不容忽视的问题。

2. 喷灌技术　喷灌技术主要是通过喷头，利用压力对作物进行喷洒灌溉。按照喷灌技术系统的不同，喷灌技术大致可以分为固定式喷灌、半固定式喷灌和移动喷灌等几种类型，其中在农业生产中运用较多的主要是移动喷灌系统。喷灌技术最大的特点在于节水、节省劳动力，而且适时适量喷灌在保证作物用水的同时还能调节田间小气候，更好地促进作物生长。相关的研究资料表明，采用喷灌技术灌溉均匀度可达90%，水资源利用率可以达到60%～85%。不足之处在于喷灌时容易受到风速影响，而且气候干燥时因蒸发损失较大，造成喷灌效果大幅降低。

3. 膜下滴灌技术　膜下滴灌技术也就是在地表覆膜，用地下毛管滴灌的技术，是最先进也是最节水的灌溉技术。膜下滴灌技术灌溉主要集中在40cm以上土层，并不会改变耕层原有结构，更有利于确保土壤疏松和良好的水、肥、气、热环境，而且还有利于增强保墒效果和抵抗干旱、霜冻等自然灾害的能力。相关研究资料表明，膜下滴灌技术较常规灌溉技术节水率达到25%～65%，节约肥料30%，可以使粮食作物增产20%～30%，水果增产50%～100%，蔬菜增产100%～200%。但膜下滴灌技术的缺点在于工程建设投资大、滴灌器易堵塞、容易引起盐分累积，管理不当会造成限制根系发展的问题。

【信息收集】

上网浏览我国农事操作中常用的农机具，并进行整理总结，以小组演示文稿（PPT）的形式进行展示和汇报。

【思考题】

1. 土壤耕作主要包括哪些内容？
2. 播前种子准备包括哪些内容？
3. 在农业生产上确定作物适宜播种量和播种期各应考虑哪些因素？
4. 育苗移栽有什么作用？
5. 简述作物的施肥原则与施肥技术。
6. 如何确定主要作物的收获适期？

2 第二篇

主要大田作物生产项目

水 稻 生 产 技 术

【学习目标】

了解水稻的起源与分类、水稻生长发育特性、水稻生产的生物学基础、水稻产量形成过程及调控原理。

掌握水稻种子质量检验技术、水稻育秧技术、水稻秧苗素质考查和移栽技术、水稻田间看苗诊断和田间管理技术、水稻测产与收获以及稻米品质鉴定与评价方法等。

【学习内容】

>>> 任务一　水稻生产基础知识 <<<

一、水稻的起源与分类

（一）栽培稻种的起源

水稻在植物学分类上属禾本科（Gramineae）稻属（Oryza）。栽培稻是野生稻经过长期的自然选择和人工选育衍变而来的。世界稻属植物（野生稻）有20～25个，分布于热带和亚热带地区。世界栽培稻种只有两种：普通栽培稻（O. sativa）和光稃栽培稻（O. glaberrima）。普通栽培稻又称为亚洲栽培稻，分布于世界各地，占栽培稻品种的99％以上。光稃栽培稻又称为非洲栽培稻，全世界栽培面积较小，仅分布于西非，丰产性差，但耐瘠性强。

多数学者认为普通栽培稻起源于中国到印度的热带地域，包括印度的阿萨姆、尼泊尔、缅甸、泰国北部、老挝、越南北部直至中国西南和南部热带地区；非洲栽培稻起源于热带非洲的尼日尔河三角洲（图Ⅱ-1-1）。我国栽培稻种是普通栽培稻种，由普通野生稻衍变而来。起源于华南（云南、广西、广东、海南、台湾）的热带和亚热带地区。我国北方的栽培稻由南方传入。

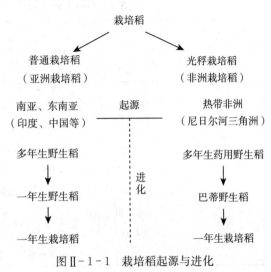

图Ⅱ-1-1　栽培稻起源与进化

（二）栽培稻种的分类

我国栽培稻分布区域辽阔，栽培历史悠

久，生态环境多样，在长期自然选择和人工培育下，出现了繁多的适应各稻区和各栽培季节的品种。丁颖曾根据它们的起源、衍变和栽培发展过程，对水稻进行系统分类，如图Ⅱ-1-2所示。

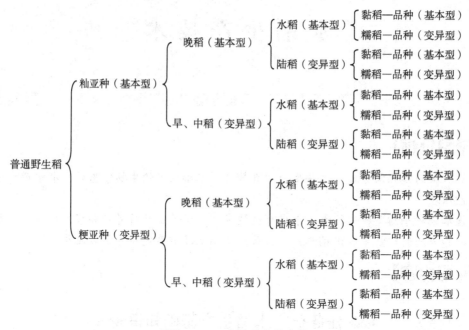

图Ⅱ-1-2　栽培稻种的分类

1. 籼亚种和粳亚种　此二者又分别称为籼稻和粳稻，籼稻是基本型，粳稻是在较低温度的生态条件下，由籼稻经过自然选择和人工选择逐渐演变形成的变异型。籼稻多分布于我国南方稻作区和低海拔温热地区，而粳稻多分布在我国北方稻区或高海拔地区。籼稻和粳稻地理分布不同，在形态特征和生理特性上具有明显的差别（表Ⅱ-1-1），但也存在一些中间类型品种，需根据其综合性状来鉴别是属于籼稻还是粳稻。

表Ⅱ-1-1　籼稻和粳稻的形态特征和生理特性比较

指标	项目	籼稻	粳稻
形态特征	叶形、叶色	叶片宽，叶色淡	叶片窄，叶色深绿
	粒型、株型	粒细长略扁，株型较散	粒短圆，株型较竖
	芒的有无	多无芒，或有短芒	有长芒，无芒
	颖毛状况	颖毛短而稀，散生颖面	颖毛长而密，集生颖棱上
生理特性	吸水发芽	较快	较慢
	抗性、适应性	抗寒性弱，抗稻瘟病性较强	抗寒性较强，抗稻瘟病性较弱
	分蘖力	较强	较弱
	耐肥抗倒	一般	较强
	脱粒性	较易	较难
	米质	出米率低，碎米多，胀性大	出米率高，碎米少，胀性小

2. 晚稻和早稻 籼稻和粳稻都有早稻和晚稻型。它们在外形上没有明显区别，主要区别在于栽培季节的气候环境不同，形成了对栽培季节的适应性不同。晚稻对日照时间敏感，即在短日照条件下才能进入幼穗分化阶段；早稻对日照时间反应钝感或无感，只要温度等条件适宜，没有短日照条件，也可以进入幼穗分化阶段。

普通野生稻对日照时间反应敏感，晚稻的发育特性与普通野生稻相似，所以晚稻是基本型，早稻则是通过长期的自然和人工选择，从晚稻中分化而来的变异型。中稻的晚熟品种对日照时间的反应接近晚稻型，而中稻的早、中熟品种则接近于早稻型。

3. 水稻和陆稻 根据栽培地区土壤水分和生态条件不同，可分为水稻（包括浅水稻、深水稻、浮水稻）和陆稻（又称旱稻）两种类型。两者的主要区别在于耐旱性不同。它们在形态解剖和生理生态上的一些差别，都是两者耐旱性不同的表现。

水稻和野生稻一样，都是属于沼泽性植物，适宜分布于有水层的土壤环境。深水稻茎秆高达 1.5～2m，浮水稻茎、叶可随水上涨而伸长，以保证茎、叶暴露在大气中。栽培稻与野生稻的特性相近，并且我国古籍记载，水稻栽培在先，陆稻栽培在后，因此，可认为水稻是基本型，而陆稻是在不同土壤水分条件下形成的地理生态型，属于变异型。

4. 黏稻和糯稻 上述各稻种类型中都有黏稻和糯稻，它们在形态特征和生理特性方面都没有明显的差异，其主要区别在于米粒淀粉含量和性质不同。黏稻米粒中含 20%～30% 的直链淀粉和 70%～80% 的支链淀粉，米粒呈半透明或不透明，常有心白和腹白，淀粉的吸碘性大，遇碘溶液呈蓝紫色，米饭黏性较弱，胀性大；糯稻米粒中几乎都是支链淀粉，米粒呈乳白色，不透明，淀粉吸碘性小，遇碘溶液呈棕红色，米饭黏性强，胀性小，但易煮软，食味好，常用作糕团、粽子和酿造的原料。野生稻都属黏稻，未发现有糯稻类型。因此，可以认为黏稻属于基本型，糯稻属于变异型（表Ⅱ-1-2）。

表Ⅱ-1-2 黏稻和糯稻的主要区别

性状	糯稻	黏稻
米粒色泽	乳白色，不透明	略透明，有光泽
淀粉组成	几乎全部为支链淀粉，不含或很少含直链淀粉	直链淀粉 20%～30%，支链淀粉 70%～80%
碘液反应	淀粉吸碘性小，遇碘显棕红色	淀粉吸碘性大，遇碘显蓝紫色
煮饭	糊化温度低，胀性小	糊化温度高，胀性大

二、水稻生产概况

（一）水稻生产的重要意义

水稻是我国栽培历史悠久的主要粮食作物之一。水稻不仅是我国的主要食粮，世界上也约有一半人口以稻米为主食。我国水稻种植面积占世界水稻种植面积的 23%，仅次于印度，居世界第二。我国水稻种植面积占粮食作物的 34%，总产量近 2 亿 t，占粮食总产的 45%。

稻米营养价值高，适口性好，容易消化，一般精白米含有糖类 75%～79%，蛋白质 6.5%～9.0%，脂肪 0.2%～2.0%，粗纤维 0.2%～1.0%，除此之外，还含有多种氨基酸。稻谷副产品用途广泛，其米糠既是家畜的精饲料，也是医药原料；谷壳可作为工业原料；稻草除作家畜饲料和食用菌生产原料以及有机肥料外，还是造纸工业等的原料。因此发展水稻生产，提高稻谷的产量和稻米的品质，对我国国民经济的发展具有十分重要的意义。

（二）水稻生产发展趋势

1. 水稻品种结构优化　长期以来，水稻生产追求数量而忽视质量，导致优质米品种不多，种植面积不大，专用稻、特种稻的开发利用程度也极低。近年来随着市场经济体系的发展，各地日益重视优质米的开发利用，采取各种措施调整水稻种植结构，扩大优质水稻的种植面积。同时稻米是多用途的农产品，如作饲料、食品加工、工业酿造和制造糖的原料等。因此，要提高水稻生产的效益，在注重水稻品质优质化的同时，必须重视水稻的专用化生产。

2. 水稻种植轻简化、机械化　随着农业和农村现代化的发展，稻作的耕作制度和栽培技术正在发生新的变革，轻简栽培技术很受稻农欢迎，机械化取代劳动强度大的手工操作已有一定的基础。科学技术的不断进步，必然带来水稻种植技术上的突破，新的省工、省力、高产、高效的水稻生产技术的出现与先进的电子、信息、遥感技术的成功结合，形成了新的水稻种植技术，水稻生产从播种、施肥、植物保护、灌溉至收获、脱粒、贮藏全过程的机械化作业，将成为现实。

3. 水稻生产的可持续发展　现代农业依靠大量施用化肥、农药、除草剂等化学物质，消耗大量的资源来达到提高作物产量的目的，给人类的生存环境带来了不可逆转的负面影响，对土壤的掠夺性使用，不重视培肥，给水稻生产持续稳定地发展带来威胁。随着人们环保意识的提高和对可持续发展问题的关注，这些问题日益受到重视。水稻生产中的可持续发展，就是要以合理利用自然资源与经济技术条件为前提，实现水稻生产的高产、稳产。科学技术的进步，如多抗病虫草害、耐不良环境的水稻品种的育成，先进的水稻种植技术和综合病虫草害防治技术的产生，合理的种养结合种植制度的应用，必将推动水稻的可持续发展。近年来，高产、低耗、高效、无公害的生产方式已经成为水稻生产的发展方向。

三、水稻种植区划

我国稻作分布区域辽阔，南自热带 $18°9'N$ 的海南省崖县，北至 $53°29'N$ 的黑龙江漠河，东自台湾，西达新疆，低至东南沿海的潮田，高至海拔 2 710m（云南省宁蒗彝族自治县永宁乡中瓦村）的西南高原，都有水（旱）稻栽培。中国水稻区划工作已有 60 多年的历史，1957 年丁颖将全国水稻产区划分为 6 个稻作带，在水稻生产和科研实践中发挥了重要作用，为以后的水稻区划工作奠定了基础。1988 年，中国水稻研究所根据各地自然生态条件、社会经济技术条件、耕作制度和品种类型等综合分析的结果，将全国划为 6 个稻作区和 16 个稻作亚区（二级区）。

（一）华南双季稻稻作区

本区位于南岭以南，为我国最南部，包括广东、广西、福建、云南 4 省（自治区）的南部，台湾，海南和南海诸岛全部。地形以丘陵山地为主，稻田主要分布在沿海平原和山间盆地。稻作常年种植面积约 510 万 hm^2，占全国稻作总面积的 17%。本区水热资源丰富，稻作生长季 260～365d，$\geqslant 10℃$ 的积温 5 800～9 300℃，年日照时数 1 000～1 800h，稻作期降水量 700～2 000mm。稻作土壤多为红壤和黄壤。种植制度是以双季籼稻为主的一年多熟制，实行与甘蔗、花生、薯类、豆类等作物当年或隔年的水旱轮作。部分地区热带气候特征明显，实行双季稻与甘薯、大豆等旱作物轮作。稻作复种指数较高。本区分 3 个亚区：闽粤桂台平原丘陵双季稻亚区、滇南河谷盆地单季稻亚区、琼雷台地平原双季稻多熟亚区。

（二）华中双单季稻稻作区

本区东起东海之滨，西至成都平原西缘，南接南岭山脉，北毗秦岭-淮河。包括江苏、上海、浙江、安徽、湖南、湖北、四川、重庆的全部或大部，以及陕西、河南两省的南部。稻作常年种植面积约 1 830 万 hm²，占全国稻作面积的 61％。本区属亚热带温暖湿润季风气候，稻作生长季 210～260d，≥10℃的积温 4 500～6 500℃，年日照时数 700～1 500h，稻作期降水量 700～1 600mm。稻作土壤在平原地区多为冲积土、沉积土和鳝血土，在丘陵山地多为红壤、黄壤和棕壤。本区双季稻、单季稻并存，籼稻、粳稻均有，杂交籼稻占本区稻作面积的 55％以上。在 20 世纪 60—80 年代，本区双季稻占全国稻作面积的 45％以上，其中，浙江、江西、湖南的双季稻占稻作面积的 80％～90％。20 世纪 90 年代以来，由于农业结构和耕作制度的改革，以及双季早稻米质不佳等，本区的双季早稻种植面积锐减，使本区稻作面积从 80 年代占全国稻作面积的 68％下降到目前的 61％。尽管如此，本区稻米生产的丰歉，对全国粮食形势仍然起着举足轻重的影响。太湖平原、里下河平原、皖中平原、鄱阳湖平原、洞庭湖平原、江汉平原、成都平原历来都是中国著名的稻米产区。耕作制度为双季稻三熟与单季稻两熟制并存。长江以南多为双季稻三熟或单季稻两熟制，双季稻面积所占比例大，长江以北多为单季稻两熟制或两年五熟制，双季稻面积所占比例较小。四川盆地和陕西汉中盆地的冬水田一年只种一季稻。本区分 3 个亚区：长江中下游平原双单季稻亚区、川陕盆地单季稻两熟亚区、江南丘陵平原双季稻亚区。

（三）西南高原单双季稻稻作区

本区位于云贵高原和西藏高原，包括湖南、贵州、广西、云南、四川、西藏、青海等省（自治区）的部分或大部分，属亚热带高原型湿热季风气候。气候垂直差异明显，地貌、地形复杂。稻田在山间盆地、山原坝地、梯田、垄脊都有分布，高至海拔 2 700m，低至 160m，立体农业特点非常显著。稻作常年种植面积约 240 万 hm²，占全国稻作总面积的 8％。本区稻作生长期 180～260d，≥10℃的积温 2 900～8 000℃，年日照时数 800～1 500h，稻作期降水量 500～1 400mm。稻作土壤多为红壤、红棕壤、黄壤和黄棕壤等。本区稻作籼稻、粳稻并存，以单季稻两熟制为主，旱稻也有一定面积，水热条件好的地区有双季稻种植或杂交中稻后蓄留再生稻。冬水田和冬坑田一年只种一熟中稻。本区病虫害种类多，危害严重。本区分 3 个亚区：黔东湘西高原山地单双季稻亚区、滇川高原岭谷单季稻两熟亚区、青藏高原河谷单季稻亚区。

（四）华北单季稻稻作区

本区位于秦岭-淮河以北，长城以南，关中平原以东，包括北京、天津、山东全部，河北、河南大部，山西、陕西、江苏和安徽一部分，属暖温带半湿润季风气候，夏季温度较高，但春、秋季温度较低，稻作生长季较短。常年稻作面积约 120 万 hm²，占全国稻作总面积的 4％。本区稻作生长期≥10℃积温 4 000～5 000℃，年日照时数 2 000～3 000h，年降水量 580～1 000mm，但季节间分布不均，冬、春干旱，夏、秋雨量集中。稻作土壤多为黄潮土、盐碱土、棕壤和黑黏土。本区以单季粳稻为主。华北北部平原一年一熟或一年一季两熟或两年三熟搭配种植；黄淮海平原普遍一年一季稻两熟。灌溉水源主要为渠井和地下水，雨水少、灌溉水少的旱地种植旱稻。本区自然灾害较为频繁，水稻生育后期易受低温危害。水源不足、盐碱地面积大，是本区发展水稻的障碍因素。本区分 2 个亚区：华北北部平原中早熟亚区、黄淮海平原丘陵中晚熟亚区。

（五）东北早熟单季稻稻作区

本区位于辽东半岛和长城以北，大兴安岭以东，包括黑龙江、吉林全部，辽宁大部，内蒙古大兴安岭地区，通辽中部的西巡河灌区，是我国纬度最高的稻作区域，属寒温带-暖温带、湿润-半干旱季风气候，夏季温热湿润，冬季酷寒漫长，无霜期短。本区年平均气温2～10℃，≥10℃积温2 000～3 700℃，年日照时数2 200～3 100h，年降水量350～1 100mm。光照充足，但昼夜温差大，稻作生长期短。土壤多为肥沃、深厚的黑泥土、草甸土、棕壤以及盐碱土。本区地势平坦开阔，土层深厚，土壤肥沃，适于发展稻田机械化。耕作制度为一年一季，部分国有农场推行水稻与旱作物或绿肥作物隔年轮作。最北部的黑龙江稻区，粳稻品质十分优良，近20年由于大力发展灌溉系统，稻作面积不断扩大，目前已达到157万 hm²，成为中国粳稻的主产省之一。冷害是本区稻作的主要问题。本区分2个亚区：黑吉平原河谷特早熟亚区、辽河沿海平原早熟亚区。

（六）西北干燥区单季稻稻作区

本区位于大兴安岭以西，长城、祁连山与青藏高原以北，包括新疆、宁夏的全部，甘肃、内蒙古和山西的大部，青海的北部和日月山以东部分，陕西、河北的北部和辽宁的西北部。东部属半湿润-半干旱季风气候，西部属温带-暖温带大陆性干旱气候。本区虽幅员辽阔，但常年稻作面积仅30万 hm²，占全国稻作总面积的1‰。本区光热资源丰富，但干燥少雨，气温变化大，无霜期160～200d，年日照时数2 600～3 300h，≥10℃积温3 450～3 700℃，年降水量仅150～200mm。稻田土壤较瘠薄，多为灰漠土、草甸土、粉沙土、灌淤土及盐碱土。稻区主要分布在银川平原、天山南北盆地的边缘地带、伊犁河谷、喀什三角洲、昆仑山北坡。本区出产的稻米品种优良。种植制度为一年一季，部分地方有隔年水旱轮作，南疆水肥和劳畜力条件好的地方，有麦稻一年两熟。本区分3个亚区：北疆盆地早熟亚区、南疆盆地中熟亚区、甘宁晋蒙高原早中熟亚区。

四、水稻的一生

（一）水稻的生育阶段

在栽培上通常将种子萌发到新种子成熟的生长发育过程，称为水稻的一生。

水稻的一生，可分为营养生长和生殖生长两个阶段。这两个生长发育阶段不能完全分开，但生产中常以稻幼穗开始分化为界限，实际上从稻穗分化到抽穗是营养生长和生殖生长并进的时期，抽穗后基本上是生殖生长阶段（图Ⅱ-1-3）。

（二）水稻的生育时期

1. 营养生长阶段 水稻营养生长阶段是从种子开始萌动到稻穗开始分化前的一段时期。这一阶段主要是稻株形成营养器官，包括种子发芽和根、茎、叶、蘖的生长。它是稻株体内积累有机物质，为生殖生长奠定物质基础的阶段，具体可分为以下5个时期。

（1）幼苗期。从稻种萌动开始至3叶期。

（2）分蘖期。4叶长出开始萌发分蘖直至拔节为止。

（3）返青期。秧苗移栽后，由于根系损伤，有一个地上部生长停滞和萌发新根的过程，约需7d才恢复正常生长，这段时间称返青期，也称缓苗期。

（4）有效分蘖期。一般认为水稻进入拔节期具有4片叶的分蘖为有效分蘖。水稻有效分蘖临界叶龄期指与理论上最高有效分蘖位的分蘖第一叶同伸的母茎叶出叶期，主茎总叶片数

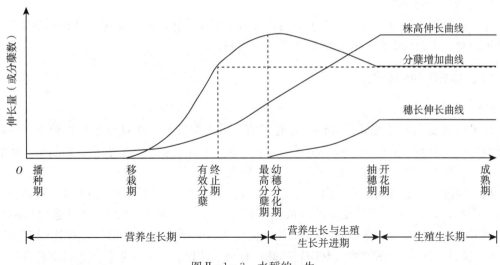

图Ⅱ-1-3　水稻的一生

（邬卓，1998，粮食作物栽培）

（N）减去地上总伸长节间数（n）的叶龄期，如杂交稻 17 片叶，伸长节间数为 5 个，17－5＝12，即主茎第十二片叶出现前为有效分蘖期。

（5）无效分蘖期。水稻进入拔节期前或拔节期后所形成的叶片数≤3 叶的分蘖为无效分蘖。一般而言，水稻在有效分蘖临界叶龄期以后（主茎 $N-n$ 叶期后）出现的分蘖为无效分蘖。水稻有效分蘖临界叶龄期大多出现在拔节前后，生产上把分蘖不再增加，全田总茎蘖数最多的时期称为最高分蘖期（或高峰苗期）。

2. 生殖生长阶段　水稻生殖生长阶段是从稻穗开始分化（拔节）到稻谷成熟的一段时期，包括拔节长穗期和开花结实期。

（1）长穗期。从稻穗分化至抽穗为止，一般需要 30d，生产上也常称拔节长穗期。

（2）开花结实期。从出穗开花到谷粒成熟，可分为开花期和结实期，其中结实期又包括乳熟期、蜡熟期、黄熟期和完熟期。结实期经历的时间，因不同的品种特性和气候条件而有差异。气温高，结实成熟期短，气温低，结实成熟期延长。早稻为 25～30d，晚稻为 35～50d。

五、水稻的生育类型

水稻的生育类型是指水稻分蘖终止期（拔节）与稻穗开始分化时期之间的不同起讫关系，实际上就是营养生长转变为生殖生长的特性。由于水稻类型不同，有的水稻拔节与稻穗分化同时并进，有的则有先有后，因此就形成了 3 种不同的生育类型。

（一）重叠型品种

这类品种地上部分一般伸长 4～5 个节间，穗分化先于拔节，即分蘖尚未终止，幼穗已开始分化。因此分蘖期和长穗期有部分重叠。作为三熟制栽培的双季早稻或早熟中稻属此类型。

（二）衔接型品种

这类品种地上部分一般伸长 6 个节间，幼穗开始分化和拔节基本同时进行，即约在分蘖终止时，幼穗开始分化。因此分蘖期和长穗期的关系是相互衔接的。这一类型的品种大多是迟熟中稻和早熟晚稻。

(三)分离型品种

这类品种地上部分一般伸长7个节间，拔节先于穗分化，即分蘖终止后隔一段时间才开始幼穗分化。因此分蘖期和长穗期的关系是分离的。

六、水稻的器官建成

(一)营养器官

1. 种子发芽与幼苗生长 水稻颖花受精结实后成为谷粒，在农业上称为种子。谷粒的外部是谷壳，内有一粒糙米。谷壳包括内颖和外颖，糙米包括果皮、种皮、糊粉层、胚乳和胚。另外，在内、外颖下方还有护颖（2个）和副护颖（图Ⅱ-1-4）。

稻种萌发需要适宜的水分、温度和氧气等外界环境条件。种子萌发要求吸水量达种子本身风干质量的25%~40%，发芽的最低温度粳稻为10℃，籼稻为12℃，最适生长温度为28~36℃，最高温度为40℃。稻种萌发和幼苗生长，还要有充足的氧气。在进行有氧呼吸时，胚乳贮藏物质转化速度快，利用效率高，有利于幼根、幼叶及生长点进行细胞分裂增殖而促进其生长；而在无氧（淹水）条件下，稻种只能进行无氧呼吸，产生的中间产物和能量都很少，除胚芽鞘依靠原有细胞的伸长而能生长外，其他的器官均因缺乏养料而不能进行细胞分裂而停止生长。生产上常见的"干长根、湿长芽"现象就是由上述原因形成的。

发芽的种子播种后，地上部首先长出白色、圆筒状的芽鞘，接着从芽鞘中长出只有叶鞘而无叶片的不完全叶，因其含有叶绿素，所以秧苗呈现绿色，称为现青。现青后，依次长出第一、第二、第三等完全叶。当第四完全叶抽出时，第一完全叶腋芽就可能长出分蘖。现青时，种子根已下扎入土，至第一完全叶抽出时，从芽鞘节上先后长出5条不定根，因其形似鸡爪，故称为"鸡爪根"（图Ⅱ-1-5）。它对扎根立苗、培育壮秧起着重要作用。第三叶抽出时胚乳的养分基本耗尽，进入离乳期，此时秧苗抗寒力下降，抵御不良环境的能力减弱，是防止死苗的关键时期。

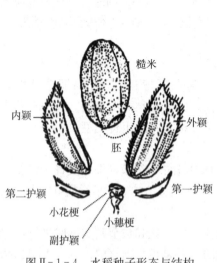

图Ⅱ-1-4 水稻种子形态与结构

图Ⅱ-1-5 水稻的鸡爪根

2. 根系生长　水稻的根系属于须根系，由种子根和不定根组成。种子根1条，当种子萌发时，由胚根直接生长而成，幼苗期起吸收作用。不定根从分蘖节上由下而上逐渐发生。从种子根和不定根上长出的支根，为第一次支根；从第一次支根上长出的支根，为第二次支根；依此类推，条件好时最多可发生5～6级分支根。不定根和支根组成发达的根系，在整个生育期中起吸收、固定和支持作用。水稻根系在移栽后的生育初期向横、斜下方伸展，在耕作层土壤中呈扁圆形分布。到抽穗期，根的总量达到高峰，根系向下发展，其分布由分蘖期的扁椭圆形发展为倒卵形。

稻根生长的最适土温为30～32℃，超过35℃，根系生长不良；低于15℃，根系生长较微弱。据研究，粳稻移栽后，日平均温度稳定在14℃以上，稻苗才能顺利发根。籼稻秧苗发根的温度比粳稻要高一些。因此，在生产上要防止移栽过早，以免温度过低而造成秧苗不发。

土壤营养对稻根发生的数量和质量都有明显影响。氮素充足的情况下，不仅增加总根数，同时能增强根群的氧化能力，因而白根较多；磷素能促进糖类的形成和运转，促进对氮的吸收和利用，增施磷肥，并与氮配合施用，增根效果显著。

土壤通气状况对稻根发生也有一定的影响。在浅水勤灌、氧气充足的条件下，支根和白根多；相反，若长期淹水，支根减少，黄根、黑根增多。

3. 茎的生长

（1）茎的生长。稻株的叶、分蘖和不定根都是由茎上长出来的，茎有支持、运输和贮藏的功能。稻茎一般中空，呈圆筒形，着生叶的部位是节，上、下两节之间为节间。稻茎由节和节间两部分组成。稻茎基部的节间不伸长，各节密集，发生根和分蘖的节，习惯上称为分蘖节。茎上部由若干伸长的节间形成茎秆。稻株主茎的总节数和伸长节间数因品种和栽培条件而有较大的变化，一般具有9～20个节，4～7个伸长节间。节间伸长初期是节间基部的分生组织细胞增殖与纵向伸长引起的。节间的伸长先从下部节间开始，顺序向上。但在同一时期中，有3个节间在同时伸长，一般基部节间伸长末期正是第二节间伸长盛期、第三节间伸长初期。基部节间伸长1～2cm时称为拔节。伸长期后，节与节间物质不断充实，硬度增加，单位体积质量达到最大值。抽穗后，茎秆中贮藏的淀粉经水解后向谷粒转移，一般抽穗后21d左右，茎秆的质量下降到最低水平。

（2）茎秆节间性状与抗倒能力。水稻倒伏多发生在成熟阶段，折倒的部位多在倒数第四至第五节间，这是基部两个节间抗折能力弱造成的。基部节间粗短，有利于抗倒。所以一般在节间开始伸长时应控制肥水，抑制细胞过分伸长。分蘖末期和拔节初期排水晒田，可以起到促根、蹲节、防病、抗倒的作用。基部节间由明显伸长到接近固定长度需7～8d。若封行过早，基部叶片受光不良，糖类亏缺，基部节间充实不良，抽穗后就有倒伏的可能。

影响茎秆抗折强度的主要因素：基部节间长度、伸长节间的强度和硬度，以及叶鞘的强度和紧密度等。研究表明，有活力的叶鞘占茎的抗折强度的30%～60%，由于倒伏一般发生在基部两节间某处，包裹这两节间的叶鞘一定要坚韧。叶鞘的强度随叶片的枯黄而显著降低。所以，在栽培上保持后期下位叶的功能，争取较多的绿叶数，有利于防止倒伏。

4. 叶的生长　稻叶分为芽鞘、不完全叶和完全叶3种形态。发芽时最先出现的是无色薄膜状的芽鞘，从芽鞘中长出的第一片绿叶只有叶鞘，一般称为不完全叶。自第二片绿叶起，叶片、叶鞘清晰可见，习惯上称为完全叶（图Ⅱ-1-6）。在栽培上，稻的主茎总叶数是从第一完全叶开始计算的。我国栽培稻的主茎总叶数大多在11～19叶。主茎的叶数与茎节数一致，与品种生育期有直接关系。生育期为 95～120d 的早稻，有 10～13 叶；生育期为 120～150d 的中稻，有 14～16 叶；生育期 150d 以上的晚稻，总叶数在 16 叶以上。同一品种栽培于不同条件下，若生育期延长，出叶数往往也增加；生育期缩短，出叶数就减少。稻的完全叶由叶鞘和叶片两部分组成，其交界处还有叶枕、叶耳和叶舌。叶枕为叶片与叶鞘相接的白色带状部分，其形状、质地、植物激素含量与叶片的伸展角度有关。叶舌是叶鞘内侧末端延伸出的舌状膜片，它封闭叶鞘与茎秆（或正在出生的心叶）之间的缝隙，有保护作用。叶耳着生于叶枕的两侧，叶耳上有毛。稗草没有叶耳，这是区别稻和稗草的主要特征。但也有极个别无叶耳的水稻品种，称为筒稻。从着生部位来看，叶可以分为着生在分蘖节上的近根叶和拔节后着生在茎秆上的抱茎叶 2 种。

图Ⅱ-1-6　水稻的幼苗
（李振陆，2015，作物栽培）

　　相邻两片叶伸出的时间间隔，称为出叶速度。水稻一生中各叶的出叶速度随生育期的进展而变长。幼苗期 2～4d 出 1 片叶；着生在分蘖节上的叶 4～6d 出 1 片叶；着生在茎秆节上的叶 7～9d 出 1 片叶。出叶的快慢因环境条件不同而有很大变化，特别是温度对出叶速度的影响最为明显。在 32℃以下，温度越高出叶越快；水分对出叶速度也有影响，土壤干旱时出叶速度变慢；栽培密度对出叶速度的影响表现为稀植的出叶快，而且出叶数增加，单本栽插的往往要比多本栽插的多出 1～2 片叶。

　　稻株不同部位叶的长度，具有相对稳定的变化规律。从第一叶开始向上，叶长由短变长，至倒数第二至第四叶又由长到短。叶长在品种间差异较大。在同一地区、同一品种、同一栽培条件下其各叶长往往稳定在一定的幅度之内。

　　5. 分蘖的生长

　　（1）分蘖的发生。分蘖是由稻株分蘖节上各叶的腋芽，在适宜条件下生长形成的。从主茎上长出的分蘖称第一次分蘖，从第一次分蘖上长出的分蘖称第二次分蘖，生育期长的品种可能有第三、第四次分蘖。分蘖在母茎上所处的叶位称分蘖叶位。凡分蘖叶位数多的品种，分蘖期长，生育期一般也较长。在分蘖叶位数相同的品种间，也存在分蘖发生率的差异，主要是因为对外界环境条件敏感度不同。对温、光、水、肥等条件敏感的品种，当条件不宜时，分蘖芽处于休眠状态，分蘖发生率低。一般情况下，籼稻分蘖发生率较高，粳稻较低。

　　（2）分蘖发生规律。水稻主茎出叶和分蘖存在同伸现象，即 n 对 $n-3$ 关系。当主茎第四叶抽出，主茎第一叶的叶腋内伸出第一分蘖的第一叶。水稻的分蘖与出叶之间虽然存在同伸现象，但受环境条件的影响较大，当环境条件不适时，这种同伸现象就不存在了。因此，生产上可以根据叶蘖同伸现象的表现对分蘖期间田间管理好坏和秧苗生长状况进行诊断，为栽培措施的合理运用提供依据。

　　（3）有效分蘖与无效分蘖。凡能抽穗结实的分蘖称为有效分蘖，不能抽穗结实的分蘖称为无效分蘖。分蘖是否有效，主要取决于拔节时分蘖的营养状况。3 叶以上的分蘖，开始陆续长出不定根，能依靠自己的根系吸收水分和养分，同时分蘖本身也有一定的叶面积，能制造较多的光合产物以满足分蘖本身生长发育的需要而成为有效分蘖。主茎拔节以后，如果分蘖还未长出根系，或根系很少，不能吸收足够的养分，就逐渐死亡而成为无效分蘖。在正常群体条件下，分蘖要长出第四叶时才能从第一节上长出根系，进行自养生长，此前主要是靠母茎提供养分。当主茎开始拔节时，分蘖必须有 3 叶以上，才有较高的成穗可能性。在分蘖期，每长 1 片叶需 5～6d。若长 3 片叶，则需 15～18d，因此在开始拔节 15d 前发生的分蘖，其有效的可能性较大。

（4）影响分蘖发生的条件。分蘖发生的早晚和多少，因品种和环境条件而异。直接影响分蘖发生的温度是水温和土温。据中国农业科学院研究报道：水稻分蘖的最低气温为 15℃，最低水温为 16℃；最适气温为 30～32℃，最适水温为 32～34℃；最高气温为 40℃，最高水温为 42℃。在田间条件下，当气温低于 20℃或高于 37℃，不利于分蘖发生。水稻分蘖的部位一般都在表土下 2～3cm 处。长江中下游地区的绿肥茬早稻，在早插情况下，常因当时温度偏低，阻碍分蘖发生而造成僵苗。因此，要采取日浅夜深的灌水方法，提高土温，促进分蘖的发生。

秧苗移栽后，如果阴雨天多，光照不足，光合产物少，叶鞘细长，稻苗瘦弱，不利于分蘖的发生。反之，晴天多，光照强，叶鞘短粗，植株健壮，分蘖早而多。

在土壤营养丰富的田块，分蘖发生早而快，分蘖期较长。相反，田瘦肥少，土壤营养不足，分蘖发生缓慢，分蘖期也短。氮素明显影响分蘖，而磷、钾对分蘖的影响不明显。但在土壤缺磷或缺钾时，增施磷、钾肥对分蘖有促进作用。

浅插秧苗，其表土温度高，通气性较好，有利于分蘖早生快发。反之，插秧过深，土层温度低，氧气少，分蘖节间伸长，消耗较多养分，分蘖推迟，有效分蘖少。

（二）生殖器官

1. 开花授粉

（1）开花授粉过程。穗上部颖花的花粉和胚囊成熟后的 1～2d，穗顶即露出剑叶鞘，即为抽穗。从穗顶露出到全穗抽出约需 5d。温度高，抽出快；温度低，抽出慢。一般情况下，穗顶端的颖花露出剑叶鞘的当天或露出后 1～2d 即开始开花，全穗开花过程需 5～7d，而第三天前后开花最盛。

一天中水稻开花的时间主要受当日温度的制约，气温高开花早，盛花期在午前；气温低开花迟，盛花期亦推迟，甚至推迟到午后，一天中开花就相对分散。在同样的条件下，一般籼稻开花早，粳稻开花较迟。稻穗上部枝梗颖花先开，下部枝梗颖花后开；一次枝梗先开，二次枝梗后开。同一枝梗上，顶端颖花先开，其次是枝梗最下部的颖花开花，然后从下部依次向上开花。开花时颖壳张开，花丝迅速伸长，花药开裂，花粉散向同朵颖花的柱头。经 2～3min 便发芽伸出花粉管，花粉 3 个核进入花粉管先端部位，经 0.5～1h 进入子房珠孔，通过助细胞后，释放出 2 个精核和 1 个营养核，其中 1 个精核与卵细胞结合成为受精卵，另 1 个精核与胚囊中极核结合成为胚乳原核，完成双受精过程，前后历时 5～6h。然后胚和胚乳同时发育，形成米粒。

（2）开花授粉与环境条件。水稻开花最适温度为 25～30℃，最高温度为 45℃，最低温度为 13℃。但当气温低于 23℃或高于 35℃，花药的开裂就要受到影响。据研究，在开花前 1d，受高温的危害最大，低温危害以开花当天影响最大。

空气湿度过高或过低，对花粉的发芽和花粉管的伸长均有不利影响。尤其是干燥高温或高湿低温天气，对开花受精的影响更大。降雨时，水稻一般不开颖而进行闭花授粉。但正在开花时遇大雨，花粉粒吸水爆破，柱头上的黏液被冲洗，使受精率降低，空粒增多。开花时风速过大，就会直接损害花器而影响受精结实。据研究，风速在4m/s以上时，对开花授粉就有影响；6m/s以上时，影响严重。只有晴暖微风天气，对开花受精最为有利。

2. 稻穗的发育

（1）稻穗的构造。稻穗为复总状花序，由穗轴、一次枝梗、二次枝梗、小穗梗和小穗组成（图Ⅱ-1-7）。从穗颈节到穗顶端退化生长点是穗轴，穗轴上一般有8～15个穗节，穗颈节是最下面的一个穗节，穗顶退化生长点处是最上面的一个穗节，每个穗节上着生一个枝梗。直接着生在穗节上的枝梗，称为一次枝梗；由一次枝梗上再分出的枝梗，称为二次枝梗。每个一次枝梗上直接着生4～7个小穗梗，每个二次枝梗上着生2～4个小穗梗，小穗梗的末端着生1个小穗，每个小穗分化3朵颖花，其中2朵在发育过程中退化，因此每个小穗只有1朵正常颖花。

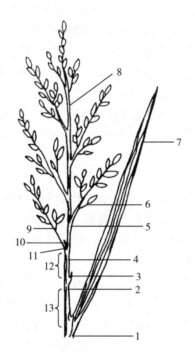

图Ⅱ-1-7 稻穗的形态

1. 顶叶鞘 2. 穗颈节 3、10. 退化一次枝梗 4. 穗轴 5. 穗节 6. 退化颖花
7. 剑叶 8. 退化生长点 9. 二次枝梗 11. 一次枝梗 12. 穗节间 13. 穗颈长

（李振陆，2015，作物栽培）

（2）穗分化过程。稻株经适宜的日长诱导后，茎端生长点在生理和形态上发生转变，不再分化叶原基，而在生长点的基部分化出第一苞原基，随后经一系列的内部分化和形态变化形成稻穗。从幼穗开始分化到抽穗，大约历时30d。整个分化发育过程可划分为8个时期：第一苞原基分化期、一次枝梗原基分化期、二次枝梗和颖花原基分化期、雌雄蕊形成期、花粉母细胞形成期、花粉母细胞减数分裂期、花粉内容物充实期、花粉完成期。

幼穗分化的不同时期，除了有形态及大小的区别外，还与叶龄余数有关。叶龄余数为稻主茎待抽出的叶数。据凌启鸿等观察，幼穗分化8个时期的叶龄余数分别为：3.5～3.1、

3.0～2.6、2.5～1.6、1.5～0.9、0.8～0.5、0.4～0.3、0.2～0、0。

（3）稻穗发育与环境条件。影响稻穗发育的环境条件有光照、温度、氮素和水分等。

①光照。幼穗发育时，要求光照充足。如果枝梗原基和颖花原基分化期光照不足，枝梗和颖花数减少；花粉母细胞减数分裂期和花粉内容物充实期光照不足，会引起枝梗和颖花大量退化，并使不孕颖花数增加，使总颖花数减少。所以在幼穗发育过程中，遇上长期阴雨或群体生长过旺，均对幼穗发育不利。

②温度。稻穗发育最适宜的温度为30℃左右，延长枝梗原基和颖花原基分化期，较低的温度有利于大穗的形成。但温度低于19℃和21℃时，分别对粳稻和籼稻幼穗发育不利。在花粉母细胞减数分裂期对低温反应最敏感。这期间受冷害后，会使穗下部的枝梗和颖花大量退化，造成穗短粒少，并且导致花粉发育受阻，影响正常受精，形成大量空壳。因此，在长江流域地区，绿肥田早稻要注意防止5月下旬和6月初低温造成的危害；连作晚稻要注意9月上中旬早来的寒露风造成的危害。

③氮素。在雌、雄蕊分化前追施氮肥，有增加颖花数的作用，其中以第一苞原基分化期前后施用适量速效氮肥（促花肥），对增加二次枝梗和颖花数的作用最大。但要根据苗情掌握用量。施用不当容易引起上部叶片徒长和下部节间过度伸长，造成后期郁闭和倒伏。在雌、雄蕊形成期后追施氮肥，对增加颖花数已不起作用，但能减少颖花退化。在花粉母细胞形成期，即剑叶露尖后，施用适量氮肥（保花肥），能提高上部叶的光合效率，增加茎鞘中光合产物的积累，为颖花发育和颖壳增大提供足够的有机养分，能有效地减少颖花退化和增大颖壳容积，起保花增粒和增重作用。但用量不能过多，否则容易造成贪青迟熟，影响产量和后季作物的适时种植。

④水分。稻穗发育时期，群体的叶面积大，气温较高，叶面蒸腾量大，是水稻一生中需水最多的时期。花粉母细胞减数分裂期对水分的反应最为敏感，干旱或受涝都会使颖花大量退化或发生畸形。因此，在花粉母细胞减数分裂期前后，以浅水层灌溉为宜。

3. 米粒的形成

（1）米粒形成过程。根据米粒充实程度和谷壳颜色的变化，将米粒的形成过程分为4个时期，即乳熟期、蜡熟期、黄熟期和完熟期。乳熟期在开花后3～7d（晚稻为开花后5～9d），其米粒中充满白色淀粉浆乳。随着时间的推移，浆乳由稀变稠，颖壳外表为绿色。蜡熟期胚乳由乳状变硬，但手压仍可变形，颖壳绿色消退，逐步转为黄色。黄熟期的穗轴与谷壳全部变为黄色，米质透明硬实，是收获的适宜时期。完熟期的颖壳及枝梗大部分枯死，谷粒易脱落，易断穗、折秆，色泽灰暗。

（2）米粒的发育与内外条件。据研究，米粒产量的1/3左右来自抽穗前茎鞘中的贮藏物质，2/3左右来自抽穗后叶片的光合产物。因此，抽穗前茎鞘的物质贮藏量和抽穗后的光合产物量对米粒的发育影响很大。

成熟初期是光合产物旺盛的积累时期。据研究，在自然条件下，日平均温度在21～26℃，昼夜温差较大，最有利于粳稻的灌浆结实。

肥水等条件与米粒的发育也有密切关系。后期断水过早，氮素不足，都会造成上部叶片的早枯，影响光合产物的积累和运转。反之，长期淹水，会造成根系早衰，影响叶片的寿命和光合效率。后期氮素过多，成熟推迟，产量降低，不完全米的比例显著增加，品质也变劣。

七、水稻的产量形成

（一）水稻产量的构成因素

水稻产量是由单位面积穗数、每穗颖花数、结实率和粒重等因素构成。水稻产量各构成因素是在水稻生育过程中，按一定顺序在不同时期形成的。

秧田期是奠定水稻高产基础的时期。因为秧苗素质在相当程度上决定了移（抛）栽水稻栽插后半个月内秧苗的发根能力、叶片的功能、分蘖发生的快慢与性状等，同时对穗数的形成有很大影响。

分蘖期是决定穗数的关键时期。穗数的多少，取决于栽插（抛栽）的基本苗数和单株的分蘖成穗数。群体质量栽培的核心就是要在保证一定穗数的前提下，提高成穗率，以培育足够数量的壮株大蘖，搭好丰产架子。

长穗期是决定每穗粒数的时期。每穗颖花数是由分化的颖花数和退化颖花数之差决定的。促使每穗分化颖花数增加的时间，在颖花分化前；而影响颖花退化数的时间，主要在花粉母细胞减数分裂期。抽穗前后主要影响空秕粒的多少。故长穗期必须采取增粒措施。

结实期是决定粒重的重要时期，同时也影响结实率。灌浆物质的多少取决于结实期光合产物量的多少，以及抽穗前茎、鞘内贮藏物质的多少。因此结实期要尽可能保持高光合生产力的绿色群体。

（二）水稻高产群体的特征

（1）足够的颖花量是群体的主要经济和生理质量指标。积极提高单位面积总颖花量，是提高抽穗后群体光合效率与物质生产力的必需条件。

（2）群体抽穗至成熟期内高的光合效率和物质生产能力是群体质量的本质特征。稻谷产量主要取决于抽穗后群体的光合生产量。

（3）群体在适宜叶面积范围内，粒叶比用颖花朵数/叶面积（cm²）、实粒数/叶面积（cm²）或粒重（mg）/叶面积（cm²）表示，是库、源关系协调发展的一个综合指标。当叶面积相同时，粒叶比越高，产量越高。因此控制与稳定最适叶面积，提高粒叶比，是增强抽穗至成熟期光合生产力的根本途径，是高产群体质量最主要的数量特征。

（4）调节好抽穗期最大叶面积的适宜范围，提高抽穗成熟期的有效叶面积率和高效叶面积率是群体光合生理质量的一个重要外表指标。

（5）群体抽穗期的单茎茎鞘质量是扩库、强源的重要质量指标。

（6）颖花根活量［水稻结实期群体根活量（根量与活力的乘积）与总颖花量的比］是抽穗至成熟期根系对群体质量的最佳表述指标。

（7）提高茎蘖成穗率是优化高产群体质量的基本途径。提高茎蘖成穗率也是高产群体苗、株、穗、粒合理发展的综合性指标。

【拓展阅读】

有机水稻

（一）有机水稻的概念

有机水稻指不使用化学合成的农药、化肥、生长调节剂等物质，而是遵循自然规律和生态学原理，协调种植业和养殖业的平衡，采用一系列可持续发展的先进农业技术以维持持续稳定的农业生产方式，获得有益于人类生存的健康优质水稻产品。有机水稻生产是以健全土壤体系为基础，以推进水稻健株栽培为抓手，以实施农业综合防治为保障，实现作物稳定高产的总体策略。

（二）有机水稻生产中使用的技术

1. 以生物技术防治病虫草害　有机农业不允许使用化学农药，因此，主要应用生物防治技术（如以虫治虫、用微生物防治病虫等）、农业技术防治（如合理轮作、耕翻、利用抗性品种、加强田间管理等）、物理及机械防治技术（如隔离、捕杀、诱杀等）及其他一些对作物无污染的技术，采用这些综合措施能获得满意的效果。

2. 重视有机肥料的使用　在农业生产中充分利用各种有机废弃物参与物质和能量循环，以保证农业的可持续发展。按照有机农业的标准，有机农业中禁止使用一切化学合成肥料或可能含污染物质的有机废弃物，所以主要利用粪尿类肥料、秸秆还田、种植绿肥、堆制土杂肥、各类生物肥料等代替化肥。

>>> 任务二　水稻育秧技术 <<<

一、水稻壮秧的意义与标准

（一）培育壮秧的意义

壮秧是水稻高产栽培中最重要的基础。稻株各部分器官的建成，都需要经历一个分化发育的过程。秧苗是否健壮不仅影响到正在分化发育的根、叶、蘖等器官本身的质量，而且还直接影响栽后的发根、返青、分蘖，从而对穗数、粒数和结实率造成影响。因此，从栽培的角度说，壮秧能实现扩行稀植，降低群体起点，同时还能节省大田用肥。从形态和生理来讲，壮秧的分蘖芽和维管束发育好，容易实现足穗、大穗的目标；壮秧有较强的光合作用和呼吸强度，从而体内能积累较多的糖类，使苗体健壮，利于返青活棵；壮秧的碳、氮含量较高，碳氮比适中，发根力较强。因此，培育壮秧对夺取水稻高产具有十分重要的意义。

（二）壮秧的标准

在形态指标方面，要求苗体健壮、根系发达、短白根多、苗茎粗扁、叶片不软、叶色青绿、苗高及单株茎蘖数整齐一致。

在生理素质方面，要求光合能力强，呼吸作用旺盛，秧苗体内积累的干物质较多，碳氮比适当，抗逆性和发根力较强。

二、水稻机插秧育苗技术

（一）播前准备

1. 具体要求　准备好育秧所用的营养土、秧田、秧盘、稻种等。

2. 操作步骤

（1）床土准备。一般选择菜园土、耕作熟化的旱土地或经过秋耕、冬翻春耖的稻田土，但不能使用去冬今春使用含有绿黄隆成分除草剂的麦田或油菜田土，每公顷机插大田必须准备床土 1 500kg。

（2）床土培肥。壮秧剂培肥法。在细土过筛后每 100kg 细土拌 1 袋（0.4～0.8kg）壮秧剂，拌匀即可。壮秧剂可以起到培肥、调酸、助壮的作用。

（3）苗床准备。秧田选择应符合"相对集中、便于管理、就近供秧"的要求，排灌条件好，便于管理和运秧。秧大田比按 1∶（80～100）的比例留足，在播前 10d 上水整地，开沟做秧板，板宽 140cm，沟宽 25cm、深 15cm。四周开好围沟，沟宽 30cm、深 20cm。秧板做好后，排水晾板，使板面沉实，播前 2d 对秧板铲高补低，填平裂缝，并充分拍实，板面要求实、平、光、直。

（4）种子准备。

①品种选择。选择适合当地种植的中等偏上、抗倒抗病性强、穗型较大的高产、稳产优质品种，根据近年来的实践，对于早熟晚粳品种，大田要准备符合国家标准的种子 52.5～60.0kg/hm^2。

②种子处理。播前晒种 2～3d，并通过风选去杂去劣，减少菌源并增加种子活力，提高发芽率、发芽势。用 16％咪鲜·杀螟丹可湿性粉剂 15g 和 25％吡虫啉悬浮剂 2～4mL 兑水 6～7kg，浸 5kg 种子，浸种时间 2～3d，采用日浸夜露和浸种催芽同步方法，种子自然破胸露白即可播种。

（5）材料准备。软盘育秧大田需准备 58cm×28cm×25cm 的秧盘 450～480 张/hm^2，幅宽 2m 的无纺布 4.2m。

（二）精量播种

1. 具体要求　确定机插秧育苗的播种量，掌握利用塑盘育秧人工播种的技术要点。

2. 操作步骤

（1）播期确定。由于机插秧播种密度大，秧苗根系集中在厚度为 2.0～2.5cm 的薄土层中生长。为保证秧苗有足够的生长空间和营养供应，掌握适龄插秧十分重要。要求坚持适期播种，根据大田让茬、整耕、沉实时间，按照秧龄 15～18d，不超过 20d 推算播种期，做到宁可田等秧，不可秧等田，江苏地区一般掌握在 5 月中下旬为宜。如果面积大，根据插秧机的插秧进度，合理分批播种，确保适龄移栽。

相关知识：在气象条件和种植制度许可的前提下，根据品种的最佳抽穗结实期来确定最佳播期，即根据品种的生育特性，把抽穗、灌浆、结实安排在当地光、热、水条件最佳的时期内。将常年平均气温稳定通过 10℃ 和 12℃ 的初日，分别作为粳稻和籼稻早播的界限期。一般以秋季日均气温稳定通过 20℃、22℃ 和 23℃ 的终日，分别作为粳稻、籼稻和杂交籼稻的安全齐穗期。水稻的界限播种期指双季早稻的早播界限和晚稻的迟播界限。早稻的早播界限，主要考虑保证安全出苗和幼苗顺利生长。晚稻的迟播界限取决于能否安全开花抽穗和灌浆结实。故迟播界限应保证能在安全齐穗期前齐穗。江苏的观测表明，粳稻抽穗期日均气温 25℃ 左右时的结实率最高；灌浆至成熟期的日均气温 21℃ 左右时的千粒重最高（籼稻两个时期的温度则均比粳稻高 2℃）。可以把这两个温度指标常年出现的日期定为当地的最佳抽穗结实期。水稻具体的播种期，在很大程度上受前茬收获期的限制。确定播种期要做到播种期、适宜秧龄和移栽期三对口。

（2）人工播种。将塑盘横排 2 行依次平铺，要求软盘边与边重叠，盘与盘之间紧密整齐。在盘中放入营养土，掌握土厚 2.0～2.5cm，同时把土面刮平。在播前 1d 灌平板水，在底土吸湿后迅速排放，也可在播种前直接用喷壶洒水。一般每张软盘播芽谷 130～150g，以盘定种，精播匀播。

（3）覆盖保墒。播种后盖细土，盖土厚度掌握在 0.3～0.5cm，以看不见稻种即可，力求均匀一致。封布前先沿秧板每隔 50～60cm 放 1 根细芦苇或几根麦草，以防无纺布与床土粘连在一起，再在盘面上平盖无纺布，使四周严实。挖好秧池田的出水口，防止下雨淹没秧板，导致无纺布与土面粘连，造成烂芽，以保证一播全苗。

（三）秧田管理

1. 具体要求　加强苗床管理，培育壮苗。

2. 操作步骤

（1）及时揭膜。一般播后 5～7d 均能正常齐苗，应及时揭膜炼苗，揭膜时间应掌握"晴天傍晚揭，阴天上午揭，小雨雨前揭，大雨雨后揭"，揭膜时必须灌 1 次平沟水，面积小的也可用壶喷水，以补充盘内水分不足。

（2）科学管水。秧田前期以床土湿润管理为主，保持盘土不发白，晴天中午秧苗不卷叶，缺水补水。秧田集中的可灌平沟水，小面积的可早晚洒水。在移栽前 3d 要控水炼苗，晴天保持半沟水，阴天排干秧沟水，特别在机播前遇雨要提前盖布遮雨，防止床土含水量过高影响起秧和机插。秧苗叶龄达到 3.5～3.8 叶，苗高 12～17cm，单株白根 10 条以上，成苗 2～3 株/cm^2，均匀整体，根系盘结好，提起不散，应适时机插。

（3）适时追肥。机插秧田期一般不需追肥，如没有培肥或叶色较淡，在移栽前 3d 施好送嫁肥，秧池用尿素 75kg/hm^2 兑水 7 500kg/hm^2 傍晚浇施。

（4）病虫害防治。防治对象主要有稻蓟马、灰飞虱、螟虫等。对易感条纹叶枯病品种，务必做好灰飞虱的防治，坚持带药下田，在栽前 1～2d 用 50％ 吡蚜酮 150g/hm^2 兑水 600kg/hm^2 喷细雾，对螟虫、稻飞虱、稻蓟马等防效较好。

（5）控苗促壮。若气温高、雨水多，秧苗长势快，可在 2 叶 1 心期，每 25 盘秧苗用 15％ 的多效唑可湿性粉剂 2g，按 200～300μg/g 兑水均匀喷施，控制植株生长，增加秧龄弹性。

【拓展阅读 1】

水稻肥床旱育秧技术

（一）播前准备

1. 确定播种期　水稻具体的播种期在很大程度上受前茬收获期的限制。确定播种期要做到播种期、适宜秧龄和移栽期三对口。

2. 确定播种量　合理的播种量是培育适龄叶蘖同伸壮秧的关键。秧田播种量的多少，对秧苗素质影响很大。

根据秧龄和各地的生态条件（温、光、水、气）、生产条件（品种特性等）和种植制度（茬口）等具体情况确定适宜的播种量。长秧龄、稀落谷、多蘖壮秧的播种量一般在 220～225kg/hm^2。

3. 培育肥床

（1）苗床选择。要求选择地下害虫少、土壤 pH 较低、未受污染的菜园地或旱地作苗床。秧大田比例应视秧苗规格、秧田播种量和计划秧龄而定。培育中小苗的苗床大田比例为 1∶（20～30）。

（2）苗床培肥。生产上提倡三期培肥。第一期为夏末至冬前的秸秆培肥，一般每平方米用切成 3~4cm 长的秸秆 3kg 左右，分 2 次施入，利用高温加速腐烂；第二期于春季进行，全部使用堆肥、土杂肥、猪厩肥、人粪尿等腐熟的有机肥料，施于深 20cm 床土层内，多耕多翻使肥土融合；第三期为播种前 20~30d 的化肥培肥，在前两期施足有机肥料的基础上，再次施用氮、磷、钾化肥，施肥后应充分耖耙，使肥料能均匀地拌和于床土层内。

（3）苗床处理。对土壤 pH＞7 的苗床一般要进行调酸处理，以创造酸性的土壤环境，抑制立枯病菌的活动，促进旱秧根系生长。一般每平方米用硫黄粉 100g 左右，于播种前 20d 左右均匀施入床土中，并保持土壤饱和含水 15~20d。

（4）制作苗床。按畦宽 1.3~1.5m，秧沟宽 25~30cm，秧沟深 20~25cm 的规格，在播种前 3~5d，对毛坯进行精细加工，制成苗床。落谷前，要向苗床喷洒清水。

相关知识：肥床旱秧指在肥沃、深厚、疏松、呈海绵状的旱地苗床上，杜绝水层漫灌，采用适量浇水"以肥促根、以根促蘖、以水控苗"的方法育苗。肥床的标准有 3 点：一是肥，即经过培肥后，苗床养分充足，营养成分齐全；二是松，即苗床疏松土软，富有弹性，呈海绵状；三是厚，即苗床土层要达到 15~20cm 的厚度，土粒大小一致。同时苗床应达到"干旱不裂口，多水不板结"的要求。

（二）播种

按畦称种，将芽谷均匀播在床面上。用过筛的营养土均匀撒盖于床面上。盖种后用喷壶喷湿盖种土。播后用除草剂和杀虫剂等兑水喷雾。喷后 0.5h 覆盖薄膜、秸秆或草帘。

（三）苗床管理

1. 揭膜　播种后一般 5~7d 便可齐苗，要尽早适时揭去秸秆、薄膜等覆盖物。揭膜应掌握"晴天傍晚揭，阴天上午揭，雨天赶在雨前揭"的原则，揭膜后，若不下雨，要及时喷 1 次水，以防青枯死苗。

2. 补水　旱育秧苗在揭膜时和 2~3 叶期应适当补水。4 叶期后严格控水是培育壮秧的关键，即使中午叶片出现萎蔫也无需补水，如发现叶片有卷筒现象，可在傍晚喷些水，但补水量不宜大，喷水次数不能多。移栽前 1d，应浇 1 次透水。

3. 施肥　因旱育苗床无水层灌溉，养分的移动性较差，根系易吸肥不足，故要重视苗床追肥。一般在 2 叶期要施好断奶肥，每平方米用尿素 15~20g，加少许磷、钾肥，兑水配成营养液进行肥水混浇，以免烧苗。起秧前 3~5d 施好送嫁肥，每平方米用尿素 20~25g。追肥在傍晚进行。

4. 化控　为培育壮秧，防止徒长，可在 1 叶 1 心期每 1 000m² 用含 15% 有效成分的多效唑 150~200g 兑水喷雾化控，施药宜选择晴天进行。

（四）注意事项

按畦定量播种，做到播种均匀。同时，还应做好水稻立枯病、恶苗病和稻象甲、稻蓟马、蝗虫等病虫害的防治工作。

【拓展阅读 2】

水稻湿润育秧技术

湿润育秧也称通气湿润育秧，是干耕干耖干耙做秧板，整平后上水验平，然后播种，3 叶期前保持沟中有水，3 叶期后畦面建立水层的育秧方法。水稻湿润育秧的关键技术如下。

（一）播前准备

首先应选好秧田。秧田应选择地势平坦、土质疏松、肥力较高、排灌方便、水源洁净、无病源、杂草少、距大田较近的田块。

湿润秧田的做法：先干耕干耙，然后在秧田内做宽 1.3～1.6m 的秧板，秧板之间开沟，一般沟宽和沟深均为 17～20cm。秧板毛坯做好后，再上水验平。要求达到平、软、细，表面有一层浮泥，便于粘连种谷。下层要软而不糊，以利于透气和渗水。

施足秧田基肥是培育壮秧的基础。秧田基肥应强调有机肥与无机肥相配合，氮、磷、钾齐全，有机肥以腐熟的土杂肥、厩肥为主，基肥要浅施。

播前还应做好晒种、精选种子、浸种和催芽等工作。

（二）播种

待秧板畦面软硬适度时即可播种。播种最好在上午进行，以争取利用中午温度较高的时间生长扎根。播种要均匀，稀播不匀播，秧苗个体差异就大。因此，提倡按板面定量落谷。播种之后塌谷，以种子半粒陷入泥中为好。塌谷之后用过筛细肥土、砻糠灰、陈草木灰、腐熟细碎的猪厩肥等盖种，有保温、防晒、防雨、防雀害等作用。覆盖物要厚薄适当，均匀一致，以盖没种子为度。

（三）秧田管理

1. 现青扎根期　从播种到立苗（1 叶 1 心期）是秧苗生长发育的第一转变期。这一阶段的关键技术措施是保持秧板湿润而无积水，保证足够的氧气供应。管理要求：晴天满沟水，阴天半沟水，毛毛雨天沟无水。只是在遇暴雨天气时上薄水层护苗，但雨后要随即排水。

2. 离乳期　秧苗 3 叶期前后，此时胚乳养分已经耗尽，是秧苗由异养到自养的转折期。这一阶段的关键措施是早施断奶肥，即在秧苗 1 叶 1 心期施用。用量一般为标准氮肥 112.5～150kg/hm^2。离乳期前后田间应建立浅水层。

3. 离乳至移栽期　这是秧苗生长发育的第三个转变期。这一阶段的管理目标是调节好秧苗体内的碳氮比，提高秧苗的发根能力和抗植伤能力。关键措施是施好起身肥。首先应在稀播、早施断奶肥的基础上，施好接力肥，使秧苗在移栽前 7～8d，叶色自然褪淡，再在此基础上，于移栽前 3～4d 重施起身肥。用量一般为标准氮肥 150～225kg/hm^2。这一时期的水浆管理应以浅水层灌溉为主。在秧苗生长过嫩或秧田过烂时，可采用间歇灌溉，但要防止脱水过久，扎根过深，导致拔秧困难。

除上述管理外，还应及时做好病虫害防治、除草和防鼠雀等工作。

【拓展阅读3】

水稻工厂化育秧技术

水稻工厂化育秧也称水稻快速育秧，是指在人工控制条件下，充分利用自然资源和科学化、标准化技术指标，运用机械化、自动化手段进行水稻育苗，使水稻育苗时间缩短，产苗量增大，秧苗素质提高，适应水稻机械化插秧，同时降低育苗作业劳动强度，省工、省力，从而使秧苗生产达到快速、优质、高产、高效、稳定的生产水平。

（一）播前准备

1. 育苗设施　现代化育苗工厂主要设施是大型日光温室、培养土配置混合机、苗盘播种机、现代化催芽室和喷水、肥、药等。生产过程采用机械化生产方式，为秧苗生产创造个人可控制的环境条件。

2. 秧田选择及配制营养土

（1）秧田选择。要选择地势平坦、土质肥沃、松软、通透性适中、有机质含量高及方便运输的旱田或水田，秋收后或早春旋耕或浅翻地 10～12cm，清除杂物，刮平后压实，摆盘前浇足底水。

（2）营养土配制。选土质疏松的肥沃旱田土壤，占营养土的 70%。优质腐熟的农家肥占营养土的 30%。水稻壮秧剂占营养土的 0.5%。分别将前两种成分过筛后，与壮秧剂分别按比例混拌均匀即可装盘，每盘装 3～4kg 营养土。

3. 品种选择及种子处理

（1）品种选择。选择种子纯度 95% 以上、发芽势 90% 以上、发芽率 95% 以上、籽粒饱满、发芽整齐一致、抗病、高产的优良品种。

（2）种子处理。在浸种前晒种 2～3d，用 20% 氰烯菌酯·杀螟丹可湿性粉剂 600～800倍液浸种防恶苗病、干尖线虫病。浸种时间视水温而定，水温 10℃ 时需 7～10d，水温 15℃时需 5～6d，浸种时每天翻动 1 次。稻种吸足水分的标准是谷壳透明，米粒腹白可见，米粒容易折断而无响声。浸泡好的种子在温控蒸汽催芽器的作用下，经过 32h 完成破胸催芽，可以提高种子的发芽率和发芽势。

（二）播种育苗

根据插秧时间、机械作业能力及水利条件分期播种，秧龄控制在 30～35d，不可苗等地。首批秧苗 4 月 5 日前后即可播种，间隔 5～7d 分期播种。每盘播湿籽 125g，后期播种110g 左右，播种后覆土 0.6～1.0cm，除草剂封闭灭草，不可覆土过薄，以免产生药害，施除草剂后立即在床面上平铺一层地膜保温保湿。

（三）苗期管理

出苗前以保温保湿为主，如遇高温晴天要及时通风、降温、浇水，防止高温烤干盘土，出芽不出苗。出苗后表土干燥发白或早晨秧苗叶尖无露水珠应立即喷灌补水。出苗到 1 叶 1心期白天温度控制在 28～32℃，夜间 10℃ 以上。出苗后及时揭开地膜，防止烧苗。从 1 叶1 心到插秧为炼苗期，要防止徒长，使苗逐步适应自然环境，以通风浇水为主，保持盘土含水率 35%～40%。1 叶 1 心以后白天床土温度控制在 25℃ 左右，夜间控制在 15～20℃，利用晚间通风口的大小，调节夜间温度高低，控制秧苗生长量，达到适龄移栽的目标。移栽前全部揭开地膜，炼苗 3d 以上，2～3 叶秧龄时追肥，平均每平方米苗床用硫酸铵 50g，追肥后浇清水洗苗。秧苗 2 叶期前后要及时用药防治立枯病和青枯病。用 15% 噁霉灵水剂（5mL/m²）500 倍液或 3% 甲霜噁霉灵水剂（20mL/m²）300 倍液浇施，之后用清水洗苗。移栽前 5～7d 用 25% 噻嗪酮防治稻象甲和潜叶蝇。

【拓展阅读 4】

水稻直播技术

（一）直播稻的生长发育特点

直播稻具有一些与移栽稻不同的生长发育特点。

1. 成熟期提早　直播稻没有移栽后的返青期，因此在同时播种的情况下，直播稻可提早成熟4～5d。

2. 分蘖节位低，分蘖早而多　直播稻株的分蘖节集中在表土，且不经移栽无植伤，故分蘖节位低，发生早而多，最高苗数高于移栽稻，但成穗率稍低，这可能与分蘖多、田间群体过大有关。

3. 根系生长健壮，但入土较浅，横向分布多而均匀　直播稻株的发根节位集中在表土层，透气条件好，有利于根系生长，故健壮根较多。直播稻根系横向分布均匀，且大都集中在0～5cm的表土层。因此，若肥水管理不当，后期易发生根倒伏而减产。

（二）栽培技术要点

1. 精细整地，施足基肥　直播稻除种子催芽集中进行外，从出苗、分蘖直到成熟收获，都处在大田环境条件下，存在着苗期田间杂草多，或苗期环境条件较差等问题，因此对土壤耕作有较高的要求，必须精细整地，做到田平、土碎、疏松、草净。

基肥的施用，一般未腐熟的有机肥要先施，后翻耕作底层肥；腐熟的有机肥在耙田时施，然后耙匀作中层肥；磷肥和速效肥在起畦时施于畦面作面肥。

直播稻要开沟起畦播种，畦宽一般为3m，以方便管理。畦间留宽30cm的排灌沟。

2. 适时播种，提高播种质量　直播稻应选择茎秆粗壮、抗倒力强的矮秆品种。播种前要做好种子处理，并进行发芽势和发芽率的测定。种子一般催芽露白即可播种。播种量应根据发芽率、田间成苗率、计划基本苗数而确定。田间成苗率与整地质量有关，一般为70%～85%。播种量计算公式如下：

$$每公顷播种量（kg）＝\frac{每公顷计划基本苗数}{每千克种子粒数×发芽率×田间成苗率}$$

计划基本苗数一般高产田常规稻为120万株/hm²左右，杂交稻75万～90万株/hm²；中产田常规稻150万～220万株/hm²，杂交稻100万株/hm²；低产田常规稻220万～300万株/hm²。

播种方式可因地制宜采用条播、点播或撒播。条播一般播幅7～10cm，幅间距20cm。点播的株、行距一般采用20cm×10cm或20cm×14cm等，常规稻每丛播种4～5粒，杂交稻每丛播种2粒左右。撒播种子要播匀，不然后期容易缺苗。不论哪种播种方式，都要做到落籽均匀、不缺苗、不断条、不断行。

3. 加强田间管理　直播稻由于全生育期均在大田，病虫害易加重；田间杂草多，易造成草荒；稻株根系入土浅，易造成倒伏；分蘖节位低、数量多，易出现群体过大等问题。田间管理必须抓好灭草匀苗、肥水管理和病虫害防治等工作。

（1）做好化学除草。水稻直播田杂草防除的效果直接关系到水稻产量，如杂草防除不及时，则会造成生长前期草害，生长后期草荒，通常会使作物减产30%～40%，严重田块减产可达50%以上。因此直播稻田的杂草防除工作是夺取高产的一项重要技术措施。要使直播稻田灭草较彻底，应根据杂草的类型和生长情况选择适宜的药剂，采用"一封、二杀、三补"的化学除草措施。

封，即指播种前或播种后，使用芽前封闭化学除草剂。即在播种前整地平田时，趁浑水施药，每公顷施适宜浓度的12%噁草酮乳油2 250～3 000mL，然后保持3～5cm水层2d，在播种前排去田中水层。

杀，即指在稻苗2叶1心期对茎、叶喷雾内吸触杀除草剂。在稻苗2叶1心期，结合施断奶肥，每公顷用 10％杀草丹颗粒剂 22.5～30kg 与化肥充分拌匀撒施，并保持 3～5cm 水层 3d。

补，即指在稻苗 5 叶期用药除草。应根据杂草的类型用药，如稗草较多，则每公顷撒施适宜浓度的 96％禾草敌乳剂 2 250～3 000mL，保持水层 7d；如莎草科杂草和阔叶杂草较多，可在稻田水落干后，可用 10％吡嘧磺隆每公顷 300g 拌土撒施，也可兑水喷雾，药后保持水层 3～5d。

（2）及时间密补稀。当秧苗 3～5 叶时，开始进行间密补稀，使秧苗分布均匀。匀苗原则：条播的播种幅中间稀，两边密；穴播的每穴苗数适当分散均匀；撒播的按"3 寸*不拔，4 寸不补，5 寸补一株"的原则匀苗。补苗要求带泥，随拔随补。

（3）加强肥水管理。直播稻的水分管理原则：湿润出苗扎根，薄水保苗，浅水壮苗促蘖，够苗晒田，控蘖壮秆。直播稻根系分布较浅，对土壤水分反应敏感，若重晒田，则中期叶色褪淡过度，影响幼穗分化。因此，直播稻宜抓好早搁、轻晒、分次搁。

在基肥足的基础上，1 叶 1 心期要施断奶肥，3～4 叶期适当重施壮苗促蘖肥，中期巧施穗肥，后期酌情补施粒肥。施肥量视苗情决定，配合施用磷、钾肥。防止一次施肥过多和偏施氮肥。特别是进入分蘖盛期后，应控制氮肥用量，防止群体过大，增加田间荫蔽度，茎秆生长纤弱而降低抗倒能力。

（4）及时做好病虫害防治工作。

▶▶▶任务三 水稻移栽技术 ◀◀◀

一、手栽秧

（一）整地

1. 具体要求 田面平整，土壤松软，土肥相融，无杂草残茬，无大土块，以利于插秧后早生快发。

2. 操作步骤

（1）深翻整地。绿肥田的耕整，既要做到适时，也要做到适量。适时指耕翻的时间要适当；适量指绿肥的翻压量要适当。耕翻时间过早，绿肥的产量低，肥效差；耕翻过迟，离插秧的时间过短，秧苗插后正处在绿肥分解旺盛之时，秧苗不但不能从土壤中获得养分，反因分解过程中产生大量的甲烷、硫化氢和有机酸等有害物质而受到毒害，导致僵苗。绿肥翻压量过少，肥效不足；翻压量过大，虽然离插秧的时间适宜，也不能充分腐烂，同样会因有害物质过多而导致僵苗。绿肥田以插秧前 10～15d，绿肥处在盛花时耕翻为宜，这样既能保证在绿肥充分腐烂后插秧，又能保证绿肥鲜草量高，肥效也高。绿肥施用量以每公顷翻压22.5～30t 鲜草为宜。

（2）施基肥。基肥施用应结合耕翻整地进行。基肥应以有机肥为主，配施适量的氮、磷、钾化肥。在有机肥肥源不足的地区或田块，应推广麦秆、油菜秆等秸秆还田。

（3）灌水耙秒，平整田面。绿肥田耕翻后，应晒 2～3d，然后灌水耙田，将绿肥埋入泥中，浸泡 7～10d，再耕耙平田后插秧。

3. 相关知识 高产水稻要求土壤有较深厚的耕作层和较好的蓄水、保肥、供肥能力。通过耕翻、施基肥、耙秒、平整等过程，创造一个深松平软，水、肥、气、热状况良好的土

---

* 寸为非法定计量单位，1 寸≈3.33cm。——编者注

层，为水稻活棵后早发创造条件。我国稻区多为两熟以上栽培，进行栽秧前的深翻整地十分重要。如果季节矛盾不突出，耕翻后应争取晒垡；如季节矛盾突出，则要抢耕抢栽。

4. 注意事项 平整后，田块高低差不超过 5cm。还田秸秆不露出田面。

（二）移栽

1. 具体要求 提高移栽质量，达到浅、直、匀、牢的要求。

2. 操作步骤

（1）适时早栽。适时早栽可以争取足够的大田营养生长期，有利于早熟、优质、高产。特别在多熟制地区更应强调适时早栽。一般长江中下游地区的早稻应在 4 月底至 5 月初栽插，晚稻在 7 月底至 8 月初栽插，单季中晚稻在 5 月底至 6 月 20 日栽插。

（2）适当浅栽。栽插深度对栽插质量影响很大。浅栽秧苗因地温较高、通气较好，易早发快长，形成大穗。栽插深度以控制在 3cm 以内为好。如栽插过深，分蘖节处于通气不良、营养状况差、温度低等不利条件下，返青分蘖推迟，同时还会使土中本来不该伸长的节间伸长，形成二段根和三段根（图Ⅱ-1-8）。低位分蘖因深栽而休眠，削弱了稻株的分蘖能力，穗数得不到保证，穗小粒少，不利于水稻高产。

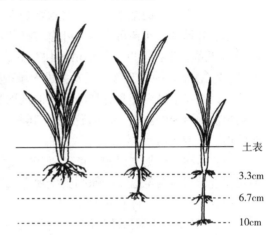

图Ⅱ-1-8 不同栽插深度对幼苗的影响

（李振陆，2015，作物栽培）

（3）减轻植伤。要尽量使秧苗根系不受伤或少受植伤，秧苗要栽直、栽匀、栽牢；同时应确保栽植密度。

3. 相关知识 基本苗的确定：栽插的基本苗数主要依据该品种的适宜穗数、秧苗规格和大田有效分蘖期长短等因素确定。其主要通过适宜的行、株距配置和每穴苗数来实现。一般应掌握"以田定产，以产定苗"的原则。常规中、晚粳稻一般要求行距达到 26～30cm，株距 12～14cm，密度一般控制在 39 万～42 万穴/hm²，每穴栽 3～4 株，基本茎蘖苗为 105 万～120 万株/hm²。

4. 注意事项 不栽顺风秧、秤钩秧、超龄秧、隔夜秧，做到不漂秧、不倒秧。

二、抛栽秧

（一）整地与施基肥

1. 具体要求 抛秧田应水源充足，能及时排灌，田块平整，具有良好的保水、保肥、供肥性能等基本条件。

2. 操作步骤

（1）深翻整地。

（2）施基肥。基肥施用应结合耕翻整地进行。基肥应以有机肥为主，配施适量的氮、磷、钾化肥。一般每公顷用标准氮肥 525～600kg（或用稻田专用复合肥），以及菜籽饼肥或腐熟畜禽粪肥等全层施入，以促进根系下扎，建立发达根系，实现前期早发、中期稳长和后期不早衰的栽培目标。

（3）灌水耙耖，平整田面。

3. 相关知识 抛秧栽培对本田及整地质量的要求较高，必须精耕细作，尤其是中、小苗抛栽。整田的质量要达到平、浅、烂、净的标准，即田面要整平，高低差应控制在 2cm 以内；水要浅，以现泥水为宜；泥要烂，土壤糊烂有浮泥；使抛栽的秧苗根系能均匀地落入泥浆中；田面应无残茬、无僵垡等杂物。

4. 注意事项 整地要尽可能做到旱耕、水耙、横竖耙耢，将残茬尽量翻入土中。

（二）秧苗抛栽

1. 具体要求 根据所确定的基本苗数，进行分次抛栽，做到匀抛和移密补稀。

2. 操作步骤

（1）确定适宜的抛秧期。适时抛秧是夺取水稻高产的基础。根据水稻的生育特点，乳苗可在 1.5 叶抛栽，小苗可在 3.5 叶左右抛栽，中苗可在 4.5 叶抛栽，大苗可在 5～6 叶甚至 7～8 叶抛栽。生产上以中、小苗抛秧为好。具体抛秧期的确定，还应考虑温度因素，一般水温 16（粳稻）～18℃（籼稻）为进入抛秧适期的温度指标。

（2）起秧运秧。塑盘育秧的起秧即把秧盘提起，旱育秧的起秧即把秧苗拔起。旱育秧要在起秧前 1d 浇水湿润。要实行起秧、运秧、抛秧连续作业，运到田间要遮阳防晒，以免引起植伤，影响发苗。

（3）抛秧。根据"以田定产、以产定苗"的原则确定基本茎蘖苗数，如采用盘育方式，则还应遵循"定苗定盘"的原则。抛秧方式有机械抛秧和人工抛秧等。如采用人工抛秧，则宜采取分次抛秧法。即在田埂上或下田到人行道中，采取抛物线方位迎风用力向空中高抛 3m 左右，使秧苗均匀散落田间，秧根落到泥水 5cm 之内。为使秧苗分布均匀，一般先抛总苗数的 70%～80%，由远到近，先稀后密；然后再抛余下的 10%～20%，用于补稀、补缺；最后把余下的 10%补抛田边、田角，确保基本均匀。

（4）整理。抛秧后按每隔 3m 左右宽的距离清出一条"人行道"，以便于田间管理。"人行道"一般宽 30cm 左右，在"人行道"上清出的秧苗用于补苗，还可站在"人行道"上用 1.5～1.8m 长的竹竿左右拨苗，移密补稀。抛后要及时开好平水缺，以防大雨冲刷和漂秧。

3. 注意事项 在晴天没有水时不抛秧，以防烈日灼苗；风雨天、水深时不抛秧，以防风吹雨刷漂秧。抛栽时，注意迎风用力向空中分次高抛。

三、机插秧

（一）起秧与装秧

1. 具体要求 重视起秧和装秧。

2. 操作步骤 起秧和装秧直接影响到机插秧质量和作业效率。起秧运秧时确保秧块完整无伤；装秧时，秧块与秧箱配套，不宽不窄，不重不缺，以免漏插。

（二）整地与栽插

1. 具体要求 提高大田整地质量与机插质量。

2. 操作步骤

（1）提高大田整地质量。机插水稻的大田整地质量要做到田平、泥软、均匀，但不需要手插时所要求的起浆工序。为防止壅土，整地后要经过 1～2d 沉淀，才可机插。对沙性土壤或易淀浆的土壤，沉淀时间可以短些。

（2）提高机插质量。机插水深要适宜，机插带土小苗水深应在 1～2cm。如水过深，容易漂秧；水过浅而田面又不平整时，则易造成部分地面无水而增大插秧机滑动阻力。水田泥脚深度应小于 40cm，如泥脚过深，将使插秧机打滑，甚至无法行走。机插水稻田前作留茬不宜过多，施用腐熟的有机肥时撒肥要均匀，否则，地表残茬与有机肥过多，易造成漂秧。栽插时要强调农机与农艺的密切配合，严防漂秧、伤秧、重插、漏插，把缺棵（穴）率控制在 5% 以内。

>>> 任务四　水稻田间管理技术 <<<

一、移栽后田间管理

水稻移栽后，由于根系受伤，吸收水肥能力降低，地上部停止生长，叶色变黄，直到新根发生后才开始继续生长。

（一）查苗补苗

1. 具体要求　及时查苗补苗，合理配置基本苗数。

2. 操作步骤　插秧后往往有缺穴现象，在移栽后 5～7d 须及时查苗补苗，以保证应有的密度和基本苗数。

（二）看苗灌水

1. 具体要求　根据苗龄及时灌水。

2. 操作步骤　大苗插秧后可以灌水深些，经 2～3d 后，落浅到 3cm 左右。小苗移栽，灌浅水 3cm 左右。

（三）追返青肥

1. 具体要求　及时追返青肥。

2. 操作步骤　当新根长出 6.5～10cm 时，可追施返青肥，以促进新叶发生，早分蘖。追肥时灌浅水 3cm 左右，每亩追施硫酸铵 2kg 左右。

（四）防治病虫害

1. 具体要求　防治潜叶蝇等病虫害。

2. 操作步骤　随水稻插秧，潜叶蝇等也从秧田转移到大田。可喷施 31% 阿维·灭蝇胺悬浮剂，效果很好。

二、分蘖阶段田间管理

水稻分蘖阶段的生育特点：水稻从移栽返青到开始拔节，是大田分蘖阶段。此期主要生长分蘖、根系和叶片，扩大光合面积，积累前期养分，是搭好丰产架子的重要时期，是决定单位面积有效穗数，并为壮秆大穗奠定物质基础的关键时期。

此期的栽培目标：秧苗栽后促进早发，培育足够数量的壮株大蘖，培植庞大的根群，积累足够数量的干物质。

（一）早施分蘖肥

1. 具体要求　根据水稻分蘖发生规律，适时施分蘖肥以满足分蘖阶段对养分的需求。

2. 操作步骤　为保证水稻分蘖期苗体的含氮水平，在分蘖初期进行追肥，促进早发。一般要求栽后 1 周左右施第一次分蘖肥，用量占分蘖肥总量的 70% 左右，一般施尿素 90～

120kg/hm²。剩下的 30％看苗补施，一般在第一次施后的 7～10d，施在叶色偏黄，生长不良的水稻处，尿素用量 40～60kg/hm²。

3. 相关知识 水稻分蘗与主茎叶片的同伸规律：主茎第 n 叶出现时，正是 $n-3$ 叶位的分蘗的抽出时。

4. 注意事项 分蘗肥要早施、匀施。

（二）浅水勤灌

1. 具体要求 整个有效分蘗期间，保持浅水层或采取湿润灌溉的方法。

2. 操作步骤 移栽后 4～5d，应保持浅水层，切忌淹深水。整个有效分蘗期间宜保持 2～4cm 的浅水层或采取湿润灌溉方法，其他时间则可采取间歇灌溉的方法。

抛栽秧在抛秧后 3～5d 的水浆管理好坏，对抛秧稻的立苗早发和生长有直接影响。对于保水较好的稻田，抛秧当天宜保持湿润状态，并露田过夜，以促进扎根立苗。漏水稻田或盐碱田，抛秧后需灌 2～3cm 浅水。

3. 相关知识 保持浅水层或采取湿润灌溉方法，有利于提高土壤温度，从而促进水稻分蘗的发生。

（三）适时搁田

1. 具体要求 适时适度排水搁田。

2. 操作步骤 适宜的搁田时期应视移栽叶龄、基蘗肥的施用量及有效茎蘗发生量而定。一般施肥水平较高、茎蘗肥比例较高、小苗移栽或分蘗发生率高的田块，搁田应提早在群体总茎蘗数为预期穗数的 70％时进行；施肥水平和基蘗肥用量均为中等水平，或中苗移栽的，搁田应在群体总茎蘗数达到预期穗数的 80％时进行；用肥水平较低，或大苗移栽的，搁田应在群体总茎蘗数达到预期穗数的 90％时进行。

3. 相关知识 搁田又称晒田、烤田，适时适度搁田有利于促进水稻根系发育，适当控制氮肥的吸收，促进茎秆粗壮老健，形成合理的株型，有效地控制无效分蘗，降低高峰苗，提高成穗率，提高抗病、抗倒能力。

4. 注意事项 搁田要轻搁、分次搁。搁田前应做到栽时留行、栽后扒沟、挖沟搁田。搁田程度以稻田中间泥不陷脚、土不发白、叶片挺直、叶色稍褪淡为度。

（四）化学除草

1. 具体要求 根据秧苗活棵情况，适时适量施用除草剂。

2. 操作步骤 栽秧后 5～6d，当秧苗全部扎根竖直后，保持田间 2～4cm 水层，用除草剂拌土（肥）撒施，施药后 4～5d 不排水。

3. 相关知识 秧苗活棵后，杂草开始发芽，及时施用除草剂，可防止杂草滋生。

4. 注意事项 施用除草剂时，一定要保持 2～4cm 的水层。

（五）防治病虫害

要做好移栽初期的稻象甲、稻蓟马，分蘗阶段的稻瘟病、纹枯病、纵卷叶螟、二化螟、三化螟等的防治工作。

三、拔节长穗阶段田间管理

水稻拔节长穗阶段的生育特点：稻株生长量迅速增大，根的生长量为最大，全田叶面积也达最大值，同时，稻穗迅速分化，干物质积累也迅速增加。此期是水稻一生中需要养分最多，对外界环境条件最为敏感的时期之一。因此，此期既是争取壮秆大穗的关键时期，也是为提高结实率、增加粒重奠定基础的时期。

此期的栽培目标：在前期壮苗壮蘖的基础上，促进壮秆强根、大穗足粒，并为后期灌浆结实创造良好的条件。

（一）巧施穗肥

1. 具体要求 根据水稻穗肥施用的时间和用量，合理施肥。

2. 操作步骤 在水稻长穗期间追施的肥料称穗肥，依其施用时间和作用可分为促花肥和保花肥。促花肥通常在叶龄余数 3.5～3.1 时施用。保花肥在叶龄余数 1.5～1.0 时施用为宜。

一般促花肥可用尿素 $150～180kg/hm^2$，保花肥可用尿素 $60～90kg/hm^2$，同时还需施用磷、钾肥。

3. 相关知识 促花肥是促使枝梗和颖花分化的肥料。但在高产栽培条件下，促花肥施用不当，也不利于高产。首先是施肥促进了茎秆基部节间和中、上位叶片的过度伸长，无效分蘖增多，群体结构恶化，颖花量过多，从而导致结实率下降，且易倒伏。所以高产田块一般并不提倡施促花肥。

保花肥是指防止颖花退化、增加每穗粒数的肥料，同时对防止水稻后期早衰，提高结实率和增加粒重也有很好的效果，是大面积高产栽培中不可缺少的一次追肥。

4. 注意事项 注意控制促花肥的施用量。

（二）合理灌溉

1. 具体要求 保持浅水层，以利于水稻的穗分化，增加结实粒数。

2. 操作步骤 在花粉母细胞减数分裂期间，田间应保持浅水层。其他时间可采取干干湿湿、以湿为主的办法，以减轻病害，增强稻株抗倒能力。

3. 相关知识 拔节长穗期是水稻一生中需水最多的时期，特别在花粉母细胞减数分裂期，对水分尤为敏感，是需水临界期。

4. 注意事项 在水稻花粉母细胞减数分裂期要保持浅水层，田间不能缺水。

（三）防治病虫害

这一阶段主要的病害有纹枯病、白叶枯病、稻瘟病等，主要的虫害有稻飞虱、纵卷叶螟、二化螟、三化螟等，应加强预测预报，及时做好防治工作。

四、结实阶段田间管理

水稻结实阶段的生育特点：稻株生殖生长处于主导地位，叶片制造的糖类和抽穗前贮藏在茎秆、叶鞘内的养分均向稻粒输送，是决定结实率和粒重的关键时期。

此期栽培目标：养根保叶、防止早衰、增强稻株光合能力，提高结实率和粒重。

（一）补施粒肥

1. 具体要求 因苗施用，满足水稻后期对养分的需求。

2. 操作步骤 在水稻抽穗前后追施，一般每公顷施尿素 45～60kg。在籽粒灌浆过程中，对有早衰趋势的田块，结合防病治虫害，用 1‰～2‰ 的尿素溶液或尿素与磷酸二氢钾的混合溶液进行叶面喷施。

3. 相关知识 水稻抽穗前后追施的肥料称粒肥，也称破口肥、齐穗肥。粒肥的作用在于增加上部叶氮素浓度，提高籽粒蛋白质含量，延缓叶片衰老，提高根系活力，从而增加灌浆物质，增加粒重。

4. 注意事项 粒肥应掌握因苗施用的原则，长势正常的田块，粒肥可以少施或不施；有缺肥迹象的田块可适当追施粒肥。

（二）合理灌溉

1. 具体要求 在抽穗后、蜡熟期和收获前，进行合理灌溉。

2. 操作步骤 抽穗开花阶段应以水层灌溉为宜，抽穗后应采取浅水间歇灌溉，以达到田间水气协调、以气养根、以根保叶、以叶增粒重的目的。蜡熟期可采取灌跑马水的方式进行灌溉。一般在收获前 $5 \sim 7d$ 停止灌溉。

（三）防治病虫害

这一阶段应重点防治稻飞虱，兼防纹枯病、稻瘟病、稻曲病等病害。

【拓展阅读1】

水稻精确定量栽培原理与技术

水稻精确定量栽培技术是在水稻叶龄模式、水稻群体质量栽培等理论与技术成果的基础上，为适应现代稻作发展趋势提出的新型栽培技术体系，它具有高产、省工、节本、精确定量的优点。该技术体系是在根据品种特性、目标产量、栽培方式确定适宜基本苗数的基础上，促进有效分蘖，在有效分蘖临界叶龄期前够苗，通过水肥调节，控制无效分蘖，把茎蘖成穗率提高到 $80\% \sim 90\%$（粳稻）和 $70\% \sim 80\%$（籼稻），再通过适时适量施用穗肥，主攻大穗，协调足穗与大穗以及提高结实率的矛盾，获得高产。

（一）把握好3个叶龄期是关键

1. 有效分蘖临界叶龄期 通式为①主茎总伸长节间（n）5个及以上、总叶龄（N）14片及以上的品种，中、小苗移栽时为 $N-n$ 叶龄期，大苗移栽（8叶龄以上）时为 $N-n+1$ 叶龄期；②总伸长节间数（n）4个及以下，总叶龄（N）13片及以下的品种，有效分蘖临界叶龄期为 $N-n+1$ 叶龄期。

2. 拔节叶龄期 通式为 $N-n+3$ 叶龄期，或用 $n-2$ 的倒数叶龄期表示。

3. 穗分化叶龄期 通式概括为叶龄余数3.5（倒4叶后半期）至破口期经历了穗分化的5个时期。

（二）借助诊断指标控制好群体

高产群体应在有效分蘖临界叶龄期之初够苗，以后要及时控制无效分蘖；在拔节叶龄期达高峰苗期，高峰苗为预期穗数的 $1.2 \sim 1.3$ 倍（粳稻）和 $1.2 \sim 1.4$ 倍（籼稻）；此后分蘖逐渐下降，至抽穗期完成分蘖，此时群体中存活的无效分蘖应在 5% 左右。控制群体在叶龄余数为0的孕穗期封行。在有效分蘖期（$N-n$ 以前），为促进分蘖，群体叶色必须显黑（反映在叶片间叶色的深度上是顶4叶深于顶3叶，即顶4＞顶3）；到了 $N-n$（或 $N-n+1$）叶龄期够苗时，叶色应开始褪淡（顶4＝顶3），可使无效分蘖的发生受到遏制。无效分蘖期至拔节期，即 $N-n+1$（或 $N-n+2$）叶龄期至 $N-n+3$ 叶龄期，为了有效控制无效分蘖和第一节间伸长，群体叶色必须落黄（顶4＜顶3），群体才能被有效控制，高峰苗少，通风透光条件好，碳素积累充足，为施氮肥攻大穗创造良好的条件。从倒2叶龄开始直至抽穗，叶色必须回升至显黑（顶4＝顶3）。碳氮代谢协调平衡，有利于壮秆大穗的形成。

抽穗后的 25d 左右，叶片颜色仍应维持在顶 4＝顶 3，使叶片保持旺盛的光合功能。以后下部叶片逐步衰老，至成熟期，植株仍能保持 1～2 片绿叶。

（三）确定适宜的基本苗

基本苗的确定要符合恰于 $N-n$（或 $N-n+1$）叶龄期够苗，确保穗数，并能有效控制无效分蘖，提高成穗率的要求。基本苗的计算公式：

$$X（合理基本苗）＝Y（每亩适宜穗数）/ES（单株成穗数）$$

（四）精确计算施肥量及施肥时间

氮肥的施用总量应为：

$$每亩施氮总量（kg）＝\frac{每亩目标产量的吸氮量（kg）－每亩土壤供氮量（kg）}{氮肥当季利用率（\%）}$$

目标产量的需氮量可用高产水稻每 100kg 产量的需氮量求得。各地高产田需氮量不同，因此，应对当地的高产田实际吸氮量进行测定。通过确定氮素的适宜用量后，再按三要素合理比例，确定磷、钾的适宜用量，氮、磷、钾的比例一般为 1∶0.45∶（1～1.2），化肥实施前氮后移。基蘖肥和穗肥的施用比例，5 个伸长节间品种一般为 5.5∶4.5，4 个伸长节间的双季稻品种一般为 6.5∶3.5，这是精确定量施氮的一个极为重要的定量指标。

施有机基肥时，氮肥前后比例应适当调整。增加基肥速效氮，防止分蘖期秸秆腐烂和稻苗争氮。秸秆分解后释放氮，主要供穗肥之用。

准确掌握施肥时间。基肥在整地时施入，部分用作面肥。分蘖肥在秧苗长出新根后及早施用，一般在移栽后 1 个叶龄施用，小苗机插的在移栽后 2～3 个叶龄时分 1～2 次集中施用。分蘖肥一般只施用 1 次，切忌在分蘖中后期施肥，以免导致无效分蘖期旺长，群体不能正常落黄。群体在有效分蘖临界叶龄期（$N-n$ 或 $N-n+1$）够苗后，叶色开始褪淡落黄，顶 4 叶叶色淡于顶 3 叶，可按原设计的穗肥总量，5 个伸长节间品种分促花肥（倒 4 叶露尖）、保花肥（倒 2 叶露尖）2 次施用。促花肥占穗肥总量的 60%～70%，保花肥占 30%～40%。4 个伸长节间的品种，穗肥以倒 3 叶露尖时 1 次施用为宜。

（五）精确灌溉

1. 活棵分蘖阶段

（1）中、大苗移栽的，移入大田后需要水层护理，浅水勤灌。

（2）小苗移栽的，移栽后的水分管理应以通气促根为主。机插稻一般不宜建立水层，宜采用湿润灌溉方式。穴盘育苗抛秧的发根力强，移栽后阴天可不上水，晴天上薄水。2～3d 后断水落干促进扎根，活棵后浅水勤灌。

2. 通过精确灌溉控制无效分蘖

（1）精确确定搁田时间。控制无效分蘖的发生，必须在它发生前 2 个叶龄提早搁田。例如欲控制 $N-n+1$ 叶位无效分蘖的发生，必须提前在 $N-n-1$ 叶龄期，当群体苗数达到预期穗数的 80% 左右时断水搁田。

（2）搁田的标准。土壤的形态以板实、有裂缝、行走不陷脚为度，稻株形态以叶色落黄为主要指标，在基蘖肥用量合理时，往往搁田 1～2 次即可达到目的。在多雨地区，搁田常需排水，但在少雨地区，可通过计划灌水来实施，灌 1 次水，待进入 $N-n-1$ 叶龄时，田间恰好断水。

3. 长穗期、结实期浅湿交替灌水　长穗期田间经常处于无水层状态，灌 2～3cm 水，待水落干后数日（3～5d），再灌 2～3cm，如此周而复始，形成浅水层与湿润交替的灌溉方式。这种灌溉方式能使土壤板实而不软浮，有利于防止倒伏。在收获前 1 周断水，防止断水过早。

【拓展阅读 2】

机插稻高产栽培关键技术

机插稻栽培需要根据其生育期缩短、个体生长量变小的特点与高产规律，针对性地采取关键技术。近几年，研究人员通过有关专题试验研究和大面积高产栽培攻关示范，把机插稻高产栽培关键技术概括为十二字：标秧、精插、稳发、早搁、优中、强后。

（一）标秧

标秧指培育适于机插的标准化壮秧。培育标秧应严格实施配套的技术，其中适当稀播匀播、掌握秧苗适龄尤为关键。移栽时的秧龄长短直接影响秧苗素质，很大程度上决定了水稻植株个体的发育基础，最终影响产量。

机插秧壮秧的标准为：①秧龄不超过 3 叶 1 心；②株高 12～17cm；③苗基粗大于 2.5mm；④不定根数大于 11 条；⑤叶长大于叶鞘长；⑥叶色鲜绿、无黄叶；⑦无病虫。

（二）精插

精插指精确定量机械栽插，是建立大田高质量群体的起点。它包括基本苗数的精确计算、栽插深度的调节，以及提高栽插质量的其他配套措施。

1. 精准确定大田基本苗数　根据品种类型特性用公式确定合理基本苗数，明确亩插穴数和穴栽苗数。根据移栽密度专题试验结果和高产田综合调查：生育期长的、早栽分蘖力强的大穗型品种，栽插密度以亩栽 1.5 万～1.7 万穴，每穴 2 苗左右为宜，如常优 1 号、常优 2 号等；一般穗数型或穗粒兼顾型品种栽插密度以亩栽 1.7 万～1.9 万穴，每穴 3 苗左右为宜，如徐稻 3 号、武育粳 3 号、华粳系列品种等；早熟品种或分蘖性好的品种，每穴 4 苗为宜。

2. 精确控制栽插深度　栽插过深，活棵慢，分蘖发生推迟，分蘖节位升高，地下节间伸长，群体穗数严重不足；栽插过浅，容易造成漂秧。专题试验和高产栽培实践表明，机插稻栽插深度调节控制在 2.0cm 左右有利于高产。

3. 提高栽插质量

（1）精细整地，沉实土壤。麦秸秆还田情况下，更要强调提高整地质量。机插稻大田整地要做到田平，全田高低差不超过 3cm，表土上虚下实。为防止壅泥，水田整平后需沉实，沙质土沉实 1d 左右，壤土沉实 1～2d，黏土沉实 2～3d，待泥浆沉淀、表土软硬适中、作业时不陷机，保持薄水机插。

（2）高质量栽插。①调整株、行距，使栽插密度符合设计的合理密度要求。②调节秧爪取秧面积，使栽插穴苗数符合计划栽插苗数。③提高安装链箱质量，放松挂链，船头贴地，插深合理均一。④田间水深要适宜，水层太深，易漂秧、倒秧；水层太浅，易导致伤秧、空插；一般水层深度保持 1～3cm，有利于清洗秧爪，又不漂、不倒、不空插，可降低漏穴率，保证足够苗数。⑤培训机手，熟练操作；行走规范，接行准确；减少漏插，提高均匀度；做到不漂秧、不淤秧、不勾秧、不伤秧。

（三）稳发

在培育适秧和精准确定大田基本苗数的基础上，通过适时定量肥水管理使分蘖早生快发，在有效分蘖临界叶龄的前 1 个叶龄期达到群体预期适宜穗数。

（四）早搁

机插稻始蘖后发苗势强，群体茎蘖增加迅速，高峰苗来势猛，群体高峰苗数控制不当易发过头，因而应该适时早搁田，以控制无效分蘖，提高群体质量。与常规栽培相比，够苗期、高峰苗期可提前 1 个叶龄期左右。

一般 $N-n-1$ 叶龄期，群体茎蘖数达到预计穗数的 $70\%\sim90\%$ 时开始自然断水落干搁田，遵循早、轻、多的原则。

搁田不宜过重，应分多次轻搁，一般田中土壤沉实不陷脚，叶色褪淡落黄即可，既抑制了无效分蘖的大量发生，高峰苗数控制在适宜穗数 $1.4\sim1.5$ 倍，又控制了基部节间伸长，提高了群体质量，增强了群体抗倒伏能力。

（五）优中

优中指通过及时有效地控制高峰苗过后，在群体叶色褪淡落黄的基础上，因苗及早施好穗肥，促进壮秆大穗的形成，优化中期的生育，优化群体结构。

（六）强后

强后指在优化中期生长到抽穗期建成的高光效群体结构的基础上，通过后期合理地水浆管理、病虫害防治、养根保叶，增强根系活力与地上部光合生产能力，提高后期物质积累量与群体库容充实度。

生育后期，特别是抽穗开花期是水稻生理需水旺盛的时期，宜实施浅水灌溉，切不可断水造成干旱。

灌浆结实期若长期淹水，根系活力差，叶片早衰，秕粒增加；若土壤缺水干旱，则影响籽粒灌浆充实和米质。应采用间歇灌溉、干干湿湿的方法，以保持土壤湿润为主。满足生理需水，又维持土壤沉实不回软，增强土壤根部通气性，维护根系健康，延缓活力下降，防止青枯早衰。达到以水调气、养根保叶、干湿壮籽的目的，直到收割前 $5\sim7d$ 再断水干田。

生产上一定要防止断水过早，忌未成熟即提早割青。

【拓展阅读3】

农业专家系统

农业专家系统（Expert System，简称 ES），也称农业智能系统，它是运用人工智能系统技术，使用计算机来模拟专家的思维，代替农业专家进行诊断、决策与规划的一个研究领域。典型的农业专家系统主要由知识获取工具、知识库、数据库、模型库、推理机、数据接口 6 部分组成，它通过总结、收集农业领域知识和技术、各种试验数据及数学模型，模仿人类的解题策略，对问题进行分析推理得出结论，指导农业生产。农业专家系统具备的主要功能：一是在产前能根据用户的生产条件、生产目的，因地制宜地为用户提供最佳或较佳的产量指标、效益指标以及达到指标的优化技术方案；二是在生产中能对出现的问题，根据用户提供的信息进行推断，判断出问题出现的原因，并提供可行、有效的解决办法。

我国的农业专家系统研究始于 20 世纪 80 年代初。在 20 世纪 80 年代初，浙江大学研制的蚕育种专家系统，中国科学院合肥智能机械研究所研制的施肥专家系统，中国农业科学院开发的品种选育专家系统、园艺专家系统、作物病虫预测专家系统等都得到了应用。进入

90 年代，我国的农业专家系统发展十分迅速，10 余年间我国先后推出 5 个具有较高水平的农业专家系统开发平台，开发了 156 个实用的农业专家系统，涉及粮食、果树、蔬菜、畜牧等不同领域，推动了农业专家系统的发展，其中农业栽培专家系统作为发展成效最为显著的领域之一，先后出现了小麦管理智能决策系统、棉花综合管理专家系统、甘蔗栽培专家系统、油菜优质高产高效栽培管理多媒体专家系统、优质稻栽培管理专家系统、保护地甜辣椒栽培管理专家系统等；此外，还有黄土高原小麦生产综合管理专家系统、淮北小麦栽培专家系统、冬小麦苗情预报专家系统、小麦高产技术专家系统、花椰菜栽培专家系统，农业专家系统的研究蓬勃发展。农业栽培专家系统的研究和发展提高了我国农业的科技水平，在主要农作物上，江苏省农业科学院高亮之等研制的小麦栽培模拟优化决策系统，可针对不同地区、不同品种提出在一般条件下实现高产、稳产的最佳群体指标与农业措施，也可在不同地区的任何年份，根据当时的天气和苗情实况，预测各生育期直至成熟期的小麦主要生物学指标动态和产量结构。张斌等研制形成了由良种推荐系统、平衡施肥系统、病虫害模拟系统、生长模拟系统及管理决策系统组成的棉花综合管理专家系统，在新疆生产建设兵团植棉示范区全部联网，使棉花增产 8％，每公顷成本减少了 300～450 元。孙敬等研制的农作物栽培技术管理专家咨询系统，内容涵盖玉米、大豆、水稻、春小麦四大作物，使生产者足不出户就可以根据土壤特点、气候条件、产品用途等因素来确定田间管理、病虫害防治、收获等方面的科学合理配套技术。

>>> 任务五　水稻防灾减灾技术 <<<

（一）水灾补救

1. 具体要求　及时做好排水工作，补充肥料，防止病虫害。

2. 操作步骤

（1）尽早排水。对受淹田块，要及时清理沟渠，及早排水。

（2）清水洗泥。对稻叶粘有泥浆的水稻田，边放水边洗苗，并用清水喷淋清洗叶片上的泥浆，以恢复叶片正常的光合机能，促进植株恢复生长。

（3）及时施肥。一般在退水后 3～5d 适量施肥，主要采用根外追肥，可用磷酸二氢钾或尿素液等进行叶面喷施，促进水稻恢复生长。

（4）防治病害。台风过后，水稻叶片损伤严重，特别容易暴发白叶枯病、细条病等病害，要注意进行防治。

（5）改种其他作物。对受灾特别严重的水稻田，要及时改种其他作物，尽量减少损失。

（二）旱灾补救

1. 具体要求　及时做好旱灾预警与补救工作。

2. 操作步骤

（1）灾前预警技术措施。准备水泵、柴油等抗旱物资。

（2）灾时技术措施。根据水稻生长发育规律和历年水稻生产经验及当前的节气采取措施。前期受干旱影响较严重的水稻田中，基本苗在 75 万株/hm² 以上的，可以通过各种技术措施加以补救，仍能获得较好的收成；如果基本苗在 60 万～75 万株/hm²，应根据田块保水保肥性能确定补救措施，通过精心管理也可获得一定的产量；凡基本苗少于 60 万株/hm² 的田块，为获得单位土地收益，应进行重播或播种其他作物。

（3）旱灾过后补救技术措施。一是加强肥水管理，及时追肥，促进恢复生长；二是及时补播或改种其他作物。

（三）倒伏后补救

1. 具体要求 做好倒伏后病害防御工作，及时追肥喷药。

2. 操作步骤

（1）及时开沟排水轻搁田。对减缓纹枯病蔓延，延长叶片功能期，促进籽粒继续灌浆，防止穗发芽和茎秆腐烂都有积极作用。

（2）根外追肥。用1%～2%的尿素溶液或尿素与磷酸二氢钾的混合溶液进行叶面喷施。

（3）喷药。每公顷用5%井冈霉素3 750～4 500mL加水150kg喷雾防治纹枯病。井冈霉素和磷酸二氢钾可以和药肥混施。

3. 相关知识 水稻倒伏分根倒和茎倒。根倒是由于水稻经常处于深水中，根系发育不良、发根较少、扎根浅、根部支持力差，所以稍受风雨侵袭，就容易发生平地倒伏；茎倒是由于茎秆基部细胞纤维素含量少、细胞壁变薄、细胞间隙大、组织结构松软、茎秆不壮，造成负担不起上部的力量，发生不同程度倒伏。从栽培管理方面分析倒伏的原因，主要是耕层浅、灌水过深、插秧过密、根系发育不良、群体通风透光条件不好，另外，还包括肥水管理不当、片面重施氮肥、钾肥施用量不足、分蘖期生育过旺、拔节长穗期叶面积大、封行过早，易造成茎秆基部节间徒长。

（四）预防早衰

1. 具体要求 科学肥水管理，养根保叶，防止早衰。

2. 操作步骤

（1）科学管水。以提高水温为主，齐穗后到灌浆期，要浅水勤灌，增温促熟。乳熟到黄熟期要间歇灌水，增加土壤的通气性，增强根系的活力，养根保叶。

（2）合理施肥。要巧施穗粒肥，提高叶片的光合能力。

3. 相关知识 早衰是指水稻生育后期叶、茎等部位的生理机能过早出现衰退的现象，削弱了功能叶片的光合量，减少了灌浆物质来源，是造成秕粒的主要原因之一。有部分植株出现早衰现象是因为前期生长过旺，到生长后期使群体与个体间的矛盾加剧，加速了根、叶衰亡速度。此外，后期肥水管理不当，氮、磷肥供应不足，使植株营养体生长得不到养分补充。还有的是因为土壤的通透性差，缺氧和有毒的还原物质多，使水稻后期根系发育不良，减弱了根系吸收养分的能力而导致地上部生长衰弱。

（五）预防贪青

1. 具体要求 科学肥水管理，养根保叶，防止早衰。

2. 操作步骤

（1）不能越区种植。

（2）氮肥要根据时间和用量适时供给，合理施肥。

（3）科学灌水，防止干旱。

（4）合理密植，避免栽插过密，影响通风透光，导致植株徒长。

3. 相关知识 贪青的发生主要是受到低温、冷害及土壤干旱、越区种植、施肥量和施肥时间等因素的影响，导致正常生长发育受阻碍，生殖生长推迟，营养物质不能按时向生殖生长方面运转。

（六）预防空秕粒

1. 具体要求　优选品种，合理进行水肥管理，及时防御高低温环境，提高结实率。

2. 操作步骤

（1）选用结实良好的品种。一般抗逆性强，适应性广的品种，结实率高。生产上，应选用耐寒或耐热、耐肥抗倒、抽穗整齐、后期不易早衰、抗病虫能力强的品种，遇到不良环境，可减少影响，保证有较高的结实率。

（2）适期播栽，确保安全齐穗。避开高低温的影响，因地制宜，安排好季节，早熟品种不宜过早播种，以免穗期遇到低温，增加空秕粒。晚稻不宜过迟播种，以免后期遇到低温而影响结实。

（3）合理施用肥水，提高结实率。要合理密植，科学用水，防止过早封行，影响通风透光，以及后期贪青、早衰、营养失调，为水稻穗粒的形成发育创造良好的条件，从而提高结实率和促使谷粒饱满。

（4）及时采取应急措施，减轻损失。水稻在孕穗到抽穗开花期，如遇到高温或低温，应及时采取防御措施，减轻危害，提高结实率。早稻孕穗期或晚稻抽穗扬花期，如遇20℃以下低温，及时灌深水保温，效果较好。如在灌深水同时加施保温剂，则效果更好。早稻抽穗扬花期遇35℃以上高温，可日灌深水，夜排降温，适当降低温度，提高相对湿度，这有利于提高结实率。

（5）根外追肥。可喷施磷、钾肥。在高温或低温出现时，根外喷施3%的过磷酸钙溶液或0.2%磷酸二氢钾溶液，可增强稻株对高低温的抵抗性，有利于提高结实率和增加千粒重。

3. 相关知识　水稻空粒、秕粒是指没有受精的不实粒和受精后不能发育的半实粒，这是水稻生产上普遍存在的一种生理障碍。在正常的气候和栽培条件下，水稻的空秕粒率为10%～20%。

形成水稻空粒、秕粒的原因主要有内因和外因。形成空粒的内因主要有两种情况：一是抽穗前雌、雄性器官发育不全，不能完成受精过程，以致形成空壳；二是抽穗扬花时，雌、雄性器官不能协调，不能受粉而形成空壳。形成秕粒的内因主要是穗部谷粒营养供应不良，致使子房或胚乳中途停止发育。形成空粒、秕粒的外因比较复杂，如气候条件和栽培条件。在气候条件方面，温度、湿度、光照和风等气象因素对空粒、秕粒的形成都有很大影响。

【拓展阅读】

农用天气预报与农业生产

天气预报就是应用大气变化的规律，根据当前及近期的天气形势，对未来一定时期内的天气状况进行预测。

2009年中央气象台推出的农用天气预报服务是气象部门发挥本专业特长、服务"三农"的主要技术手段，业务主要包括针对春耕春播、夏收夏种、秋收秋种、灌溉、施肥、喷药等重要农事活动的农用天气预报，作物（如牧草、林果等）关键发育阶段（如播种期、返青期、抽穗期等）的农用天气预报，以及在农业生产全过程中，对农业生产将产生较大影响天气（如低温、高温、干旱、暴雨等）的农用天气预报。我国农用天气预报将指导农业生产全过程，农用天气预报的推出，对指导我国农业由"靠天吃饭"转向"看天管理"具有重大意义。

>>> 任务六 水稻收获贮藏技术 <<<

（一）水稻收获

1. 具体要求 根据水稻品种的不同用途，适时收获。

2. 操作步骤

（1）确定适宜收获时间。一般我国早稻适宜收获期为齐穗后 25～30d，中稻为齐穗后 30～35d，晚籼稻为齐穗后 35～40d；晚粳稻为齐穗后 40～45d。不同品种和气候条件下水稻适宜收获期略有差异。

（2）采取合适的收获方法。人工收获或机械收获均可。

3. 相关知识 适时收获对实现水稻优质高产十分重要。水稻过早收获时未熟粒、青死米较多，出米率低，米质差，米饭因淀粉膨胀受限制而变硬，使加工、食味等品质下降。延迟收获时稻米光泽度差、脆裂多，碎米率增加，垩白趋多，黏度和香味均下降。一般在水稻蜡熟末期到完熟初期（稻谷含水量为 20％～25％）收获较为适宜。这时，全田有 95％谷粒黄熟，仅剩基部少数谷粒带青，穗上部 1/3 枝梗已经干枯。对不易落粒的粳稻类型品种，如在茬口安排上没有矛盾，则可适当"养老稻"，以增加粒重。

4. 注意事项 选择晴天露水干后收割水稻为好。优质米生产中更应严格执行水稻适期收割。

（二）合理干燥技术

1. 具体要求 在确保不降低米质的前提下，通过合理的干燥技术，将稻谷含水量下降到可安全贮藏的水分界限以下。

2. 操作步骤 干燥方法主要有自然干燥法和机械加热干燥法。

（1）自然干燥法。一般采用的席子垫晒或室内阴干或谷层加厚晒干，其稻谷的整精米率较水泥场薄层暴晒高，因为高温暴晒使稻谷裂纹率或爆腰率相应增大，整精米率及米饭黏度和食味品质下降。

（2）机械加热干燥法。水稻收获后适时干燥并控制好干燥结束时的含水量，是机械加热干燥的技术关键，其要点：①适时干燥收获。刚收获的稻谷含水量并不均匀，立即加热干燥易引起含水多的米质变差，故先在常温下通风预备干燥 1h，以降低稻谷水分及其偏差。但稻谷若长期贮放，又易使微生物繁殖而产生斑点且形成火焦米。②正确设置干燥时温度。温度宜控制在 35～40℃范围内，先用低温干燥，并随水分含量下降逐渐升温，干燥速率宜控制在每小时稻谷含水量下降 0.7 个百分点以内。③控制好干燥结束时的含水量，一般以 15％为干燥结束时的标准含水率。由于干燥后稻壳和糙米间有 5％的水分差，为防止过度干燥，应事先设置干燥停止时的糙米含水率（15％），达到设定值时停止加热，利用余热干燥达到最适宜的含水量。

3. 注意事项 稻谷不宜急速干燥。因急速干燥时，米粒表面水分蒸发和内部水分扩散间不平衡而产生脆裂，造成稻米的糊粉层、胚芽中的铵态氮和脂肪向胚乳转移，影响稻米的食味品质。

（三）稻谷贮藏

1. 具体要求 安全贮藏。

2. 操作步骤

（1）仓库准备。仓库要屋面不漏雨、地坪不返潮、墙体无裂缝、门窗能密闭、符合安全贮藏水稻的要求，同时进行必要的检修整理、清扫、消毒和铺垫防潮隔湿等工作。

（2）入库前的种子准备。入库种子要达到纯、净、饱、壮、健、干的标准。水稻入库的质量标准：稻谷含水率籼稻应在13.5%以下，粳稻应在14.5%以下。

（3）高温进仓。水稻通过日晒，可降低水稻含水量，同时在暴晒和入仓密闭的过程中可以收到高温杀虫、抑菌的效果。

（4）密闭防湿。对于贮藏量大的仓库要密闭门窗，包装种子应按规格堆放；散装种子堆的上面覆盖经清洁、暴晒消毒处理的草苫或麻袋等，压盖要平整、严密。

（5）防治害虫。

①物理防治。低温杀虫的方法，气温降至-5℃，一般适用于北方；高温杀虫的方法，温度在40~45℃。

②化学防治。采用磷化铝片剂，用量为每500kg用3~4片，或按照每立方米库容放置磷化铝（熏蒸剂）2~3片的比例将药片分散放置在仓库内种子顶层或四周地面或堆架底部，磷化铝吸潮后自然分解、散发出的磷化氢气体可杀死仓库内隐匿的各种害虫。熏蒸时间视仓库内温度高低而不同，在12~15℃时需熏蒸5d，16~20℃时需4d，20℃以上时只需3d。然后通风5~7d排除毒气。注意：磷化铝产生的气体有毒，使用时应注意人畜安全，用药后药渣取出深埋。

（6）贮藏期间的检查。种子贮藏期间要经常检查温度、水分、发芽率、虫、鼠、雀、霉烂等情况。根据检查情况，确定具体管理措施。

3. 相关知识 稻谷在仓库内贮藏时的整精米率、直链淀粉含量、蛋白质含量及其氨基酸组成基本稳定，但仍然会发生许多物理或化学的变化。在常温下，随着贮藏时间的延长，稻谷会发生以下变化：一是脂肪被水解，米中的游离脂肪酸增加，米溶液pH下降。游离脂肪酸易导致酸败，又可与直链淀粉结合成脂肪酸-直链淀粉复合物，抑制淀粉膨胀，同时使糊化温度提高、煮饭时间延长、米质变硬，其食用和加工品质变劣。二是蛋白质的硫氢基被氧化形成双硫键，使黄米增多，米的透明度和食味品质下降。三是米中游离氨基酸和维生素B_1迅速减少。粳稻在贮藏中的品质劣变速度快于籼稻。仓库缺乏通风设备也可加速品质变劣。

4. 注意事项 水稻收获要做到精收细打、晒干扬净。当种子含水量达到规定标准时，便可入仓贮藏。贮藏稻谷的仓库应干湿得当。过湿易导致发霉，过干易降低食味品质。

【拓展阅读】

水稻机械化收获技术

机械收获有分段收获和联合收获两种形式。

1. 分段收获　又称割晒收获。具有收获时间长，割后水稻在田间可充分完成后熟、降低含水量等显著特点，尤其适用于小地块农户及北方单季稻产区农户使用。割晒机具有结构简单、操作方便、成本低、机动灵活的特点，但只能完成对水稻茎秆的割倒铺放或割捆码放，不能进行脱粒。

2. 联合收获　分全喂入和半喂入两种类型。具有作业效率高、收获损失小，收割、脱粒、清选、集粮（装袋）一次完成，可实现水稻提前上市等特点。全喂入联合收获机指将切割下来的水稻茎穗全部推入滚筒脱粒的联合收割机，其缺点是茎秆不完整，动力消耗大；半喂入联合收获机指收获机将切割下来的水稻穗头部分输送入脱粒滚筒脱粒的联合收割机，这种机型保持了茎秆的完整性，减少了脱粒、清选的功率消耗，可实现茎秆（稻草）的再利用，其缺点是输送茎秆的传动机结构复杂，制造成本高；还有一种摘穗式联合收割机（又称梳脱式联合收割机），这种机型是近几年开始研究开发的，收获作业时，割台只收稻穗，先脱粒后切割作物茎秆。这种结构作业效率高，消耗功率少，但损失率相对较高，稻草需二次收割或直接埋草作业。

▶▶▶ 任务七　岗位技能训练 ◀◀◀

技能训练1　水稻种子质量检验

（一）目的要求

掌握水稻净度、种子水分、千粒重、发芽率和发芽势的测定方法，了解水稻发芽率快速测定方法。

（二）材料及用具

水稻种子、分样直尺、天平、小刷子、镊子或小刮板、称量纸、标签纸、发芽箱、培养皿、数种仪器、吸水纸或发芽纸、标签、烘箱、铝盒、干燥器、坩埚钳等。

（三）内容及操作步骤

1. 取样　取样前应了解水稻种子的数量、品种、等级、种子来源、田间检验结果和运输、加工、保管情况，从大量种子中抽取少量有代表性的样品供检验用称为取样。取得的样品必须能代表全批种子，才能获得准确结果。取样时无论种子是散装或袋装，都采用分层分点取样，并仔细观察各点取的种子样品，注意其品质纯度、净度、气味、颜色、光泽等有无显著差异，如无显著差异，可混合一起作为原始样本，否则，另作处理。如原始样本数量较多，需按四分法或分样器分样法，取出平均样本，供检验用。一般水稻平均样本取1 000g为宜。

2. 种子净度检验

（1）试样分离。种子净度是指供检种子量中洁净种子量的百分比。试样称量后，将样品倒在分析桌上，利用镊子或小刮板按顺序逐粒观察鉴定，将试样分离成净种子、其他植物种子和杂质3种成分，分别放入相应的容器或小盘内，并编号。

（2）称量。将分离后的净种子、其他植物种子、杂质分别称量，以克（g）表示，并做好记录。

（3）计算。种子净度＝（净种子质量/各种成分质量之和）×100％。水稻一、二、三级良种净度应分别为99％以上、97％～99％、97％以下。

3. 种子水分检验　水稻含水量采用高恒温烘干法（130℃，1h烘干）来测定。籼稻种子含水量不能超过13.5％，粳稻种子含水量不能超过14.5％。

（1）预热烘箱。将烘箱调至140～145℃，进行预热。

（2）烘干铝盒。将铝盒洗净擦干，盒盖套在盒子底部，放入烘箱内上层，将烘箱温度调至105℃，烘0.5～1h，再取出铝盒放入干燥器中，冷却后至室温，用感量0.001g的天平称量，记下盒号与盒质量。再烘0.5h至恒定质量（前后两次质量差不超过0.005g），放入干燥器中备用。

（3）处理试样。将水稻试样用分样器多次混合，使其均匀一致，从中取出试样 30～40g，除去杂质后，放入电动粉碎机内进行磨碎。

（4）称取试样。将磨碎试样充分混合，置于预先烘至恒定质量的铝盒内，用感量 0.001g 的天平称取 4.5～5.0g 试样 2 份。

（5）烘干称量。摊平盒内试样，盒盖套在盒底下，放入烘箱内上层，迅速关闭烘箱门，使箱温在 5～10min 内回升至 130℃。

（6）冷却称量。烘规定时间后，用坩埚钳或戴上手套，在箱内迅速盖好盒盖，取出铝盒，放入干燥器内。

（7）结果计算。

$$种子含水量 = \frac{试样烘前质量 - 试样烘后质量}{试样烘前质量} \times 100\%$$

4. 种子千粒重检验 从净种子中随机数取两份水稻种子试样 1 000 粒，称量后求其平均值即为水稻种子的千粒重，若两份试样质量之差不超过平均重复的 5% 时，则可计算其平均千粒重；否则须测定第三份试样的千粒重，并选取质量相近的两份计算平均值。

5. 种子发芽检验 种子发芽检验是测定种子的发芽率和发芽势。发芽率指一定数量的净种子有多少能够发芽，发芽势指种子发芽的快慢和整齐度。发芽率与发芽势测定应采用标准发芽法，需要烘箱等仪器，因此在一般情况下采用温水浸种催芽法等催芽方法进行发芽试验。水稻种子发芽标准为幼根不短于种子长度，幼芽不短于种子长度的一半。将 30℃ 温度条件下 3d 内发芽粒数占供试种子数的百分率计为水稻种子的发芽势，将 7d 内发芽粒数占供试种子数的百分率计为水稻种子的发芽率。

6. 发芽率快速测定 发芽率快速测定可采用染色法和热水瓶法。染色法：将水稻种子在清水中浸 1～2h，使胚部隆起后，捞出种子；用刀片在胚部纵切为两部分，浸入稀释成 10% 的红墨水中 10～20min；随即用清水洗涤，并用吸水纸吸去表面水分，观察胚部着色情况；未染色种子为可发芽种子，全染红种子为不能发芽种子，有红斑者为生命力弱的种子。热水瓶法：取 100 粒种子放在 30℃ 温水中浸泡 3h，然后用煮沸过的纱布包好，吊在热水瓶塞上；热水瓶塞上另插一支温度计观察瓶内温度；瓶内灌入 35℃ 的温水，装水高度为瓶身的 1/3～1/2，并经常换热水保持瓶内温度在 30℃ 左右；经过 24h 左右，种子即可发芽。

以上两种方法，发芽率（%）的计算可通过发芽的种子数占测试种子总数的百分率求得。一般生产用种的种子发芽率至少在 90%。

（四）注意事项

（1）种子水分的检验以两份试样结果的平均值表示，保留一位小数。若两份试样结果之间差距超过 0.2%，则需重做。

（2）种子千粒重检验若两份试样质量之差超过平均重复的 5% 时须测定第三份试样千粒重，并选取质量相近的两份计算平均值。

（3）在种子发芽期间，要求每天检查发芽试验的状况，以保持适宜的发芽条件。

（五）实训报告

（1）写出水稻种子质量检验的操作规程。

（2）根据水稻种子质量检验结果，提出合理的播种要求。

（3）试分析种子质量检验对水稻生产的指导作用。

技能训练 2　水稻秧苗素质考查

(一) 目的要求

掌握考查水稻秧苗素质的方法，为培育壮秧制定标准。根据所要移栽的品种和茬口安排，确定培育小苗、中苗还是大苗。

(二) 材料及用具

水稻秧苗、小铲锹、米尺、镊子、烘样盘、烘箱、铁筛、计算器、铅笔、记录纸等。

(三) 内容及操作步骤

水稻秧苗素质考查于秧田中间连根挖取 5 个样点，每点取样面积 $25cm^2$，将秧苗置于铁筛中，洗净根部泥沙。每点取大小适中秧苗 2~10 株，共 10~50 株，分别考查以下项目。

1. 主茎绿叶数和叶龄　数计每一单株的绿色叶片数和秧苗的叶龄，求平均值。

2. 苗高　测量每个单株从苗基部至最长叶片顶部的高度，单位以厘米（cm）表示，求平均值。

3. 叶鞘长　测量每个单株从苗基部至最上部叶片叶枕的距离，单位以厘米（cm）表示，求平均值。

4. 叶长与叶宽　测量每个单株最长叶片的长度（叶枕至叶尖）和宽度（中部最宽处），单位以厘米（cm）表示，求平均值。

5. 单株带蘖数　平均单株带蘖个数。

6. 分蘖苗百分率　有分蘖的秧苗数占考查秧苗总株数的百分率。

7. 苗基部宽度　把 10 株秧苗平排紧靠，量其基部宽度，求平均值。

8. 根数　取 10 株苗，数计总根数（根长在 1.5cm 以上），并分别计白根数、黄根数和黑根数。

9. 地上部干重、鲜重　称取样本单株或百株地上部鲜重（单位克），再于 105~110℃烘箱内烘至质量恒定为止，求平均值（单位克）。

10. 叶面积指数　单株叶面积和单位面积株数之乘积与单位土地面积的比值。

(四) 注意事项

（1）秧苗素质考查取样宜采用对角线五点取样法。

（2）选定生长正常的水稻植株进行考查。

(五) 实训报告

（1）将水稻秧苗素质考查汇总情况填入表Ⅱ-1-3。

表Ⅱ-1-3　水稻秧苗素质考查汇总

株号	叶龄	主茎绿叶数	苗高(cm)	叶鞘长(cm)	叶长(cm)	叶宽(cm)	单株带蘖数	分蘖苗百分率(%)	苗基部宽度(cm)	根数（条）			百苗重（g）		叶面积	
										白	黄	黑	鲜重	干重	单株叶面积	叶面积指数
1																
2																

（2）根据考查结果，分析苗情，提出合理的栽培管理措施。

技能训练 3　水稻出叶和分蘖动态观察记载

（一）目的要求

通过定点观察，系统掌握出叶和分蘖动态的观察记载方法，掌握水稻主要生育时期的标准和观察记载方法。了解水稻出叶速度、分蘖动态及叶蘖同伸规则。

（二）材料及用具

水稻植株、折（直）尺、号码章（套圈）、铅笔、记载本等。

（三）内容及操作步骤

本实践教学项目为全程系统观察项目，一般需利用课余时间进行。

1. 出叶动态观察　要求 2 人一组，从秧田开始定点 5 株，进行系统观察记载，用号码章（套圈）标记叶龄，将结果填入表Ⅱ-1-4。

表Ⅱ-1-4　水稻出叶动态观察记载

叶　序				……	
定型日期					
株高（cm）					
叶长（cm）					
叶宽（cm）					

2. 分蘖动态观察　与观察水稻出叶动态同时进行。要求记载一次分蘖的见蘖日期（分蘖叶露出叶枕达 1cm 的日期）、母茎叶龄等，如中途衰亡，则要注明衰亡日期（分蘖呈"喇叭口"状的日期）和亡蘖叶龄，将相关信息填入表Ⅱ-1-5。每出一个分蘖，应扣上写明分蘖位次和日期的吊牌。

表Ⅱ-1-5　水稻分蘖动态观察记载

分蘖位次	1	2	3	4
见蘖日期				
母茎叶龄				
衰亡日期				
亡蘖叶龄				

3. 生育时期观察　在水稻生育过程中，对群体生育进程进行观察记载，将结果填入表Ⅱ-1-6。

表Ⅱ-1-6　水稻生育时期观察记载

生育时期	播种期	秧田分蘖期	移栽期	大田分蘖期	拔节期	抽穗期	收割期
（月/日）							

注：除播种期、移栽期和收割期外，其余生育时期均以 50% 的稻株达到该期记载标准的日期为准。

（四）注意事项

（1）选定生长正常的稻苗，进行定株观察记载。

（2）及时用号码章（套圈）标记叶龄，以防混淆。

（五）实训报告

（1）填写水稻出叶动态观察、分蘖动态观察和生育时期观察记载表。

（2）水稻收获后，根据记载资料进行整理、分析，形成文字报告。

技能训练 4　水稻看苗诊断技术

（一）目的要求

通过实践教学活动，使学生基本掌握水稻不同生育阶段长势、长相的诊断方法，同时能根据诊断结果提出相应的田间管理措施。

（二）材料及用具

不同长势、长相的秧田及米尺、皮尺、计算器、记录纸、铅笔等。

（三）内容及操作步骤

1. 总茎蘖数的调查方法

（1）每穴茎蘖数的调查。采用五点取样法在每块移栽田查样，每样点查 10～20 穴（抛栽稻等查 1m^2）茎蘖数，求出平均每穴茎蘖数（抛栽稻等可直接算出单位面积茎蘖数）。

（2）单位面积实栽穴数的调查。移栽田块每样点分别量出 31 行的行距和 31 穴的穴距，求出平均行距和穴距，计算出单位面积实栽穴数。

（3）计算单位面积总茎蘖数。根据每穴茎蘖数和单位面积实栽穴数，计算出单位面积总茎蘖数。

2. 苗情考查方法　水稻在各个生育阶段中不同的苗情（弱苗、壮苗、旺苗）有不同的长势、长相，通过苗情考查，可鉴别出苗情类别，从而可为采用不同的田间管理措施提供依据。

（1）分蘖阶段壮苗的形态特征。

①早发。一般要求 n 叶期移栽，$n+1$ 叶期返青活棵；栽后 3～5d，$n+2$ 叶期露尖时产生分蘖。

②分蘖壮。栽后 7d 始蘖，在有效分蘖末期，总茎蘖数达到预期适宜穗数。

③叶面积指数适宜。分蘖始期为 2，分蘖盛期为 3～3.5，分蘖高峰期为 3.5～4，抽穗前为 6～8，达到最大值。

④叶色深。功能叶（顶 3 叶）的叶色深于叶鞘色，顶 4 叶深于顶 3 叶，叶片披弯。

⑤根系发达。白根多，有根毛，根基部橙黄色，无黑根。

（2）拔节长穗阶段壮苗、旺苗和弱苗的形态特征。

①壮苗形态特征。拔节初期，叶色青绿，倒 3 叶叶鞘色与叶片色相近，叶片不披垂、有弹性，节间短，白根多。

②旺苗形态特征。叶片长而披软，叶色较深，后生小分蘖多，稻脚不清爽，茎秆柔软。

③弱苗形态特征。叶色过早落黄，叶片直立，分蘖少而小，封行推迟，影响成穗数。

（3）结实阶段壮株和早衰植株的形态特征。

①壮株的形态特征。抽穗整齐一致，主茎穗和分蘖穗比较齐平，叶色正常，比抽穗前略

深一些。单茎或主茎绿叶数较多,齐穗期早稻应有 4 片绿叶,中晚稻应有 5 片绿叶;乳熟期早稻应有 3 片绿叶,中晚稻应有 4 片绿叶;黄熟期早稻应有 1.5 片绿叶,中晚稻应有 3 片绿叶。最后 3 片功能叶直立挺拔。茎秆粗壮,穗型大,枝梗数多,退化枝梗少。根系发达,上层根较多,抗倒伏能力强。植株病虫害较轻,整个田间青秀一致。

②早衰植株的形态特征。叶色呈棕褐色,叶片初为纵向微卷,然后叶片顶端出现污白色的枯死状态,叶片薄而弯曲,远看枯焦一片。根系生长衰弱,软绵无力,甚至有少数黑根发生。穗型偏小,穗基部结实率很低,粒色呈淡白色,翘头穗增多。

(四)注意事项

由于我国幅员辽阔,水稻种植制度、品种、气候条件、栽培技术等具有多样性,故很难对不同生育阶段不同苗情的长势、长相提出统一的具体指标。因此,在不同生育阶段进行看苗诊断实践教学时,首先应了解当地水稻不同生育阶段不同苗情考查的项目和通用指标,然后再进行考查、分析,在此基础上提出田间管理意见。

(五)实训报告

(1)观察、比较不同苗情稻苗的长势、长相,进行数据整理,并将结果填入表Ⅱ-1-7。

表Ⅱ-1-7 水稻不同生育阶段苗情考查结果汇总

苗情	分蘖期	拔节长穗期	结实期
弱苗			
壮苗			
旺苗			

(2)根据诊断结果,分析形成这种结果的原因,提出田间管理意见。

技能训练 5 水稻测产技术

(一)目的要求

了解水稻产量构成因素,掌握水稻测产技术,了解不同类型水稻的产量结构情况,为分析、总结水稻生产技术提供依据。

(二)材料及用具

代表性田块、皮尺、标签、天平或盘秤、脱粒机、匾、考查表、记录纸、计算器、铅笔等。

(三)内容及操作步骤

1. 有效穗数的测定 单位面积有效穗数的测定方法基本与总茎蘖数的测定方法相同,所不同的是调查对象由茎蘖数变成了有效穗数(具有 10 粒以上结实稻谷的穗子)。

2. 每穗实粒数的测定 在调查穗数的同时,每样点按穴平均穗数取有代表性的稻株 1～5 穴,共 5～25 穴;直播稻每点连续取稻株 10 株左右,分样点扎好,挂上写好的标签。标签上应注明田块名、品种、取样日期、取样人等。将样株带回室内,计数每穗实粒数,求出平均值。如不需进一步考查植株性状,也可在田间直接计数。

3. 千粒重的测定 把样点的样株脱粒、晒干、充分混匀,随机取 1 000 粒的种子 4 份,分别称量,求取平均值。如在田间直接计数每穗实粒数的,则可用常年千粒重估算理论产量。

4. **产量计算** 理论产量可用单位面积有效穗数、平均每穗实粒数和千粒重直接计算得出，公式如下：

$$每公顷理论产量（kg）=每公顷有效穗数×每穗实粒数×千粒重（g）×10^{-3}$$

实际产量可选定若干样区，收割、脱粒、晒干后直接得到。

（四）注意事项

水稻测产的时间一般在蜡熟末期至黄熟初期，代表性田块的选择以长势、长相一致的中部田块为宜，可采用五点取样法。

（五）实训报告

（1）将考查数据进行整理，并将结果填入表Ⅱ-1-8。

表Ⅱ-1-8 水稻田间测产结果汇总

田块名	品种	每公顷穴数	平均每穴穗数	每公顷有效穗数	每穗实粒数	千粒重（g）	每公顷理论产量（kg）

（2）根据测产的资料，进行整理分析，形成文字报告。

技能训练6 水稻考种技术

（一）目的要求

了解水稻成熟期植株性状特点，掌握水稻室内考种的项目及其考查方法。

（二）材料及用具

成熟期的水稻植株、直尺、皮尺、计算器、天平、盘秤、种子袋、考查表、铅笔等。

（三）内容及操作步骤

每块水稻田选择代表性样点3～5个，在每个样点内，拔取代表性样株10～20株，挂上标牌后，带回室内进行以下项目的考查。

1. **株高** 以主茎高度表示，指从分蘖节到主穗顶（不连芒）的长度，单位以厘米（cm）表示。

2. **茎粗** 量取基部第二节间中部茎的直径，单位以毫米（mm）表示。大于6mm者为粗，4～6mm者为中，小于4mm者为细。

3. **剑叶的长与宽** 选10株主茎测量剑叶长度（从剑叶枕至叶尖）及宽度，求平均值，单位以厘米（cm）表示。

4. **剑叶下一叶的长与宽** 测量方法同剑叶测量。

5. **整齐度** 主茎穗与分蘖穗的高度相差程度。

6. **单株有效穗数** 每穗结实粒数在10粒以上的穗数。

7. **穗颈长** 穗颈节露出剑叶叶枕的长度。穗颈包在剑叶鞘内的为包颈，以"—"表示。

8. **穗长** 穗颈节至穗顶（不包括芒）的长度，单位以厘米（cm）表示。

9. **每穗粒数** 包括每穗上的实粒数、空粒数和秕粒数。白穗和半枯穗不计算在内，而落粒应作实粒计算。

10. **着粒密度** 平均每穗总粒数除以平均穗长度乘以10，为10cm穗长内的着粒数（包括实粒、空粒和秕粒）。10cm穗长内着粒60粒以上者为密，54～60粒者为中，54粒以下者为稀。

11. 结实率 每穗平均实粒数占每穗平均总粒数的百分率。测定所有有效穗的总实粒数，除以总粒数。

12. 千粒重 测定 1 000 粒种子的质量。千粒重在 30g 以上者为特大粒，27～29g 者为大粒，24～26g 者为中粒，21～23g 者为小粒，20g 以下者为特小粒。

13. 芒的有无和长短 主穗中有芒谷粒数在 10% 以下的为无芒，10% 以上者为有芒。芒的长短分 4 级：顶芒，其芒长在 11mm 以下；短芒，其芒长在 11～30mm；中芒，其芒长在 31～60mm；长芒，其芒长在 60mm 以上。

14. 稃色 分黄色、褐斑色、茶褐色、红色、深红色、灰白色、紫色、紫黑色条状斑纹等。

15. 稃（谷壳）尖色 分黄色、褐色、红色、淡黑褐色、黑褐色等。

16. 谷粒长度 随机选取 10 粒，首尾相接排直，测量长度，除以 10，单位以毫米（mm）表示。长于 8mm 为长，6.1～8.0mm 为中，短于 6.1mm 为短。

17. 谷粒宽度 随机选取 10 粒，背腹相接排直，测量长度，除以 10，单位以毫米（mm）表示。大于 3.5mm 为宽，2.6～3.5mm 为中，小于 2.6mm 为窄。

18. 谷粒形状 长宽比大于 3.30 的为细长形，2.20～3.30 的为椭圆形，1.80～2.20 的为阔卵形，小于 1.80 的为短圆形。

(四) 实训报告

根据水稻植株经济性状考查结果，分析其增产或减产的成因。

技能训练 7 稻米品质的评价与测定

(一) 目的要求

了解稻米品质评价与测定方法，掌握优质稻米的评价标准。

(二) 材料及用具

水稻稻谷、出糙机、碾米机、精米机、天平、分级筛、瓷盘、测微尺、黑色蜡光纸、镊子、记录纸、铅笔等。

(三) 内容及操作步骤

1. 加工品质 它反映稻米对加工的适应性，又称碾磨品质。用出糙机、精米机将稻谷加工成糙米或精米，测定精米率、糙米率以评价稻米的优劣。其测定方法如下。

(1) 糙米率。糙米占供试稻谷质量的百分率（本项取决于供试样品的谷壳厚度和谷粒充实度）。用 1/100 天平（精确度为 0.01g）准确称取稻谷样品 2 份，每份 30g，调整出糙机中两个皮滚轮到适当位置，将样品分别均匀倒入出糙机内除壳（如有未去壳的谷粒，应进行第二次去壳），再将糙米过 2mm 筛，除去黑粒、病粒，将整粒和碎粒分别称量并计算。

(2) 精米率。将糙米经碾磨除去米糠及胚，或直接将稻谷经精米机加工得到的精米占供试稻谷质量的百分率（它取决于糠层厚度、胚的大小及其脱落难易程度、米粒的易碎性以及纵沟深度等）。将经糙米率测定的各糙米样放入碾米机中加工，每次 5min，清扫干净，用 2mm 孔径筛进行筛理；或采用一次性精米机直接测定，即准确称取稻谷样品 2 份，每份 100g，用特制漏斗倒入精米机轴芯，装好重力锤，将定时器调节到所需时间（一般为 30s）刻度，一手托起重力锤，另一手启动定时器，在启动定时器后随即放下重力锤，让其自然碾磨，碾米完毕后，清扫干净轴心内样品并过 2mm 孔径筛。各样品在筛理过程中的振动次数应力求相同。将未通过筛孔的整米和碎米称量并计算。

（3）整精米率。取已经测定过精米率的精米，将其中的碎米逐一拣去，将剩余的整精米（包括长度≥完整精米 4/5 的非完整精米）称量并计算。

以上 3 个指标在测定后，若样品 2 个重复间的误差均超过 30％，应重做。

2. 外观品质 外观品质又称市场（商品）品质，是指米粒外表的物理特性，如籽粒大小、形状、色泽、垩白等，是当前我国商品米定级的主要依据。

（1）透明度和光泽。随机从精米中取 10 粒，用刀片横切观察切面。透明度分全透明（玻璃质，无垩白，亮晶透白）、半透明（一级，半玻璃质，有少量垩白，稍有透明光泽）、不透明（粉质，垩白较大，无透明光泽）。

（2）粒型。随机选取整粒精米，用测微尺量取长度和宽度（每个样品 10 粒）；或随机选取完整精米 5 粒，在一条直线上按长或宽整齐排列，测量总长度和总宽度，重复 3 次（15粒）求平均值。

（3）长宽比。通过以上测定的精米长和宽求比值。

（4）垩白率。垩白是由于米粒胚乳中组织疏松而形成的白色不透明部分，包括腹白、心白和背白。从整粒精米中随机取 200 粒，置于黑色衬底（如黑色蜡光纸）上目测具有垩白的米粒数，计算其占总数的百分率。

（5）垩白大小。米粒中垩白部分的面积占整粒米面积的百分率。随机从样品中取具有垩白的整粒精米 10 粒（不足 10 粒者按实有数取），将米粒平放在计算纸上正视观察，逐粒目测垩白面积占整个米粒投影面积的百分率，求出垩白面积的平均值。

（6）垩白度的计算。垩白度指整精米样品中垩白的面积占样品总面积的百分比，在求出垩白率和垩白大小后，按下式计算：

$$垩白度＝垩白率×垩白大小×100％$$

3. 蒸煮与食味品质 蒸煮与食味品质指米饭的色、香、味及其适口性（如黏弹性、柔软性等），反映稻米的食用特性。评价食味的最好方法是口感品尝，由于品尝者的差异，加之过程复杂，难以快速有效地评定，通常用较客观的理化指标来间接反映，主要有直链淀粉含量、糊化温度、胶稠度、米饭黏性、硬度、气味、色泽以及冷饭质地等，其中直链淀粉含量是影响食味的重要因素，蛋白质含量高对食味品质有负效应。食味评定一般是选择具代表性的同类优质品种作为对照，用带盖铝盒盛米炊熟后，先鉴定米饭有无清香味（气味占15％），再观察米饭色泽、结构（外观占 15％），通过口感品尝鉴定柔软性、黏散性及滋味（适口性占 60％），1h 后观察米饭是否柔软松散或黏结（冷饭质地占 10％）。

4. 营养品质 营养品质指精米中蛋白质及其氨基酸等养分的含量与组成，以及脂肪、维生素、矿物质含量等。稻米蛋白质除绝对含量外，谷蛋白、醇溶蛋白等组分及氨基酸组成也与营养、食味有关。一般认为蛋白质含量高会抑制淀粉粒吸水、膨胀及糊化，米饭口感变差，食味不佳。但这样的稻米中又含有谷蛋白及多种人体必需的氨基酸，易消化吸收，营养价值较高。蛋白质含量一般通过测定稻米的全氮含量（如凯氏法定氮），并乘以 5.95 的转换系数即得。

5. 卫生品质 卫生品质主要是稻米中农药及重金属元素（如砷、镉、汞、铅）等有害成分的残留状况等，主要包括有毒化学农药、重金属离子、黄曲霉素、硝酸盐等有毒物质的残留量。它是稻米的首要品质指标。

在以上各指标测定完毕后，按优质稻谷分级指标（表Ⅱ-1-9）的国家标准，对测定的品种进行评价和比较。

表Ⅱ-1-9　优质稻谷分级指标（GB/T 17891—2017）

类别	等级	整精米率（%）			垩白度（%）	食味品质分	不完善粒含量（%）	水分含量（%）	直链淀粉含量（干基）（%）	异品种率（%）	杂质含量（%）	谷外糙米含量（%）	黄粒米含量（%）	色泽气味
		长粒	中粒	短粒										
籼稻	1	≥56.0	≥58.0	≥60.0	≤2.0	≥90	≤2.0							
	2	≥50.0	≥52.0	≥54.0	≤5.0	≥80	≤3.0	≤13.5	14.0～24.0					
	3	≥40	≥46.0	≥48.0	≤8.0	≥70	≤5.0			≤3.0	≤1.0	≤2.0	≤1.0	正常
粳稻	1		≥67.0		≤2.0	≥90	≤2.0							
	2		≥61.0		≤4.0	≥30	≤3.0	≤14.5	14.0～20.0					
	3		≥55.0		≤6.0	≥70	≤5.0							

（四）注意事项

我国对稻米品质的评价从加工、外观、蒸煮与食味、营养及卫生品质等方面进行评价，一般要求在稻谷收获、晒干（含水量12%～14%）、去杂后存放90d以上，待理化性状稳定后进行。

（五）实训报告

（1）写出稻米品质评价与测定的方法和步骤。

（2）将样品各指标测定数据进行整理计算与优质稻谷分级指标进行比较和评价。

【拓展阅读1】

水稻秸秆还田

稻草还田的方式主要有两种：一种是直接还田，主要有人工或机械切碎稻草翻耕还田、留高茬翻耕还田、覆盖还田3种形式；另一种是间接还田，利用生物化学技术堆沤腐熟后还田、用作饲料过腹还田。稻草还田后，被土壤微生物分解，可以补充土壤有机质和氮、磷、钾等营养元素，改良土壤理化性状等，进而提高作物产量、改善品质、降低成本、增加收入。

1. 稻草切碎翻耕还田技术要点　将稻草机械或人工切碎，均匀撒在田里，每公顷稻草（干重）还田量为3 000～3 750kg（如早稻稻草还田，按稻草总量的1/2或2/3施用），每公顷增施（在原肥料用量的基础上，作基肥施入）碳酸氢铵120～180kg或尿素75～90kg，冷浸田每公顷可配施石灰225～375kg。

2. 稻草切碎翻耕生物催腐还田技术要点　将稻草切碎，均匀撒在田里，每公顷稻草（干重）还田量为3 000～3 750kg（如早稻稻草还田，按稻草总量的1/2或2/3施用），每公顷用腐秆灵催腐剂6～8kg拌细土225～300kg均匀撒施，每公顷增施（在原肥料用量的基础上，作基肥施入）碳酸氢铵120～180kg或尿素75～90kg，翻耕后田间保持2～3cm水层

5～8d。

3. 稻草覆盖还田技术要点　稻草覆盖还田技术主要用于旱作物，将稻草覆盖在作物的行间、畦面，方法简单，效果好。作物苗期覆盖稻草要注意覆盖的厚度，以免影响幼苗生长。大田覆盖要注意施足基肥，以免造成作物后期缺肥。

4. 催腐剂腐熟稻草堆沤技术要点　将干稻草浸透水，以含水量60%～70%为宜（用手握稻草滴水即可）。每吨干稻草用催腐剂（腐秆灵或301菌剂）1.5kg和尿素5kg，腐秆灵需加水100kg溶解喷施，301菌剂和尿素撒施。吸足水分的稻草分层喷施腐秆灵药液或撒施301菌剂和尿素，并分层（厚10cm左右）压紧，堆成长2～2.5m、宽1.5m、高1.5m左右的梯形肥堆，用锹轻轻拍实，表面用泥封严（冬天加盖薄膜）发酵。夏天8～15d，冬天15～25d可完全腐熟。

5. 酵素菌堆腐稻草技术要点　将干稻草浸透水，含水量60%～70%（用手握稻草滴水即可）。配方：干稻草1 000kg、米糠50kg、酵素菌5kg。操作方法：①把浸透水的稻草均匀地铺在地上，厚度为10～15cm，将酵素菌、米糠均匀地撒在稻草上，然后堆成长2～2.5m、宽1.5～2m、高1.5m左右的梯形肥堆，用锹轻轻拍实，表面用泥封严（冬天加盖薄膜）发酵。②把浸透水的稻草分层堆压，分层撒施酵素菌和米糠，每堆压10cm厚稻草撒一层酵素菌和米糠。夏天8～15d可完全腐熟，冬天则需要15～25d。

【拓展阅读2】

稻鸭共作技术

稻鸭共作是以水田为基础，优质稻种植为中心，家鸭野养为特点的自然生态和人为干预相结合的复合生态系统，是将水稻生育期的特点、病虫害发生规律和役用鸭的生理、生活习性以及稻田饲料生物的消长规律有机结合的一项环保型农业技术体系。

该项技术是在秧苗栽插活棵后，将雏鸭全天放在稻田里，利用雏鸭的杂食性吃掉稻田内的杂草和害虫，利用鸭在稻田活动刺激水稻分蘖生长，并产生中耕浑水的效果，利用鸭粪作为高效有机肥，达到节省养鸭饲料、提高鸭肉品质、减少和不用无机化肥和农药、降低生产成本、生产有机优质大米的目的。

（一）田块的选择和建设

按照有机生产对生态环境的要求，选择无污染、水资源丰富、地势平坦、成方连片的地块作为稻鸭共作区。稻区面积一般要求1 500～2 000m²。在田块建设上，为了使稻田能灌10cm深的水，将田埂加高到20～30cm，加宽到60～80cm，以利于田块保水和鸭子休息。在田块四周开挖宽1～2m、深1～1.2m的环沟，田间挖交叉呈"井"字形的田沟，沟宽30～50cm、深30cm左右，以增加鸭的活动场所。

在稻田的一角为鸭子修建一个简易的栖息场所。一般每0.3hm²设一个区，搭一个鸭舍。鸭舍面积按每平方米供5只成年鸭栖息建造。在鸭舍前留出鸭子活动的旱地作喂鸭场，供鸭活动和投喂饲料。

为了防御天敌的袭击和鸭子的逃散，用高80～100cm的竹栅栏或塑网将田围住。有条件的地方，可在田周围田埂上建低压电网，既可防止鸭子外逃，又可防止野狗、黄鼠狼、野猫、蛇等袭击。

（二）水稻品种选择

选择大穗型，株高适中，茎粗叶挺，株型挺拔，分蘖力强，抗稻瘟病、稻曲病，同时熟期适中，能避开二化螟、三化螟危害的高产优质品种。以肥床旱育秧培育适龄壮秧（秧龄在30d左右，叶龄4～5叶）。

（三）役用鸭的选择

选择中小型个体（一般成年鸭每只1.25～1.5kg）、灵活、食量较小、露宿抗逆性强、适应性广、生命力强、田间活动时间长、嗜食野生植物的役用鸭，如役鸭1号、高邮鸭等。

（四）田间管理技术

1. 养鸭技术

（1）放鸭的条件和时间。鸭的放养时间为水稻移栽（抛栽）返青活棵后，早稻栽后12～15d，中稻、晚稻栽后7～10d。一般水稻栽后7～10d出现第一次杂草萌发高峰，此时放鸭入田可达到较理想的除草效果。放鸭入田宜选择晴天上午9—10时，此时气温比早晨高，而且还在升高，有利于鸭子适应环境气温的变化。在鸭子投放之前要进行驯水。鸭孵出后，选择晴天早上驯水，可在水深15～20cm的水泥池中进行，驯水时间由短到长，直到鸭子能在水中活动自如，出水毛干。

（2）合理放养密度。一般以每公顷放养180～225只为宜，并以100～120只为一群，既有利于避免鸭过于群集而踩伤前期秧苗，又能使鸭分布到圈定范围稻田的各个角落去寻找食物，达到较均匀地控制田间杂草和害虫的目的。

（3）增加辅助饲料。刚放养10d左右的雏鸭觅食能力差，每天需补喂一些易消化的饲料2～3次，以便满足早期生长发育的需要。以后逐步减少补喂次数，转向以自由采食为主。在鸭棚放置浅底盛水容器和饲料容器若干个，每天早、晚一边把水和碎米、菜等新鲜饲料放入容器，一边呼喊（或敲锣），驯化雏鸭汇集采食，培养鸭"招之即来"的生活习性。

2. 水稻管理技术

（1）适期移栽。当秧龄30d左右，叶龄4～5叶，苗高20～30cm时，即可整田移栽。

（2）合理密植。水稻的种植方式和种植密度既要有利于鸭子在稻间穿行活动时少伤害秧苗，又要兼顾水稻的产量。水稻栽插宜宽行窄株。常规稻每公顷栽插150万～180万基本苗，杂交稻、中稻、晚稻每公顷栽插120万～150万基本苗。

（3）水分管理。栽秧后一直保持水层，中途一般不搁田，直到抽穗灌浆。在水稻收获前20d左右才排水搁田。稻田水层不宜太深，最好保持3～5cm的浅水层，这样有利于鸭脚踩泥搅浑田水，杂草容易被鸭连根拔起而吃掉，起到中耕松土，促进根、蘖生长的作用。随着鸭子的长大，水层可逐渐加深，但不超过10cm。如要搁田可采用分片搁田的办法，既解决鸭在田内饮水和觅食的需要，又有利于水稻高产。

（4）肥料施用。进行有机鸭生产时不能施用化肥，只能施用有机肥和生物肥料。基肥施用腐熟的有机肥，每公顷施腐熟粪肥7 500kg或腐熟饼肥3 000kg。追肥主要以鸭子排出的粪便及绿萍腐烂还田代替。

（5）病虫草害防治。稻田害虫主要靠鸭捕食防除，也可辅以高效生物农药进行防治。对三化螟造成的白穗危害，防治效果不理想时，可采用频振式诱蛾灯进行诱杀，从而减轻落卵量。

（五）鸭的捕捉和水稻的收获

水稻抽穗灌浆结实后，稻穗下垂，在稻丛间的鸭群就要喙食稻穗上的谷粒，一旦开始喙食谷粒，鸭子就不再去寻找别的食物。这时就要将群鸭从稻间赶到田边有一定深度的排水渠道，并用围网围住捕捉。稻间放养 60d 左右的役用鸭，每只 1.2～1.5kg。其中公鸭可上市作肉鸭出售，母鸭可以圈养成产蛋鸭。

水稻抽穗灌浆结实后，将鸭子从稻田里赶出。齐穗后，待田间浑水淀清，就可排水搁田。搁田时，田面呈现大大小小的裂缝。当达到搁田要求时，收割机就可下田操作。全田有 95% 以上的谷粒黄熟时，就可收获。

【信息收集】

通过查阅《作物杂志》《杂交水稻》《中国水稻科学》《现代农业科技》《中国农技推广》等科普杂志或专业杂志，查找水稻生产的新技术，并整理成一篇 3 000 字左右的综述文章，以增进对水稻最新生产技术和前沿科学的了解。

【思考题】

1. 水稻为什么要特别强调培育壮秧？水稻壮秧的标准有哪些？

2. 如何确定水稻适宜的播种期和播种量？

3. 试述水稻机插育秧的关键技术。

4. 旱育秧苗床的标准是什么？如何进行培肥？

5. 肥床旱育秧的苗床管理应抓好哪几项关键措施？

6. 如何提高水稻手栽秧和抛栽秧的移栽质量？

7. 试述水稻分蘖期和拔节长穗期的生育特点和主攻目标，各有哪些工作任务？

8. 何谓穗肥？试述穗肥的作用及正确的施用方法。

9. 水稻搁田有什么作用？如何正确进行水稻搁田？

10. 从水稻产量构成因素的角度分析，水稻高产栽培途径有哪些？

11. 简述稻米品质的评价指标与方法。

【总结与交流】

1. 以小组为单位，对水稻拔节孕穗期的苗情进行诊断，并进行讨论与交流。

2. 以水稻拔节孕穗期田间管理为内容，撰写一篇技术指导意见。

小 麦 生 产 技 术

【学习目标】

了解小麦的起源与分类、小麦生长发育特性、小麦生产的生物学基础、小麦的产量形成。

掌握小麦播种技术、小麦田间看苗诊断和田间管理技术、小麦测产与收获技术等。

【学习内容】

>>> 任务一　小麦生产基础知识 <<<

一、小麦的起源与分类

小麦是世界上分布最广、种植面积最大、商品率最高的粮食作物。面积和总产量均占世界粮食作物面积和总产量的1/3。全世界有1/3以上的人口以小麦为主粮。我国小麦在粮食生产中的地位仅次于水稻。

小麦籽粒含蛋白质一般为8%～18%，并富含淀粉、脂肪、矿物质、维生素等多种营养成分及面筋，是十分理想的主、副食品，也是重要的轻工业原料和畜牧业的优质精、粗饲料。

小麦属于禾本科（Gramineae）小麦属（Triticum）植物，小麦进化是近缘物种染色体重新组合形成异源多倍体物种的过程。通常按染色体数分为三大系：二倍体的一粒系小麦（包括乌拉尔图小麦种、一粒小麦种）、四倍体的二粒系小麦（包括圆锥小麦种、硬粒小麦种、提莫菲维小麦种）、六倍体的普通小麦种。世界上作为粮食栽培的主要为普通小麦种和硬粒小麦种。一般所称的小麦主要指普通小麦种。我国栽培的主要是普通小麦种。

小麦最早起源于中东的新月沃土地区。考古学研究表明，小麦是新石器时代人类对其祖先植物进行驯化的产物，栽培历史已有万年以上。中亚的广大地区曾在史前原始社会居民点发掘出许多残留的实物，其中包括野生的和栽培的小麦干小穗、干籽粒、炭化麦粒以及麦穗、麦粒在硬泥上的印痕。其后，小麦即从西亚、中东一带向西传入欧洲和非洲，向东传入印度、阿富汗、中国。中国的小麦则由黄河中游向外传播，逐渐扩展到长江以南各地；并传入朝鲜、日本。15—17世纪，欧洲殖民者将小麦传至南美洲、北美洲；18世纪，小麦才传到大洋洲。

六倍体普通小麦系（AABBDD）由野生种经过长期的演变进化而形成（图Ⅱ-2-1）：

乌拉尔图小麦（A组染色体供源）进化为栽培一粒小麦，其体细胞染色体数（二倍体）为14。乌拉尔图小麦与拟斯卑尔脱山羊草（B组染色体供源）天然杂交，经染色体加倍，产生野生二粒小麦（四倍体，AABB）这是小麦进化的第一次飞跃。然后，经天然杂交或基因突变形成其他四倍体的二粒系类型，构成二粒系（AABB），其体细胞染色体数（四倍体）为28。四倍体二粒小麦与粗山羊草（也称节节麦，D组染色体供源）天然杂交，再经染色体加倍而形成原始六倍体，即斯卑尔脱小麦，这是小麦进化的第二次飞跃。然后，经天然杂交或基因突变形成多种六倍体小麦类型，即普通小麦系（AABBDD），其体细胞染色体数（六倍体）为42。

　　因此，普通小麦是异源多倍体，含有3种二倍体的遗传物质，生态变异大，生产上经济价值最高，种植也最广。它具有来自野生一粒小麦的优良穗部结构和抗性，也有来自野生二粒小麦的抗热性，从四倍体到六倍体的进化过程中，引进了节节麦的遗传基础，既提高了面筋品质，也加强了对冬季严寒气候的适应性。

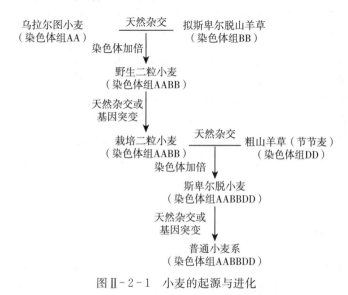

图Ⅱ-2-1　小麦的起源与进化

二、小麦生产概况

（一）小麦生产的重要意义

　　小麦是世界第一大粮食作物，全球有35％～40％的人口以小麦为主食。不同小麦品种对温光反应不同，使其具有广泛的适应性，在四季均可以播种，从而可以有效利用冬季光能，提高冬季光能利用率，提高复种指数和土地利用率。同时，小麦营养价值高，含丰富蛋白质（8％～18％）、氨基酸（0.3％～0.4％），故加工特性好。小麦籽粒水分含量低（11％～13％），在11％的水分含量下可以较长时间贮藏而不霉烂变质，生产过程可以高度机械化，有利于提高劳动生产效率。此外，小麦是许多轻工业及医药卫生的重要原料，副产品麦草与麸皮也是不可缺少的加工原料和精、粗饲料。

（二）世界小麦生产概况

　　小麦喜冷凉和湿润气候，因其适应性强而广泛分布于世界各地，从南、北极圈附近到赤道，除少数炎热低湿地区及酷寒两极外，几乎都有栽培，但主要集中在20°N～60°N和20°S～40°S，尤以欧亚大陆和北美洲的栽培面积较大，约占栽培总面积的90％。世界种植小麦的国家很多，但产量主要集中在中国、印度、美国、俄罗斯、加拿大、澳大利亚和阿根廷，这7个国家小麦产量占世界总产量的一半。世界栽培的小麦主要是冬小麦，春小麦的面积约为20%，且主要集中在俄罗斯、美国和加拿大，约占世界春小麦总面积的90%。

世界各国发展小麦生产的途径不尽相同，俄罗斯、加拿大、澳大利亚等国土地面积大，主要靠扩大种植面积增加总产，耕作粗放，单产较低；荷兰、德国、英国、丹麦土地资源较少，主要靠高度机械化和科学管理，提高单产。单产增加主要是由于普遍采用高产、抗病、耐肥、抗倒伏品种，增施肥料（包括有机肥和无机肥），通过秸秆还田和种植绿肥作物培肥地力，扩大灌溉面积，改善灌溉方法，实行合理密植，进行化学除草等。

（三）中国小麦生产概况

小麦在中国分布很广，南至海南岛，北到漠河，西至新疆，东抵沿海诸岛均有栽培。目前小麦是中国仅次于水稻、玉米的主要粮食作物。

1949年以来，我国小麦生产发展迅速。我国国家统计局数据显示，2016年，我国小麦种植面积为24.2Mhm^2，总产129Mt，单产达到5 327kg/hm^2，与1949年相比面积增加了12.4%，单产增加了729.6%，总产增加了832.6%。我国主要是依靠单产的提高增加产量，尤其是1974年后由于已初步形成间套复种、高效施肥、节水灌溉、机械化操作等一系列规范化、模式化、科学化的高产栽培技术体系，单产大幅度提高。在肥水条件好的地区，单产可达7 500kg/hm^{2}以上。

近年来，中国小麦生产和消费形势发生了根本变化。普通品质的小麦积压，优质专用型小麦则需大量进口。从1999年起小麦优质化已成为中国种植业结构调整的重点，优质专用小麦播种面积持续增加。2016年，中国优质小麦播种面积占冬小麦的79%，主要集中在河南、河北、山东等省份。

三、小麦种植区划

（一）按季节划分

我国小麦分布很广，南北跨越寒、中、暖三温带和各类型的亚热带及热带。

小麦在我国由海拔不及10m的地区至海拔4 460m处的西藏，都可正常生长。全国一年中1—10月均有小麦收获，生育期短者100d左右，长者300d左右，如西藏冬麦达周年之久。我国小麦主要分布在20°N～41°N的地区，占全国播种面积的80%以上。全国冬小麦播种面积约占小麦播种总面积的84%，主要分布在长城以南，主产省份有河南、山东、河北、江苏、四川、安徽、陕西、湖北、山西等，其中河南、山东播种面积最大。春小麦播种面积约占全国小麦播种总面积的16%，主要分布在长城以北，主产地有黑龙江、内蒙古、甘肃、新疆、宁夏、青海等省份。按季节划分小麦主要播种区有以下几个。

1. 春麦区

（1）东北春麦区。包括黑龙江、吉林两省全部和辽宁、内蒙古部分地区。全区小麦播种总面积及总产量均接近全国小麦播种总面积及总产量的8%，分别约占全国春小麦播种总面积及总产量的47%和50%，故为春小麦的主产区。在黑龙江有大量国有农场。本区小麦品种属春性，对光照反应敏感，生育期短，多在90d左右。一年一熟，4月中旬播种，7月20日前后成熟。

（2）北部春麦区。全区以内蒙古为主，还包括河北、陕西、山西部分地区。小麦播种总面积及总产量分别占全国小麦种植面积及总产量的 3％ 和 1％，该区小麦种植面积约为全区粮食作物播种总面积的 20％，小麦平均单产在全国各区中为最低。种植制度以一年一熟为主，个别地区有二年三熟。本区小麦属春性，对光照反应敏感，生育期 90～120d，播种期在 3 月中旬至 4 月中旬，成熟期在 7 月上旬左右，最晚可至 8 月。

（3）西北春麦区。本区以甘肃、宁夏为主，还包括内蒙古、青海部分地区，小麦播种总面积约占全国小麦播种总面积的 4％，总产量约占全国小麦总产量的 5％。单产在全国范围内仅次于长江中下游冬麦区，而居各春麦区之首。种植制度为一年一熟，小麦品种属春性，生育期 120～130d。3 月上旬播种，7 月中旬至 8 月上旬成熟。

2. 冬麦区

（1）北部冬麦区。包括北京、天津两市，河北、山西大部，陕西、辽宁、宁夏、甘肃部分地区。全区小麦播种总面积和总产量分别为全国小麦播种总面积和总产量的 9％ 和 6％ 左右，小麦平均单产低于全国平均水平。种植制度以两年三熟为主。一年两熟制在灌溉地区有所发展。品种类型为冬性或强冬性，生育期 260d，9 月中旬左右播种，6 月下旬左右成熟。

（2）黄淮冬麦区。包括山东全部，河南大部，河北、江苏、安徽、陕西、山西、甘肃部分地区。全区小麦播种总面积和总产量分别占全国小麦播种总面积及总产量的 45％ 和 48％ 左右，播种面积约为全区粮食作物播种面积的 44％，是中国小麦主产区。灌溉地区以一年两熟为主，旱地及丘陵地区多为两年三熟，部分地区为一年一熟。品种多为冬性或弱冬性，生育期 230d 左右。播种期一般为 10 月上旬，但部分地区常由于各种原因不能适时播种，致使晚茬面积增大，产量降低，故合理安排茬口和播种期是小麦生产的关键，全区小麦成熟在 5 月下旬至 6 月初。

（3）长江中下游冬麦区。包括江苏、安徽、湖南大部，上海、浙江、江西全部以及河南信阳地区。全区小麦播种总面积为全国小麦播种总面积的 11.7％，总产量约为全国小麦总产量的 15％，单产高，为全国各区之首。生育期 200d 左右，播种期为 10 月中下旬至 11 月中旬，翌年 5 月下旬成熟。

（4）西南冬麦区。包括贵州全省，四川、云南大部，陕西、甘肃、湖北、湖南部分地区，全区小麦播种总面积约占全国小麦播种总面积的 12.2％，其中以四川盆地为主产区。生育期 180～200d，一般地区播种期为 10 月下旬至 11 月上旬。

（二）按品质划分

综合考虑生态条件、土壤理化特性、品种的品质表现，以及消费习惯、市场需求、优质专用小麦生产现状和发展趋势等因素，我国农业部（现为农业农村部）拟定的《中国小麦品质区划方案》，将全国划分为 3 个大区和 10 个亚区。

1. 北方强筋、中筋冬麦区　该区主要包括北京、天津、山东、河北、河南、山西、陕西大部，甘肃东部以及江苏、安徽北部，适宜于发展白粒强筋小麦和中筋小麦。本区可划分为以下 3 个亚区。

（1）华北北部强筋麦区。主要包括北京、天津、山西中部、河北中部和东北部地区，该区适宜发展强筋小麦。

（2）黄淮北部强筋、中筋麦区。主要包括河北南部、河南北部、山东中北部、山西南部、陕西北部和甘肃东部等地区。该区土层深厚、土壤肥沃的地区适宜发展强筋小麦，其他地区如胶东半岛等适宜发展中筋小麦。

（3）黄淮南部中筋麦区。主要包括河南中部、山东南部、江苏和安徽北部、陕西关中、甘肃天水等地区。该区以发展中筋小麦为主，肥力较高的砂姜黑土和潮土地带可发展强筋小麦，沿河冲积沙壤土地区可发展白粒弱筋小麦。

2. 南方中筋、弱筋冬麦区　主要包括四川、云南、贵州全部，河南南部，江苏、安徽淮河以南、湖北等地。该区湿度较大，小麦成熟期间常有阴雨，适宜发展红粒小麦。本区域可划分为以下 3 个亚区。

（1）长江中下游中筋、弱筋麦区。包括江苏、安徽两省淮河以南，湖北大部以及河南南部地区。本区大部地区适宜发展中筋小麦，沿江及沿海沙土地区可发展弱筋小麦。

（2）四川盆地中筋、弱筋麦区。包括盆西平原和丘陵山地。该区大部分适宜发展中筋小麦，部分地区也可发展弱筋小麦。

（3）云贵高原麦区。包括四川西南部、贵州全省以及云南大部地区。该区总体上适于发展中筋小麦。其中贵州可适当发展一些弱筋小麦；云南应以发展中筋小麦为主，也可发展弱筋或部分强筋小麦。

3. 中筋、强筋春麦区　该区主要包括黑龙江、辽宁、吉林、内蒙古、宁夏、甘肃、青海、新疆和西藏等地区。该区可划分为以下 4 个亚区。

（1）东北强筋春麦区。主要包括黑龙江北部、东部和内蒙古大兴安岭等地区。该区适宜发展红粒强筋或中强筋小麦。

（2）北部中筋春麦区。主要包括内蒙古东部、辽河平原、吉林西北部和河北、山西、陕西等春麦区。该区适宜发展红粒中筋小麦。

（3）西北强筋、中筋春麦区。主要包括甘肃中西部、宁夏全部以及新疆麦区。该区域的河西走廊适宜发展白粒强筋小麦，银宁灌区适宜发展红粒中筋小麦，陇中和宁夏西海固地区适宜发展红粒中筋小麦；新疆麦区适宜发展强筋白粒小麦，其他地区可发展中筋白粒小麦。

（4）青藏高原春麦区。该区适宜发展红粒中筋小麦。

四、小麦的一生

从种子萌发到新种子形成的全过程称为小麦的一生。从出苗到成熟的天数称为生育期。小麦生育期的长短，因品种、气候、生态条件和播种时间而有很大差异。我国从南到北，小麦生育期从不足 100d 到 300d 以上。小麦的主要的生育时期如下。

出苗期：主茎第一片叶露出胚芽鞘 2cm 的日期。

3 叶期：幼苗主茎第三片叶伸出 2cm 的日期。

分蘖期：幼苗第一个分蘖露出叶鞘 1.5cm 的日期。

越冬期：日平均气温稳定在 2℃以下，植株地上部基本停止生长的日期。

返青期：春季气温回升，植株恢复生长，主茎心叶新生部分露出叶鞘 1cm 的日期。

起身期：麦苗由匍匐状开始向上生长，春生第一叶叶鞘伸长，与冬前最后一叶叶耳距离达 2cm，地下第一节间开始伸长的日期。

拔节期：植株主茎第一伸长节间达到 2cm 的日期。

孕穗期（挑旗期）：旗叶展开，叶耳露出叶鞘的日期。

抽穗期：有效茎麦穗的 1/2 露出旗叶鞘的日期。

开花期：麦穗中、上部花开放，花药露出的日期。

灌浆期（乳熟期）：籽粒开始沉积淀粉（即灌浆）的日期，在开花后 10 天左右。

生产记载的时期，通常为全田 50% 的植株分别达到上述标准的日期。

五、小麦的阶段发育特性及应用

在小麦生产实践中，若将典型的冬小麦春播或把北方的冬小麦引到南方秋播，即使肥水条件适宜，小麦往往也会处于分蘖状态而不能抽穗或结实。小麦从种子萌发到成熟的生活周期内，必须经过几个循序渐进的质变阶段，才能开始进行生殖生长，完成生活周期。这种阶段性质变发育过程称为小麦的阶段发育。每一质变过程即为一个发育阶段，每个发育阶段要求一定的外界条件，如温度、光照、水分、养分等，而其中有一两个因素起主导作用，如果缺少这个条件或不能满足要求，则这个发育阶段就不能顺利进行或中途停止，待条件适宜时，在原发育阶段的基础上继续进行。目前，已经研究较清楚且与生产密切的为春化阶段和光照阶段。

（一）春化阶段（感温阶段）

萌动种子胚的生长点或幼苗的生长点，只要有适宜的综合外界条件，就能开始生长并通过春化阶段发育。在春化阶段所需要的综合外界条件中，起主导作用的是一定时间的低温。根据不同品种通过春化阶段对温度要求的高低和时间的长短不同，可将小麦划分为以下 3 种类型。

1. 春性品种　在 0～12℃ 的条件下经过 5～15d 可完成春化阶段发育。未经春化处理的种子在春天播种能正常抽穗结实。

2. 半冬性品种　在 0～7℃ 的条件下经过 15～35d 即可通过春化阶段。未经春化处理的种子春播，不能抽穗或延迟抽穗，抽穗极不整齐。

3. 冬性品种　对温度要求极为敏感，在 0～3℃ 条件下经过 40～50d 才能完成春化阶段发育。未经春化处理的种子春播，不能抽穗结实。

（二）光照阶段（感光阶段）

小麦在完成春化阶段后，在适宜条件下进入光照阶段。小麦是长日照作物，光照阶段首先要求一定天数的长日照，其次要求比较高的温度。此阶段如果不满足长日照条件，有些品种就不能通过光照阶段，不能抽穗结实。根据小麦对光照长短的反应，可分为 3 种类型。

1. 反应迟钝型　在每天 8～12h 的光照条件下，经 16d 以上就能顺利通过光照阶段而抽穗，不因日照长短而有明显差异。一般南方低纬度地区冬播的春性品种属于此类。

2. 反应中等型　在每天的光照条件下不能通过光照阶段，但在 12h 的光照条件下，经 24d 以上可以通过光照阶段而抽穗。一般半冬性品种属于此类。

3. 反应敏感型　在每天 8～12h 的光照条件下不能通过光照阶段，每天 12h 以上，经过 30～40d 才能通过光照阶段而正常抽穗。一般冬性品种属于此类。

（三）小麦阶段发育特性在生产上的应用

1. 不同感温品种的农艺性状　一般冬性品种迟熟，耐寒抗冻，分蘖力强，植株匍匐；而春性品种早熟，不耐寒抗冻，分蘖力弱，植株直立；半冬性品种居中。

2. 不同种植区域的品种选择　中国 33°N 附近的黄淮麦区，1 月温度最低，平均温度多在 0℃ 左右，冬、春季日照长度在 12h 左右，以种植半冬性、光反应中等型品种为主。由此向高纬度，逐渐过渡到冬性品种和光照反应敏感型品种；而向低纬度，则逐渐过渡到春性品种和光照反应迟钝型品种。

3. 阶段发育特性在栽培中的应用

（1）品种布局与农时安排。冬性品种宜安排在早茬地上，半冬性品种安排在中茬地上，春性品种安排在晚茬地上。在既可种植半冬性又可种植春性品种的地区，应首先播种半冬性品种，然后是春性品种，顺序不可颠倒。

（2）播种期确定。春性品种播种过早，将很快通过阶段发育，抗寒能力降低，易受冻害，一般当日平均气温降至 14℃时开始播种。冬性品种、半冬性品种比春性品种播种期早，一般当日平均温度降至 18℃时便可播种。

（3）播种量确定。春性品种分蘖力弱，单株分蘖少，宜密植，播种量较大；冬性品种分蘖力强，播量相应宜小；半冬性品种居中。

（4）田间管理措施。对于春性品种，冬前宜加大肥水以促进低位分蘖的发生，冬季调控群体；对冬性、半冬性品种，冬、春季应合理调控群体，使群体、个体充分协调。

（5）判断发育进程。根据发育进程采取相应的措施以增加穗数或粒数，最终争取高产。

六、小麦的器官建成

（一）种子萌发与出苗

1. 种子的构造 小麦的籽粒常称为小麦种子，在植物学上属于颖果。整个种子由皮层、胚乳和胚 3 部分构成（如图Ⅱ-2-2）。

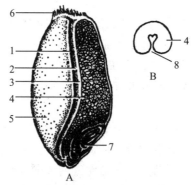
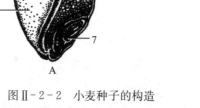

图Ⅱ-2-2 小麦种子的构造

A. 种子的形态和主要组成部分 B. 种子的横断面

1. 果皮 2. 种皮 3. 糊粉细胞 4. 胚乳细胞 5. 颊的一侧 6. 冠毛 7. 胚 8. 腹沟

［江苏农学院，1979，作物栽培学（南方本）］

皮层包括果皮与种皮，占种子质量的 5%～7.5%，起保护胚和胚乳的作用。有红皮种子（红粒）和白皮种子（白粒）之分。一般红皮种子皮层较厚，透性较差，休眠期较长；白皮种子皮层较薄，透性强，休眠期较短，收获前遇雨易在穗上发芽。

胚乳由糊粉层和淀粉层构成，占种子质量的 90%～93%。胚乳又可分为硬质（角质）胚乳、软质（粉质）胚乳和半硬质（半角质）胚乳。硬质胚乳含蛋白质较多，质地透明，结构紧实，面筋含量高；软质胚乳充满淀粉粒，只有少量蛋白质。

胚是最富有生命力的小麦新个体的原始体，由胚根、胚轴、胚芽和盾片组成，占种子质量的 2%～3%。

2. 种子萌发出苗及其环境条件　播种后小麦的出苗时间会受温度、播种深度、土壤湿度及麦种品质的影响。一般而言，冬小麦播种 6～10d 出苗。当小麦第一片绿叶出现 5～7d，第二片绿叶长出，同时，胚芽鞘和第一片绿叶之间的节间（上胚轴）伸长，将生长锥推到接近地表处，这段伸长的节间称为地中茎或根茎。地中茎的长短与品种和播种深度有关。播种深则长，播种浅则短或不伸长。地中茎过长，消耗营养过多，麦苗瘦弱。

小麦种子萌发要求的环境条件如下。

（1）温度。种子萌发要求的最低温度 1℃，最适温度 15～20℃，最高温度为 40℃。在适宜温度范围内，温度越高，发芽出苗的天数越少。正常情况下，播种至出苗需 0℃以上积温 100～120℃。北方冬小麦播种后，若冬前积温＜80℃则当年不出土，俗称"土里捂"。

（2）水分与氧气。种子萌发出苗的最适土壤水分为田间持水量的 70%～80%，一般相当于沙土土壤含水量的 15%～16%，壤土土壤含水量的 17%～18%，黏土土壤含水量的 21%～22%。土壤干旱，种子不能吸足水分，则不能发芽或推迟出苗；土壤湿度过大、板结或播种过深，种子因缺氧而不能萌动，甚至霉烂，即使出苗生长也瘦弱。

（二）根系的生长

小麦的根系为须根系，由初生根群和次生根群组成。初生根由种子生出，又称种子根或胚根。当种子萌发时，从胚的基部首先长出一条主胚根，继而长出 1 对或 2 对或更多的侧胚根。当第一片绿叶展开后，初生根停止发生，其数目一般 3～5 条，多者可达 7～8 条，根细而坚韧，有分支，倾向于垂直向下生长，入土较深，冬小麦可深达 3m。次生根着生于分蘖节上，又称节根，伴随分蘖的发生，在主茎分蘖节上，自下而上逐节发根，每节发根数 1～3 条。分蘖形成后也依此模式长出自己的次生根。一般到开花期，次生根数达最大值，每株有 20～70 条，高者可达 100 条。次生根比初生根粗壮，且多分支和根毛，下伸角度大，入土较浅，开花时极少部分可达 1m，绝大部分（80%以上）分布于 0～40cm 土层内。

初生根出生早、扎根深，不仅在幼苗生长初期起着重要的吸收作用，而且其功能期可延续到灌浆以后，对后期干旱条件下利用深层土壤水分具有特殊意义。次生根数量大，功能强，是根系的主体部分，与高产有密切的关系。根系生长高峰与干物质积累高峰早于地上部生长高峰与干物质积累高峰出现，因而根系发育的好坏、根系活力与延续时间长短，直接关系到地上部的生长和产量形成。

根系生长的最适温度为 16～22℃，最低温度为 2℃，超过 30℃根系生长受到抑制。

小麦根系对土壤水分反应敏感，最适宜的土壤水分含量为田间持水量的 70%～80%。水分过多，氧气不足，生长受抑制；水分过少，根量少，且易早衰，但土壤上层适度干旱会促使根系下扎。

土壤肥力高，根系发达。氮肥适宜，可促进根系生长，提高根系活力，但氮肥过多，地上部旺长，根系生长减弱。磷能促进根系伸长和分支，由于小麦苗期土壤温度低，供磷强度弱，生产上增施磷肥往往有促根壮苗的效应。

（三）茎的生长

茎由茎节和节间组成。地下节间不伸长，密集成分蘖节；地上 4～6 节，5 间伸长（多为 5 个伸长节间），形成茎秆。茎秆节间的伸长速度均表现为"慢—快—慢"的规律，相邻两个节间有快慢重叠的共伸期，如第一节间快速伸长期正是第二节间缓慢伸长期，也是第三节间伸长开始期，依此类推，直到开花或开花后期，最上一个节间即穗下节间伸长结束，茎高或株高固定下来。伴随茎秆伸长，茎秆的干重也不断增加，通常在籽粒进入快速灌浆期前后茎秆干重达最大值，此后由于茎秆贮藏物质向穗部运转，干重下降。

茎秆不仅作为同化物运输器官，而且作为同化物暂储器官，对产量形成起重要作用。据观察，基部节间大维管束数与分化的小穗数呈显著正相关，穗下节间大维管束数与分化小穗数约为 1：1 的对应关系。小麦株高以 75～85cm 中矮秆较好，茎秆过高容易倒伏，过矮则因叶片距离近而通风不良，后期极易发生青枯或落黄不良，粒重降低。小麦高产栽培要求茎秆健壮，基部第一、第二节间短，机械组织发达，秆壁厚，韧性强，抗倒伏，并能贮存和运输更多的养分，形成壮秆大穗，这些性状与品种特性、栽培环境有密切关系。

茎秆生长受外界环境的影响很大。茎秆一般在 10℃ 以上开始伸长，12～16℃ 形成的茎秆较粗壮，高于 20℃ 茎伸长快，细弱易倒伏。强光对节间伸长有抑制作用。拔节期群体过大，田间郁闭，通风透光不良，常引起基部节间发育不良而倒伏。充足的水分和氮素促进节间伸长，磷素和钾素能促使茎壁加厚增粗。干旱条件下节间伸长受到抑制，高产麦田在拔节前控水蹲苗有利于防倒伏。因此，生产上应选用高产抗倒伏品种，适当控制群体密度，并采用合理的肥水运筹，促使茎的基部节间稳健伸长，形成壮秆大穗，增强植株的抗倒伏能力。

(四) 叶的生长

1. 叶的建成　小麦的完全叶由叶片、叶鞘、叶耳、叶舌和叶枕组成。叶鞘有增强茎秆强度的作用。当主茎 n 叶片开始伸长时，与其同时伸长的器官是 $n-1$ 叶鞘和 $n-2$ 节间。叶的建成经历分化、伸长和定型过程。除幼苗 1～3（或 4）叶是在种子胚中分化外，其余叶均由茎生长锥分化形成。叶的伸长由叶尖开始，先叶片伸长，后叶鞘伸长。叶片伸长初期呈锥状体，称为心叶。心叶继续伸长逐渐展开，到叶片全部展开，基部可见叶耳和叶舌时即定型，不再伸长。叶片从露尖到定型为伸长期，从定型到衰枯前为功能期。叶片在功能期光合功能旺盛，有较多的光合产物输出，功能期的长短因品种、叶位、气候以及栽培条件而异。

2. 叶片分组及其功能　小麦主茎叶片的多少，受品种、播期及栽培条件的不同而不同。我国北方冬小麦冬前出叶数因播期不同差别很大，适期播种的一般 5～7 片，春生叶片数为 6～7 片（多为 6 片）。小麦主茎叶片是在植株生长发育过程中陆续发生的，其发生的时间、着生的位置及其作用功能均有所不同。一般分为以下两个功能叶组（图Ⅱ-2-3）。

（1）近根叶组。着生于分蘖节。叶数多少与长势主要由品种温光特性、播期早晚及自然栽培条件决定。光合产物在拔节前主要供应根、分蘖、中下部叶片的生长及早期幼穗发育。

（2）茎生叶组。着生于伸长节上。叶数与节数相当，稳定在 4～6 片，大多为 5 片。其功能主要是供给茎节生长与穗部发育所需的营养，对壮秆大穗起着重要的作用。旗叶及倒 2 叶是籽粒灌浆的重要光合产物制造叶，保持叶片功能，有利于光合效率的提高。

3. 影响叶片生长的环境因素　温度、光照尤其是肥水等环境条件对叶片大小有明显影响。土壤干旱时，植株吸水不足，叶片短小，角质化程度高；水分充足，叶片比较宽大。氮肥充足，可使叶片增大，功能期延长，叶色浓绿；氮肥不足，则叶片窄瘦，叶色淡黄。缺磷时，小麦叶片缩小，叶片常呈紫绿色或暗绿色。因此，控制好肥水，特别是氮肥的供应，是调整叶片大小和叶色浓淡的主要手段。

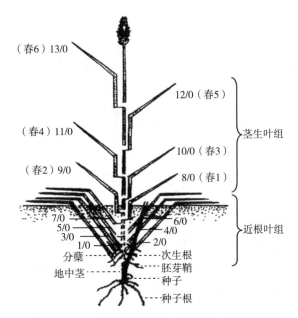

图Ⅱ-2-3　主茎总叶数为13的小麦叶分布示意

1/0～13/0代表主茎上第一至十三张叶片

春1～春6代表冬小麦第二年春天拔节后依次出现的第一至六张茎生叶片

（张亚龙、陈瑞修，2015，作物栽培技术）

（五）分蘖规律与成穗

1. 分蘖节及其作用　分蘖节是小麦分蘖发生的位置，是植株地下部不伸长的节间、节、腋芽聚集在一起的节群。分蘖节不仅是分化叶片、分蘖、次生根的器官，而且还是养分的贮藏器官。幼苗时期，分蘖节不断分化出叶片、分蘖芽和次生根。分蘖芽的顶端生长锥同样可分化出叶片和次一级的分蘖芽和次生根。分蘖节内布满了大量的维管束，联络着根系、主茎和分蘖，成为整个植株的输导枢纽。分蘖节内还贮藏有营养物质。冬小麦越冬期间，分蘖节中贮藏的糖类使分蘖节具有高度的抗寒力，即使长出的叶片全部冻枯，只要分蘖节完好，来年春季仍能恢复生机，因此，保护分蘖节不受冻害是麦苗安全越冬的关键。

2. 分蘖发生与叶蘖同伸规律　适期播种条件下，出苗后15～20d就进入分蘖期。直接发生于主茎上的分蘖为一级分蘖，用Ⅰ、Ⅱ、Ⅲ……表示；一级分蘖上所发生的分蘖为二级分蘖，用Ⅰ₁、Ⅱ₁、Ⅲ₁……表示，依此类推。分蘖与主茎叶片发生具有同伸关系：主茎第三叶长出时少部分幼苗长出胚芽鞘分蘖（C）；主茎第四叶长出时第一叶分蘖（Ⅰ）发生，第五叶长出时第二叶分蘖（Ⅱ）发生，即遵循$n-3$的叶蘖同伸规律。分蘖发生后，主茎每长一叶，分蘖也长一叶，叶蘖发生也遵循上述同伸规律。在不计算胚芽鞘分蘖及其二级分蘖的情况下，理论上主茎叶片数与单株茎蘖数之间的关系符合斐波那契（Fibonacci）数列（图Ⅱ-2-4）：

$$n\text{叶期茎蘖数}=(n-1)\text{叶期茎蘖数}+(n-2)\text{叶期茎蘖数}$$

3. 分蘖与成穗　小麦分蘖成穗率的高低因分蘖发生的时间早晚、品种和栽培条件不同而有较大差异。一般冬前形成的低位分蘖成穗率高，开春后形成高位小分蘖一般不能成穗或很少成穗。冬性、半冬性品种主茎分化的叶原基和分蘖芽较多，分蘖力较强，成穗率高；春

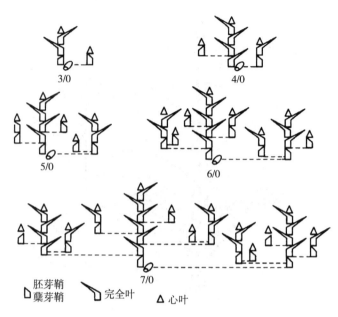

胚芽鞘
蘖芽鞘　　　　完全叶　　△心叶

图Ⅱ-2-4　小麦分蘖与主茎叶片的同伸关系示意
3/0～7/0代表主茎叶龄
（胡立勇、丁艳锋，2008，作物栽培学）

性品种分蘖力较弱，成穗率低。同一品种随种植密度增加而分蘖成穗率下降，密度相同，肥水条件好，分蘖成穗率高。适期播种冬前形成的低位大分蘖成穗率高。但分蘖成穗率的高低和春季形成的小分蘖能否成穗并不是绝对的。如晚茬麦或冬前分蘖数不足的田块，返青后如能及早进行肥水促进，加速早春分蘖生长，在群体较小的情况下，这些分蘖上升为上层分蘖，受光条件改善，生育进程与主茎差距缩小，并能使部分早春分蘖成穗。但晚播麦早春分蘖追赶主茎也受到幼穗分化进程影响，也只有在主茎进入小花分化期，分蘖也进入小花分化期的才能成穗。

（六）穗的分化与发育

1. 穗的构造　小麦的穗在植物学上称为复穗状花序，是由带节的穗轴和着生其上的小穗组成，穗轴由节位组成，每节着生一枚小穗（在同一穗的节上有时也见有复生或并列小穗）。每个小穗由2片护颖、1个小穗轴（小枝梗）和数朵小花组成，每朵小花包括1片内颖、1片外颖、3个雄蕊、1个雌蕊和2个鳞片（图Ⅱ-2-5）。麦穗的颖片和茎含有很多叶绿体，能进行光合作用，它的同化产物大部分保留在穗中，供麦粒灌浆充实之用。通常1个麦穗可以分化15～22个小穗，每个小穗可分化5～9朵小花原基，每个麦穗分化的小花原基数在120朵以上，高产栽培田可达170朵以上，一般每小穗仅穗部的2～3个小花结实，上部的几朵小花发育不完全而退化，结实小花数仅为分化小花数的20%～30%。

2. 穗分化过程　小麦穗是由茎顶端生长锥分化形成的。穗分化前，茎生长锥未伸长，其外形为半圆形球体，宽大于高，不陆续分化叶、腋芽和茎节原基。通过春化阶段后，生长锥不断分化出生殖器官，其分化过程大致可分为生长锥伸长期、单棱期（穗轴分化期）、二棱期（小穗原基分化期）、护颖原基分化期、小花原基分化期、雌雄蕊原基分化期、药隔形成期和四分体形成期8个时期（图Ⅱ-2-6）。

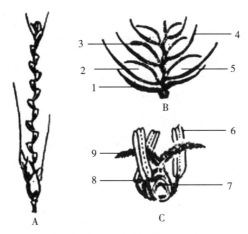

图Ⅱ-2-5 小麦花序的结构

A. 穗轴 B. 小穗 C. 小花

1. 护颖 2. 第一小花 3. 内颖 4. 外颖 5. 第二小花 6. 雄蕊 7. 鳞片 8. 子房 9. 雌蕊

图Ⅱ-2-6 小麦穗分化形成过程

1. 生长点 2. 生长锥 3. 绿叶原基 4. 苞叶原基 5. 小穗原基 6. 护颖原基 7. 外稃原基

8. 内稃原基 9. 小花原基 10. 雄蕊原基 11. 雌蕊原基 12. 已分化出四个花粉囊的雄蕊

[刁操铨，1994，作物栽培学各论（南方本）]

3. 影响穗分化的环境条件

（1）光照。长时间的光照可促进光照阶段的通过，因而加速穗的分化过程，因此在春季干旱高温的气候条件下，一般光照充足，穗分化速度亦加快，时间缩短，往往不利于获得大穗多粒。短时间的光照可延迟光照阶段的通过，从而延长穗分化的时间。南方小麦穗分化时间多处于较低的温度和多云光照不足的条件下，因而发育的穗子较大。在幼穗发育的后期，过弱的光照常使花粉及子房发育不正常，导致不育小穗和小花数目增多，群体过大时，下层穗发育较差。花而不实（只开花不结果实的现象）的原因也与光照有关。

（2）温度。温度对穗部发育的快慢产生影响。其他条件相同，高温加速光照阶段通过，因而形成较少的小穗和小花；相反，低温可以延缓光照阶段的通过，从而延长穗分化的时间，有利于形成大穗。在生产上也可看出春季温度低、回升慢的年份，一般穗部发育好。

（3）水分。穗分化各个时期的干旱都直接影响穗部的发育。但不同时期的干旱对穗部影响不同。单棱期干旱，穗长明显变小；小花原基分化期干旱，使结实小穗数降低；性细胞形成期干旱，增加不育小花，对产量影响极大。药隔形成期至四分体形成期是小麦一生中需水的临界期。

（4）营养。一般的肥力水平，氮肥可以延长穗分化的时期及提高分化强度，因为氮肥影响分生组织的活动时间。在穗分化的相应发育时间增施氮肥，可以增加相应器官的数目。特别是药隔形成期至四分体形成期，保证氮素营养，可以减少退化小花数，提高小花结实率，是增加粒数的有效措施。磷肥可以加速穗的发育，但对小穗和小花的数目影响不大，药隔形成期至四分体形成期缺磷，影响性细胞的发育，增加退化小花。在高产条件下大量增施氮肥，往往对穗的分化不一定有利，主要是引起营养生长过旺、群体郁闭，造成碳氮比失调、碳素营养不足、光合产物减少。此外，游离铵态氮过多，也是造成小花不孕的重要原因。

（七）籽粒形成与灌浆

麦穗从旗叶鞘中伸出一半时，称为抽穗。抽穗后 3～5d 开花。开花的顺序是先主茎后分蘖，先中部小穗而后渐及穗的两端，同一小穗则是由基部小花依次向上开，全穗开花持续 3～5d。开花时，花粉粒落在柱头上，一般经 1～2h 即可发芽，并在 24～36h 后完成受精过程。

小麦从开花受精到籽粒成熟，可分为 3 个过程。

1. 籽粒形成过程 从受精坐脐开始，历时 10～15d，在此期间，胚和胚乳迅速发育，胚乳细胞数目在此期被决定，因而是形成籽粒潜在库容的时期。该时期明显的特点：籽粒长度增长最快，宽度和厚度增加缓慢；籽粒含水量急剧增加，含水率达 70% 以上，干物质增加很少，籽粒外观由灰白色逐渐转为灰绿色，胚乳由清水状变为清乳状。当籽粒长度达最大长度的 3/4 时（多半仁），该过程结束。

2. 籽粒灌浆过程 从多半仁开始，到蜡熟前结束，历经乳熟期和面团期 2 个时期。

（1）乳熟期。历时 20～25d，籽粒长度继续增长并达最大值，宽度和厚度也明显增加。随着体积增长，胚乳细胞中淀粉体迅速沉积淀粉，并不断分化形成新的淀粉粒，籽粒干重呈线性增长。一般在灌浆高峰期，茎、叶等营养器官中的贮藏物质也向籽粒运转，参与籽粒物质积累。此期，籽粒的绝对含水量变化较平稳，但相对含水率则由于干物质不断积累而下降（由 70% 降为 45%），胚乳由清乳状最后成为乳状。籽粒外观由灰绿色变鲜绿色，继而转为绿黄色，表面有光泽。

（2）面团期。历时 3～5d，籽粒含水率下降到 38％～40％，干重增加转慢，籽粒表面由绿黄色变为黄绿色，失去光泽，胚乳呈面筋状，体积开始缩减。此期是穗鲜重最大的时期。

3. 籽粒成熟过程

（1）蜡熟期。历时 7～10d，含水率由 38％～40％急剧降至 20％～30％，籽粒由黄绿色变为黄色，胚乳由面筋状变为蜡质状。叶片大部或全部枯黄，穗下节间呈金黄色。蜡熟末期籽粒干重达最大值，是生理成熟期，也是收获适期。

（2）完熟期。含水率继续下降到 14％～16％，干物质停止积累，体积缩小，籽粒变硬，不能用指甲掐断，即为硬仁。此期时间很短，如果在此期收获，不仅容易断穗落粒，且由于呼吸消耗，籽粒干重下降。

上述籽粒生长过程的持续时间因品种和环境条件而变化，即使在同一穗上，不同部位籽粒也存在生长的不均衡性。通常一穗的中部小穗、同一小穗的基部籽粒（第一、第二粒）表现出生长优势，粒重较高。

4. 影响籽粒发育的环境因素

（1）温度。灌浆最适温度为 20～22℃，随着温度升高灌浆过程加速。高于 25℃ 籽粒脱水过快，灌浆过程缩短，淀粉积累少，粒重低。高于 30℃，即使有灌水条件，也导致胚乳中淀粉沉积提前停止。如我国华北地区小麦灌浆过程常出现 30℃ 以上高温，叶片过早死亡，中断灌浆，严重影响粒重。因此，一旦发生干热风，将影响小麦正常授粉结实，产生高温逼熟，轻者减产 5％～10％，重者减产 20％ 以上。

（2）光照。光照不足影响光合生产，并阻碍光合产物向籽粒转移。高产田群体过大造成群体内光照不足，影响籽粒体积和质量增加。因此应建立合理的群体结构，改善光照条件，增加粒重。

（3）土壤水分。土壤水分适宜能延长绿叶功能期，保证正常灌浆，对提高粒重有重要作用。适宜的土壤水分为田间持水量的 75％ 左右。灌浆期间植株和籽粒含水量降到 40％ 时，营养物质转运量、积累量达最低值，导致粒重下降。土壤水分过多，会影响根系活力及对氮素的吸收，降低籽粒的含氮量，使粒重下降。在完熟期，白粒品种，遇连阴雨，易导致穗发芽，籽粒品质下降。

（4）矿物质营养。后期氮素不足影响灌浆，但氮素过多，会造成贪青晚熟，降低粒重。磷、钾可促进糖类和氮素化合物的转化，有利于籽粒灌浆成熟，后期根外喷磷、钾，可以提高粒重。

七、小麦的产量形成

一般情况下，小麦积累的总干物质中有机物质占 90％～95％，矿物质占 5％～10％。在环境和栽培技术相似的条件下，小麦的经济系数大致稳定，为 0.35～0.50。

小麦的经济产量是由每公顷穗数、每穗粒数和粒重 3 个因素构成。产量构成三因素的组合受品种特性、生态环境、肥水管理技术等因素的影响，当产量构成三因素协调发展时，才能获得高产。

1. 小麦的穗数、粒数、粒重形成于小麦的不同生育阶段　小麦的穗数取决于基本苗数、单株分蘖数和分蘖成穗率。主茎一般能成穗，冬前出生的低节位分蘖成穗率较高，春季出生的高节位分蘖成穗率低。小麦分蘖发生的时期与数量及成穗率与品种特性及栽培技术有关，在播种时应根据品种阶段发育类型与栽培特性、土壤肥力、产量指标、播种期及气候条件等确定合理基本苗数，并在播后加强管理，在冬前有效分蘖成穗可靠叶龄期内使群体茎蘖数达到预期穗数值，保证实现最佳穗数。可见，群体穗数主要取决于营养生长阶段。

每穗粒数取决于小穗、小花的分化数和结实率。小穗分化数于基部第一伸长节间开始伸长前决定，小花分化数于剑叶出生前决定。小花退化主要集中于花粉母细胞减数分裂期，已分化的小花 60%～70%在此期间退化成无效花，还有部分小花在开花期不能正常受精而败育。一般正常生长条件下，提高每穗结实粒数的关键是减少小花退化数，因此小麦高产栽培需保证孕穗至开花期有良好的肥水条件供应，以减少小花退化，增加可孕小花数，提高每穗结实粒数。

粒重主要取决于生育后期。籽粒灌浆物质来自抽穗前茎鞘等器官贮藏物质的转化和开花后光合产物的输送，在高产条件下，后者在籽粒灌浆物质中所占的比例更大，即粒重的高低主要取决于开花后的光合产物量及向籽粒的转运率。因此，在小麦的生育后期注意养根保叶，防止早衰和贪青，有利于小麦粒重的提高。

2. 不同生产条件和产量水平下，有着不同的产量结构和主攻方向 中低产麦田肥水条件有限，光合面积较小和穗数不足是影响产量提高的主要原因。因此，增施肥料、培肥地力、扩大光合面积、提高生物产量、主攻足穗是主要增产途径。

随着生产条件的改善，地力的提高，施肥量的增加，欲继续增加穗数，往往会因群体发展过大、个体生长不良，导致每穗粒数和粒重下降，甚至倒伏减产。因此，高产麦田，应由原来的扩大光合面积、促进群体增大转为保持适宜的光合面积、合理控制最高茎蘖数、建立高光合群体、提高生育后期光合生产能力，即由增穗转为适当降低基本苗，在保证足穗基础上，主攻粒数和粒重，使穗、粒、重协调发展，实现高产。

【拓展阅读1】

小麦籽粒的品质形成

人们对小麦（主要是面粉）使用目的不同，对品质的要求各异。从不同角度看，品质有不同标准。因此，实践中需要采用多指标体系来反映品质的内涵。通常所指的小麦品质，主要包括营养品质和加工品质。此外，还有食用品质和商品品质等。

1. 营养品质 普通小麦籽粒蛋白质含量一般为 8%～18%。籽粒蛋白质由 20 多种基本氨基酸组成，其中赖氨酸、苏氨酸和异亮氨酸含量较低。籽粒中淀粉占 57%～67%，同时还富含 B 类维生素，但维生素 A 含量很少。

2. 加工品质

（1）磨粉品质（一次加工品质）。指在碾磨为面粉的过程中，籽粒对磨粉工艺所提出要求的适应性和满足程度，常以籽粒容重、籽粒硬度、籽粒出粉率、面粉的灰分含量、面粉白度、加工耗能等作为评价指标。

（2）食品加工品质（二次加工品质）。指在加工成食品时，面粉对食品在加工工艺和成品质量上所提出要求的适应性和满足程度。不同筋力小麦的区分标准主要以二次加工品质为主，通常以面粉吸水率、面筋含量、面团特性、稳定时间等为指标进行评价。

①面粉理化性质。常用面筋含量、沉降值、伯尔辛克值等指标进行评价。

面筋含量：面粉加水揉制成面团并静置一段时间后，在水中揉洗去除淀粉、麸皮以及其他水溶性物质，所剩余的有弹性和黏弹性的胶皮状物质即为面筋。中国强筋小麦的湿面筋含量要求在32%以上。

沉降值：在弱酸介质作用下，一定量面粉吸水膨胀所形成的絮状物在规定时间内的沉降体积，单位用毫升（mL）表示。沉降值越大，表明面筋强度越大，面粉的烘焙品质就越好。适合制作面包的强筋小麦的沉降值在50mL以上。

伯尔辛克值：将加有酵母的全粉面团放入盛有温水（30℃）的玻璃杯中，随着发酵，面团因密度降低而上升，当面团中CO_2气体压力足够大时面团破裂，从面团浸水到破裂所经历的时间（min）即为伯尔辛克值。强筋小麦的伯尔辛克值为150min以上。

②面团流变学特性。指面粉和水经揉制形成面团前后所表现出特有的耐揉性、黏弹性、延伸性等。目前测定面团流变学特性的仪器主要有粉质仪、拉伸仪、和面仪等。粉质仪所测定的面团特性为粉质特性，其主要参数有吸水率、形成时间、稳定时间、弱化度、评价值等。吸水率较高的面粉，能做出疏松柔软、存放时间长的优质面包。形成时间反映面团的弹性，面筋含量多的面粉，形成时间长，反之形成时间则较短。稳定时间反映面团的耐揉性，稳定时间越长，面团韧性越好，加工处理性能越好。弱化度也反映面团强度，其测定值越大，强度越小，面团越易流变，加工处理性能越差。评价值大小与形成时间、稳定时间、弱化度密切相关。

③烘焙特性。主要有面包体积、比容、面包心纹理结构、面包评分等。

【拓展阅读2】

我国专用小麦生产概况

专用小麦是依据其最终用途要求生产的不同品质的小麦。因小麦最终的主要用途是磨成面粉并加工成各类食品，所以专用小麦主要是依据食品加工品质来划分的。面包专用小麦粉要求蛋白质含量为13%～15%，湿面筋含量在35%以上，沉降值在40mL以上；面条专用小麦粉要求蛋白质含量为9.5%～12%，湿面筋含量在26%～32%；馒头专用小麦粉一般要求蛋白质含量为11.5%～13%，湿面筋含量在25%～35%；饼干与蛋糕专用小麦粉要求湿面筋含量在19%～22%。小麦品质由小麦的品种决定，也受环境条件的影响。我国北方小麦蛋白质优于南方小麦，多适合生产馒头专用粉，极少数品种符合面包专用粉要求；而南方小麦宜生产面条、蛋糕与饼干粉。因此，我国每年要从国外进口部分优质小麦用于生产面包专用粉。总体而言，近年我国专用小麦的需求越来越大，据有关专家测算，全国每年需面包专用小麦350万t，占小麦需求总量的3%；年需饼干、蛋糕专用小麦700万t，占小麦需求总量的6%；年需水饺、方便面专用小麦约1 200万t，占小麦需求总量的10%。目前我国优质专用小麦年产约250万t，仅能满足10%的国内需求量，致使面粉加工企业及食品生产企业不得不花外汇进口优质专用小麦或高档面粉。

国家质量技术监督局于1999年制定并发布了我国优质专用小麦的国家标准（表Ⅱ-2-1），将我国小麦品种按加工用途分类。

表 Ⅱ-2-1　小麦品质指标（GB/T 17892—1999）

项　目		指　标		
		一等强筋	二等强筋	弱筋
籽粒	容重（g/L）	≥770	≥770	700～750
	水分（%）	≤12.5	≤12.5	≤12.5
	不完善粒（%）	≤6.0	≤6.0	≤6.0
	杂质（%）　总量	≤1.0	≤1.0	≤1.0
	杂质（%）　矿物质	≤0.5	≤0.5	≤0.5
	色泽、气味	正常	正常	正常
小麦粉	降落数值 A	≥300	≥300	≥300
	粗蛋白质（%）（干基）	≥15.0	14.0～15.0	11.5～14.0
	湿面筋（%）（14%水分基）	≥35.0	32.0～35.0	22.0～32.0
	面团稳定时间（min）	≥10.0	7.0～10.0	2.5～7.0
	烘焙品质评分值	≥80	≥80	

目前我国将专用小麦分为以下 5 类。

1. 强筋小麦　国家标准中的一等强筋小麦，适合制作面包、通心粉等。

2. 准强筋小麦　国家标准中的二等强筋小麦，适合制作优质面条、（北方）馒头等。

3. 中筋小麦　中等筋力的小麦，适合制作的食品种类繁多，如面条（挂面、通心面、方便面）、（北方）馒头、饺子、包子、油条等。

4. 准弱筋小麦　筋力较弱的小麦，适合制作（南方）刀切馒头、发酵饼干及酿造啤酒。

5. 弱筋小麦　国家标准中的弱筋小麦，适合制作蛋糕、糕点、酥性饼干、酥饼等。

>>> 任务二　小麦播前准备 <<<

播种质量的好坏不仅直接影响苗全和苗壮，而且影响小麦一生的生长发育。做好小麦播前准备工作是提高播种质量的关键。

（一）品种选用

1. 具体要求　根据当地麦田生产条件及综合因素做好播种前的品种选用工作。

2. 操作步骤　良种具备丰产性好、抗逆性强、稳产性好和品质优良等生产条件。但良种是相对的、有条件的。所以在选用良种时，一定要根据当地具体条件，掌握以下基本原则。

（1）根据当地的自然条件和土壤肥力选用良种。不同地区育成的品种，一般对本地的自然条件都有较强的适应性，应尽量选用本地区育成的品种。对于距本地较远的育种单位育成的品种，一定要经过引种试验，确实证明适合在本地种植，才能选用。此外，一般肥水条件好、生产潜力大的高产田，要选用株矮抗倒、耐水耐肥、增产潜力大的品种；而在产量较低的田块，则要选用植株较高、分蘖力较强、根系发达、耐旱、耐瘠性强的品种。

（2）根据当地常发自然灾害选用良种。在选用良种时，应考虑到当地常发自然灾害的特点，如北方冬麦区，应注意选用抗寒性较强的品种；干热风严重地区，应注意选用早熟、抗干热风的品种。

（3）根据不同栽培制度选用良种。以小麦为主的一年两熟制地区，应注意品种的早熟性；小麦同其他作物间、套种，除要求品种具有早熟性外，还要求株型紧凑、植株较矮。

（4）根据不同加工食品的要求选用良种。根据加工食品对小麦品质的要求，选用不同的优质专用小麦品种。

3. 注意事项

（1）选用的小麦品种一定要符合当地生长条件。

（2）新引进的品种一定要进行 1～2 年的小面积试种。

（二）种子处理

1. 具体要求 通过选种、晒种、药剂拌种或种子包衣等措施提高种子质量，以利苗全、苗壮。

2. 操作步骤

（1）种子精选。机械筛选粒大饱满、整齐一致、无杂质的种子，以保证种子营养充足，达到苗齐、苗全、苗壮。由秕粒造成的弱苗难以通过管理转壮，晚播麦由于播种量大更应注意选种。

（2）晒种。晒种可促进种子后熟，提高生命力和发芽率，使出苗快而整齐。晒种一般在播前 5d 左右进行。注意不要在水泥地上晒种，以免烫伤种子。

（3）药剂拌种及种子包衣。小麦播种期及冬前是病虫草害防治的关键时期，应根据当地常发病虫害进行药剂拌种或用种衣剂包衣。

3. 注意事项

（1）播种前选择晴天进行选种、晒种。

（2）播种当天针对各地小麦生产情况进行药剂拌种或种子包衣。

（3）为准确计算播种量，需要进行发芽试验。一般要求小麦种子的发芽率不低于 85％，净度不低于 98.0％，水分含量不高于 13.0％。发芽率过低的种子不能作种用。

（三）精细整地

1. 具体要求 整地质量应达到土壤细碎、耕透、耙透、地面平整、上虚下实、墒情良好。

2. 操作步骤

（1）准备好农机具和作底肥施用的肥料等。

（2）土壤墒情不好的提前 3～7d 浇水造墒，使土壤水分合适。

（3）选择合适的时间、墒情开犁耕翻，深度要合理，一般 20cm 左右，随耕随检查，以保证耕翻质量。

（4）耕翻后及时耙、耢整平。

（5）检查质量是否达到要求。

3. 相关知识 小麦对土壤的适应性较强，但耕作层深厚、结构良好、有机质丰富、养分充足、通气性、保水性良好的土壤是小麦高产的基础。一般认为适宜的土壤条件为土壤容重在 1.2g/cm³ 左右，孔隙度 50％～55％，有机质含量在 1.0％以上，土壤 pH 6.8～7，土壤的氮、磷、钾营养元素丰富，且有效供肥能力强。

耕作整地是改善麦田土壤条件的基本措施之一。麦田的耕作整地一般包括深耕和播前整地两个环节。深耕可以加深耕作层，有利于小麦根系下扎，增加土壤通气性，提高蓄水、保肥能力。协调水、肥、气、热，提高土壤微生物活性，促进养分分解，保证小麦播后正常生长。在一般土壤上，耕地深度以 20～25cm 为宜。

麦田耕作整地的质量要求是深、细、透、平、实、足，即深耕深翻加深耕层，耕透耙透不漏耕漏耙，土壤细碎无明暗坷垃，地面平整，上虚下实，底墒充足，为小麦播种和出苗创造良好条件。

4. 注意事项 由于各地耕作制度、降水情况及土壤特点的不同，整地方法也不一样，要做到因地制宜。

(四) 施用底肥

1. 具体要求 根据小麦产量指标将底肥用足、施匀。

2. 操作步骤

(1) 耕翻土地前准备好需要施用的肥料。

(2) 根据施肥量和地块分布将肥料分放在方便施用的位置。

(3) 均匀撒肥。

(4) 随即耕翻使肥料入土。

3. 相关知识

(1) 需肥量。小麦从土壤中吸收氮、磷、钾的数量，因各地自然条件、产量水平、品种及栽培技术的不同而有较大差异。综合各地试验研究结果，每生产 100kg 籽粒，需要吸收纯氮 (N) 3kg 左右、磷 (P_2O_5) 1.0～1.5kg、钾 (K_2O) 2.0～4.0kg。三者 (N：P：K) 之比约为 3：1：3。产量水平不同，生产 100kg 籽粒所需要的三要素数量及比例略有差别。总的趋势是产量水平越低，每产 100kg 籽粒的需肥量越大；随着产量水平的提高，需肥量反而逐渐降低。其中，钾的需要量基本不变，各产量水平下，每生产 100kg 籽粒需钾量大致相同。因此随着小麦产量水平的提高，氮所占比例减少，钾逐渐增大。高产麦田应适当控制氮肥，增施钾肥。

(2) 不同生育时期的需肥特点。小麦吸收肥料总的趋势：前期植株小，吸肥量少；拔节后，生长加快，吸肥量增加；开花后吸收量又逐渐减少。但是随产量水平和施肥情况不同而有较大变化。在中低产水平、冬前重施追肥的条件下，氮的吸收高峰常出现在返青至拔节期；在高产、重施基肥和起身肥的情况下，氮的吸收高峰则出现在拔节至孕穗期，另外，在冬前的吸收量也较大。磷、钾肥吸收高峰变化较大，高产麦田前期吸收磷、钾元素较少，拔节后急剧增加，到孕穗期磷、钾积累量接近 60%，孕穗到成熟期间吸收最多，中后期均占总吸收量的 40% 以上。在中低产条件下，开花后不再吸收钾，磷的吸收量不足 10%。

(3) 施肥技术。小麦施肥原则：应增施有机肥，合理搭配施用氮、磷、钾化肥，适当补充微肥，并采用科学施肥方法。一般有机肥及磷、钾化肥全部底施；氮素化肥 50% 左右底施，50% 左右于起身期或拔节期追施。底肥施用应结合耕翻进行。对于秸秆还田的地块要适当增加底肥氮肥的用量，以解决秸秆腐烂与小麦争夺氮肥的矛盾。缺锌、锰的地块，每公顷可施硫酸锌、硫酸锰各 15kg 作底肥或每公顷用硫酸锌、硫酸锰各 0.75kg 拌种作种肥。

4. 注意事项 为提高肥料利用率，减少氮素损失和磷肥固定，有机肥料可以均匀地撒施在田间，磷肥混合在有机肥中施用；速效氮肥分段撒施，撒施一块耕翻一块，减少损失。

(五) 适时造墒

1. 具体要求 耕翻土壤时相对持水量符合生产要求 (70%～80%)。

2. 操作步骤

(1) 整地前约 1 周观察土壤墒情，收听天气预报。

(2) 预计耕翻土壤时墒情不足的，采用合适的灌溉方式进行造墒。

3. 相关知识　底墒充足、表墒适宜是小麦苗全、苗齐、苗壮的重要条件。我国北方地区多数年份，入秋以后降水量减少，秋旱时有发生，浇足底墒水，不仅能满足小麦发芽出苗和苗期生长对水分的需要，也可为小麦中期生长奠定良好的基础。所以小麦播种时一定要保证土壤有较高的含水量，在不影响耕作质量的前提下，一般壤土的土壤含水量要求达到 80%。

4. 注意事项

(1) 造墒时根据倒茬情况、待播时间以及生产条件决定灌水时间和灌水量，避免灌水过晚或水量过大造成浪费，影响播种。

(2) 对于没有水浇条件但预报近期有雨的地区，耕翻整地，等雨造墒播种。

(3) 天气预报近期无雨且又临时浇不上水的田块可先耕翻整地，播种后采用浇"蒙头水"的办法补充土壤水分。

》》》任务三　小麦播种技术《《《

（一）确定播种期

1. 具体要求　根据当地气候、品种及生产条件等综合因素科学合理地确定小麦播种期。

2. 操作步骤　确定适宜播期的依据如下。

(1) 冬前积温。小麦冬前积温指播种到冬前停止生长之日的积温。播种到出苗一般需要积温 120℃左右，冬前主茎每长一片叶平均需要积温 75℃，据此，可求出冬前不同苗龄的总积温。冬前如需要主茎长出 5～6 片叶，则冬前积温应达到 495～570℃，根据当地气象资料即可确定适宜播期。目前小麦生产上多采取主茎和分蘖成穗并重的栽培途径（即中等播量），使冬前主茎叶片达到 5～6 片，容易获得高产；冬前主茎叶片达到 7 片以上时易形成旺苗，不利于培育壮苗和安全越冬。

(2) 品种特性。一般冬性品种宜适当早播，半冬性品种可适当晚播。北方各麦区冬小麦的适宜播期为：冬性品种一般日均温 16～18℃，弱冬性品种一般在 14～16℃。在此范围内，还要根据当地的气候、土壤肥力、地形特点等进行调整。

(3) 栽培体系。精播栽培，依靠分蘖成穗，苗龄大，宜早播；独秆栽培，依靠主茎成穗，冬前主茎 3～4 片叶，宜晚播。

3. 相关知识　适时播种可以使小麦苗期处于最佳的温光条件，充分利用冬前的光热资源培育壮苗，形成健壮的大分蘖和发达的根系，群体适宜，个体健壮，有利于安全越冬，并为穗多穗大奠定基础。播种过早、过晚对小麦生长均不利。

(1) 播种过早。一是冬前温度高，常因冬前徒长而形成冬前旺苗，植株体内积累营养物质少，抗寒力减弱，冬季易遭受冻害。此外，冬前旺长的麦苗，年后返青晚，生长弱。二是易遭虫害而缺苗断垄，或发生病毒病、叶锈病。

(2) 播种过晚。一是冬前苗弱，体内积累营养物质少，抗逆性差，易受冻害。二是春季发育晚，成熟迟，灌浆期易遭干热风危害，影响粒重。三是春季发育晚，若调控措施不当，易缩短穗分化时期，形成小穗。

4. 注意事项

（1）小麦播种期较长，但适期播种能够获得高产、优质、低成本的生产效果。随着全球气候变暖，传统的小麦播种期应适当推后，避免麦苗生长过量、发育提前、消耗养分、遭受冻害而减产。

（2）对于新引进的首次大面积栽培的小麦品种，一定要注意其发育特性，对于春性强的小麦品种，冬播时一定避免播种过早，以免造成发育提前，不能顺利越冬。

（二）确定播种量

1. 具体要求　根据品种特性、播期早晚、水肥条件等合理确定播种量。

2. 操作步骤

（1）确定适宜基本苗。适宜基本苗的确定主要依据以下几个方面。

①地力和水肥条件。地力基础较高、水肥充足的麦田，小麦的分蘖及单株成穗较多，基本苗应少些；反之，肥力水平较低、水肥条件较差的麦田，小麦的分蘖和成穗都受到一定限制，单株分蘖少，成穗率也较低，基本苗应多些。

②品种特性。分蘖力强的品种基本苗宜少；分蘖力弱的品种，基本苗宜多。

③播期。适时播种，单株的分蘖数和成穗数多，基本苗可适当少些，随着播期的推迟，单株分蘖数及成穗数都要减少，基本苗应逐渐增加。

④高产途径。精播栽培，以分蘖成穗为主夺高产，播种偏早，基本苗宜少，一般为150 万株/hm^2；独秆栽培，以主茎成穗为主，由于播种晚，基本苗宜多，一般为 400 万～600 万株/hm^2；常规栽培，播期适宜，主茎与分蘖成穗并重，基本苗数居中，一般为 300 万株/hm^2 左右。

（2）计算播种量。

$$每公顷播种量（kg）=\frac{每公顷计划基本苗数×种子千粒重（g）}{1\,000×1\,000×种子发芽率（\%）×田间出苗率（\%）}$$

田间出苗率因整地质量、播种质量而有很大差异，一般腾茬地、整地及播种质量好的情况下，田间出苗率可达 85% 左右；秸秆还田地块、整地质量差的地块，田间出苗率要低些。由于小麦种子千粒重多在 35～50g，种子发芽率及田间出苗率差异很大，为了确保计划苗数的实现，要做好种子质量检验，还要根据当时土壤墒情和整地质量估计田间出苗率，然后才能正确计算播种量。

（三）选择播种方式

1. 具体要求　了解小麦条播、穴播、撒播等方式的播种方法，因地制宜选择应用。

2. 操作步骤

（1）条播。条播是目前生产上应用最多的一种，又分窄行条播、宽窄行条播和宽幅条播。窄行条播大多采用机播，少量采用耧播，行距 13～23cm。此方式行距较小，单株营养面积均匀，植株生长健壮整齐。宽窄行条播由 1 个宽行、1～3 个窄行相配置，宽行行宽25～30cm，窄行行宽 10～20cm。此方式田间通风透光条件好，常在高产田和麦田套种时采用。宽幅条播，一般幅宽 10～15cm，幅距 25～35cm。

（2）穴播。主要应用于北方丘陵干旱地区和南方土壤黏重地区。20 世纪 90 年代以来，北方旱作农业区推广了旱地小麦覆膜沟穴播栽培技术，是旱地小麦集雨保水、增产增收的一项措施。穴深 5～7cm，穴距、行距根据土壤地力、品种、播期决定。

（3）撒播。主要在长江中下游稻麦两熟和三熟地区采用。将麦种撒匀即可。可按时播种，节省用工，苗期个体分布均匀，但后期通风透光差，麦田管理不便。此方式对整地、播种质量要求较高，播种要均匀，覆土一致。撒播的应用正逐渐减少。

3. 注意事项　根据当地生产实际采取相应的播种方式，一般提倡机械条播，以便于操作和管理。

（四）播种（机械条播）

1. 具体要求

（1）根据土壤肥水状况、品种特性、播期早晚确定合适的播种量。

（2）选择适合当地实际的播种方式。

（3）根据小麦播种计划要求保质、保量完成播种任务。

2. 操作步骤

（1）调整播种机。在做好播前准备工作的基础上，根据种植计划要求计算播种量，并在播种机进地前进行播量调整，同时确定好播种深度和行距。播种深度一般掌握在 3～5cm，早播宜深，晚播宜浅；土质疏松宜深，土壤紧实宜浅。播种行距以 12～15cm 为宜，宽窄行播种方式适用于套种其他作物。

（2）播种。调整好播种机后，进行播种。播种过程中进行随机检查，确保播种质量。

（3）质量检查。首先按计划播种量算出每米行长应落籽粒数。然后随机取点，每点长1m，用手铲顺垄向一侧扒开覆土，露出全部种子进行检查，记录样点内落粒数，并测出播种深度（自种子表面量到地表）。此外，还要观察记载播种地段是否行直垄正，覆土严实，有无重播、漏播现象。

（4）镇压。小麦播后镇压可以紧实土壤，提高整地质量，使种子和土壤密接，以利于种子吸水萌发，提高出苗率，保证苗全、苗壮，是小麦节水栽培的重要措施。

3. 相关知识

（1）提高播种质量。提高播种质量是培育冬前壮苗的一项重要措施。对播种质量的要求：行直垄正、沟直底平、下籽均匀、覆土深浅适宜、盖严压实。其中覆土深浅对麦苗影响最大。覆土过深，出苗晚，幼苗弱，分蘖发生晚；覆土过浅，种子易落干，影响全苗，分蘖节离地面太近，遇旱时影响根系的发育，也不利于安全越冬。播种深度应从防旱、防寒和促早苗、壮苗方面考虑。北方冬麦区秋旱冬冷，多为冬性或弱冬性品种，播深以 3～5cm 为宜。南方麦区气候温暖，多为春性品种，在土壤湿度较高的情况下，应适当浅播，一般为 2～3cm。

（2）播后管理。播后镇压可降低播深、消灭露籽、使种子与土壤密接，有利于种子吸水萌发，提高成苗率和早苗率。大型机械化栽培播后镇压尤其重要。杂草危害严重的麦田要及时喷施除草剂，以消灭苗期杂草。

播时严重干旱，土壤水分低于田间持水量的 60% 时，应及时浇水或沟灌抗旱，抗旱催苗切忌大水漫灌。麦苗出土后，及时查苗补缺，移密补稀，如发现缺苗断垄或基本苗不足，应立即催芽补种，以保证苗全。

4. 注意事项　小麦播种时，随机人员要注意机器运转和排种情况，发现异常现象应立即停机检查调整；发现漏播要及时做好标记，以便及时补播。根据地形、土壤虚实情况及时调节播种深度，以免露籽或播种过深。

【拓展阅读】

小麦机械化精量播种技术

小麦机械化精量播种是在地力、肥水条件较好的基础上，以机械条播适当降低播量为中心，控制小麦基本苗数，使麦田群体动态结构合理，以分蘖成穗为主，并运用综合配套栽培技术，使穗足、穗大、粒多、粒重，实现高产，是以"低群体，壮个体"夺取小麦高产的新途径。它是一项高产、稳产、低耗、经济效益高和生态效应好的栽培技术，也是当前小麦生产上重点推广的一项增产技术。

精量播种栽培技术应充分体现高、宽、大、稀、早、浅、足、匀八字方针，即土壤肥力高、行距宽、选大穗大粒型品种、稀植、早播、浅播、足墒下种、苗齐苗匀。实行精量播种能降低生产成本，一般每亩可节省小麦良种 5～7kg，可实现每亩增产小麦 50～100kg。主要技术如下。

1. 培肥地力　施足底肥，氮、磷、钾配合施用，补充微肥，有条件的地方重施有机肥。适当加深耕层，提高整地质量。整地要求地面平整，明暗坷垃少，土壤上松下实，促进根系发育。

2. 选用良种　选用分蘖能力强、株型紧凑、光合能力强、大穗大粒、早熟、落黄好、抗病抗逆性强的小麦品种。

3. 足墒播种　播种墒情要达到田间持水量的 75%～80%，用精播或半精播机播种，要下种均匀，深浅一致，播种深度 3～5cm，等行距或宽窄行播种。

4. 适期播种　精播栽培要求冬性品种日平均气温 16～18℃，到小麦越冬开始基本停止分蘖，以 0℃ 以上积温 600～650℃ 为宜。淮北麦区冬性、半冬性品种在 10 月初开始播种，至 10 月 15 日结束；偏春性品种在 10 月 15 日前后开始播种，至霜降结束。淮南的苏中麦区，春性品种在 10 月 20 日开始播种，至 10 月底结束；淮南的丘陵麦区，春性品种在 10 月 25 日开始播种，至 11 月初结束。苏南的太湖麦区，春性品种在 10 月 25 日前后开始播种，至 11 月 5 日结束。超稀播田块可以适当提前播种。

5. 控制播量　一般每亩用种量为 3～7kg，每亩基本苗为 6 万～14 万株，但要注意发芽率，保证亩基本苗 15 万～18 万株。播种量按"斤*种万苗"计算。采用扩行条播，坚持足墒播种。确保播种深度一致，播深掌握在 3cm 左右。

6. 培育壮苗　用矮苗壮、多效唑、矮壮素、壮丰安等生长调节剂拌种，促根增蘖；用戊唑醇、三唑酮、辛硫磷等药剂拌种，防治病虫害。加强对旺长苗的镇压和对冬、春季麦苗的覆盖，用稻草、有机肥、沟泥等覆盖麦苗，可以起到培肥、增温、防冻、护蘖、除草、壮苗等作用。务必浇好防冻水，以保证麦苗安全越冬。早春及返青期间精细划锄，松土、保墒、增温。

7. 高效施肥　腊肥和返青肥尽量不施用，以减少无效分蘖的发生及生长。一般氮、磷、钾施用比例为 1：0.5：0.6，氮肥中基肥和追肥的比例控制在 1：1；追肥中平衡接力肥占总施肥量的 15%，拔节孕穗肥占总施肥量的 35%。拔节孕穗肥分 2 次施用，其中拔节（倒 3 叶期）肥占总施肥量的 25%，保花肥占总施肥量 10%。

小麦精量播种技术中的沟系配套、病虫草害防治、生化制剂调节等管理措施同常规。

---

* 斤为非法定计量单位，1 斤＝0.5kg。——编者注

>>> 任务四　小麦田间管理技术 <<<

一、分蘖越冬阶段田间管理

小麦从出苗至越冬是以生长叶片、分蘖和根系等营养器官为主的时期，是决定穗数和奠定大穗的重要时期。要在获得早苗、齐苗、全苗、匀苗基础上，促根长叶，促发分蘖，培育壮苗，保苗安全越冬和为春后稳健生长奠定基础。

（一）早施苗肥

1. 具体要求　根据地力水平、播期和基肥水平等合理进行苗肥施用。

2. 操作步骤　地力差、播种晚、基种肥不足或少免耕田块应及早施用速效氮肥，以速效氮肥作为苗肥可以促进根系、叶片和分蘖生长。宜在第二叶露尖时施用，一般占总施氮量的10％～15％。晚茬麦齐苗后立即施用苗肥，如土壤干旱，最好兑水泼浇，达到既供肥又供水、以水调肥的目的。基种肥施足的麦田，一般不施用苗肥。

另外，南方麦区有明显越冬的地区，在越冬期有施用腊肥的习惯，大面积生产上，由于基种肥不足，施用腊肥有利于争取越冬分蘖和早春分蘖，增加穗数和扩大中部叶片面积，促进小穗、小花分化。但高产麦田易使无效分蘖增加，群体过大，基部第一节间过长，易倒伏，不利于高产、稳产，故高产麦田不宜以速效化肥作腊肥施用，但泥、杂灰肥培土壅根，能保暖防冻，培肥土壤。

（二）防治病虫害

较早播种的麦田，灰飞虱、蚜虫等虫害常发生较重，除危害麦苗生长以外，还易引起病毒病的蔓延，应及时防治。

（三）适时冬灌

1. 具体要求　根据麦田墒情，合理冬灌。

2. 操作步骤　南方麦区有的地方会出现冬季干旱，为防干冻，并进行储水、蓄墒、预防春旱，常需冬灌。冬灌后土壤水分增加，热容量和导热率变大，可以改善根系活动层的土壤水分和营养状况，使昼夜间地表与地下土间温度变幅减小，分蘖节部位土温稳定，湿度较好，减轻冻害。冬灌要根据气候条件和土壤水分状况灵活掌握，在底墒不足或冬季干旱，耕作层土壤含水量低于田间持水量的60％时就要冬灌，注意瘦地弱苗早灌，肥地旺苗迟灌。冬灌时间一般在夜冻日消，日均温度为3～4℃时进行。灌水过早，气温高，地面蒸发量大，减弱了冬灌蓄墒保温的作用，同时麦苗生长过旺，造成冻害；冬灌过晚，土壤冻结，难下渗，地面结冰，易死苗。冬灌宜采用小畦细水，沟灌窨水等方法，做到田间不积水，以免土壤板结，更忌大水漫灌，冲刷表土。地面不平整或晚播弱苗（3叶期前）麦田不宜冬灌。

3. 相关知识　适时冬灌可以缓和地温的剧烈变化，防止冻害；为返青保蓄水分，做到冬水春用；可以踏实土壤，粉碎坷垃，防止冷风吹根；可以消灭越冬害虫。总之，冬灌是小麦越冬期和早春防冻、防旱的重要措施，对安全越冬、稳产、增产具有重要作用。

4. 注意事项　冬肥要因地、因苗施用。地力差、基肥不足、冬前群体偏小、长势较差的缺肥弱苗，一般应结合冬灌进行追肥，氮肥用量占总追肥量的20％～30％。这次施肥实际上是冬施春用，作用与返青肥相似。

(四) 冬季镇压

1. 具体要求 根据麦田小麦长势情况进行镇压。

2. 操作步骤 镇压次数和强度视苗情而定。旺苗镇压重，一般镇压1次，控制效应在1周左右，因此旺苗每隔10d镇压1次，连续镇压2~3次，再结合压泥、盖土等控制措施，可使旺苗转化。弱苗轻压少压，土壤过湿、有露水、封冻、盐碱土等情况及3叶前麦苗不宜镇压。

3. 相关知识 冬季镇压可以压碎土块、压实畦面、弥合土缝，使麦根扎实，防冻保苗，控上促下，有利于保水、保肥、保湿，促使麦苗生长健壮。冬季镇压还能控制地上部主茎生长，促进低位分蘖和根系发育。旺长麦田可以通过多次镇压，控制麦苗生长，蹲苗促壮。

(五) 中耕除草

1. 具体要求 通过中耕等措施，改善小麦生长环境，并在冬前及时进行化学除草。

2. 操作步骤 中耕是有效防治农田杂草的农业措施，同时兼有疏松土壤，减少地面蒸发，促进养分释放，提高地温，有利根系、分蘖生长等多重效果。小苗弱苗要浅锄，以免伤苗和埋苗。旺苗可适当深锄，损伤部分根系，蹲苗，控制无效分蘖。

在小麦3~5叶期、杂草2~4叶期、气温5℃以上时，是冬前化学除草的关键时期，杂草处于幼苗期，耐药性差，防除效果好。无论冬前还是春季，都宜在土壤湿润、晴天9—16时用药，此时气温高、光照足，可增强杂草吸收药剂的能力，但用水量要足。冬前每公顷用水量450~600kg，春季600~750kg；春季杂草草龄较大，要适当增加用药量；小麦拔节后严禁用药，以免产生药害。忌盲目将除草剂与杀虫剂、杀菌剂混用，以免影响药效和产生药害；施药时采用二次稀释法，对湿度低的田块可增加用水量；除草剂活性高，用过的器械要认真清洗，避免残留药剂对其他作物造成药害。

二、返青拔节孕穗阶段田间管理

开春以后，平均气温稳定上升到3℃以上时，小麦开始返青，返青、拔节至孕穗阶段是小麦根、茎、叶生长最旺盛的时期，穗的分化发育也要在这一时期完成，是巩固有效分蘖、争取总穗数、培育壮秆大穗并为增粒、增重奠定基础的时期。主攻目标是促控结合，协调群体与个体、营养生长与生殖生长的矛盾，培育壮秆、巩固分蘖成穗，增加小花分化数，减少小花退化数，提高可孕花数，争取穗大、粒多、壮秆不倒。

(一) 适时追肥

1. 具体要求 根据麦田肥力及生长情况，适时追肥。

2. 操作步骤

(1) 巧施返青肥。冬前施肥少、肥力差、分蘖不足、麦苗返青迟缓的麦田，适量早施返青肥，增穗、增产效果较好。高产田为防止中期旺长，应严格控制，只能施以少量速效氮肥作平衡肥，促进长势平衡，达到中期稳长，保证拔节期叶色正常褪淡。

(2) 施好拔节孕穗肥。拔节肥的施用应在群体叶色褪淡，分蘖数已经下降，第一节间已接近定长时施用。拔节期叶色不出现正常褪淡，叶片披垂，拔节肥就应不施或推迟施用。在拔节前叶色过早落黄，不利于小花分化数的增加和壮秆形成，分蘖的成穗数也会显著下降，应提早使用拔节肥。

中、强筋小麦应适当重施拔节孕穗肥。弱筋小麦不能施用孕穗肥并应控制拔节肥施用量，以总施氮量的 15%～20% 为宜，并不迟于倒 3 叶期施用。

3. 相关知识　拔节肥可以增强中后期功能叶的光合强度，积累较多的光合产物供幼穗发育，巩固分蘖成穗，提高小花分化强度，缩小小花发育的差距，增强中位花的可孕性，提高结实粒数；孕穗肥可提高最后 3 片主要功能叶的光合强度和功能持续时间，使更多的光合产物向穗部运输，减少小穗和小花的退化、败育，防止早衰，增加粒数和粒重。

（二）控制旺苗

1. 具体要求　采取不同的措施，对旺苗进行控制。

2. 操作步骤　返青期对旺苗和壮苗，除控制水肥外，还可采取镇压、化控等措施。返青期压麦，可使主茎和大分蘖生长受到暂时抑制，基部节间粗壮、缩短，株高降低，还可加速分蘖两极分化，成穗整齐，有明显的抗倒、增产效果。压麦要在分蘖高峰过后，节间未拔出地面时进行。喷洒植物生长调节剂是壮秆抗倒的有效方法，目前生产上在返青期主要应用多效唑、多唑·甲哌鎓等控旺。

（三）春灌和防渍

1. 具体要求　在小麦拔节孕穗期，进行合理水分管理。

2. 操作步骤　春后随着气温升高，植株生长加剧，需水量增多。拔节孕穗期是小麦一生中耗水量多的时期。拔节期缺水，上部叶片变小，小穗和小花退化增加，粒数减少；孕穗期缺水，花粉败育多，结实率降低，此期如遇干旱应及时灌水。在南方麦区，春季雨水多，要做好清沟理墒工作，控制麦田地下水位在 1m 以下。

3. 注意事项　水分管理应根据当地生产条件进行，提倡节水灌溉。

（四）防治病虫害

小麦返青至拔节前，主要防治小麦纹枯病；孕穗至抽穗期前主要防治白粉病、蚜虫、吸浆虫，并监控赤霉病的发生。

三、抽穗结实阶段田间管理

小麦抽穗后根、茎、叶的生长基本停止，进入以生殖生长为主阶段，主要目标是养根保叶、防止早衰和贪青、抗灾防病虫害、延长上部叶片的功能期、保持较高的光合速率、增加粒重，达到丰产的目的。

（一）排水降湿与后期灌溉

1. 具体要求　根据苗情科学管理，对降水量高的地区进行排水降湿，对土壤干旱的麦田补充水分，防止后期干热风。

2. 操作步骤　南方麦区大部分地区小麦生育后期降水量严重超过了小麦生理需水量，土壤水分饱和，麦田湿度过大，加上这一时期温度较高，高温高湿的环境也加重了病害。因此，要加强疏通排水沟，做到沟底不积水，降低土壤湿度，防止受渍使根系早衰。

北方麦区和南方麦区部分地区，在小麦生育后期降水偏少，甚至有干热风危害，需合理灌溉，保持土壤含水量为田间持水量的 70%～75% 为宜。后期灌溉不宜太晚，灌水时应注意天气变化，掌握小水轻浇，速灌速排，畦面不积水，干热风到来之前灌好，有风不灌，雨前停灌，避免灌后遇雨造成倒伏。

3. 相关知识　后期灌水主要在于防止早衰，保持叶片光合强度，有利于糖类的合成和运转，对促进籽粒充分灌浆，增加粒重有显著作用。

（二）根外追肥

1. 具体要求　通过根外追肥措施补充小麦后期生长所需的营养。

2. 操作步骤　小麦抽穗开花至成熟期仍需吸收一定的氮、磷营养，灌浆初期应用磷酸二氢钾、尿素单喷或混合喷施，可以延长后期叶片的功能，提高光合速率，促进籽粒灌浆增重，并提高籽粒蛋白质含量。磷酸二氢钾浓度为 0.2%～0.3%，尿素浓度为 1%～2%，溶液用量为 750kg/hm² 左右。

（三）防治病虫害

小麦生育后期是黏虫、蚜虫、白粉病、锈病、赤霉病大量发生的时期，对千粒重和产量影响很大，除选用抗病虫品种、田间开沟排水、降湿等农业综合措施外，还必须加强病虫害预测预报，及时采取药剂防治措施。

（四）提高小麦粒重的途径

1. 增加籽粒干物质的来源　籽粒干物质来源有两方面：一是抽穗前在茎、叶鞘中的贮藏物质，约占 1/4；二是抽穗后绿色部分所形成的光合产物，约占 3/4。其中，上部叶片起重要作用，尤其是旗叶，其光合产物约占籽粒干重的 1/3。因此，在后期应保持一定绿叶面积，防止青枯早衰，延长其功能期。

2. 扩大籽粒容积　粒重与籽粒容积密切相关。籽粒形成期水分供应充足，可促进胚乳发育，扩大籽粒容积。

3. 延长灌浆时间，提高灌浆强度　灌浆时间和灌浆强度是直接影响干物质积累的关键，除品种特性外，受灌浆过程环境条件的影响。光照充足，昼夜温差较大，日均气温较低，则灌浆时间长，粒重较高。后期浇灌浆水及叶面喷磷、钾肥等措施，均有增加粒重的效果。

>>> 任务五　小麦灾害与防御措施 <<<

（一）干旱防御

1. 具体要求　能识别小麦受干旱的植株症状，并进行有效地防治和及时地灾后补救。

2. 操作步骤

（1）干旱识别。

①播种出苗期干旱。播种期遇干旱，土壤水分在田间持水量的 60% 以下时，种子不能吸足水分，出苗率低；出苗后麦苗发根少、出叶速度慢、分蘖迟迟不发，且出现缺位蘖，严重时甚至会死苗。

②冬旱。有些干旱地区冻土层达 5cm 时对小麦影响严重，根颈明显脱水皱缩；达 8cm 时分蘖节已严重脱水受伤，甚至可能死亡。

③春旱。土壤水分含量小于田间持水量的 65% 时，分蘖成穗率明显降低；抽穗开花期土壤水分含量小于田间持水量的 70% 时，结实率降低。

④初夏干旱。小麦开始灌浆结实，此期缺水，使部分籽粒退化，光合产物减少；后期严重干旱可造成早衰逼熟。

（2）干旱预防。

①根据天气预报，增强干旱天气的监测和预报能力，并做到中长期预报与短期预报相结合。

②增施有机肥，增加土壤蓄水保水能力。

③选用抗旱性较强的品种。

④播种前浇足底墒水或播种后喷灌，防御播种出苗时的干旱。

⑤适时浇好防冻水，可防御冬旱。

⑥培育冬前壮苗，使根系强壮深扎，提高利用深层土壤水分的能力；合理灌拔节水和孕穗水，可防御春旱。

⑦合理利用化学抗旱剂，播种时可用保水剂拌种，生长旺盛期可向叶面喷施化学抗旱剂，减少叶面蒸腾，防御初夏干旱。

（3）干旱后补救措施。

①播种出苗期受旱后，对勉强出苗的可适当进行镇压提墒，然后灌溉，促进出苗。

②冬旱引起小麦田的干土层达 3cm 时，可选回暖白天用喷灌的方法进行喷水；没有喷灌条件的，尽量压麦提墒，早春适当早浇小水。

③春季后缺水严重的麦田以小水沟灌至土壤湿润为度，浸水时间不宜过长。

（二）渍害防御

1. 具体要求 能识别小麦渍害症状，并根据当地小麦的生长情况和天气状况，提出合理的预防措施或减轻小麦渍害的措施。

2. 操作步骤

（1）渍害识别。

①苗期渍害症状。叶尖黄化或淡褐色，根系伸长受阻，分蘖力弱，植株瘦小，易形成僵苗。

②拔节孕穗期渍害症状。茎、叶黄化或枯死，根系出现暗褐色污斑，茎秆细弱，成穗率低，穗小粒少。

③灌浆结实期渍害症状。剑叶提前枯死，根系早衰，灌浆期短，粒重降低。

（2）渍害预防与补救措施。

①建立良好的麦田排水系统。麦田内、外排水沟渠应配套，田内采用明沟与暗沟相结合的办法，及时疏通各条排水沟，做到雨停田干。

②选用抗渍品种。

③改革耕作措施。改良耕作制度，避免水旱田交错，实行连片种植；加深耕作层，消除犁底层；增施有机肥，增加土壤的通透性；培育壮苗，建立合理的群体结构，合理施肥等栽培措施，可提高小麦耐渍能力。

（三）冻害防御

1. 具体要求 能识别小麦冻害症状，根据当地小麦常年生产情况和天气状况，提出合理的防御小麦冻害措施。

2. 操作步骤

（1）冻害识别。根据小麦的冻害程度和气温的变化情况，将冻害分为以下几种类型。

①初冬温度骤降型。在小麦刚进入越冬期，日平均气温降至 0℃ 以下，最低气温达 −10℃，麦苗因未经抗寒锻炼，叶片迅速青枯，早播旺苗可冻伤幼穗生长锥。

②冬季严寒型。冬季麦田 3cm 深处地温降至 −25～−15℃ 时发生的冻害。小麦分蘖节处在冷暖骤变的上层土壤中，致使小麦严重死苗、死蘖，甚至导致地上部严重枯萎，成片死苗。

③越冬冻融交替型。小麦进入越冬期后，虽有较强的抗寒能力，一旦出现回暖天气，土壤解冻，幼苗又开始缓慢生长，抗寒性减弱。若遇大幅降温，降至－15～－13℃时，就会发生较严重的冻害。

④倒春寒融冻型。小麦返青至拔节后，抗寒性明显下降，再遇强冷空气易受冻害，有时比冬季冻害更为严重。

（2）冻害预防。

①选用抗寒品种。选用抗寒品种是防御小麦冻害最省力和最节约的措施。

②适时播种。根据不同品种，选择适当播种期，注意当地的中长期天气预报。暖冬年份适当推迟播种。

③培育壮苗越冬。把握好小麦的播种量和深度，使小麦出苗整齐、苗壮，群体与个体生长协调，有利于培育壮苗，减轻冻害的危害。

（3）冻后补救措施。

①冬旱麦田。及早补墒或压苗提墒，使分蘖节吸收水分恢复膨压。

②受冻旺苗。对受冻旺苗，在返青初期用耙子搂去枯叶，可减轻冻枯叶鞘对心叶的束缚，使麦苗新叶见光，有利于恢复生长。

③受冻弱苗。撒施农家肥，保护分蘖节不受冻害；待地温明显提高、新根长出时，浇水、施肥，促进恢复生长。

④年前拔节的麦苗。土壤解冻后，应抓紧晴天进行镇压，控制地上部生长，并加施土杂肥，保护分蘖节和幼穗。

⑤严重死苗。对冻害死苗严重、每亩茎蘖数少于20万的麦田，尽可能在早春补种，点片死苗可催芽补种；若每亩茎蘖数在20万以上的麦田，应加强田间管理，提高分蘖成穗率；对于3月才能断定需要改种的地块，可改种棉花、花生、甘薯等作物。

（四）干热风防御

1. 具体要求　能识别小麦遭受干热风的症状，并提出防御小麦干热风的合理措施。

2. 操作步骤

（1）干热风害识别。受干热风危害后，初始阶段表现为旗叶凋萎，严重凋萎1～2d后逐渐青枯变脆。初始芒尖白而干，继而渐渐张开，即出现炸芒现象。由于水分供求失调，穗部脱水青枯，继而变成无光泽的灰色，籽粒萎蔫尚有绿色，籽粒呈现本色，秕瘦且无光泽，灌浆过程缩短，千粒重明显下降，迫使小麦提前成熟，小麦品质降低，并影响出粉率。

（2）干热风预防。

①合理选用品种。在干热风害经常出现的麦区，应注意选择抗逆性强的早熟品种。选用丰产、抗热、抗旱和抗干热风的品种，既能抵抗干热风灾害，又能抵抗因干热风诱发的病害。

②适时灌溉。在干热风发生前及时灌水，可使地表温度降低，小麦株间湿度增加，从而达到预防或减轻干热风的危害。要防止在炎热天气的中午灌水和大水漫灌，以免根系窒息死亡，更不要在有干热风的情况下灌水。

③加强管理。增施有机肥和磷肥，并适当控制氮肥用量，既能保证供给植株所需养分，而且还可以改良土壤，蓄水保墒，防御干热风。通过熟化土壤，加深耕作层，促使根系下扎，增强抗干热风的能力。适时早播，培育壮苗，促使小麦早抽穗、早成熟。

④叶面喷施药（肥）。采用一些化学药剂或肥料对小麦进行叶面喷洒，可起到调节小麦新陈代谢，增强植株活力，增强抗逆性的作用。

3. 相关知识 小麦干热风是指小麦生育后期，由于高温低湿并伴随大风使小麦受害的一种气象灾害。干热风主要出现在小麦的扬花灌浆阶段，以出现在小麦乳熟灌浆阶段的危害最重。根据气象要素对小麦的影响和危害不同，可将干热风分为高温低湿型、雨后热枯型和旱风型3类。

①高温低湿型。在小麦的开花灌浆过程中发生。这类干热风发生时温度猛升，空气湿度剧降，最高气温在32℃以上，相对湿度可降至20%以下，风力在4m/s以上，有时这种干热风可连续多日发生，造成灾害更加严重。

②雨后热枯型。这类干热风一般发生在乳熟后期，其特征是雨后猛晴、温度骤升、湿度剧降。有时长期连阴雨后，出现上述高温低湿天气，造成小麦青枯死亡。雨后气温回升越快，温度越高，青枯发生越早，危害越重。由于前期湿度较大，这种干热风不太容易引起重视，有时造成的危害不太明显，容易被忽视。

③旱风型。这类干热风又称热风型，主要发生在西北地区的多风地区，在干旱年份出现较多，其特点是风速大，大风与一定的高温低湿相结合。它对小麦的危害除了与高温低湿型相同外，大风还加强了大气的干燥程度，加剧了农田蒸腾强度，麦叶蜷缩呈绳状，叶片撕裂破碎。

▶▶▶ 任务六　小麦收获与贮藏 ◀◀◀

（一）适时收获

1. 具体要求 适时收获，减少产量损失。

2. 操作步骤

（1）根据小麦生长状况、近期天气预报、机械、人力等预定收获期。

（2）根据收获日期，提前准备机械、用具等。

（3）实施田间收获，及时脱粒、晾晒、入仓。

3. 相关知识 小麦收获过早，千粒重低、品质差，脱粒也困难。收获过晚，易掉穗、掉粒，还会因呼吸作用及遇雨淋洗，使粒重下降。在小麦植株正常成熟情况下，粒重以蜡熟末期最高。

在大田生产条件下，因品种特性（落粒性）、天气、收割工具等不同，适宜收获期又有所变化。人工收割或机械分段收割的，可在蜡熟末期收割，割后至脱粒前，有一段时间的铺晒后熟过程。联合收割机则宜在完熟初期进行收获，过早收获籽粒含水量高，导致脱粒过程的机械损伤和脱粒不净，过晚会因掉穗、掉粒等增加损失。种子的适宜收获期应在蜡熟末期和完熟初期。

4. 注意事项 以小麦生长成熟状况为主决定收获期，但同时一定密切关注天气变化，若收获前后有雨，根据小麦生长状况注意适当调整收获日期。

收获后小麦应及时干燥，使籽粒含水量降至13%以下方可入仓。

（二）安全贮藏

1. 具体要求 控制小麦种子含水量，进行安全贮藏。

2. 操作步骤 收获脱粒后的种子，应晒干扬净，待种子含水量降到 13％以下时，才能进仓贮藏。一般在阳光下暴晒趁热进仓，能促进麦粒的生理后熟。

小麦种子安全贮藏，首先取决于种子晒干程度。如含水量不超过 12.5％，进行散堆密闭贮藏，防止吸湿，一般可安全过夏；但种子含水量为 13％，温度达 30℃，发芽率即有降低的现象；含水量达 14％～15％，温度升高至 22℃，管理不善，就会发霉。在贮藏期间，要注意防热、防湿、防虫。

【拓展阅读】

小麦全程机械化技术

1. **小麦机械耕整** 机械耕整要选用耕整犁和深松机，配套动力应为 36.8kW 以上的大中型拖拉机。要求犁体能实现上翻下松，碎土性能良好。深松最好采用全方位深松机或凿铲式深松机，禁止用旋耕机以旋代耕。耕深 23～25cm，打破犁底层，不漏耕、不重耕。耕后用圆盘耙或旋耕机耙透耙细，无明暗坷垃，达到上松下实；畦播地区作畦后保证畦面细碎平整，保证浇水均匀，不冲不淤。有条件时用鼠洞犁或深松机隔年深松，以破除犁底层，增加土壤蓄水保墒能力。提倡采用犁底施肥机械，一次完成耕作和施肥作业。耕作上，一年两熟地区小麦、玉米倒茬时间紧，应在玉米收获后抓紧进行。播种春小麦地区，耕整最好在深秋初冬进行，以促进土壤熟化，积蓄雨雪，保墒蓄水。

2. **小麦机械播种** 机械播种应根据各地播种习惯选用播种施肥联合作业机、精少量播种机、精播机、沟播机等。播种机配套动力一般选用 8.8～13.2kW 的小四轮拖拉机。种植规格，一般应适当扩大畦宽，配合机械收获的要求，畦宽以 2.5～3.0m 为宜。可采用等行距或大小行种植，平均行距为 23～26cm 为宜。适时播种，抗寒性强的冬性品种在日平均气温 16～18℃时播种，抗寒性一般的半冬性品种在 14～16℃时播种。地力水平高、播期适宜而偏早、栽培技术水平高的可取低限，按种子发芽率、千粒重和田间出苗率计算播种量。要重视播种机的质量，严格掌握播种行进速度（5km/h），严格掌握播种深度，以 3～5cm 为宜，要求播量精确、行距一致、下种均匀、深浅一致、不漏播、不重播，播后覆土严密、深浅一致，地头、地边播种整齐。

3. **小麦机械化田间管理** 小麦病虫草害发生时，可按照机械化高效植保技术操作规程进行防治作业，采用喷杆式喷雾机进行均匀喷洒，要做到不漏喷、不重喷、无滴漏，以防出现药害。小麦灌溉宜采用节水灌溉方式，所用设备包括软管牵引绞盘式喷灌机和钢索牵引绞盘式移动喷灌机以及固定式喷灌机等。

4. **小麦机械收获** 采用小麦联合收获机收获。目前小麦联合收获机型号较多，各地可根据实际情况选用，购买播种机和联合收获机时，要注意联合收获机割幅与播种机播幅的配合。收获时间应掌握在蜡熟末期。测定结果表明，蜡熟中期至蜡熟末期千粒重仍在增加，在蜡熟末期收获，籽粒的千粒重最高，此时，籽粒的营养品质和加工品质也最优。小麦蜡熟末期的长相为植株茎秆全部为黄色，叶片枯黄，茎秆尚有弹性，籽粒含水率 22％左右，籽粒接近本品种固有光泽，籽粒较为坚硬。套种玉米的地区，在小麦收获后，将秸秆切碎后铺洒在田间，有利于保墒和培肥地力。

>>> 任务七　岗位技能训练 <<<

技能训练1　小麦种子发芽率测定

(一) 目的要求

能根据种子发芽的条件，进行小麦发芽试验。

(二) 材料及用具

小麦种子、发芽箱、培养皿、数种仪器、吸水纸或发芽纸、标签、镊子等。

(三) 内容及操作步骤

1. 操作步骤和方法

(1) 数取试样。从充分混合后的净种子中，随机数取100粒，共4份。

(2) 种子置床。种子置床时，每粒种子之间留有足够的间距，以防发霉种子的互相感染和保持足够的生长空间，并要求每粒种子接触水分良好。

(3) 培养管理。将发芽箱调至发芽所需温度25℃左右，然后将置床后的培养皿放进发芽箱里进行培养。

(4) 幼苗鉴定。鉴定一般在主要构造已发育到一定时期进行。小麦叶片从胚芽鞘中伸出，即可进行幼苗鉴定。每隔1d观察种子的发芽率，进行点数记录，一般记录7d。

2. 结果计算

$$小麦种子发芽率 = \frac{发芽终期正常发芽的种子数}{供试种子数} \times 100\%$$

(四) 注意事项

(1) 在种子发芽期间，要求每天检查发芽试验的状况，以保持适宜的发芽条件。

(2) 当发霉种子超过5%时，应调换发芽床，以免霉菌传开。

(五) 实训报告

(1) 试分析种子发芽率对小麦生产的指导作用。

(2) 写出小麦种子发芽率测定的操作规程。

技能训练2　小麦种子净度分析

(一) 目的要求

能识别净种子、其他植物种子和杂质；能进行种子净度分析。

(二) 材料及用具

待检测的小麦种子、小烧杯（称量试样）、分样直尺、天平、小刮板、小刷子、镊子、称量纸、标签纸。

(三) 内容及操作步骤

1. 取样与试样称重　采用四分法进行小麦送验样品的分取。试样的分取是从送验样品中，用分样直尺分取规定质量的试样2份。第一份试样取出后，将剩下部分重新混匀再分取第二份试样。当试样分至接近规定的最低质量时即可称量。试样称量的精确度（小数保留位数）因试样质量而异，见表Ⅱ-2-2。

表Ⅱ-2-2　试样称量与小数点位数

试样或半试样及其成分质量（g）	小数点位数
1.000 0 以下	4
1.000～9.999	3
10.00～99.99	2
100.0～999.9	1
1 000 或 1 000 以上	0

2. 试样分离　试样称量后，将样品倒在分析桌上，利用镊子或小刮板按顺序逐粒观察鉴定，将试样分离成净种子、其他植物种子和杂质 3 种成分，分别放入相应的容器或小盘内，并编号。

（1）净种子。下列构造凡能明确地鉴别出它们是属于所分析的种，即使是未成熟、瘦小、带病或发过芽的种子单位也应作为净种子。

①完整的种子单位。在禾本科中，种子单位如果是小花，须带有一个明显含有胚乳的颖果。

②种子大于原来大小一半的破损种子单位。

（2）其他植物种子。其鉴定原则与净种子相同，如杂草种子和其他作物种子。

（3）杂质。

①明显不含真种子的种子单位。

②破裂或受损伤种子单位的碎片为原来大小的一半或不及一半的（如变色、腐烂、压扁、压碎的种子）。

③按该种的净种子定义，不将这些附属物作为净种子部分或定义中尚未提及的附属物。

④种皮完全脱落的豆科、十字花科的种子。

⑤脆而易碎、呈灰白色、乳白色的菟丝子种子。

⑥脱下的不育小花、空的颖片、内外稃、稃壳、茎、叶、球果、鳞片、果翅、树皮碎片、花、线虫瘿、真菌体（如麦角、菌核、黑穗病孢子团等）、泥土、沙粒、石砾及所有其他非种子物质（如害虫、虫粪等）。

3. 称量　将分离后的净种子、其他植物种子、杂质分别称量，单位以克（g）表示，并做好记录。

4. 计算

（1）核查各种成分质量之和与样品原来的质量之差是否超过 5%。

$$增失差 = \frac{样品原来的质量 - 各种成分质量之和}{样品原来的质量} \times 100\%$$

（2）根据分离后各成分的质量，分别计算其百分率。

$$种子净度 = \frac{净种子质量}{各种成分质量之和} \times 100\%$$

$$其他植物种子百分率 = \frac{其他植物种子质量}{各种成分质量之和} \times 100\%$$

$$杂质百分率 = \frac{杂质质量}{各种成分质量之和} \times 100\%$$

(四) 注意事项

(1) 分离时可借助放大镜、筛子、吹风机等器具或用镊子夹种子（检查种子是否空瘪），在不损伤发芽力的基础上进行检查。

(2) 分离时必须根据种子的明显特征，对样品中的各个种子单位进行仔细分析，并依据形态学特征、种子标本等加以鉴定。

(3) 种皮或果皮没有明显损伤的种子单位，不管是空瘪或充实，均作为净种子或其他植物种子；若种皮或果皮有一个裂口，检验员必须判断留下的种子单位的部分是否超过原来大小的一半，如不能迅速地作出这种决定，则将种子单位列为净种子或其他植物种子。

(4) 核查分析过程的质量增失。将分析后的各种成分质量之和与原始质量比较，核对分析期间物质有无增失。若增失差距超过原始质量的 5%，则必须重做，填报重做的结果。

(5) 计算各成分的质量百分率。在试样分析时，若为全试样，则所有成分（即净种子、其他植物种子和杂质 3 部分）的质量百分率应保留一位小数。百分率必须根据分析后各种成分质量的总和计算，而不是根据试验样品的原始质量计算。

(6) 结果表示与报告。净度分析结果以 3 种成分的质量百分率表示，其结果应保留一位小数，最后还须进行修约。先检查各种成分百分率总和是否为 100.0%。如果其和是 99.9% 或 100.1%，那么要从最大值（通常是净种子部分）增减 0.1%。如果修约值大于 0.1%，那么应检查有无差错。各成分中，若有质量百分率小于 0.05% 的微量成分可略去不计，填报"微量"；如果一种成分的结果为零，须填"—0.0—"。

(五) 实训报告

(1) 将小麦种子净度分析结果填入表 II-2-3。

表 II-2-3　小麦种子净度分析记载

送验单位			产　地			
作物名称			送验样品质量（g）			
品种名称						
净度分析	类别	试样质量（g）	净种子（g）	其他植物种子（g）	杂质（g）	各成分质量之和（g）
	全试样					
	增失差（%）					
	其他植物种子种类			杂质种类		
	净度分析结果	净种子（%）				
		其他植物种子（%）				
		杂质（%）				

日期：　　　年　　月　　日

(2) 根据该小麦试样净度分析结果，提出合理的播种量要求。

技能训练3　小麦播种技术

（一）目的要求

了解小麦的播种方式，能够采用人工方法进行条播。

（二）材料及用具

供试田块、小麦种子、天平、记录纸、铅笔、锄头等。

（三）内容及操作步骤

本技能要求学生在 $10m^2$ 的田块上，进行小麦条播的操作，麦种落地分布要均匀，盖种深浅一致。

1. 确定播种期　冬性品种在日平均温度降至 $16\sim18℃$，半冬性品种降至 $14\sim16℃$，春性品种降至 $12\sim14℃$时播种为宜。

2. 确定播种量

$$每亩播种量（kg）=\frac{每亩计划基本苗数（万株）\times千粒重（g）}{发芽率（\%）\times种子净度（\%）\times田间出苗率（\%）\times1\,000\times1\,000}$$

3. 整地　将预先准备好的田块进行施肥、整地。

4. 开播种沟　按一定的行距开播种沟。

5. 播种　根据畦面的面积和播种量要求，按畦定量称取麦种。人工播种时，应掌握先稀播，后补缺，多次播种的方法，保证落籽均匀。播深以 $3\sim5cm$ 为好。

6. 盖种　用较细碎的土将种子盖严。

（四）注意事项

（1）对播种质量的要求：行直垄正、沟直底平、下籽均匀、覆土深浅适宜。

（2）播种后，将种子盖严压实，不出现"三籽"（丛籽、露籽、深籽）。

（五）实训报告

（1）根据当地的土壤特点和小麦生长要求，如何选择合理的小麦播种方式？

（2）结合小麦条播的实践操作，写一篇 300 字以上的心得体会。

技能训练4　小麦基本苗数和田间出苗率调查

（一）目的要求

能够进行小麦基本苗数和田间出苗率的调查；能够根据小麦基本苗数和田间出苗率的调查结果，采取合理的管理措施。

（二）材料及用具

供试田块、皮尺、卷尺等。

（三）内容及操作步骤

本技能要求学生在某一田块上，进行小麦基本苗数的调查和田间出苗率的调查。

1. 基本苗数调查　小麦基本苗数调查应在出齐苗后到分蘖前进行。调查方法有多种，本实践教学采用单位面积调查法。

（1）选取样点。选取的样点要有代表性，应避开条件特异的地方。样点的数目及面积要依麦苗生长整齐度，要求调查的精确度，以及地块大小、人力等而定。一般试验小区 2 个点，生产田选 5 个点或更多些。样点应为梅花形或对角线分布。

（2）测量行距。在每个样点处量一个畦宽度，用畦内行数去除（作畦时），或量取 21 行宽度，以 20 除之得出平均行距。重复 2～3 次。

（3）计数样点内苗数。本实习每样点取 2 行，样点行长 1m。两端插棍，数其内苗数。

（4）计算基本苗数。

2. 田间出苗率调查 单位面积实际出苗数占理论出苗数的百分率为田间出苗率，可结合基本苗数调查进行。在样点面积内，按一定深度把苗和土全部挖出置于铁筛中，用水洗净，数苗数和未成苗种子粒数，两者之和即播种粒数。

生产调查时，样点内播种粒数往往根据实际播种量和千粒重计算求得。

（四）注意事项

（1）小麦基本苗数调查时，选取的样点要有代表性。

（2）田间出苗率调查时，将样点面积内按一定深度把苗和土全部挖出。

（五）实训报告

根据出苗情况和计划要求，分析苗情，并提出田间管理措施。

技能训练 5　小麦分蘖阶段苗情考查

（一）目的要求

根据小麦分蘖期观察记载的标准与方法，掌握记载内容；能根据考查结果，分析苗情，提出合理的栽培措施。

（二）材料及用具

供试田块、铅笔、记载表等。

（三）内容及操作步骤

（1）选取代表性的植株。

（2）对单株进行以下几项调查：株高、叶龄、绿叶数、分蘖数、初生根数、次生根数。

（3）对小麦田的群体进行调查。

①选取代表性的样点 5 点，每点面积为 $1m^2$。

②在每个样点内，计数小麦的总茎蘖数。

③计算每亩的总茎蘖数。

（四）注意事项

（1）选定生长正常的小麦植株进行生长性状的系统观察记载。

（2）对选定小麦田样点内的群体生长动态进行系统观察记载。

（五）实训报告

（1）填写小麦单株和群体指标观测情况（表Ⅱ-2-4、表Ⅱ-2-5）。

表Ⅱ-2-4　小麦单株生长情况调查

样品	株高	叶龄	绿叶数	分蘖数	初生根数	次生根数
1						
2						
3						
平均值						

表Ⅱ-2-5　小麦群体结构动态变化调查

品种	播种期（月/日）	每亩播种量（kg）	肥力水平（高、低）	每亩基本苗数（万株）	每亩越冬期茎蘖数（万）	每亩最高茎蘖数（万）	每亩有效穗数（万）	每亩成穗率（%）

（2）根据考查结果，分析苗情，提出合理的栽培管理措施。

技能训练6　小麦看苗诊断技术

（一）目的要求

掌握小麦越冬期、拔节孕穗期、抽穗成熟期的看苗诊断方法。能够分析苗情，提出合理的田间管理措施。

（二）材料及用具

供试田块、铅笔、记载表等。

（三）内容及操作步骤

1. 个体调查

（1）苗高。从地面至最长叶尖的距离。

（2）主茎叶片数。包括展开叶和心叶。

（3）单株茎蘖数。包括主茎在内的露出叶鞘1cm以上的所有分蘖数。

（4）单株次生根数。长度1cm以上的次生根数。

（5）单株叶面积。单株全部绿色叶片的总面积，单株叶面积=叶长×叶宽×1.2。

2. 单位面积茎蘖数调查　每块田按对角线取有代表性的样点5个，每点取1m^2，查出样点内茎蘖数，再换算成单位面积茎蘖数。

（四）注意事项

在不同生育时期，小麦植株的壮苗标准有所不同，因此在看苗诊断时要注意区别对待。

（五）实训报告

根据调查结果，分析小麦越冬期、拔节孕穗期、抽穗成熟期的小麦生长情况，提出田间管理措施。

技能训练7　小麦测产技术

（一）目的要求

掌握小麦田间测产的方法，学会根据产量结构分析小麦生产过程中所采取栽培措施的效应。

（二）材料及用具

代表性麦田、样株、吊牌、绳、直尺、皮尺、计算器、天平、盘秤、剪刀、种子袋、考查表等。

（三）内容及操作步骤

1. 每亩有效穗的调查　选择代表田块，每块田对角线取样3～5处，每点面积1m^2，逐一计数该样点内有效穗数。然后，计算出每亩有效穗数。

2. 每穗实粒数的测定 每个点内取穗 10～20 个，3～5 点合并后，再混合取样 30～50 穗，按每穗计数实粒数，求平均数。

3. 千粒重的测定 将测产田块收获籽粒晒干后，随机取 4 份各 1 000 粒，用天平称量，取平均值。

4. 计算产量 产量计算公式如下：

$$每亩产量（kg）=\frac{每亩有效穗数×每穗实粒数×千粒重（g）}{1\,000×1\,000}$$

（四）注意事项

（1）选择的样点要有代表性。

（2）若两份试样质量之差不超过平均重复的 5%，则可计算其平均千粒重；否则须测定第三份试样千粒重，并选取质量相近的 2 份计算平均值，结果保留一位小数。

（五）实训报告

（1）根据测产结果，说明高产麦田与一般麦田产量构成因素的主要差异。

（2）为提高麦田产量，提出可以采取的栽培管理措施。

技能训练 8　小麦考种技术

（一）目的要求

了解小麦成熟期植株性状特点，能够按照小麦考种项目的要求进行考种。

（二）材料及用具

成熟期的小麦植株、直尺、皮尺、计算器、天平、盘秤、种子袋、考查表、铅笔等。

（三）内容及操作步骤

每块小麦田选择代表性样点 3～5 个，在每个样点内，拔取代表性样株 10～20 株，挂上标牌后，带回室内进行以下项目的考种。

1. 植株高度 以主茎高度表示，指从分蘖节到主穗顶（不连芒）的长度，单位以厘米（cm）表示。

2. 植株整齐度 株高相差不到一个麦穗高度的为整齐，少数相差一个麦穗高度的为中等，多数相差一个麦穗高度的为不整齐。

3. 茎粗 指茎地上部分第二节间的最大直径，单位以毫米（mm）表示（大于 6mm 为粗，小于 4mm 为细，介于两者之间的为中）。

4. 节间长度 指小麦相邻节与节之间的长度。

5. 单株成穗数 包括单株主茎和有效分蘖数。

6. 有效分蘖率 指分蘖成穗数占总分蘖数的百分率。

7. 穗长 自穗颈节至穗顶（不包括芒）的长度，单位以厘米（cm）表示。

8. 结实小穗数 小穗内能结一粒以上种子的小穗数。

9. 小穗密度

$$小穗密度（个/cm）=\frac{穗内小穗总数（包括结实与不结实小穗）}{穗长（cm）}$$

10. 每小穗平均结实粒数 每穗粒数与每穗结实小穗数之比。

11. 小穗结实最多平均粒数 在测定样本中任取 10 穗，记载其结实最多小穗的结实粒数，取其平均值。

12. **粒质** 每品种任取 100 粒考查，硬粒率在 70％以上的为硬质小麦，硬粒率在 30％～70％的为半硬质小麦，硬粒率在 30％以下的为软粒小麦。计算时以 2 个半硬粒折合为 1 个硬粒（玻璃质为硬粒；粉质为软粒；玻璃质与粉质参差的，即硬粒上有粉斑的为半硬粒）。

13. **千粒重** 以晒干扬净的籽粒为标准混匀样品，从中随机数出 2 组，每组各 500 粒，分别称量，单位以克（g）表示；2 组质量相差不超过平均重复的 3％～5％，否则需做第三份。

14. **谷草比** 籽粒与茎秆质量之比。茎秆指不带根的地上部茎、叶、麦壳和穗轴等。

15. **经济系数** 经济系数＝种子干重／（种子干重＋茎叶干重），即经济产量与生物产量的比值。

(四) 注意事项

小麦成熟期的考种项目齐全。

(五) 实训报告

(1) 填写小麦植株经济性状考查情况（表Ⅱ-2-6）。

(2) 根据小麦植株经济性状考查结果，分析其增产或减产的成因。

表Ⅱ-2-6　小麦植株经济性状考查记载

植株性状		1	2	3	4	……	10	平均值
植株	高度（cm）							
	整齐度							
茎粗（mm）								
节间长度	第一节间（cm）							
	第二节间（cm）							
单株成穗数								
穗长（cm）								
小穗数	结实小穗数							
	不实小穗数							
	结实小穗数占总数百分率（％）							
小穗密度（个/cm）								
小穗粒数	小穗结实平均粒数							
	小穗结实最多平均粒数							
每穗粒数								
粒质								
千粒重（g）								
谷草比								
经济系数								

【拓展阅读】

大麦生产技术

大麦因籽粒是否带稃，可分为皮大麦和裸大麦两类。一般习惯所称大麦是指皮大麦，裸大麦又称为裸麦、元麦，西藏高原等地所称的青稞也就是裸大麦。

栽培大麦属于禾本科大麦属普通大麦种。根据穗轴的脆性、侧小穗育性等特性分为5个亚种：野生二棱大麦亚种、野生六棱大麦亚种、多棱大麦亚种、中间型大麦亚种、二棱大麦亚种。多棱大麦亚种按照侧小穗排列的角度，又分为六棱大麦和四棱大麦2个类型。

1. 选地与整地　大麦对土壤适应范围较广，各类土壤均可种植，但土壤理化性状良好对大麦生长发育更为有利。大麦耐旱、耐盐碱能力比小麦强，在某些较干旱、较瘠薄、小麦生长比较困难的土地上，种植大麦也可以获得一定的收成。大麦耐湿性较弱，不宜在沼泽地上种植。土壤含水状况对大麦根系影响较大，土壤水分过多、通气不良，易造成僵苗、烂根；土壤干旱缺水根毛易脱落，根系停止生长。因此，应建立好田间排灌系统。

大麦适宜的前作有绿肥、豆类、玉米、油菜、蔬菜、甜菜等；一般不宜连作，连作期超过2～3年，土壤肥力下降，病虫草害发生严重。

大麦根系发育较小麦弱，胚芽顶土能力差，整地须精细，为全苗、匀苗和壮苗打好基础。整地要做到齐、平、松、碎、净、墒。春播大麦适合在冷凉条件下生长，适期早播增产显著，为此，春播大麦种植时，冬前应做好准备，形成待播状态，尽量减少春季田间整地作业，以利于土壤保墒和抢时播种，切忌春季耕翻整地。

2. 施底肥　大麦特别是啤酒大麦在施肥技术上，除希望高产外，还必须考虑其品质。春大麦比春小麦生育期短，分蘖发生快，幼穗分化早。施肥原则一般为重施基肥、用好种肥、早施苗肥，有机肥与无机肥相结合，除以少量的磷肥作种肥外，应将全部有机肥和80%左右的氮肥在耕地之前全部施入土壤中。大麦需肥量较春小麦少。各地应依据土壤供肥能力、产量指标等确定适宜的施肥种类和施肥量。

氮肥与产量有一定的关系，施肥水平较高，产量也较高。但后期氮肥供应较多时，籽粒中蛋白质含量增加，酿造品质有所下降。磷肥较足时，蛋白质含量低，能提高淀粉含量和浸出率。生产中施足磷肥既有利于发挥肥效，又有利于产量和品质的提高。

3. 种子准备

(1) 选用良种。应根据栽培目的选用良种。适宜酿造啤酒的大麦良种应具备以下4个条件：一是品质好，适合于酿造；二是产量高，增产潜力大；三是品种要适应当地的种植制度和土壤条件；四是对当地病虫草害及自然灾害有较强的抗御能力。

(2) 种子处理。播前应对种子进行精选。精选后的种子，通过药剂拌种消毒，可以防治多种由种子传播的病害。

4. 播种　春大麦适期早播，苗期温度低，生长时间长，有利于根、茎、叶、蘖、穗等器官的形成与发育，是增加产量和提高品质的重要措施。一般早春人工化雪后，采用顶凌播种较好。在冬季较短的地区，也可以在土壤封冻前播种，使种子以萌发状态在土壤中越冬，翌年土壤解冻后开始出苗生长，开春后加强田间管理，促进生长。

播种量是确定群体大小和合理密植的起点，与基本苗、分蘖成穗率及产量高低有密切的关系。播种量应适宜。不同类型大麦产量构成因素的主攻方向不同。二棱大麦一般矮小，穗粒数少，千粒重较高，播种量应适当增加；而多棱大麦穗粒数多，单位面积容纳的穗数少，播种量不宜过大。肥水条件好、播种早的地块，播种量适当降低，相反则应适当增加。

大麦胚芽的顶土能力较低，播种不宜过深，一般为2～3cm，可根据气候与土壤条件适当加深。播种时应深浅均匀一致，种子与土壤接触良好，便于出苗。

5. 田间管理　春大麦比春小麦生育期短，生长发育速度快，田间管理措施应适当提前。但群体较大的麦田，拔节期应适当控制，防止倒伏。生育期灌水要采取早灌、轻灌、勤灌的原则，抓住幼苗、拔节、孕穗、灌浆4个时期的灌水。头水一般在2叶1心时进行。

春大麦与春小麦追肥不同，大麦苗期断乳早，需肥多，追肥应提前。为确保产量和品质，氮肥施用应前重后轻，中后期严格控制氮肥的施用量。大麦抽穗以后，适当喷施磷酸二氢钾，以减轻干热风影响，增加千粒重。

大麦比小麦易倒伏，群体过大、肥水条件较高的麦田，应在拔节前适当化控，防止倒伏。各地气候、土壤、栽培条件和种植制度不同，麦田病虫草害种类及危害程度也不同，应注意防治。

6. 收获　大麦从抽穗到成熟一般经历30～35d。在蜡熟末期灌浆停止，完熟时表现出本品种的特性，籽粒体积缩小，收获易落粒、断穗，呼吸养分消耗多，若遇雨水淋溶等，会导致产量下降，籽粒发芽，品质降低。大麦在蜡熟末期至完熟期收获较为适宜。收获以后，应及时晾晒，防止雨淋，保证其品质。

7. 贮藏　大麦要安全贮藏，防止霉变、损耗和酿造品质下降。收获后，利用夏季高温烈日暴晒籽粒，选用通气良好的麻袋或布袋包装，保证清洁无杂物，或者粮堆贮藏。麦子进仓后，要保持通风透气，防止堆内温度升高、含水量增加。在贮藏过程中，为预防贮粮害虫的危害，在进仓前后对库房应进行熏蒸。此外，还应防止鼠害。

【信息收集】

通过阅读《作物学报》《作物杂志》《中国农业科学》《麦类作物学报》《麦类文摘》《耕作与栽培》等杂志，或上网浏览与本项目相关的内容，进一步加深对本项目内容的理解。同时应主动参与小麦播种和田间管理等实践教学环节，以掌握好生产的关键技术，了解近两年来适合当地条件的有关小麦栽培新技术、研究成果等。

【思考题】

1. 小麦一生可分哪几个生育时期？分哪几个生长阶段？
2. 外界环境条件对小麦幼穗分化有何影响？
3. 外界环境条件对籽粒发育有何影响？
4. 小麦阶段发育的概念是什么？在生产上有何实践意义？
5. 选用小麦良种的原则是什么？调查适宜当地推广的小麦品种。
6. 小麦适时播种有什么意义？确定适宜播种期的依据有哪些？
7. 小麦基本苗数的确定要考虑哪些因素？
8. 小麦前期、中期、后期管理的主攻目标是什么？有哪些工作任务？

【总结与交流】

1. 结合小麦某一生育时期的苗情考查，就小麦的苗情诊断技术进行小组讨论交流。

2. 通过小麦田间实际测产，讨论造成测产误差的主要原因，以及在操作上如何避免测产误差，使测产更加准确。

3. 以小麦拔节孕穗期田间管理为内容，撰写一篇生产技术指导意见。

玉米生产技术

【学习目标】

明确发展玉米生产的意义，了解玉米的一生、玉米栽培的生物学基础、玉米产量的形成。

掌握玉米的播种技术、田间管理技术、看苗诊断技术、测产和收获技术。

【学习内容】

>>> 任务一　玉米生产基础知识 <<<

一、玉米的起源与分类

玉米是世界上分布较广的作物之一，从58°N～40°S的地区均有种植。玉米栽培历史已经有4 000多年，原产于墨西哥或中美洲。1492年哥伦布发现美洲大陆时，发现了玉米，并将其带回西班牙，并由此传播到世界各地。

玉米又称玉蜀黍、苞谷、棒子、珍珠米，在植物分类学上属禾本科玉米属（*Zea mays* L.），一年生草本植物。须根系强大，有支持根。茎秆粗壮。雌、雄同株，雄穗为顶生圆锥花序，雌穗为着生在叶腋间的肉穗花序（图Ⅱ-3-1）。按籽粒形状可分为马齿型、硬粒型、糯质型、甜质型、爆裂型、粉质型、有稃型等类型。

二、玉米生产概况

（一）发展玉米生产的意义

玉米是重要的粮食作物，也是发展畜牧业的优质饲料和工业原料。

玉米籽粒含淀粉72%、蛋白质9.8%、脂肪4.9%和丰富的维生素，具有较高的营养价值，是

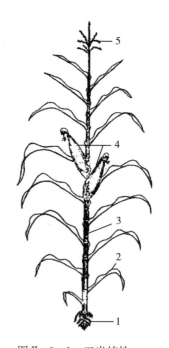

图Ⅱ-3-1　玉米植株

1.根　2.叶　3.茎　4.雌穗　5.雄穗

（山东省农业科学院，1986，中国玉米栽培学）

人们主要的粮食之一。用玉米制成的膨化食品，比较可口。

随着科学技术的发展，20世纪70年代以来，世界上兴起了以玉米为原料综合利用的现代玉米工业。以玉米籽粒及其副产物为原料加工的工业产品达500多种，其中最重要的有玉米淀粉、工业酒精、玉米油等。利用玉米饲喂家禽、家畜，一般每2～3kg玉米籽粒即可增加1kg的肉。目前，世界上畜牧业发达的国家，几乎都与发展玉米配合饲料有密切的关系。

玉米是C4作物，光合效率高，呼吸消耗少，增产潜力大。提高玉米生产水平，对粮食增产和工业原料的增加，促进畜牧业的发展，提高人民生活水平，都有重要的意义。

（二）玉米生产的发展趋势

随着科学技术的发展，玉米在畜牧业和工业上的用途日趋广泛，目前全世界生产的玉米籽粒，作为发展畜牧业饲料的占75%～80%，作为人们食用的占10%～15%，作为发展工业原料的占10%～15%。

玉米在我国的栽培历史有470多年。由于其产量高、品质好、适应性强，栽培面积发展很快。目前我国玉米播种面积仅次于稻、麦，在粮食作物中居第三位。

目前，我国玉米产业国际竞争力较弱。提高单产水平将是进一步增加玉米产量的重要途径。推进优良品种的研发和升级换代，控制农业污染和降低生产成本，持续提升我国玉米科技创新水平将成为主要发展趋势。

三、玉米种植区划

我国幅员辽阔，玉米的分布极广。根据各地的自然条件、栽培制度等，全国可以划分为以下6个玉米生产区。

1. 北方春播玉米区 本区大部分位于40°N以北，包括黑龙江、吉林、辽宁全省，内蒙古、宁夏全区，河北、陕西两省的北部，山西大部分和甘肃的一部分地区。这是我国玉米主要产区之一。

2. 黄淮海平原夏播玉米区 本区位于秦岭-淮河以北，包括河南、山东全省，河北省的中南部，陕西省的中部，山西省的南部，江苏、安徽两省的北部，是我国最大的玉米产区。

3. 西南山地玉米区 本区包括四川、云南、贵州全省，湖北、湖南两省的西部，陕西省的南部，甘肃省的小部分。本区亦为我国主要的玉米产区之一。

4. 南方丘陵玉米区 本区包括广东、广西、浙江、福建、台湾、江西等地，江苏、安徽两省的南部，湖北、湖南两省的东部。本区为我国水稻主要产区，但玉米栽培面积不大。

5. 西北灌溉玉米区 本区东以乌鞘岭为界，包括甘肃省河西走廊和新疆维吾尔自治区全部。

6. 青藏高原玉米区 本区包括青海省和西藏自治区，以畜牧业为主，玉米栽培历史短，播种面积小。

四、玉米的一生

从播种到新种子成熟为止，称为玉米的一生。在玉米的一生中，按形态特征、生育特点和生理特性，可分为苗期、穗期、花粒期3个生育阶段，每个阶段又包括不同的生育时期。这些不同的阶段与时期既有各自的特点，又有密切的联系（图Ⅱ-3-2）。

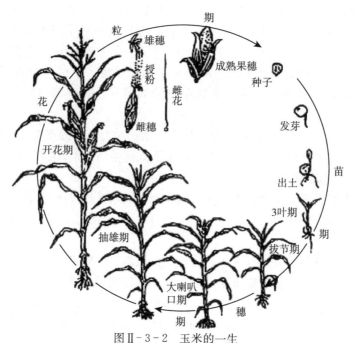

图Ⅱ-3-2 玉米的一生

[于振文，2003，作物栽培学各论（北方本）]

（一）玉米的生育期和生育时期

1. 生育期 玉米从出苗到成熟所经历的天数为生育期。玉米生育期的长短与品种特性、播种期、栽培水平及气候条件等有关。品种叶数多、播种期较早、温度较低或日照较长，生育期较长；反之，则较短。

2. 生育时期 玉米一生中，可划分为若干个生育时期。

（1）出苗期。幼苗的第一片叶出土，苗高 2～3cm 的日期。此期虽然较短，但外界环境对种子的生根、发芽、幼苗出土以及保证全苗有重要作用。

（2）拔节期。近地面节间伸长 2～3cm，靠近地面用手能摸到茎节的环形凸起。此时玉米雄穗进入生长锥伸长期。

（3）小喇叭口期。在拔节后 7～10d，通常与雄穗小花分化期、雌穗生长锥伸长期相吻合。

（4）大喇叭口期。这是我国农民的俗称。此时玉米植株外形大致是棒三叶（即果穗叶及其上、下各一片叶）大部分伸出，但未全部展开，心叶丛生，形似大喇叭口，最上部叶片与未展出叶之间，在叶鞘部位能摸到发软而有弹性的雄穗。该生育时期的主要标志是雄穗分化进入四分体形成期，雌穗正处于小花分化期，叶龄指数为 60，距抽雄 15d 左右。

（5）抽雄期。雄穗主轴露出顶叶 3～5cm 的日期。

（6）开花期。雄穗主轴小穗开花散粉的日期。

（7）吐丝期。雌穗花丝从苞叶伸出 2cm 左右的日期。在正常情况下，吐丝期与雄穗开花散粉期同时或迟 2～5d。大喇叭口期如遇干旱，这两个时期的间隔天数增加，严重时会造成花期不遇。

(8) 成熟期。籽粒变硬，呈现出品种固有的形状和颜色。胚基部尖冠处出现黑层，这是达到生理成熟的标志。

(二) 玉米的生育阶段

1. 苗期　从出苗到拔节，是以生根、长叶为主的营养生长阶段。此期根系生长较快，茎、叶生长较慢。

2. 穗期　从拔节到抽雄，是玉米营养生长和生殖生长并进的阶段。此期茎、叶生长旺盛，植株高度和茎粗都在迅速增大，根系也不断扩大，同时雄穗和雌穗相继分化和形成，但仍以营养生长为主。穗期是决定果穗大小、每穗粒数多少的关键时期，也是田间管理的关键时期。

3. 花粒期　从抽雄到种子成熟的阶段。此期茎、叶生长逐渐减弱乃至停止，经过开花、受精进入以籽粒充实为中心的生殖生长时期，是决定籽粒大小、籽粒质量的阶段。

五、玉米的器官建成

玉米的器官分根、茎、叶、花（雌、雄花）和种子（籽粒）5 部分，其主要形态、生长特点如下。

(一) 营养器官

1. 玉米的根系　玉米根系属于须根系。按其发生先后、着生部位和所起的作用，分为初生根、次生根和支持根（图Ⅱ-3-3）。

（1）初生根。初生根又称胚根、种子根。种子萌发时从胚根鞘中伸出 1 条幼根，称初生胚根。经过 1～3d，在下胚轴处又长出 3～7 条幼根，称为次生胚根。随后在其上又长出很多支根和根毛，构成了玉米的初生根系。初生根系在生育初期供给幼苗水分和养分。次生根形成以后，初生根的功能逐渐减弱，为次生根所代替。

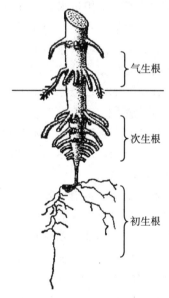

图Ⅱ-3-3　玉米的根系

（山东省农业科学院，1986，中国玉米栽培学）

（2）次生根。次生根又称节根，着生在地表下密集的茎节上，呈一层层的轮生状态。当玉米展开 3～4 片真叶时，长出第一层次生根，以后每长出 1～2 片叶，由下向上依次形成一层新的次生根。1 株玉米一般有 5～9 层次生根，每层根有 4 条以上。1 株玉米总根数可达 50～120 条，并产生大量分支和根毛，形成强大而密集的根群。这些根在土壤中水平伸展为 1m 左右，垂直入土达 1.5～2m。85％以上的根分布在 0～40cm 的耕作层内。次生根数量大，活动时间长，对玉米的生长发育影响最大。

（3）支持根。支持根又叫气生根。支持根是玉米拔节后于近地表茎节上长出的根，一般有 2～3 层。支持根开始在空气中生长而后入土，入土浅而陡，形如支柱，故也称气生根。支持根比次生根粗壮坚韧，表皮角质化，厚壁组织特别发达，入土前在根的尖端常分泌黏液，入土后产生大量分支和根毛，能吸收水分和养分。此外，支持根还有固定植株，增强抗倒伏能力、合成氨基酸的作用。据测定，在支持根中，氨基酸的含量比茎、叶中多 10～15 倍。

2. 玉米的茎 玉米为高秆作物，茎秆高大粗壮。玉米茎的高度，因品种、土壤、气候和栽培条件不同而有很大差异。最矮的 0.5m 左右，高的 4m 左右，巨高类型的可达 7m 以上。一般按植株高度分为 3 种类型：低于 2m 的为矮秆型，2～2.7m 的为中秆型，2.7m 以上的为高秆型。通常矮秆的玉米生育期短，单株产量低；高秆的生育期长，单株产量高。但矮秆型玉米具有田间通风透光好、种植密度大的优点。所以选育优良矮秆品种或以适当栽培措施降低玉米株高，是提高玉米光能利用率、增加产量的有效途径之一。

茎秆由节和节间组成。一般玉米有 15～24 个节，其中 3～7 个茎节位于地面以下。地下节密集，节间极短；地上节节间伸长，节数依品种不同而异。节间的长度，由基部到顶端渐次加长，但有些品种表现出上部节间比中部节间短，而节间粗度则逐渐减小。

玉米的茎秆在拔节后开始显著伸长，各节间由下而上依次伸长。其伸长速度在雄穗形成之前较慢，每天仅为 3cm 左右；当雄穗进入小花分化期，茎的生长速度加快，每昼夜平均增长 4～6cm；当雄穗进入花粉形成期，雌穗进入小花分化期，茎的生长速度最快，每昼夜可达 7cm 以上，以后速度减慢，至散粉期停止。

节间的伸长有一定的顺序性和重叠性，即植株下部节间首先伸长，然后渐次向上。但在同一时期内，却有 2～3 个节间同时伸长，只是每个节间的生长速度不同，通常新展开叶着生的那个节间生长速度最快。

茎的功能除了担负水分和养分的运输外，也是贮藏养分的器官，后期可将部分前期贮存的养分运转到籽粒中去。茎又是果穗发生器官和支持器官。茎具有向光性和负向地性，当植株倒伏后，它又能够弯曲向上生长，使植株重新站起来，减少损失。茎的基部节上的腋芽长成的侧枝称为分蘖。分蘖的多少与品种类型、土壤肥力、种植密度和播种季节有关。一般情况下，分蘖结穗的经济意义不大。但青饲玉米具有多分蘖是高产的特征。

3. 玉米的叶

（1）叶的形态特征。玉米叶着生在茎节上，呈互生排列。玉米一生中主茎出现的叶片数目因品种而不同，多数在 13～25 片。早熟品种通常为 14～16 片，中熟品种 17～19 片，晚熟品种 20～24 片。

玉米一生主茎各节位叶面积的大小因品种而异。但所有品种各叶面积在植株上分布都是以中部叶片为最大。一般果穗叶及其上、下叶（棒三叶）叶片最长、最宽，叶面积最大，单叶干重最高。这种叶面积分布有利于果穗干物质的积累。

（2）叶的分组与功能。玉米全株叶片可根据着生节位、特征和生理功能划分为 4 组：基部叶组（根叶组）、下部叶组（茎叶组）、中部叶组（穗叶组）、上部叶组（粒叶组）。

①基部叶组。一般着生在非拔长茎节上。叶面积、增长速度、干重和光合势均小，功能期短，多无茸毛。本组叶片是从出苗至拔节期逐渐伸展形成的。其叶片制造的光合产物主要供给根系生长，故又称根叶组。

②下部叶组。着生在地面以上的数个拔长茎节上。叶面积、增长速度、干重、光合势均增长迅速，功能期长，叶片上有茸毛。本组叶片是从拔节期至大喇叭口期（雌穗小花分化期）伸展形成的。叶片制造的光合产物主要供给茎秆生长，其次是满足雄穗生长发育的需要，故又称茎（雄）叶组。

③中部叶组。着生在果穗节及其上、下几个茎节上。叶面积、增长速度、干重、光合势均表现为大而稳，功能期长。本组叶片是从大喇叭口期至孕穗期伸展形成的。叶片制造的光合产物主要供给雌穗生长发育，故又称穗叶组。

④上部叶组。着生在雄穗以下的几个茎节上。叶面积、增长速度、干重、光合势均逐渐下降，功能期缩短。本组叶片是从孕穗期至开花期伸展形成的。叶片制造的光合产物主要供给籽粒生长发育，故又称粒叶组。

（二）生殖器官

1. 玉米的穗　玉米是雌雄同株异位、异花授粉作物，其天然杂交率高达95％以上。

（1）雄花序。雄花序又称雄穗，属圆锥花序，着生于茎秆顶端。雄花序由主轴、分枝、小穗和小花组成。主轴较粗，与茎连接，其上有4～11行成对着生的小穗。主轴中、下部有若干分枝，分枝数因品种而不同。一般有15～25个，也有40多个的。分枝较细，通常仅着生2行成对排列的小穗。

①雄小穗构成。每对雄小穗中，一个为有柄小穗，位于上方；一个为无柄小穗，位于下方。每个雄小穗基部两侧各着生1个颖片（护颖），两颖片间生长2朵雄性花。每朵雄性花由1片内稃（内颖）、1片外稃（外颖）及3个雄蕊组成。每个雄蕊的花丝顶端着生1个花药。正常发育的每株雄穗有2 000～4 000朵小花，能产生1 500万～3 000万个花粉粒。

②雄花开花特点。玉米雄穗抽出2～5d开始开花。开花的顺序是从主轴中上部开始，然后向上、向下同时进行。各分枝的小花开放顺序同主轴。一个雄穗从开始开花到结束，一般需7～10d，长者达11～13d。天气晴朗时，以上午开花最多，下午显著减少，夜间更少。

玉米雄穗开花的最适温度是20～28℃，温度低于18℃或高于38℃时，雄花不开放。开花最适相对湿度为65％～90％。

（2）雌花序。雌花序又称雌穗，为肉穗花序，受精结实后即为果穗。雌穗由茎秆中部或中、上部叶腋中的腋芽发育而成，着生在穗柄顶部（图Ⅱ-3-4）。

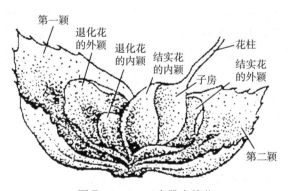

图Ⅱ-3-4　玉米雌小穗花
（张国平、周伟军，2001，作物栽培学）

①腋芽与果穗发育。玉米除上部4～6节外，全部叶腋中都能形成腋芽。一般推广品种的基部节（地下节）的腋芽不发育或形成分蘖，地面以上数节（地上节）上的腋芽进行穗分化，到早期阶段停止，也不能发育成果穗，只有中部1～2个腋芽能正常发育形成果穗。玉米的果穗为变态的侧茎，果穗柄为缩短的茎秆，节数随品种而异，各节着生1片仅具叶鞘的变态叶即苞叶，包着果穗，起保护作用。

②果穗的构成。果穗由穗轴和雌小穗构成。穗轴呈白色或紫红色,其质量占果穗总质量的20%~25%。穗轴中部充满髓质。穗轴节很密,每节着生2个无柄小穗,成对排列。每小穗内有2朵小花,一般上位花结实,下位花退化,故果穗上的籽粒行数常呈偶数。每穗籽粒行数一般为12~18行。每穗粒数有200~800粒或更多些,一般多为300~500粒。果穗的行数、每行粒数和穗粒数的多少,均因品种和栽培条件而异。

③雌小穗构成。每一雌小穗的基部两侧各着生一个革质的短而稍宽的颖片(护颖),颖片内有2朵小花,其中1朵退化小花,仅留有膜质的内、外颖和退化的雌、雄蕊痕迹。另外1朵结实小花,包括内、外颖和1个雌蕊及退化的雄蕊。雌蕊由子房、花柱和柱头组成。通常将花柱和柱头总称为花丝。花丝顶端分叉,密布茸毛,分泌黏液,有黏着外来花粉的作用,花丝的任何部位都有接受花粉的能力。

④雌穗的吐丝与授粉。雌穗一般比同株雄穗开始开花晚2~5d,亦有雌、雄同时开花的。1个雌穗从开始抽丝到全部花丝抽出一般需5~7d。花丝长度一般为15~30cm。同一雌穗上,一般位于雌穗基部往上1/3处的小花先抽丝,然后向上、下伸展,顶部小花的花丝最晚抽出,花粉来源不足时,易因顶部花丝得不到授粉而造成秃尖。有些苞叶长的品种,基部花丝要伸得很长才能露出苞叶,抽出很晚,也会影响授粉,造成果穗基部缺粒。所以,玉米开花后期加强人工辅助授粉,对增加粒数很重要。

玉米雄花序的花粉传到雌穗小花的柱头上称为授粉。微风时,花粉散落范围约1m,风力较大时,可传播500~1 000m。从花丝接收花粉到受精结束一般需要18~24h,从花粉管进入子房至完成受精作用需2~4h。花丝在受精后停止伸长,2~3d变褐枯萎。

(3)开花与授粉。一般在抽雄后2~5d开花散粉,可持续7~9d,以开花后3~4d散出的花粉数量多、质量高、受精能力强。雌穗一般在雄穗开花后的2~6d抽出花丝,即为雌穗开花。在同一个雌穗上,由于各小花的着生部位和花丝生长速度不同,花丝伸出苞叶的时间可相差2~5d。一般位于雌穗基部向上1/5~1/3处的花丝最先伸出苞叶,然后向上、向下同时进行。1个雌穗上全部花丝伸出苞叶,一般需要5~7d。雌穗顶部的小花分化发育最晚,虽然它们伸出的距离最近,但往往最后伸出,所以有些品种顶端花丝伸出苞叶时,已是群体散粉的末期,花粉数量少,授粉效果不好,易形成秃尖。雌穗基部的小花虽然分化发育较早,但伸出距离远,所以抽出苞叶也比较晚,加之在苞叶内生长时间长削弱了其生命力,因而影响受精,致使果穗基部容易缺粒,长果穗、长苞叶的品种更是如此。

花粉的生命力与环境条件关系密切。据测定,在温度为28.6~30℃、相对湿度为65%~81%的田间条件下,以散粉后2~3h生命力最强,8h后生命力显著下降。玉米散粉期遇雨,花粉粒极易吸水膨胀,甚至胀破而丧失生命力,花丝上有利于花粉萌发和生长的物质也能被雨水冲掉,不利于花粉粒发芽和生长。在高温、干旱环境下,不仅开花散粉时间短,而且花粉粒寿命也缩短,影响受精结实。花丝的生命力及其维持时间的长短与植株的内部因素、外界条件都有关,越晚抽出的花丝,生命力越弱。这可能是果穗秃尖的原因之一。花粉落到柱头上,经过24h完成受精过程。受精后2~3d花丝变成褐色,并逐渐干枯。

2. 籽粒的生长发育过程 玉米种子发育期间按其特征大致可分为以下4个时期,不同时期所需天数因品种和环境条件而异。

(1)籽粒形成期。自受精至乳熟期,一般为15d左右。果穗和籽粒体积迅速增大,籽粒呈胶囊状,胚乳呈清浆状。至此期末,籽粒体积达到成熟期体积的75%,粒重约为成熟期粒重的 10%，籽粒含水量为 80%～90%。

（2）乳熟期。自乳熟初到蜡熟初，需 15～20d。籽粒和胚的体积均接近最大值，每天增加干重最多，籽粒积累干物质总量占最大干重的 70%～80%，胚的干重约占成熟期籽粒干重的 70%，已具正常的发芽能力。籽粒含水量在 50%～80%，胚乳逐渐由乳汁状变为糊状。

（3）蜡熟期。自蜡熟初期至完熟前，需 10～15d。籽粒干物质积累速度慢，数量少。籽粒含水量下降为 40%～50%，籽粒内的胚乳因失水而由糊状变为蜡状。

（4）完熟期。干物质积累停止，含水量下降到 20% 左右，籽粒变硬，表面呈现鲜明光泽，用指甲不易划破，籽粒基部尖冠处出现黑层。另外，在灌浆过程中的内充物由尖冠至籽粒顶部逐渐沉积并呈乳状，其沉积界面称为乳线。乳线消失为籽粒成熟的另一特征。此时苞叶干枯，进入成熟期，此时收获籽粒产量最高。

六、玉米产量的形成及其调控

（一）玉米产量构成因素

玉米产量的形成，与干物质的积累和分配有密切关系；产量的高低，则取决于产量容积（库）的大小以及产量内容（源）的供应状况，同时还受光合产物运转速度（流）的制约。因此，改革种植制度，加强肥水管理，协调营养物质的供需矛盾，培育壮苗，促进繁茂营养体的形成，以提高光合产物制造量，才能充分发挥玉米的增产潜力。

（二）玉米产量构成因素的形成过程

要获得玉米高产，一是光合产物的供应要充足，即源要足；二是籽粒能容纳较多的光合产物，即库要大；三是将光合产物运送给籽粒库的运转系统要通畅，即流要畅。

1. 源　光合产物的供应是籽粒产量形成的根本来源。在籽粒产量形成过程中，源的重要作用表现在两个方面：一是为库的建成提供了物质基础，光合产物供应充足时，库的数量、大小明显增加；二是为库的充实提供了物质保证，光合产物充足时，建成的库能够迅速充实，反之则穗小、粒瘪甚至败育。因此，一般认为影响当前玉米产量提高的限制因素是同化物的供应，即源的不足。

2. 库　玉米库的能力和库强度（籽粒多少、大小和代谢活性）在产量形成中起着重要作用。库的强度直接决定干物质在籽粒中的贮存数量和分配比例。库的强度高，同化物转化为籽粒产量的潜力大。库的强度对光合源也有很大的反馈调节作用。库强度大能促进光合速率的提高，反之则削弱。库的强度控制着灌浆速度。在籽粒灌浆期间，如果光合作用受到严重抑制，籽粒能从其他器官得到一定有机物质，维持一定的灌浆速度。试验证明，在低产条件下，灌浆期间的同化物是供不应求的。因此在某种条件下，库也可能成为限制产量的主要因素。

3. 流　源与库之间的输导系统是物质运输的通道，其运输效率对产量起重要作用。从光合源制造的有机物装载进入叶脉韧皮部，通过叶柄、叶鞘和茎的运输，然后进入籽粒卸载，这一过程都有可能因不同原因而受到阻碍。如干旱、高温、低温等逆境因素都可能降低灌浆速率。对流的研究相对较少，大多数试验证明，输导系统对玉米籽粒产量影响不大，说明正常条件下的运输能力能够满足籽粒灌浆的要求。

（三）玉米产量形成的调控

要提高单位面积产量，一方面必须积累更多的干物质，取得较高的生物产量；另一方面要使积累的干物质尽可能多地转移分配到籽粒中去。玉米的经济产量与生物产量呈显著正相关。玉米的经济产量不仅取决于生物产量，也取决于经济系数。生产中经济系数为 0.3～0.5。在一般情况下，生物产量随种植密度增加而增加，达到一定密度后，生物产量不再增加或增加较少，而经济系数和产量则随种植密度的增加而有降低的趋势。

【拓展阅读】

特 用 玉 米

1. **高油玉米** 高油玉米是一种籽粒含油量比普通玉米高 50% 以上的玉米类型。普通玉米的含油量一般为 4%～5%，而高油玉米含油量为 7%～10%，有的可达 20% 左右。玉米油的主要成分为脂肪酸甘油酯。此外，还含有少量的磷脂、糖脂、甾醇、游离氨基酸、脂溶性维生素 A、维生素 D、维生素 E 等。不饱和脂肪酸是玉米中脂肪酸甘油酯的主要成分，占其总量的 80% 以上，主要包括人体内吸收值较高的油酸和亚油酸，它们具有降低血清中胆固醇含量和软化血管的作用。

玉米的油分 85% 左右集中在籽粒的胚中，所以高油玉米都有一个较大的胚。玉米胚的蛋白质含量比胚乳高 1 倍左右，赖氨酸和色氨酸含量比胚乳高 2～3 倍，而且高油玉米胚的蛋白质也比胚乳的蛋白质品质好。高油玉米和普通玉米相比，具有高能量、高蛋白、高赖氨酸、高色氨酸和高维生素 A、维生素 E 等优点。作为粮食，高油玉米不仅产热值高，而且营养品质和适口性也较好。作为配合饲料，则能提高饲料价值。

2. **糯玉米** 糯玉米淀粉比普通玉米淀粉易消化，蛋白质含量比普通玉米高 3%～6%，赖氨酸、色氨酸含量较高，在淀粉水解酶的作用下，其消化率可达 85% 左右，而普通玉米的消化率仅为 69% 左右。鲜食糯玉米的籽粒黏软清香、皮薄无渣、内容物多，一般总含糖量为 7%～9%，干物质含量为 33%～58%，并含有大量的维生素 E、维生素 B_1、维生素 B_2、维生素 C、肌醇、胆碱、烟碱和矿物质元素，比甜玉米含有更丰富的营养物质，具有更好的适口性。

不同的糯玉米品种最适采收期有差别，主要由食味来决定，最佳食味期为最适采收期。一般春播玉米灌浆期气温在 30℃ 左右，采收期以授粉后 25～28d 为宜；秋播玉米灌浆期气温在 20℃ 左右，采收期以授粉后 35d 左右为宜。用于磨面的籽粒，要待完全成熟后收获；利用鲜果穗的，要在乳熟末期或蜡熟初期采收。过早采收糯性不够，过迟采收缺乏鲜香甜味，只有在最适采收期采收的才表现出籽粒嫩、皮薄、渣滓少、味香甜、口感好。

3. **甜玉米** 甜玉米是甜质型玉米的简称，是由普通型玉米发生基因突变后，经长期分离选育而成的一个玉米亚种。根据控制基因的不同，甜玉米可分为 3 种类型：普通甜玉米、超甜玉米和加强甜玉米。

普通甜玉米是由 *su*（sugary 的缩写）基因控制的，可积累还原糖、蔗糖和可溶性糖。一般糖分含量为 8%～10%，是普通玉米的 2～5 倍。其中 *su* 基因可以大量积累水溶性多糖，乳熟期玉米的水溶性多糖含量可达 30%，是普通玉米的 10 倍以上。

超甜玉米是由 *sh*（shrunken 的缩写）突变基因控制的。*sh* 基因的功能是可提高蔗糖含量，积累可溶性糖分，减少或抑制淀粉的合成。乳熟期超甜玉米的蔗糖含量可达 20% 以上，但不积累水溶性多糖。

加强甜玉米是在 *su* 基因的遗传背景下引入加强甜基因 *se*（sugary enhancer 的缩写）。*se* 基因可以抑制可溶性糖转化为淀粉，维持水溶性多糖较高含量的持续时间。

甜玉米的营养价值高于普通玉米，除含糖量较高外，赖氨酸含量是普通玉米的 2 倍左右。籽粒中蛋白质、多种氨基酸、脂肪等均高于普通玉米。甜玉米籽粒中含有多种维生素（维生素 B_1、维生素 B_2、维生素 B_3、维生素 B_6、维生素 C）和多种矿物质元素。甜玉米所含的蔗糖、葡萄糖、麦芽糖、果糖和植物蜜糖都是人体容易吸收的营养物质。甜玉米胚乳中糖类积累较少，蛋白质比例较高，一般蛋白质含量占干物质的 13% 以上，具有很高的营养价值。甜玉米冷却后不会产生回生变硬现象，无论即煮即食还是经过常温、冷藏后，都能鲜嫩如初，因此适于加工罐头和速冻食品。

除了留作种子用的甜玉米要到籽粒完熟期收获外，做罐头、速冻和鲜果穗上市的甜玉米，都应在最适食味期（乳熟前期）采收。因为甜玉米籽粒含糖量在乳熟期最高。收获过早，含糖量少，果穗小，粒色浅，乳质少，风味差；收获过晚，虽然果穗较大，产量高，但含糖量降低，淀粉含量增加，果皮硬，渣滓多，风味降低。甜玉米收获时期较难掌握，且不同品种、不同地区、不同播期之间也存在差异。一般来说，春播的甜玉米采收期在授粉后 17～22d，秋播的甜玉米在授粉后 20～26d。另外，甜玉米采收后含糖量迅速下降，因此采收后要及时加工处理。

4. 爆裂玉米　爆裂玉米是玉米种中的一个亚种，是专门用来制作爆玉米花的专用玉米品种。其爆裂能力受角质胚乳的相对比例控制。爆裂玉米籽粒中蛋白质、钙质及铁质的含量分别为普通玉米的 125%、150% 和 165%，为瘦牛肉的 67%、100% 和 110%，并富含营养纤维、磷脂、维生素 A、维生素 B_1、维生素 E 及人体必需的脂肪酸等成分。爆裂玉米宜在完熟期采收。

5. 青饲青贮玉米　青饲青贮玉米是专门用于饲养家畜的玉米品种。在乳熟后期至蜡熟初期，将玉米的地上部分收割、切碎并贮藏于青贮窖或青贮塔中，可长时间用作奶牛、肉牛的饲料。青饲青贮玉米按其植株类型可分为分枝多穗型和单秆大穗型；按其用途可分为青贮专用型和粮饲兼用型。分枝多穗型的青贮玉米分蘖性强，茎叶丛生，单株生物产量高，多穗可以使植株的青穗比例增加，蛋白质含量提高。单秆大穗型的玉米基本无分蘖，一般植株高大，叶片繁茂，茎秆粗壮，着生 1～2 个果穗，单位面积产量主要通过增加种植密度来实现。作为粮饲兼用的玉米，则必须具有适宜的生育期和较高的籽粒、茎叶产量及活秆成熟的性能，以保证在果穗籽粒达到完熟期进行收获时，仍能收获到保持青绿状态的茎、叶，以供青贮。青饲青贮玉米经过贮藏发酵后，茎、叶软化，能长期保持青绿多汁，富含蛋白质和多种维生素，营养价值高，容易消化。经微生物的发酵作用，部分糖类转化为乳酸、醋酸、琥珀酸、醇类及一定量的芳香族化合物，具有酒香味，柔软多汁，适口性好，所含营养物质容易被吸收。

为了获得最高的饲料产量，青饲青贮玉米的种植密度要高于普通玉米品种。在我国广泛采用的高产栽培密度为：早熟平展型矮秆杂交种 60 000～67 500 株/hm^2，中早熟紧凑型杂交种 75 000～90 000 株/hm^2，中晚熟平展型中秆杂交种 52 500～60 000 株/hm^2，中晚熟紧凑型杂交种 60 000～75 000 株/hm^2。

6. 优质蛋白玉米 优质蛋白玉米又称高赖氨酸玉米或高营养玉米，指蛋白质组分中富含赖氨酸的特殊类型。一般来说，普通玉米的赖氨酸含量仅为 0.20%，色氨酸为 0.06%，而优质蛋白玉米这两种氨基酸含量分别达到 0.48% 和 0.13%，比普通玉米高 1 倍以上。另外，优质蛋白玉米籽粒中组氨酸、精氨酸、天门冬氨酸、甘氨酸、甲硫氨酸等的含量也比普通玉米略有增加，使氨基酸在种类、数量上更为平衡，提高了优质蛋白玉米的利用价值。

7. 笋玉米 笋玉米指以采摘刚抽花丝而未受精的幼嫩果穗为目的的一类玉米。笋玉米有 3 类：专用型笋玉米、粮笋兼用型笋玉米、甜笋兼用型笋玉米。笋玉米营养丰富，蛋白质含量较高，含人体所需氨基酸较均衡，是一种低热量、高纤维素、无胆固醇的优质高档蔬菜。

笋玉米与普通玉米相比要早收一个生育阶段。春播笋玉米只需 60～80d，夏播笋玉米只需 50～60d。笋玉米一般为多穗型，有效穗 3～6 个，因此必须分期采收。采收的适宜时期以玉米果穗的花丝刚伸出苞叶 1～2cm 为宜。从顶穗开始，每隔 1～2d 采 1 次笋，7～10d 采收完。采笋必须及时，采收时要注意将苞叶一齐采下，防止穗苞扭弯，致使笋条在苞叶内折断。采收后去除苞叶后去净花丝，切掉穗梗，即为玉米笋。

>>> 任务二　玉米播前准备 <<<

播种质量的好坏不仅直接影响苗全和苗壮，而且影响玉米一生的生长发育。做好玉米播前准备工作是提高播种质量的关键。

（一）选用良种

1. 具体要求 选择适合当地环境栽培的优良品种。

2. 操作步骤

（1）根据当地种植制度选用生育期适宜的品种。我国各地气候条件、种植制度不同，对品种生育期长短的要求也不一样。生产上所选用的品种要符合当地的种植制度，既要保证其正常成熟，不影响下茬作物的播种，又要充分利用热量资源。春播玉米要求选用生育期较长、单株生产力高、抗病性强的品种，夏播玉米要求选用早熟、矮秆、抗倒伏的品种，套种玉米则要求选用株型紧凑、幼苗期耐阴的品种。

（2）因地制宜选用良种。如在水肥条件好的地区，宜选用耐肥水、生产潜力大的高产品种。在丘陵、山区，则应选用耐旱、耐瘠、适应性强的品种。

（3）选用抗病品种。要根据当地常发病的种类选用相应的抗病品种。此外，还要根据生产上的特定需要，如饲用玉米、甜玉米、黑玉米、笋玉米等选用相应良种。

3. 相关知识 玉米品种熟期类型的划分是玉米育种、引种、栽培以至生产上最为实用和普遍的类型划分。依据 FAO 的国际通用标准，玉米的熟期类型可分为 7 类。

（1）超早熟类型。植株叶数 8～11 片，生育期 70～80d。

（2）早熟类型。植株叶数 12～14 片，生育期 81～90d。

（3）中早熟类型。植株叶数 15～16 片，生育期 91～100d。

（4）中熟类型。植株叶数 17～18 片，生育期 101～110d。

（5）中晚熟类型。植株叶数 19～20 片，生育期 111～120d。

（6）晚熟类型。植株叶数 21～22 片，生育期 121～130d。

（7）超晚熟类型。植株叶数 23 片以上，生育期 131～140d。

4. 注意事项　不同的栽培制度需选用不同生育类型的玉米品种，若不了解这一点，易使生产遭受损失。如有的把适合春播的晚熟玉米品种白马牙于5月下旬套种在小麦行间，由于后期低温，灌浆成熟不好，导致玉米减产。还有的把适合夏播的京早2号于5月中旬套种在小麦行间，结果玉米在与小麦共生期间就开始了雌、雄穗分化，导致严重减产。

（二）种子处理

1. 具体要求　在精选种子、做好发芽试验的基础上，要进行晒种和拌种。晒种可提高发芽率，早出苗。药剂拌种，可根据当地常发生的病虫害确定药剂种类。对于缺少微量元素的地区，可根据缺少种类进行微肥拌种。有条件的应利用种衣剂进行包衣。

2. 操作步骤

（1）晒种。晒种2～3d，对增加种皮透性和吸水力，提高酶的活性，促进呼吸作用和营养物质转化均有一定作用。晒种后可提高出苗率，早出苗1～2d。

（2）药剂拌种。对于地下害虫如金针虫、蝼蛄、蛴螬等，可用50%辛硫磷乳油，用药量为种子量的0.1%～0.2%，用水量为种子量的10%，稀释后进行药剂拌种，或进行土壤药剂处理，或用毒谷、毒饵等，播种时撒在播种沟内。

（3）种子包衣。包衣的方法有两种：一种是机械包衣，由种子部门集中进行，适用于大批量种子处理；另一种是人工包衣，即在圆底容器中按药剂和种子的适宜比例，边加药边搅拌，使药液均匀地涂在种子表面。

3. 相关知识　包衣剂由杀虫剂、杀菌剂、复合肥料、微量元素、植物生长调节剂、保水剂和成膜物质加工制成，能够在播种后抗病、抗虫、抗旱，促进生根发芽。

（三）整地

1. 具体要求　通过适当的土壤耕作措施，为播种、种子萌发和幼苗生长创造良好的土壤环境。

2. 操作步骤

（1）春玉米整地。春玉米地应进行秋深耕，既可以熟化土壤、积蓄雨雪、沉实土壤，又可以使土壤经冬、春冻融交替后耕层松紧度适宜，保墒效果好，有效肥力高。有条件的地方，结合秋季耕地施入有机肥，效果更好。高产玉米深耕应达23～27cm，具体深度还要视原来耕层深度和基肥用量灵活掌握。秋耕宜早不宜晚，但对积雨多、低洼潮湿地、土壤耕性差、不宜耕作的地块，可在早春耕地。春季整地，要求尽量减少耕作次数，来不及秋耕必须春耕的地块，应结合施基肥早春耕，深度应浅些，并做到翻、耙、压等作业环节紧密结合，防止跑墒。

（2）夏玉米整地。夏玉米生育期短，争取早播是高产的关键，一般不要求深耕。如深耕，土壤沉实时间短，播后出苗遇雨土壤塌陷，易引起断根及倒伏。深耕后土壤蓄水多，遇雨不能及时排除，易引起涝害，发生黄苗、紫苗现象。目前夏玉米整地有3种方法：一是全面整地，即前茬收获后全面耕翻耙耢，耕地深度应不超过15cm；二是局部整地，按玉米行距开沟，沟内集中施肥，再用犁使土肥混匀，平沟后播种；三是板茬播种，即在前作收获后，不整地、不灭茬，劈槽或打穴直接播种。目前，随着机械化水平的提高，板茬播种面积逐年扩大。

3. 相关知识　高产玉米对土壤条件的要求。

（1）土层深厚结构良好。据观察，玉米根系垂直深度达1.5～2m，水平分布也在1m左右，要求土壤层厚度在80cm以上，耕作层具有疏松绵软、上虚下实的土体构造。熟化土层渗水快，心土层保水性能好，抗涝、抗旱能力强。土壤大小孔隙比例适当，湿而不黏，干而不板。

（2）疏松通气。通气不良会使根系吸收养分、水分的能力降低，尤其影响对氮和钾的吸收。

（3）耕层有机质和速效养分含量高。土壤速效养分含量高且比例适当，养分转化快，并能持续均衡供应，玉米不出现脱肥和早衰，是获得玉米高产的基础。

（4）酸碱度适宜。土壤过酸、过碱对玉米生长发育都有较大影响。据研究，氮、钾、钙、镁、硫等元素在 pH 为 6~8 时有效性最高，钼、锌等元素在 pH 为 5.5 以下时溶解度最大。玉米适宜的 pH 为 5~8，但以 pH 为 6.5~7.0 最好。玉米耐盐碱能力低，盐碱较重的土壤必须经改良后方可种植玉米。

4. 注意事项　北方地区秋耕后因冬季雨水少，春季干旱，应及时耙耱，不需晒垡。南方地区雨水较多，气温高，土壤湿度大，一般耕后不耙不耱，通过晒垡以促进土壤熟化。播种前要进行早春耙地，以利保墒、增温。

（四）施用基肥

1. 具体要求　玉米的基肥以有机肥为主，化肥为辅，氮、磷、钾配合施用。基肥的施用方法有撒施、条施和穴施，视基肥数量、质量不同而异。

2. 操作步骤　春玉米在秋、春耕时结合施用。夏玉米在套种时对前茬作物增施有机肥料而利用其后效作用。旱地春玉米或夏玉米施部分无机速效化肥，增产显著。

3. 相关知识　玉米各生育时期对氮、磷、钾元素的吸收。

玉米氮、磷、钾的吸收积累量从出苗至乳熟期随植株干重的增加而增加，而且钾的快速吸收期早于氮和磷。从不同时期的三要素累积吸收百分率来看，出苗期为 0.7%~0.9%，拔节期为 4.3%~4.6%，大喇叭口期为 34.8%~49.0%，抽雄期为 49.5%~72.5%，开花期为 55.6%~79.4%，乳熟期为 90.2%~100%。玉米抽雄以后吸收氮、磷的数量均占全生育期的 50%左右。因此，要想获得玉米高产，除要重施穗肥外，还要重视粒肥的供应。

从玉米每天吸收养分百分率看，氮、磷、钾吸收强度最大时期是在拔节至抽雄期，即以大喇叭口期为中心的时期，拔节至抽雄期的 28d 吸收氮 46.5%、磷 44.9%、钾 68.2%。可见，此期重施穗肥，保证养分的充分供给是非常重要的。此外，在开花至乳熟期，玉米对养分仍保持较高的吸收强度，这个时期是产量形成的关键期。

从籽粒中的氮、磷、钾的来源分析，在籽粒中三要素的累积总量约有 60%来源于前期积累，约有 40%来源于后期根系吸收。因此，玉米施肥不但要打好前期基础，也要保证后期养分的充分供应。

4. 注意事项　基肥应重视磷、钾肥的施用。随着玉米产量的提高和大量元素施用量的增加，土壤中微量元素含量日渐缺乏，因此应根据各种微量元素的土壤临界浓度值适当施用微肥。

【拓展阅读】

我国主要玉米优良品种介绍

根据 2014 年的统计数据，全国推广面积前三的玉米品种分别是郑单 958、先玉 335 和浚单 20，而且前两位的优势非常明显。另外推广面积较大的品种还有德美亚 1 号、伟科

702、登海605、隆平206、京科968、中单909、蠡玉16、良玉99、农华101、中科11、聊玉22和天泰33等。

1. 郑单958　郑单958是堵纯信教授育成的高产、稳产、多抗品种，是郑58/昌7-2（选）杂交选育的一代杂交种。2001年先后通过山东、河南、河北3省和国家审定，并被农业部定为重点推广品种，突出优点是高产、稳产。1998年、1999年全国夏玉米区试均居第一位。穗子均匀，轴细，粒深，不秃尖，无空秆，年间差异非常小，稳产性好。

郑单958在黄淮海地区夏播生育期96d左右，株高240cm，穗位100cm左右，叶色浅绿，叶片窄而上冲，果穗长20cm，穗行数14～16行，行粒数37粒，千粒重330g，出籽率高达88%～90%。

该品种抗性好，结实性好，耐干旱，耐高温，非常适合我国夏玉米区种植。

2. 先玉335　先玉335是美国先锋公司选育的玉米杂交种，由敦煌种业先锋良种有限公司按照美国先锋公司的质量标准和专有技术独家生产加工销售。于2004年、2006年分别通过了国家审定。其母本为PH6WC，来源为先锋公司自育；父本为PH4CV，来源为先锋公司自育。

该品种丰产性好，稳产性突出，熟期适中，在黄淮海地区生育期98d。株型合理，其成株株型紧凑、青秀，支持根发达，叶片上举。田间表现幼苗长势较强，其籽粒均匀，杂质少，商品性好，高抗茎腐病。该品种适宜在北京、天津、辽宁、吉林、河北北部、山西、内蒙古赤峰和通辽地区、陕西延安春播种植，但应注意防治丝黑穗病。

3. 浚单20　浚单20是由河南省浚县农业科学研究所选育。母本为9058，来源为国外材料6JK导入8085泰（含热带种质）；父本为浚92-8，来源为昌7-2×5237。

出苗至成熟需97d，需有效积温2 450℃。叶缘绿色、株型紧凑、青秀。出籽率高达90%左右。

该品种适宜在河南、河北中南部、山东、陕西、江苏、安徽、山西运城夏玉米区种植。

>>> 任务三　玉米播种技术 <<<

（一）确定播种期

1. 具体要求　玉米的适宜播种期主要根据玉米的种植制度、温度、墒情和品种来决定。既要充分利用当地的气候资源，又要考虑前后茬作物的相互关系，为后茬作物增产创造较好条件。

2. 操作步骤　春玉米一般在5～10cm地温稳定在10～12℃时即可播种，东北等春播地区可从8℃时开始播种。在无灌溉条件的易旱地区，适当晚播可使抽雄前后的需水高峰赶上雨季，避免卡脖旱。

夏玉米在前茬收获后及早播种，越早越好。套种玉米在留套种行较窄地区，一般在麦收前7～15d套种或更晚些；套种行较宽的地区，可在麦收前30d左右播种。

3. 相关知识　无论春玉米还是夏玉米，生产上都特别重视适期早播。适期早播可延长玉米的生育期，充分利用光热资源，积累更多的干物质，为穗大、粒多、粒重奠定物质基础。适期早播对夏玉米尤为重要，因其生育期短，早播可使其在低温、早霜来临前成熟。

春玉米适时早播能在地下害虫危害之前出苗,到虫害严重时,苗已长大,抵抗力增强,能相对减轻虫害。适期早播还能减轻夏玉米的大斑病、小斑病,春玉米的黑粉病等危害程度。

夏玉米早播可在雨季来临之前长成壮苗,避免发生芽涝,同时促进根系生长,使植株健壮。

(二)确定播种量

1. 具体要求 根据种子的具体情况和选用的播种方式确定播种量。

2. 操作步骤 籽粒大、种子发芽率低、密度大、条播时播种量宜大些;反之,播种量宜小些。一般条播播种量为 $45\sim60kg/hm^2$,点播播种量为 $30\sim45kg/hm^2$。

(三)选择种植方式

1. 具体要求 采用适宜的种植方式,提高玉米增产潜能。

2. 操作步骤

(1)等行距种植。种植行距相等,一般为 $60\sim70cm$,株距随密度而定。其特点是植株抽穗前,叶片、根系分布均匀,能充分利用养分和阳光。播种、定苗、中耕除草和施肥时便于操作,便于实行机械化作业。但在高肥水、高种植密度条件下,生育后期行间郁闭,光照条件较差,个体与群体间的矛盾尖锐,影响产量进一步提高。

(2)宽窄行种植。也称大小垄,行距一宽一窄,宽行行宽为 $80\sim90cm$,窄行行宽为 $40\sim50cm$,株距根据密度确定。其特点是植株在田间分布不均匀,生育前期对光能和地力利用较差,但能调节玉米后期个体与群体间的矛盾。在高密度、高肥水的条件下,由于大行加宽,有利于中后期通风透光,使棒三叶处于良好的光照条件之下,有利于干物质积累,产量较高。但在密度小、光照矛盾不突出的条件下,大小垄就无明显的增产效果,有时反而减产。

3. 相关知识 我国各地气候条件不同,玉米种植方式也不同。如东北地区多实行垄作以提高地温,黄淮平原多采用平作以利于保墒,南方地区多采用畦作以利于排水。播种方法主要有条播和点播。条播就是用播种工具开沟,把种子撒播在沟内,然后覆土。点播即按计划的行、株距开穴,点播,覆土。条播和点播两种方法应用机播作业的面积越来越大,机播工效高、质量好。

4. 注意事项 在生产上,采用哪种种植方式要因地制宜、灵活掌握。

(四)施用种肥

1. 具体要求 种肥主要用来满足幼苗对养分的需要,保证幼苗健壮生长。在未施基肥或地力差时其增产作用更大。硝态氮肥和铵态氮肥容易为玉米根系吸收,并被土壤胶体吸附,适量的铵态氮对玉米无害。在玉米播种时配合施用磷肥和钾肥有明显的增产效果。

2. 操作步骤 种肥施用数量应根据土壤肥力、基肥用量而定。种肥宜穴施或条施,施用的化肥应通过与土壤混合等措施与种子隔离,以免烧种。

3. 注意事项 磷酸氢二铵作种肥比较安全,碳酸氢铵、尿素作种肥时,要与种子保持10cm 以上距离。

(五)确定播种深度

1. 具体要求 玉米播深适宜且深浅一致。

2. 操作步骤 一般播深要求 $4\sim6cm$。土质黏重、墒情好时,可适当浅些,反之可深些。玉米虽然耐深播，但最好不要超出 10cm。

3. 相关知识 确定适宜的播种深度是保证苗全、苗齐、苗壮的重要环节。适宜的播种深度依土质、墒情和种子大小而定。

(六) 播后镇压

1. 具体要求 玉米播后要进行镇压，使种子与土壤密接，以利于种子吸水出苗。

2. 操作步骤 用石头、重木或铁制的碌子于播种后进行。

3. 注意事项 镇压要根据墒情而定，墒情一般时，播后可及时镇压；土壤湿度大时，待表土干后再进行镇压，以免造成土壤板结，影响出苗。

【拓展阅读】

合 理 密 植

根据现有品种类型和栽培条件，春玉米适宜密度为：中晚熟平展型杂交种，45 000～52 500 株/hm²；中晚熟紧凑型和中早熟平展型杂交种，60 000～67 500 株/hm²；中早熟紧凑型杂交种，67 500～75 000 株/hm²。在上述品种适宜密度范围内，肥水条件好的高产田，可采用适宜密度下限，一般田可采用适宜密度的中上限。夏玉米比春玉米的适宜种植密度大，应相应增加 4 500～5 250 株/hm²。

合理密植的原则如下。

1. 根据玉米品种确定种植密度 一般晚熟品种生育期长，植株高大，茎、叶繁茂，需要较大的营养面积，密度应小些；反之，早熟品种应密些。同一品种类型，叶片较挺的株型紧凑品种宜密些，叶片平展的株型松散品种宜稀些。

2. 根据地力、水肥条件确定种植密度 地力水平低、水肥条件较差宜密，地力水平高、水肥条件好宜稀，即瘦地宜密，肥地宜稀。

3. 根据播期确定种植密度 早播或春播，生育期长，单株所占空间较大，单株生产力较高，宜稀些；晚播或夏播，生育期短，单株生产力较低，宜密些。

4. 根据当地的气候条件确定种植密度 玉米在高温、短日照条件下，生育期缩短，所以，同一品种，南方的适宜密度应高于北方。同一地区，地势高，气温低，玉米生长矮小，宜密些，反之，宜稀些。

各地在确定适宜密度时，应根据当地自然条件和品种类型综合考虑。由于品种的不断改良和栽培条件的不断改善，适宜密度亦随着条件发展而变化。

>>> 任务四 玉米田间管理技术 <<<

玉米田间管理是根据玉米生长发育规律，针对各个生育时期的特点，通过灌水、施肥、中耕、培土、防治病虫草害等对玉米进行适当的促控，调整个体与群体、营养生长与生殖生长间的矛盾，保证玉米健壮生长发育，从而达到高产、优质、高效的目标。

一、苗期田间管理

玉米从出苗到拔节为苗期。一般春玉米经历 30～35d，夏玉米经历 20～25d。

玉米苗期的生育特点是以根系和叶片生长为中心，属于营养生长阶段。栽培目标是促进根系发育，适当控制地上部生长，使地上、地下协调生长，形成壮苗，为穗期生长发育打好基础。

（一）查苗补苗

1. 具体要求　玉米出苗以后要及时查苗，发现苗数不足要及时补苗。

2. 操作步骤　补苗的方法主要有两种：一是催芽补种，即提前浸种催芽，适时补种，补种时可视情况选用早熟品种；二是移苗补栽，在播种时行间多播一些预备苗，如缺苗时移苗补栽。移栽苗龄以 2～4 叶期为宜，最好比一般大苗多 1～2 叶。

3. 相关知识　当玉米展开 3～4 片真叶时，在上胚轴地下茎节处，长出第一层次生根，因此，4 叶期后补苗伤根过多，不利于幼苗存活和尽快缓苗。

4. 注意事项　补栽宜在下午或阴天带土移栽，栽后浇水，以提高成活率。移栽苗要加强管理，以促进苗齐、苗壮，否则易形成弱苗，影响产量。

（二）间苗定苗

1. 具体要求　选留壮苗、大苗，去掉虫咬苗、病苗和弱苗。在同等情况下，选留叶片方向与垄的方向垂直的苗，以利于通风透光。

2. 操作步骤　春玉米一般在 3 叶期间苗，4～5 叶期定苗。夏玉米生长较快，可在 3～4 叶期一次完成间苗、定苗。

3. 相关知识　适时定苗，可避免幼苗相互拥挤和遮光，并减少幼苗对水分和养分的竞争，达到苗匀、苗齐、苗壮。间苗过晚易形成高脚苗。

4. 注意事项　在春旱严重、虫害较重的地区，间苗可适当晚些。

（三）肥水管理

1. 具体要求　根据幼苗的长势，进行合理的肥料和水分管理。

2. 操作步骤　套种玉米、板茬播种而未施种肥的夏玉米于定苗后及时追施提苗肥。

3. 相关知识　玉米苗期对养分需要量少，在基肥和种肥充足，幼苗长势好的情况下，苗期一般不再追肥。但对于套种玉米、板茬播种而未施种肥的夏玉米，应在定苗后及时追施提苗肥，以利幼苗健壮生长。对于弱小苗和补种苗，应增施肥水，以保证拔节前达到生长整齐一致。正常年份玉米苗期一般不进行灌水。

（四）蹲苗促壮

1. 具体要求　在苗期不施肥、不灌水、多中耕。

2. 操作步骤　蹲苗应掌握"蹲黑不蹲黄，蹲肥不蹲瘦，蹲湿不蹲干"的原则，即苗色黑绿、长势旺、地力肥、墒情好的宜蹲苗；地力薄、墒情差、幼苗黄瘦的不宜蹲苗。

3. 相关知识　通过蹲苗促下控上，培育壮苗。蹲苗的作用在于给根系生长创造良好的条件，促进根系发达，提高根系的吸收和合成能力，适当控制地上部的生长，为下一阶段株壮、穗大、粒多打下良好基础。蹲苗时间一般不超过拔节期。夏玉米一般不需要蹲苗。

（五）中耕除草

1. 具体要求　苗期中耕一般可进行 2～3 次。

2. 操作步骤　第一次宜浅，掌握 3～5cm，以松土为主；第二次在拔节前，可深至10cm，并且要做到行间深，苗旁浅。

3. 相关知识　中耕是玉米苗期促下控上的主要措施。中耕可疏松土壤，流通空气，促进根系生长，而且还可消灭杂草，减少地力消耗，并促进有机质的分解。对于春玉米，中耕还可提高地温，促进幼苗健壮生长。

化学除草已在玉米上广泛应用。我国不同玉米产区杂草群落不同，春、夏玉米田杂草种类也略有不同。春玉米以多年生杂草、越年生杂草和早春杂草为主，如田旋花、荠菜、藜、蓼等；夏玉米则以一年生禾本科杂草和晚春杂草为主，如稗、马唐、狗尾草、异型莎草等。受杂草危害严重的时期是苗期，会导致植株矮小，秆细叶黄，导致中、后期生长不良。

目前玉米田防除杂草的除草剂品种很多，可根据杂草种类、危害程度，结合当地气候、土壤和栽培制度，选用合适的除草剂品种。施药方式应以土壤处理为主。

4. 注意事项 中耕对作物生长的作用不仅仅是除草，即便是化学除草效果很好的田块，为了疏松土壤、提高地温、促进根系发育仍要进行必要的中耕。

（六）防治病虫害

玉米苗期虫害发生较多，主要有地老虎、黏虫、蚜虫、蛴螬、金针虫、蓟马等，要及时监测，在虫情预测预报的基础上，采用以农业防治为主的综合防治措施。

二、穗期田间管理

玉米穗期是营养生长与生殖生长并进的阶段，是玉米一生中生育最旺盛，生长量最大的时期。根系继续发生并不断向四周和纵深扩展，茎、叶迅速生长，大部分中、上部叶片在此期出现和展开，茎秆也在此期伸长和增重，每天可伸长 5～10cm，雄、雌穗先后分化形成。

穗期对环境条件的反应敏感。玉米穗期要求较高的温度，适宜温度为 22～24℃。需水量大，供水不足减产显著，尤其是抽雄前 10～15d，即大喇叭口期，正值雌穗的小穗、小花分化期，需水非常迫切，要求土壤水分为田间持水量的 70％～80％。若此时干旱，则会影响雌穗小穗、小花的分化及雄穗花粉的形成与发育。玉米穗期由于生长量的急剧增加，吸收养分的速度和数量也迅速增大，此期对养分的吸收量最多，是玉米追肥的重要时期。玉米穗期要求良好的光照条件。密度过高或阴天较多，通风透光不良，会导致植株生长细弱，易倒伏，空秆增多。

穗期的栽培目标是促进植株生长健壮和穗分化正常进行，实现壮秆、穗多、穗大、粒多，为优质高产打好基础。

（一）适时追肥

1. 具体要求 在玉米穗期进行两次追肥，以促进雌、雄穗的分化和形成，争取穗大粒多。

2. 操作步骤

（1）攻秆肥。指拔节前后的追肥，其作用是保证玉米健壮生长，秆壮叶茂，促进雌、雄穗的分化和形成。

攻秆肥的施用要因地、因苗灵活掌握。地力肥沃、基肥足，应控制攻秆肥的数量，宜少施、晚施甚至不施，以免引起茎、叶徒长；在地力差、底肥少、幼苗生长瘦弱的情况下，要适当多施、早施。攻秆肥应以速效性氮肥为主，但在施磷、钾肥有效的土壤上，可酌量追施一些磷、钾肥。一般攻秆肥施在距植株 10～15cm 处较好，深度以 8～10cm 为宜。

（2）攻穗肥。指抽雄前 10～15d 即大喇叭口期的追肥。此时正处于雌穗小穗、小花分化期，营养体生长速度最快，需肥需水最多，是决定果穗籽粒数多少的关键时期。所以这时重施攻穗肥，肥水齐攻，既能满足穗分化的肥水需要，又能提高中、上部叶片的光合生产率，使运输到果穗的有机养分增多，促使粒多、饱满。

穗期追肥应在行侧适当距离深施，并及时覆土。一般施在距植株 10～15cm 处较好，深度以 8～10cm 较好，以提高肥料利用率。

3. 注意事项　两次追肥数量的多少，与地力、底肥、苗情、密度等有关，应视具体情况灵活掌握。春玉米一般基肥充足，追肥一般遵循前轻后重的原则，即轻施攻秆肥，重施攻穗肥，两次追肥量分别占 30%～40% 和 60%～70%。套种玉米及中产水平的夏玉米，应掌握前重后轻的原则，两次追肥数量分别占 60%、40% 左右。高产水平的夏玉米，由于地力壮，密度较大，幼苗生长健壮，则应掌握前轻后重的原则。

（二）灌水

1. 具体要求　玉米穗期气温高，植株生长迅速，需水量大，要求及时供应水分。

2. 操作步骤　一般结合追施攻秆肥浇拔节水，使土壤水分保持田间持水量的 70% 左右。大喇叭口期是玉米一生中的需水临界期，缺水会造成雌穗小花退化和雄穗花粉败育，严重干旱则会造成"卡脖旱"，使雌、雄花开花间隔时间延长，甚至抽不出雄穗，降低结实率。所以此期遇旱一定要浇水，使土壤水分保持在田间持水量的 70%～80%。

玉米耐涝性差，当土壤水分超过田间持水量的 80% 时，土壤通气状况和根系生长均受到影响。如田间积水又未及时排出，植株变黄，甚至烂根青枯死亡，所以遇涝应及时排水。

（三）除去分蘖

1. 具体要求　当田间大部分分蘖长出后及时将其除去，一般进行两次。

2. 操作步骤　于拔节后及时除去分蘖。

3. 相关知识　玉米拔节前，茎秆基部可以长出分蘖，但分蘖量少，玉米分蘖的形成既与品种特性有关，也和环境条件有密切的关系。一般当土壤肥沃，水肥充足，稀植早播时，其分蘖多，生长亦快。分蘖比主茎形成晚，不结穗或结穗小，且晚熟，并且与主茎争夺养分和水分，应及时除掉，否则影响主茎的生长与发育。

4. 注意事项　饲用玉米多具有分蘖结实特性，应保留分蘖，以提高饲料产量和籽粒产量。

（四）防止倒伏

1. 具体要求　使用玉米健壮素对玉米的生长发育进行调控。

2. 操作步骤　玉米健壮素的喷洒应在雌穗小花分化末期，即大喇叭口期后，应均匀喷洒到上部叶片上，做到不重喷、不漏喷。如喷后 6h 遇雨应重喷 1 次，但药量减半。

喷洒方法：每公顷 15 支（每支 30mL），兑水 225～300kg，喷于玉米植株上部叶片。

3. 相关知识　玉米健壮素是一种植物生长调节剂的复配剂，它被植物叶片吸收，进入体内调节生理功能，使叶形直立且短而宽、叶片增厚、叶色深、株型矮健节间短、根系发达、支持根多、发育加快、提早成熟、降低株高和穗位。施用健壮素是高密度高产玉米防止倒伏、提高产量的重要措施。

4. 注意事项　玉米健壮素不能与其他农药化肥混合喷施，以防止药剂失效。

（五）防治病虫害

玉米穗期主要病害有玉米大斑病、玉米小斑病和玉米黑粉病等，主要虫害有玉米螟、棉铃虫和黏虫等，应做好预测预报，及时防治。

三、花粒期田间管理

玉米抽雄开花后，营养器官已建成，根系功能开始衰退，进入开花、授粉、受精结实的生殖生长阶段。此阶段是决定粒数和粒重的关键时期。

花粒期对环境条件有较严格的要求。玉米开花适宜的温度为20～28℃，相对湿度为65％～90％。籽粒灌浆的适宜温度为22～24℃，最低16℃，昼夜温差较大对灌浆有利。抽雄开花期是玉米需水高峰期，对水分反应极为敏感，土壤含水量应保持在田间持水量的70％～80％。灌浆期要求土壤水分含量保持在田间持水量的75％左右，干旱会降低粒重。花粒期玉米仍吸收一定数量的养分，高产情况下吸收的比例更大。如高产夏玉米25％～42％的氮素是在此期吸收的。花粒期要求充足的光照。如光照不足，阴天较多，会降低粒重。

花粒期的栽培目标是防止茎、叶早衰，保持绿叶面积，保证授粉受精良好。主攻目标是促进籽粒灌浆成熟，防止贪青晚熟，实现粒多、粒重。

（一）巧施攻粒肥

1. 具体要求　根据田间长势施好攻粒肥。

2. 操作步骤　在穗期追肥较早或数量少，植株叶色较淡，有脱肥现象，甚至中、下部叶片发黄时，应及时补施氮素化肥。

3. 注意事项　攻粒肥宜少施、早施，施肥量为总追肥量的10％～15％，时间不晚于吐丝期。如土壤肥沃、穗期追肥较多、玉米长势正常、无脱肥现象，则不需再施攻粒肥。

（二）浇灌浆水

1. 具体要求　通过浇灌浆水，促进籽粒灌浆。

2. 操作步骤　抽穗到乳熟期需水较多，适宜的土壤水分可延长叶片功能期，防止早衰，促进籽粒形成和灌浆，干旱时应进行浇水，以增粒、增重。田间积水时应及时排水。

（三）去雄

1. 具体要求　在玉米雄穗刚刚抽出能用手握住时，进行去雄。

2. 操作步骤　采取隔行或隔株去雄的方法。去雄时，一手握住植株，一手握住雄穗顶端往上拔，要尽量不伤叶片、不折秆。同一地块，当雄穗抽出1/3时，即可开始去雄，待大部分雄穗已经抽出时，再去雄1～2次。

3. 相关知识　玉米去雄是一项简单易行的增产措施，一般可增产4％～14％。每株玉米雄穗可产生1 500万～3 000万个花粉粒。对授粉而言，一株玉米的雄穗至少可满足3～6株玉米果穗花丝受粉的需要。花粉粒从形成到成熟需要大量的营养物质，为了减少植株营养物质的消耗，使之集中于雌穗发育，可在玉米抽雄穗始期（雄穗刚露出顶叶，尚未散粉之前），及时地隔行去雄，能够增加果穗穗长和穗重，提高双穗率，同时降低植株高度，改善田间通风透光条件，提高光合生产率，因而使籽粒饱满，产量提高。

4. 注意事项　去雄不要拔掉顶叶，以免引起减产。去雄株数不宜超过1/2。边行2～3垄和间作地块不宜去雄，以免花粉量不足，影响授粉；高温、干旱或阴雨天较长时，不宜去雄；植株生育不整齐或缺株严重地块不宜去雄，以免影响授粉。

（四）人工辅助授粉

1. 具体要求　在玉米散粉期，如遇花粉数量不足，可及时进行人工辅助授粉。

2. 操作步骤 人工辅助授粉一般在雄穗开花盛期，选择晴朗的微风天气，在上午露水干后进行。隔天进行 1 次，3～4 次即可。可采用摇株法或拉绳法授粉，也可用授粉器授粉。

3. 相关知识 正常情况下，一般靠玉米天然传粉即可满足雌穗授粉的需要，但在干旱、高温或阴雨等不良条件影响下，雄穗产生的花粉生命力低、寿命短，或雌、雄花开花间隔时间太长，影响授粉受精和结实。此外，植株生长不整齐，发育较晚的植株雌穗吐丝时，花粉量不足，也会影响结实。因此，人工辅助授粉可保证受精良好，减少秃尖、缺粒。

（五）扒皮晾晒

1. 具体要求 在玉米蜡熟中期进行。

2. 操作步骤 将苞叶扒开，使果穗籽粒全部露出。扒皮晾晒的适宜时期是玉米蜡熟中期，籽粒形成硬盖以后。过早扒皮影响穗内的营养转化，对产量影响较大；过晚扒皮，则脱水时间短，起不到短期内降低含水量的作用。

3. 相关知识 站秆扒皮晾晒，可以加速果穗和籽粒水分散失，是一项促进早熟的有效措施。

4. 注意事项 扒皮晾晒时应注意不要将穗柄折断，玉米螟危害较重、穗柄较脆的品种更要注意。

【拓展阅读 1】

玉米需水规律

1. 播种至拔节 此期土壤水分状况对出苗及幼苗长势有重要作用。此阶段耗水量约占总耗水量的 18%。虽然该阶段耗水较少，但春播区早春干旱多风，不易保墒。夏播区气温高、蒸发量大、易跑墒。土壤墒情不足会导致出苗困难，苗数不足。水分过多，则易造成种子霉烂，影响正常发芽出苗。

2. 拔节至吐丝期 此阶段植株生长速度加快，生长量急剧增加。此期气温高，叶面蒸腾作用强烈，生理代谢活动旺盛，耗水量显著增加，约占总耗水量的 38%。

大喇叭口期是决定有效穗数、受精花数的关键时期，是玉米的水分临界期。水分不足会引起小花大量退化和花粉粒发育不健全，从而降低穗粒数。抽雄开花时干旱易造成授粉不良，影响结实率，有时造成雄穗抽出困难，俗称"卡脖旱"，严重影响产量。因此，满足玉米大喇叭口期至抽穗开花期对土壤水分的要求，对增产相当重要。

3. 吐丝至灌浆期 此阶段水分条件对籽粒库容量大小、籽粒败育数量及籽粒饱满程度都有影响。此期同化面积仍较大，耗水强度也较高，阶段耗水量占总耗水量的 32% 左右。在该阶段应保证土壤水分相对充足，为植株制造有机物质并顺利向籽粒运输，为实现高产创造条件。

4. 灌浆至成熟期 此阶段耗水较少，但玉米叶面积指数仍较高，光合作用也比较旺盛，阶段耗水量占总耗水量的 10%～30%。生育后期适当保持土壤湿润状态，有利于防止植株早衰、延长灌浆持续期，同时也可提高灌浆强度、增加粒重。

【拓展阅读 2】

玉米的倒伏及其预防

玉米倒伏可分为茎倒伏、根倒伏和茎倒折 3 种，但不论何种倒伏都会对产量造成不同程度的影响。现将倒伏原因及预防措施介绍如下。

（一）玉米倒伏的原因

1. 种植密度过大　种植密度过大时，群体内部通风透光不良，植株茎秆发育纤细、脆弱，株高增加，穗位升高，植株重心上移，使抗倒能力下降。一旦出现大风天气，就会造成倒伏或倒折。

2. 施肥、灌水不合理　如氮、磷、钾三要素配合不当、机械组织发育不良、苗期受涝、拔节前后肥水攻得过急或中、后期灌水后遇大风等。

3. 品种特性　不同玉米品种在株高、穗位高度、根系发达程度、茎秆粗度和机械强度等方面都存在一定的差异，因而抗倒能力也有所不同。一般来讲，株高较矮、穗位较低、根系发达、茎秆粗壮且坚韧的品种抗倒能力较强。

4. 田间管理不当　如中期培土不及时，耕翻质量差，以至根系发育不良；或者因耕翻过深，土壤被雨水浸泡松软等。

5. 病虫危害　茎腐病可使茎秆组织变得软弱甚至腐烂，造成茎秆倒折；玉米螟常常会钻到茎秆内部，蛀空茎秆，一旦遇到大风天气，就有可能造成茎秆倒折。

（二）防止玉米倒伏的措施

1. 选用抗倒能力强的品种　这是预防倒伏的一种简便而有效的办法。在生产上应尽量选用株高较矮、穗位较低、根系发达、茎秆粗壮且坚韧的品种。

2. 选择宽窄行种植模式　种植形式为宽行80cm、窄行40cm、亩留苗4 500株左右，这样有利于通风透光，对防止玉米倒伏有一定作用。

3. 合理施肥　不要只施用氮肥和磷肥，要注意施用钾肥，做到氮、磷、钾肥配合施用。

4. 合理灌溉　在保证不发生干旱危害的前提下，拔节期以前尽量不要浇水，以免基部节间过度伸长；大喇叭口期，茎基部节间已经停止伸长，又正值支持根大量发生，此时浇水可以有效地防止倒伏的发生。

5. 防治病虫害　在大喇叭口期可以用1.5%的辛硫磷颗粒剂灌心，防治玉米螟；对于茎腐病可以选用一些抗病能力较强的品种来加以预防。

（三）玉米倒伏后的管理技术

玉米倒伏后应及时采取有力措施，尽量减少损失。

1. 人工扶直　拔节前后的倒伏，因植株自身有恢复直立能力，不影响将来正常授粉，可以不用人工扶起。抽雄授粉前后的倒伏，此时植株高大，倒后株间相互叠压，难以恢复直立，不仅直接影响正常授粉，还影响到光合作用进行，必须人工扶直。玉米倒伏后应尽快扶直并在基部培土，扶直时要防止折断和增加根伤，应设法随倒随扶，如果拖延不但难以扶起，也会增加损失。

2. 加强肥水管理　倒伏的玉米由于光合能力差，生理机能受到干扰，影响灌浆结实。对只追一次肥的田块，可再追一次肥，或是扶起后喷施0.2%～0.3%磷酸二氢钾溶液等速效叶面肥，以补充营养，促进根生长。

3. 防治病虫害　玉米倒伏后，往往易发生病虫害。叶部病害如玉米大斑病、玉米小斑病、褐斑病等，发病初期可用50%多菌灵可湿性粉剂500倍液喷施，能有效防治病害的发生和蔓延。适时防治玉米螟，特别是第三代玉米螟。

>>> 任务五　玉米收获与贮藏 <<<

（一）玉米测产技术

1. 具体要求　根据玉米的产量构成因素，估测出玉米产量。

2. 操作步骤　采用对角线五点取样法，分别选取代表性样点，四周样点距地边要有一定距离，以避免边际效应。

（1）每公顷株数。在每个样点测 10 行的距离，求平均行距；测 50～100 株的距离，求平均株距。

$$每公顷株数 = \frac{10\,000 m^2}{平均行距（m）\times 平均株距（m）}$$

（2）单株穗数。在每个样点数 50～100 株玉米，再数其所结果穗数，计算单株穗数。

（3）平均每穗粒数。在每个样点选取 10 个代表性果穗，数取每个果穗的穗粒数，然后相加求和再除以 10，计算平均每穗粒数。

（4）千粒重。将所脱籽粒混匀，随机选取 1 000 粒籽粒，烘干称量或根据品种的常年千粒重平均值（g）估算。

（5）计算每公顷产量。

$$每公顷产量（kg）= \frac{每公顷株数 \times 单株穗数 \times 平均每穗粒数 \times 千粒重（g）}{1\,000 \times 1\,000}$$

3. 相关知识　玉米的产量构成因素：每公顷株数、单株穗数、平均每穗粒数、千粒重。

4. 注意事项　测每穗粒数时，对于果穗大小相差较大的双穗型玉米，应根据其单株结穗情况分别选取一定比例的大、小果穗，以降低误差。

（二）适时收获

1. 具体要求　适时收获，提高品质，减少产量损失。

2. 操作步骤　食用玉米一般以完熟期收获为宜。表现为穗苞叶松散，籽粒内含物已完全硬化，指甲不易掐破。籽粒表面具有鲜明的光泽，靠近胚的基部出现黑层，整个植株呈现黄色。

种子田玉米要在蜡熟末期收获。此时种子已具有较高的发芽能力，干物质积累最多，早收有利于籽粒干燥，提高种子质量。

饲用青贮玉米宜在乳熟末期至蜡熟初期收获，此时全株的营养物质含量最高，植株含水量在 75% 左右，适于青贮。

玉米收获方法有人工收获和机械收获两种。机械收获能一次完成割秆、摘穗、切碎茎叶及抛撒还田等工序。

3. 相关知识　玉米适宜收获的时期，必须根据品种特性、成熟特征、栽培要求等掌握。黑层是玉米籽粒尖冠处的几层细胞，在玉米接近成熟时皱缩变黑而形成的。黑层的出现是玉米生理成熟的标志。黑层形成后，胚乳基部的输导细胞被破坏，运输机能终止，即籽粒灌浆停止。

（三）安全贮藏

1. 具体要求　为使玉米安全贮藏，首先要对玉米进行干燥处理，使籽粒含水量降到 13% 以下。

2. 操作步骤　粒用玉米的干燥方法有两种，一种是带穗贮藏于苞米楼（架）上，另一种是脱粒在场院晾晒或用烘干机在 60℃下烘干。种用玉米应拴吊晾晒，至种子水分下降到 16%以下时，带穗挂藏于通风仓库，种子水分可继续下降到 13%以下，故能安全越冬。如果种子水分较大，可在室内升温并保持 40℃，定时通风排湿，经 60～80h，种子水分可下降到 13%左右，这时即可停止加温，种子便可安全贮藏。

3. 相关知识　13%是玉米种子安全贮藏时的标准含水量。如果高于 13%，由于籽粒中有部分游离水，籽粒仍在旺盛呼吸，消耗籽粒内营养物质，降低发芽率。呼吸产生的热量，使有害微生物繁殖侵染，籽粒霉烂，失去使用价值。所以要特别注意种子的贮藏保管。

>>> 任务六　岗位技能训练 <<<

技能训练 1　玉米种子净度的测定

(一) 目的要求

通过玉米种子净度的测定，了解种子夹杂物的情况，以便清除杂质和进一步精选种子。

(二) 材料及用具

当地玉米种子，电子天平、直尺、毛刷、镊子、盛种容器等。

(三) 内容及操作步骤

(1) 提取测定样品。用四分法从玉米种子中分取 2 份样品，分别编号 1 和 2，并称其质量。然后 1 号和 2 号两份试样均采取以下操作：将玉米种子倒在清洁的桌子或玻璃板上，将种子混合均匀铺平，铺成正方形；大粒种子不超过 10cm，小粒种子不超过 3cm，然后用直尺沿对角线把种子分成 4 个三角形，拨去对顶的 2 个三角形；把剩下的 2 个三角形区域内的种子拨到一起混合均匀，继续按上法，反复分样，直至种子减少至所需质量为止。

(2) 区分各成分。将测定样品倒在玻璃板上，把纯净种子、废种子和夹杂物分开，2 份测定样品的同类成分不得混杂。

(3) 称量。分别称取纯净种子、废种子和夹杂物的质量，填入净度分析记录表。

(4) 检验样品误差。纯净种子、废种子和夹杂物质量之和与样品质量之间的差值百分率不大于 5%。

(5) 计算测定结果（分别计算两个重复种子的净度，并求两者平均净度）。计算公式如下：

$$净度 = \frac{纯净种子质量}{纯净种子质量 + 废植物种子质量 + 夹杂物质量} \times 100\%$$

(6) 确定种子净度。

(7) 将种子净度分析情况填入表Ⅱ-3-1。

表Ⅱ-3-1　种子净度分析

品号	样品质量 (g)	纯净种子质量 (g)	废种子质量 (g)	夹杂物质量 (g)	总质量 (g)	净度 (%)	
1							
2							
检验 1 实际差距 (%)			容许差距			平均净度 (%)	
检验 2 实际差距 (%)							

（四）注意事项

在进行四分法取样时，从混合样品中分取送检样品时，拨到一边多余的种子，最后要送回仓库；从检测样品中提取测定样品时所剩下的种子要装回原容器，以备再用。

（五）实训报告

（1）简述玉米种子净度测定的操作规程。

（2）根据实训过程的测量数据，填写玉米种子净度分析表。

技能训练 2　玉米出叶动态观察记载

（一）目的要求

了解玉米出叶速度，掌握观察个体出叶的方法。

（二）材料及用具

正常生长的玉米田植株、吊牌、号码章（或套圈）、记载表、铅笔等。

（三）内容及操作步骤

（1）利用课余时间，每 2 人 1 组，选定生长正常的 5 株玉米进行系统观察和记载。

（2）出叶动态观察。从出苗到抽雄，对每片叶的出生期和定型期分别记载，并用号码章（或套圈）标记叶龄（可从 4 叶期开始）。

（四）实训报告

（1）根据玉米出叶观察记载数据，总结玉米出叶规律。

（2）根据玉米出叶规律，简述玉米出叶过程田间肥水管理要点。

技能训练 3　玉米空秆、倒伏、缺粒现象调查

（一）目的要求

掌握玉米空秆、倒伏、缺粒现象的调查方法，能够分析玉米空秆、倒伏、缺粒形成的原因，并提出防治措施。

（二）材料及用具

玉米生产田、米尺、计算器等。

（三）内容及操作步骤

1. 空秆、倒伏、缺粒调查　按对角线取 5 个样点（可依地块大小、生长整齐度灵活增减），每点连续选取 50 株有代表性的植株，进行以下项目调查。

（1）空秆率。记载空秆数，计算空秆率。

（2）倒伏株率。记载倒伏株数并计算倒伏株率。

（3）缺粒穗率。调查记载有效穗数及秃尖缺粒穗数，计算秃尖缺粒穗占有效穗的百分数即缺粒穗率。

2. 空秆、倒伏、缺粒原因分析

（1）空秆原因分析。

种植密度方面：密度大小，植株分布的均匀程度，株间荫蔽程度等。

地力及施肥情况：地力强弱，施肥种类、数量、时期、方法等。

气候条件：雨量多少与分布，排灌情况。

植株生长状况：植株高矮、生长壮弱及整齐程度，有无徒长和缺肥现象等。

病虫害发生情况：有无病虫害及病虫害危害程度等。

品种特性及种子纯度：品种特性及种子质量等。

（2）倒伏原因分析。

品种特性：品种是否具有抗倒伏特性。

种植密度大小及植株分布均匀程度：密度是否合理，植株分布是否均匀。

施肥浇水情况：营养元素的搭配，施肥时间、方法、数量、种类等，浇水时间及数量。

病虫害发生情况：病虫害发生种类及危害程度等。

整地质量：是否按规范要求整地。

气候条件：雨量多少及分布，是否遭受风雨袭击等。

（3）缺粒原因分析。

品种遗传因素：品种是否有遗传缺陷。

环境条件：开花结实期气温、风力、雨量、日照、空气相对湿度、土壤水分状况及营养条件等。

开花授粉情况：雌、雄花开花期是否协调，散粉、吐丝情况是否正常。

栽培管理：肥水管理、病虫害防治、植株生长整齐度等。

（四）实训报告

（1）设计表格，将调查结果按照项目类别填入表中。

（2）针对调查田块的情况，分析造成空秆、倒伏、缺粒的原因。

（3）撰写一篇 300 字左右的文字材料，简述防治玉米空秆、倒伏、缺粒的措施。

技能训练 4　玉米看苗诊断技术

一、苗期看苗诊断技术

（一）目的要求

根据幼苗田间长势情况，诊断苗情。

（二）材料及用具

玉米生产田、米尺、计算器等。

（三）内容及操作步骤

在出苗至拔节期按以下项目进行考查。

（1）株高（cm）。

（2）茎基部宽度（cm）。

（3）叶片与叶鞘长度比。

（4）叶色。浓绿、绿、黄绿。

幼苗期丰产长相是叶片宽大，叶色浓绿，根深，茎基较扁，生长健壮。

（四）实训报告

设计表格，记载玉米在出苗至拔节期的测量项目，完成苗情诊断结论。

二、穗期看苗诊断技术

(一)目的要求

根据穗期田间长势情况,诊断苗情。

(二)材料及用具

玉米生产田、米尺、计算器等。

(三)内容及操作步骤

分别在拔节期、大喇叭口期调查测量下列项目。

(1)次生根数,每层根数。

(2)株高(cm)。

(3)可见叶数。

(4)叶色。浓绿、绿、黄绿。

(5)长势。壮株、弱株、徒长株数。

(6)叶面积指数。测定叶面积,计算叶面积指数。抽雄时叶面积指数应为3.5~4.0。

(7)鲜重(g)。测定3株求平均值。

穗期丰产长相是植株挺健,茎节短粗,叶片宽厚,叶缘呈波浪状,叶色深绿,支持根发达,群体整齐一致,雌、雄穗发育良好。

(四)实训报告

设计表格,记载玉米在拔节期、大喇叭口期的测量项目,完成穗期诊断结论。

三、花粒期看苗诊断技术

(一)目的要求

根据花粒期田间长势情况,诊断苗情。

(二)材料及用具

玉米生产田、米尺、计算器等。

(三)内容及操作步骤

在花粒期调查测量下列项目。

(1)株高(cm)。

(2)总叶数。

(3)绿色叶片数。

(4)叶面积指数。测定叶面积,计算叶面积指数。成熟时叶面积指数应保持在2.5左右。

(5)鲜重(g)。测定3株求平均值。

花粒期丰产长相是全株保持较多的绿叶,授粉良好,穗大粒多,籽实饱满,群体整齐,生长健壮,不旺长,不早衰。

(四)实训报告

设计表格,记载花粒期的测量项目,完成花粒期诊断结论。

技能训练 5 玉米考种技术

（一）目的要求

通过室内考种分析不同条件下的合理产量结构，争取穗大、粒多、粒重，促进高产。了解玉米室内考种的基本方法。

（二）材料及用具

托盘天平、电子天平、大田玉米、尼龙种子袋、标签、吊牌、号码章（或套圈）、记载表、铅笔等。

（三）内容及操作步骤

（1）在玉米收获后，每小区选取代表性穗子 20 穗，装入尼龙种子袋中，写好标签，标签内容包括采种人姓名、作物名称、品种、收获日期，然后带回室内风干。

（2）果穗风干后，进行玉米考种，结果填入表Ⅱ-3-2。

表Ⅱ-3-2 玉米室内考种数据

穗号	穗长	穗行数	行粒数	穗粗	秃尖程度	穗重	穗粒重	出籽率	千粒重
1									
2									
……									
19									
20									
平均									

先测定穗长、穗粗、穗行数、行粒数、秃尖程度、穗重。然后把所测穗脱粒，称穗粒重，并计算出籽率，出籽率＝穗粒重/穗重。

千粒重测定时，把 20 穗已脱粒的玉米种子混合，数 100 粒称量，一般重复 3 次，取其数值较为接近的 2 次计算平均数，换算成千粒重。

（3）单位面积产量。

$$单位面积产量＝单位面积穗数×穗粒数×粒重$$

（四）实训报告

（1）根据玉米考种结果计算玉米理论经济产量。

（2）试分析玉米产量形成的影响因素。

【拓展阅读】

玉米全程机械化生产技术

玉米全程机械化生产技术包括播前整地、播种、灌溉、中耕、植保、收获等环节。其中播前整地、灌溉、中耕、植保可采用通用机械作业，制约玉米生产机械化作业的主要环节是播种、收获。

（一）选地整地

应选择土质肥沃，灌排水良好的地块。在地势平坦的地方，可按照保护性耕作技术要点和操作规程实施免耕播种，或利用圆盘耙、旋耕机等机具实施浅耙或浅旋。适用深松技术的地方可采用深松技术，一般深松深度 25～28cm。在山区小片田地，可使用微耕机耕整。

（二）播种

1. 选种 为适应玉米机械化生产，应尽量选择耐密植品种，并在播种前进行种子精选，去除破损粒、病粒和杂粒，提高种子质量，有条件的还可用药剂拌种，其对防治地下害虫、苗期害虫和玉米丝黑穗病的效果较好。

2. 机播 直播玉米主要采用的是玉米精少量播种机械，建议使用播种、施肥、喷洒除草剂等多道工序可一次完成的播种机。播种时应根据土壤墒情及气候状况确定播深，适宜播深 3～5cm。玉米行距的调节主要考虑当地种植规格和管理需要，还要考虑玉米联合收获机的适应行距要求，如一般的悬挂式玉米联合收获机所要求的种植行距为 55～77cm（规范垄距 60～65cm 最佳）。还可采用免耕直播技术，在小麦收割后的田间用玉米直播机直接播种，可保证苗齐、苗全，实现节本增效。

（三）中耕追肥

根据地表杂草及土壤墒情适时中耕，一般中耕 2～3 次，主要目的是松土、采墒、除草、追肥、开沟、培土。第一次中耕在玉米齐苗、作物显行后进行，以不拉沟、不埋苗为宜，护苗带宽 10～12cm；为此，必须严格控制车速，一般为慢速。第二、第三次中耕护苗带依次加宽，一般为 12～14cm。中耕深度依次加深，第一遍 12～14cm，第二遍14～16cm，第三遍 16～18cm。中耕施肥可采用分层施肥技术，施肥深度一般在 10～25cm，种床和肥床间距大于 5cm，播后盖严压实。中耕机具一般为微耕机或多行中耕机、中耕追肥机。

（四）玉米病虫草害机械化防控技术

玉米病虫草害机械化防控技术是以机动喷雾机喷施药剂为核心内容的机械化技术。目前，植保机具种类较多，可根据情况选用背负式机动喷雾机、动力喷雾机、喷杆式喷雾机、风送式喷雾机、农用飞机或无人植保机。在玉米播种后芽前喷施乙草胺防治草害；对早播田块在苗期（5 叶期左右）喷施抗蚜威、噻嗪酮等药剂防治灰飞虱、蚜虫，控制病毒病的危害；在玉米生长中、后期施三唑酮等农药，防治玉米大斑病、小斑病。

（五）收获机械化

目前应用较多的玉米联合收获机械有摘穗型和摘穗脱粒型两种。摘穗型分悬挂式玉米联合收割机和小麦联合收割机互换割台型两种，可一次性完成摘穗、集穗、自卸、秸秆还田作业。摘穗脱粒型玉米收割机是在小麦联合收割机的基础上加装玉米收割、脱粒部件，实现全喂入收割玉米，一次性完成脱粒、清洗、集装、自卸、粉碎秸秆等作业。

【信息收集】

通过阅读《作物杂志》《农业科学》《种子科技》《玉米科学》等杂志，或上网浏览与本项目相关的内容，或通过视频、课件等辅助教学手段进一步加深对本项目的理解，同时主动参与玉米播种和田间管理等生产实践，以掌握好关键技术。

【思考题】

1. 玉米一生分几个生育阶段？各有何特点？
2. 玉米的初生根、次生根、支持根各有什么特点？
3. 玉米花粉的生命力与环境条件有何关系？
4. 春玉米、夏玉米的整地方式有何不同？
5. 一般情况下玉米为什么要求适时早播？
6. 如何提高玉米播种质量？
7. 玉米合理密植的原则是什么？当地推广品种的适宜密度是多少？
8. 玉米苗期、穗期、花粒期的栽培目标分别是什么？各有哪些工作要点？

【总结与交流】

考察当地玉米大田生产情况，以玉米穗期田间管理为内容，撰写一篇生产技术指导意见。

项目四

棉 花 生 产 技 术

【学习目标】

了解棉花的起源与分类以及棉花生产状况；了解棉花的一生；了解棉花栽培的生物学基础及产量的形成。

掌握棉花播种技术、育苗移栽技术、田间管理技术及收花技术。

【学习内容】

>>> 任务一　棉花生产基本知识 <<<

一、棉花的起源与分类

棉花的栽培利用历史十分悠久。在印度发现了公元前 2 700 年的纺织品碎块及线段，其原料是亚洲棉。据此，人们认为亚洲棉起源于印度。在美洲发现了公元前 2 500 年的纺织品，其原料是海岛棉。在墨西哥发现，约在 5 500 年前该地区已经存在大铃类型的栽培种——陆地棉。

棉花是世界性的经济作物，其分布范围很广，32°S～47°N 的亚洲、非洲、北美洲、南美洲、欧洲及大洋洲都有棉花的种植，但主要集中分布在 15°N～40°N，以亚洲（占 60%）和北美洲（占 18.4%）为主，其次为南美洲和非洲。

棉花在植物学分类上属于被子植物锦葵科棉属（*Gossypium* L.），为一年生亚灌木，在热带和亚热带也有多年生灌木或小乔木。依据其形态特花、染色体数目和地理分布分为 50 个种。其中栽培种仅 4 个，分别为二倍体栽培种非洲棉（*G. herbaceum*）和亚洲棉（*G. arboreum*），四倍体栽培种陆地棉（*G. hirsutum*）和海岛棉（*G. barbadense*）。

二、棉花生产概况

（一）棉花生产的重要性

棉花是我国重要的经济作物。棉纤维是纺织工业的重要原料和创汇物资；棉籽是重要的食油来源和化工原料，一般脱绒后的棉籽含油率达 22%～25%，脱壳后的棉仁含油率达 35%～45%；棉籽壳是廉价的化工和食用菌原料；棉籽饼是优质的饲料和肥料来源，榨油后的棉仁粉含蛋白质 45%～50%，并含有多种维生素。由此可见，棉花的主、副产品都有较高的利用价值。它既是重要的纤维作物，又是重要的油料作物，还是含高蛋白的粮食作物、精细化工原料和经济药源。因此，努力提高棉花产量和质量，做好综合利用，拉长产业链，不仅可提高棉农收入，也可满足国民经济发展多方面的需要。

（二）世界棉花生产概况

近50年来，世界棉花生产发展很快，但种植面积变化并不大。根据FAO 2014年的统计，世界皮棉产量从1961年的946.6万t增加到2014年的2 615.7万t，增加了1.8倍。而世界棉花种植面积，从1961年的3 186万hm²到2014年的3 290万hm²，增幅不大。因而，棉花产量的提高主要依靠单产的增加。世界五大棉花主产国印度、中国、美国、巴基斯坦和巴西皮棉产量分别为618.8万t、617.8万t、359.3万t、237.4万t和141.2万t，总种植面积始终占全世界的2/3左右，其中印度占世界的25%，中国和美国各占世界的15%。此外，中国单产最高，美国次之，均高于世界平均水平。

原棉消费量中国位于世界第一，原棉出口量较多的国家和地区有美国、乌兹别克斯坦、西非、澳大利亚和希腊，约占世界出口总量的65%，其中美国占20%左右。进口棉花较多的国家和地区有印度尼西亚、墨西哥、土耳其、巴西、朝鲜、中国台湾和俄罗斯等。

（三）我国棉花生产概况

我国宜棉区域辽阔，其范围为18°N～47°N、76°E～124°E，东起辽河流域和长江三角洲，西至新疆塔里木盆地，南自海南省崖县，北抵新疆北部的玛纳斯河流域，东西纵横4 000km以上，南北绵延近3 000km，除西藏、青海、内蒙古、黑龙江、吉林5个省、自治区外，其余省份均可植棉。

我国植棉历史悠久，早在公元前140年至公元前87年即有文字记载。但直到12世纪，我国内地植棉仍属少见，主要集中在西部和南部边沿地区。从13世纪起，才向长江和黄河流域推广。到19世纪末，我国棉花生产不但自给有余，而且开始出口。19世纪末至20世纪中期，我国棉花产业日渐萎缩，纺织工业濒临破产。到20世纪70年代，我国棉花产量始终徘徊在220万t左右，不能满足国内纺织工业需求。进入20世纪80年代，我国棉花生产迅速发展，成为世界第一生产大国。此后，我国棉花生产量维持在450万t左右，徘徊在自给线左右。但20世纪90年代以后，我国棉花消费量显著增加，消费需求极大地刺激了棉花生产，但生产量仍然远远不能满足市场需求，因此我国棉花生产还有巨大的市场潜力。

国家统计局数据显示，自2011年以来我国棉花产量和播种面积持续减少，但单产却稳步增加。2016年我国棉花产量为529.9万t，播种面积为334.5万hm²，平均单产为1 584.41kg/hm²。我国主要产棉省、自治区生产情况为：新疆总产为359万t，播种面积为180.5万hm²；山东总产为54.8万t，播种面积为46.5万hm²；河北总产为30.0万t，播种面积为28.8hm²；湖北总产为18.8万t，播种面积为20.3万hm²；安徽总产为18.4万t，播种面积为18.3万hm²。

三、棉花种植区划

根据我国宜棉区域的不同生态条件和棉花生产特点，将全国棉区由南向北、自东向西依次划分为五大棉区，即华南棉区、长江流域棉区、黄河流域棉区、北部特早熟棉区和西北内陆棉区。通常将前2个称为南方棉区，后3个称为北方棉区。我国棉田面积主要集中在黄河流域棉区、长江流域棉区和西北内陆棉区3个棉区。

（一）华南棉区

该区包括广东、广西、海南、台湾、云南地区的大部，福建、贵州的南部及四川的西昌地区。该区属北热带和南亚热带湿润气候，年降水量1 600～2 000mm，年日照时数1 400～2 600h，≥15℃年积温5 500～9 200℃，无霜期300d至全年无霜。棉花生长季节高温、高湿，病虫害严重，不利于棉花产量和品质的提高。目前只有零星种植。

（二）长江流域棉区

该区包括四川、湖北、湖南、江西、上海、浙江全部，陕西汉中，河南西南部，江苏、安徽淮河以南地区，福建、贵州北部。本区属亚热带湿润气候区，热量条件较好，4—10月平均温度21～24℃，≥15℃年积温4 000～5 500℃，无霜期220～300d，年降水量800～1 200mm，年日照时数1 200～2 400h，春季和秋季多阴雨，常有伏旱。土壤在平原地区以潮土和水稻土为主，肥力较好；丘陵棉田多为酸性的红壤、黄棕壤，肥力较差；沿海有大片盐碱土。该区域棉田种植集约化和规范化程度较高，产量潜力大。早在20世纪60年代棉田就有一熟改革为两熟种植，形成麦—棉、油（菜）—棉和（蚕）豆—棉套作两熟种植制度，复种指数达167%；到80年代后期，又形成麦—菜—棉、油—菜—棉和豆—菜—棉一年三熟、四熟的间套作种植模式；90年代又在研究示范粮—饲—棉一年三熟种植的新模式，这对提高棉田综合效益，缓解粮、饲、棉争地矛盾，稳定高产地区棉田面积起到积极作用。

（三）黄河流域棉区

该区包括江苏、安徽淮河以北地区，河南中北部，山东，河北，陕西关中，山西南部，北京，天津，甘肃南部。本区属暖温带半湿润季风气候区，棉花生长期间（4—10月）月平均温度19～22℃，≥15℃年积温3 500～4 000℃，无霜期180～230d，年降水量500～800mm，年日照时数2 200～2 900h。春、秋季日照充足，水热条件适中，有利于棉花生长和吐絮。降水集中在7—8月，常有春季初夏连旱，播前需重视贮水灌溉。秋季降温较快不利于秋桃成熟和纤维发育。土壤以壤质的潮土为主，海河平原地势低，滨海地带盐碱地较多，大多数土壤适于植棉。本区域棉田耕作制度，20世纪70—80年代，以一熟种植为主，实行冬季休闲与棉花轮作制；80—90年代，主要实行粮—粮两熟与粮—棉两熟轮作制，一熟棉区仍实行冬季休闲与棉花轮作制。近几年多实行棉花在冬、春季节套（间）作蔬菜和瓜果类，在海河低平原和滨海地区发展冬小麦、牧草与棉花套作的新模式。黄土高原亚区棉—麦两熟也有一定发展，受生产条件和水热资源的制约，种植面积不稳定。

（四）北部特早熟棉区

该区包括辽宁、山西中部，河北北部，陕西北部，甘肃东部部分地区。本区地处中温带和暖温带交接地带。年降水量400～800mm，年日照时数2 400～2 900h，≥15℃年积温2 600～3 100℃，无霜期165～180d。春季干旱多风，夏季雨量较集中，秋季气温下降迅速，易遭早霜冷害。适宜种植早熟品种。

（五）西北内陆棉区

该区包括新疆及甘肃的河西走廊地区。该区属中温带和暖温带大陆性干旱气候区，年降水量不足200mm，全靠灌溉植棉，日照充足，年日照时数高达2 700～3 300h，≥15℃年积温2 500～4 900℃，昼夜温差大，有利于高产、优质棉花生产。土壤以灰漠土和棕漠土为主，均有不同程度的盐渍化，并呈强碱性反应，肥力较低。该区划分为3个亚区，即东疆亚区、南疆亚区和河西走廊-北疆亚区。按热量条件，吐鲁番盆地（≥10℃年积温

4 000～4 500℃）适于种植中熟海岛棉，南疆（≥10℃年积温 4 000℃以上）适于种植中早熟陆地棉和发展一部分中早熟海岛棉，北疆（≥10℃年积温 3 450～3 600℃）适于种植短季陆地棉。

四、棉花的一生

（一）棉花的生育期

棉花的一生从种子萌发开始到种子形成结束。一般把棉花从播种到收获结束所需的天数称为大田生长期，或称全生育期。把棉花从出苗到吐絮所需的天数称为生育期。生育期的长短是鉴别棉花品种属性的主要依据。一般生产上将生育期 120d 以下的棉花品种称早熟品种，120～140d 的为中熟品种，140d 以上的为晚熟品种。

（二）棉花的生育时期

在棉花整个生育期中，依据各器官建成的顺序和形态特征，划分为 4 个主要生育时期。棉花的生育时期常作为试验调查记载的基本项目，反映了棉花生育的速度和程度，各时期都有相应的基本标准。

1. 出苗期 棉苗出土后，两片子叶平展为出苗，全田（区）出苗达 50% 的日期为出苗期。

2. 现蕾期 棉株第一果枝出现直径 3mm 大小的幼蕾为现蕾，全田（区）50% 棉株现蕾的日期为现蕾期。全部棉株第四果枝现蕾的日期为盛蕾期。

3. 开花期 棉株第一朵花花冠开放为开花，全田（区）50% 棉株开第一朵花为开花期。全部棉株第四果枝开花的日期为盛花期。

4. 吐絮期 棉株第一棉铃的铃壳正常开裂见絮为吐絮，全田（区）50% 棉株吐絮为吐絮期。

（三）棉花的生育阶段

因为栽培管理的需要，一般将棉花前一生育时期和后一生育时期所间隔的时间划分为一个生育阶段。棉花的一生共划分为 5 个生育阶段，即播种出苗期、苗期、蕾期、花铃期和吐絮期。生产上一般根据各阶段的生长发育特点进行田间管理，各生育阶段经历的时间与品种熟性、气候特点和栽培条件有密切关系。

以直播中熟陆地棉品种为例，将生育时期和生育阶段划分归纳如图Ⅱ-4-1所示。

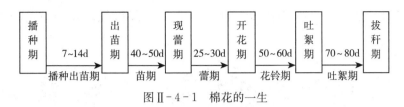

图Ⅱ-4-1 棉花的一生

五、棉花的生育特性

1. 无限生长习性，株型可塑性强 无限生长习性指棉花生长发育过程中，只要有适宜的温度和光照条件，植株就可以不断进行纵向和横向生长，增加果枝，增生果节，现蕾、开花和结铃，生长期不断延长。棉花的株型具有较强的可塑性，棉株的大小、群体的长势长相等都受环境条件和栽培措施的影响而发生变化。因此，生产上要采取延长棉花生长时间的技术（如地膜覆盖、间套作、育苗移栽等），充分发挥棉花无限生长的特点，同时塑造合理的株型，以便夺取高产。

2. 适应性广，再生能力强、结铃具有自动调节功能 棉花根系发达，吸收肥水能力强，种植遍及各地，从海拔 1 000m 以上的高地，到低于海平面的洼地，从黄壤、红壤到旱、薄、盐碱地等，均有一定的适应能力。棉花的地上部、地下部都有较强的再生习性，因此表现出良好的抗灾能力；地上部分的再生性主要是棉花叶片中有潜伏的腋芽和茎秆，有较强的愈伤能力，地下部分的再生性表现为根系有很强的再生能力。所以当棉花地上部受到危害、地下主根受损或移栽断根时，依靠再生性仍能现蕾、开花和结铃，获得一定的产量。此外，棉株结铃也具有很强的时空调节补偿能力，前、中期脱落结铃少时，后期结铃就会增多；内围脱落多、结铃少的棉株，外围结铃就会增多；反之亦然。

3. 喜温好光性 棉花是喜温作物，其生长起点温度在 10℃ 以上，最适温度为 25～30℃，高于 40℃ 各器官组织将受到损伤。在适宜的温度范围内，其生育进程随温度的升高而加快。同时，完成其生长发育还需要一定的积温。早熟陆地棉品种所需积温为 2 900～3 100℃，中早熟陆地棉品种为 3 200～3 400℃。棉花是喜光作物，棉花单叶的光补偿点为 1 000～1 200lx，光饱和点为 7 万～8 万 lx。棉花产量潜力及纤维品质优劣与当地太阳辐射强度、全年日照时数及日照百分率密切相关。

4. 营养生长与生殖生长并进时间长 棉花从现蕾开始进入生殖生长，而从现蕾至吐絮期间，棉花既进行根、茎、叶等营养器官的生长，又有现蕾、开花、结铃等生殖器官的发育，营养生长与生殖生长并进时间达 70～80d，约占整个生育期的 4/5。生产上要采取适当的措施，使营养生长与生殖生长协调发展，否则会出现徒长或早衰。只有两者协调并进，才能实现早发、稳长、早熟、不早衰，获得棉花生产的优质高产。

六、棉花的器官建成

（一）根

棉花根系由主根、侧根、支根和根毛组成。主根向下伸长，四周分生侧根，侧根上生支根，支根上再生小支根，根的尖端分生许多根毛，这样形成一个上大下小的圆锥根系。一株棉花的根系质量占全株质量的 10% 左右。

由于生长环境的差异，露地直播、地膜覆盖和育苗移栽棉花根系的形态也不一样（图Ⅱ-4-2）。

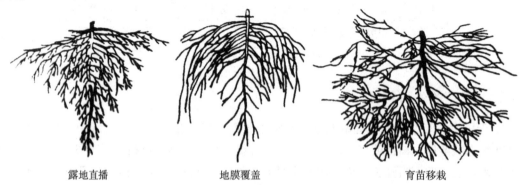

露地直播　　　　　　　地膜覆盖　　　　　　　育苗移栽

图Ⅱ-4-2　棉花的根系

（李振陆，2001，农作物生产技术）

棉花是深根作物，比较耐旱。棉花主根入土可达 2m 深左右，侧根横向伸长可达 1m 左右，但大部分根系分布在 30cm 的耕作层内。

根系在苗期生长快，以生长主根为主，现蕾后，主根生长速度减慢，侧根生长速度加快，到开花期根系基本建成。开花后，主根和侧根生长都缓慢，直到吐絮，只要条件适宜，根系还可不断增长。

棉花根系受到损伤后有再生能力，棉苗越小再生能力越强，到开花结铃后显著减弱，这一特点给棉田中耕及育苗移栽提供了依据。

棉花根系吸收养分和水分供地上部器官生长，因而根系生长的好坏，直接影响地上部的生育和产量。所以，要增加棉花产量，必须在生长前期培育一个强大的根系。

（二）茎和分枝

棉花的主茎是由胚轴伸长、顶芽生长点不断向上生长和分化而形成的。胚轴伸长形成子叶节下面的一段主茎，顶芽生长点向上生长和分化形成子叶节以上的一段主茎。主茎生长一方面靠节数的增加，一方面靠节间的延长。生产上要求棉株节数增加快些，节间延长慢些，这样棉株节多、节间短、株型紧凑。株高以子叶节到顶芽的长度来表示，其日增长量是鉴别棉花生长快慢的重要标志，是看苗诊断的主要指标。

棉花分枝有果枝和叶枝两种：直接着生蕾铃的，称为果枝；不能直接现蕾结铃，需要再生果枝后才能着生蕾铃的，称为叶枝或营养枝（图Ⅱ-4-3）。

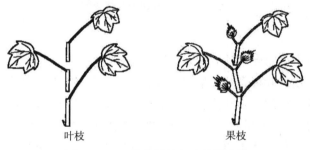

叶枝　　　　　　　　果枝

图Ⅱ-4-3　棉花果枝与叶枝的比较

一般棉株基部第一至第二节的腋芽不发育，呈潜伏状态，第三至第五节的腋芽发育为叶枝，第五节以上各节的腋芽发育为果枝，但有时也有出现少量叶枝的可能。叶枝上长出的果枝，一般开花晚，结铃迟，不能正常吐絮。因此，生产上通常在初蕾期将叶枝去掉，以减少养分消耗，促进果枝发育。为了正确地去叶枝，必须掌握果枝与叶枝的区别标志（表Ⅱ-4-1）。

表Ⅱ-4-1　棉花果枝与叶枝的区别

区别项	果枝	叶枝
发生部位	一般在主茎中、上部各节	一般在主茎下部几节
蕾铃着生方式	直接现蕾、开花、结铃	间接结铃（在二级果枝上结铃）
枝条形态	枝条曲折（合轴分枝）	枝条较直（单轴分枝）
与主茎夹角	夹角大，几乎成直角	夹角小，成锐角
叶的着生方向	左右对生	呈螺旋形排列

棉花果枝节数因品种而不同，可分为多节果枝、一节果枝和零式果枝 3 种。果枝只有一个节，顶端丛生几个蕾铃，称为一节果枝，也称有限果枝。蕾铃直接着生在叶腋内称无果枝类型或零式果枝。果枝有数节的称为多节果枝或无限果枝。多节果枝又可分为：果枝节间长度为 2～5cm 的紧凑型果枝；果枝节间长度为 5～10cm 的较紧凑型果枝；果枝节间长度为 10～15cm 的较松散型果枝；果枝节间长度为 15cm 以上的松散型果枝（图Ⅱ-4-4）。

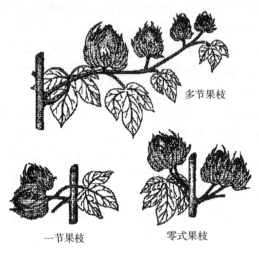

图Ⅱ-4-4 棉花的果枝类型

（三）叶

棉花叶分子叶、真叶及先出叶 3 种。陆地棉的子叶呈肾形，对生在子叶节上，棉苗出土后首先展开。以后长出的叶称真叶，第一、第二片真叶全缘，第三片真叶有 3 个尖，到第五片真叶才有明显的 5 个裂片。真叶分主茎叶和果枝叶，为完全叶，包括叶片、叶柄和托叶；叶片为掌状，通常有 3～5 个裂片或更多。先出叶是腋芽萌发后长出的第一片叶，位于枝条基部的左侧或右侧，是每个枝条的第一片叶，叶片很小，大多无叶柄，无托叶，叶形多为披针形或长椭圆形，易脱落。子叶和先出叶均为不完全叶。

棉苗出土后，子叶展开，即能进行光合作用。子叶是第一片真叶出现前棉苗的唯一制造养分的器官。3 叶前，子叶是棉苗生长的营养来源，保护子叶不受伤害，对根系和幼苗生长十分重要。

（四）现蕾与开花

1. 现蕾 当棉株第一果枝上开始出现荞麦粒大小（直径约 3mm）的三角苞时，称为现蕾。第一果枝和蕾的出现，标志着棉株由营养生长进入生殖生长。蕾的形状为三角圆锥体，由 3 片苞叶包着花的其他部分，继续发育就成为花。一般 1 个果枝上可形成 3～7 个蕾。

第一果枝在主茎上的着生节位，称为第一果枝节位。各品种第一果枝节位比较固定，早熟品种节位低，晚熟品种节位高。果枝节位低，可以早现蕾、开花、结铃，有利于获得高产。

棉花现蕾的顺序由下而上、由内向外，以第一果枝节位为中心，呈螺旋曲线由内圈向外圈发生。相邻两果枝相同节位现蕾间隔天数短，一般为 3～5d，称纵向间隔；同一果枝相邻两节现蕾间隔天数较长，一般为 5～7d，称横向间隔。

棉花现蕾速度与温度等条件有一定关系。据研究，第一个花蕾形成需要 19～20℃的日平均温度，温度不够，棉株只停留在营养生长阶段。但是，第一个蕾形成后，如果温度较低，其余蕾仍能继续形成，不过比较缓慢。

2. 开花　棉花的花为完全花，由花梗、花托、花萼、花冠、雄蕊群和雌蕊等几个部分组成，花萼外有苞片（图Ⅱ-4-5）。棉花 5 枚花瓣似倒三角形，基部有无红斑视品种而异。陆地棉花花冠为乳白色，雄蕊 60～90 枚、花丝基部连合成雄蕊管，与花冠基部连接，套在雌蕊花柱较下面的部分。子房有 3～5 个心皮（室、囊），每一心皮有 7～11 粒胚珠。

棉花器官纵切面

图Ⅱ-4-5　棉花花器官结构

（中国农业科学院棉花研究所，1983，中国棉花栽培学）

棉花的开花顺序与现蕾一致。开花前 1d 下午，花冠迅速膨大，伸出苞片，顶端松软，这是第二天要开花的象征。第二天上午 8—10 时开放，温度高开得早些，低则晚些。开花时花冠为乳白色，由于呼吸加强，细胞内酸度增加，当气温较高时，在开花的当天下午即变成粉红色，开始萎蔫；第二天红得更深，一般在第三天呈暗紫色，连同雄蕊管、花柱、柱头自然脱落。

（五）棉铃的发育

棉花开花受精后，花冠脱落留下子房，称为幼铃。幼铃在开花受精后的 10d 左右，直径便长到 2cm 左右，即称成铃（图Ⅱ-4-6）。棉铃属蒴果类型，3～5 室。绿色的铃壳内含有叶绿素，能进行光合作用。随着棉铃的成熟，铃壳表面逐渐由绿色变为红褐色。一般铃壳较薄的品种，开絮较畅，便于手工收摘。

棉铃的发育可分为 3 个阶段。开花受精后 25～30d，是棉铃的体积增大时期，含水量大，组织柔嫩，易受虫害。以后是棉铃的充实时期，内部种子和纤维

图Ⅱ-4-6　棉铃

（李振陆，2001，农作物生产技术）

发育成长，干物质增加。当含水量降到65%～70%，铃壳逐渐变为黄褐色，表明棉铃已经成熟，只待脱水开裂。脱水开裂期，含水量下降到20%左右，铃壳脱水，失去膨压而收缩，使铃壳沿裂缝线开裂。

棉铃大小与结铃部位、品种和环境条件有关，棉铃的大小以单铃籽棉重表示，一般铃重为4～6g。

（六）棉籽的发育

棉籽通常由种皮、胚和胚乳遗迹3部分组成（图Ⅱ-4-7）。棉籽种皮又称籽壳，分外种皮和内种皮。外种皮由表皮、外色素层和无色素细胞层3部分构成。内种皮分栅状细胞层和褐色素层2部分。种皮的坚硬程度主要决定于栅状细胞层的厚度及其木质化程度。子柄端的栅状细胞几乎完全闭合，而合点端的内种皮却只有内色素层而无栅状细胞层。所以棉籽吸水的主要通道在合点端。棉籽的胚由子叶、胚芽、胚根、胚轴4部分组成。胚乳遗迹位于种皮与胚之间，是一层仅1～2个细胞厚的乳白色薄膜。

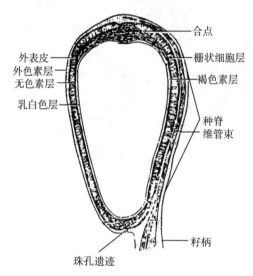

图Ⅱ-4-7　成熟的棉籽纵切面结构

棉籽由受精的胚珠发育而成。一般受精后20～30d，棉籽体积达到应有大小。再经25～30d，胚将胚囊中的胚乳吸收贮存于子叶中，剩下一层膜状胚乳遗迹。此时，胚与子叶充满种子，并具有发芽能力，到吐絮前胚完全成熟。未成熟的胚珠及受精发育不良的种子，即成不孕籽或秕籽，其不但影响产量，而且影响纺纱质量。

轧花后的棉籽外披短绒，称为毛子。短绒颜色多为白色或灰白色。成熟的棉花种子为黑色或棕褐色，壳硬；未成熟棉籽种皮呈红棕色或黄色，壳软。种子的大小常以百粒棉籽质量（g）表示，称籽指。陆地棉的籽指多为9～12g，每千克种子8 000～11 000粒。

（七）棉纤维的发育

棉纤维的生长发育与棉铃和种子同步进行。其发育过程可分为伸长期、加厚期和扭曲期3个时期。所谓伸长期，指胚珠受精后经25～30d，胚珠的表皮细胞可突起伸到最大长度。一般受精后3d内伸长的可发育成长纤维，3d后开始伸长的形成短绒。影响伸长的主要因素是水分。因此，天旱缺墒会使纤维变短，及时浇水会使纤维变长。加厚期指纤维细胞完成伸长后，自初生细胞壁由外向内每天沉积一层纤维素，称为纤维生长日轮。纤维加厚一般从开花后 20～25d 开始，直到吐絮停止，需 25～30d。纤维加厚生长的速度与厚度，随品种与环境条件而变化，其中温度是影响加厚的主要因素。据试验，在 20～30℃范围内，温度越高，加厚越快；若低于 20℃，就会停止加厚生长。后期棉铃的品质差，原因就在于此。扭曲期的每一根纤维是一个单细胞，在裂铃前为圆筒形活细胞，裂铃后失水干燥死亡，变为扁平带状，使纤维形成不规则的天然扭曲，此期一般 3～5d 完成。扭曲多的纤维，纺纱时纤维间抱合力大。

棉籽上着生纤维的多少，常以衣指或衣分表示。衣指即百粒籽棉上纤维的质量（g），陆地棉的衣指一般为 5～7g。衣分即皮棉质量占籽棉质量的百分数。一般棉花的衣分为 35%～40%。籽棉指直接从棉株上采摘，棉纤维没有与棉籽分离，没有经过任何加工的棉花。把棉籽进行轧花，脱离了棉籽的棉纤维称为皮棉。一般情况下，籽棉加工成皮棉的比例约为 10∶3，即每 10 吨籽棉大约可加工成 3 吨皮棉。

七、棉花的蕾铃脱落

棉花的蕾铃脱落是本身的特性，也是生产上存在的普遍现象。在棉花生产中，陆地棉蕾铃脱落率一般为总蕾铃数的 40%～75%。其中生理原因导致的脱落约占总脱落数的 70%，病虫危害引起的脱落占 25%，机械损伤导致的脱落占 5%。掌握棉花蕾铃脱落的规律，了解脱落的原因，采取适宜控制措施，对提高棉花产量有重要意义。

（一）蕾铃脱落的一般规律

蕾铃脱落包括开花前的落蕾和开花后的落铃。一般棉田和施肥较多的棉田，落铃的比例大于落蕾；瘦地、长期干旱或虫害较重的棉田，则落蕾多于落铃。从蕾铃脱落的日期看，蕾铃的脱落从现蕾至开花前都会发生，但大多数发生在现蕾后 10～20d，20d 后的蕾铃除虫害和严重干旱、雨涝引起脱落外，很少有自然脱落；棉铃的脱落主要发生在花后 3～7d 的幼铃，而以开花后 3～5d 最多，花后 8d 以上的棉铃很少脱落。从脱落部位看，一般下部果枝脱落少，中、上部果枝脱落多；靠近主茎内围果节上的蕾铃脱落少，远离主茎外围果节上的脱落多。但在棉株徒长或种植过密的情况下，常出现中、下部蕾铃大量脱落，形成高、大、空株型。

（二）蕾铃脱落的原因

棉花蕾铃脱落的原因是复杂的，受多种因素综合影响。基本上可分为生理脱落、病虫危害和机械损伤。据各地调查，一般棉田生理脱落占 70%，病虫危害占 25%，机械损伤占 5%。

1. 生理脱落 在不良的环境条件影响下，由于棉株某些生理过程的不平衡而引发的蕾铃脱落，称为生理脱落。引起生理脱落的因素很多，主要包括有机营养失调、未受精和激素不平衡等。

（1）有机营养失调。不适宜的环境条件影响，如施肥过多或过少、土壤水分缺乏或土壤水分过多、光照不足、温度过高或过低等，造成棉株生长瘦弱或徒长，使营养生长和生殖生长失去协调，引起棉株体内有机养分不足或分配不当，蕾铃得不到足够的有机养分而脱落。

（2）未受精。棉花子房只有在受精后，才能发育成铃。棉花开花时，如果遇到降雨、高温、高湿等不良环境条件，就会破坏花粉和影响授粉受精过程，致使子房未能受精而脱落。

（3）激素不平衡。棉株体内含有多种激素，一般有生长素、赤霉素、细胞分裂素、脱落酸、乙烯等，它们在蕾铃发育中，起着不同的作用，同时还保持着微妙的动态平衡，只有在棉株体内各种激素保持平衡状态时，蕾铃才能正常发育，一旦平衡状态失衡，便会引起蕾铃脱落。

2. 病虫危害 棉花受病虫危害后能直接或间接引起蕾铃脱落。如棉铃虫、棉金刚钻、斜纹夜蛾等害虫能直接蛀食蕾铃引起脱落；棉蚜、盲椿象、红蜘蛛、造桥虫等害虫能破坏棉叶，影响蕾铃养料的供应而引起脱落；角斑病能侵害茎、叶、蕾和铃，影响光合产物的制造和运输；黄萎病、枯萎病主要侵害棉株的输导组织，不仅造成蕾铃脱落，严重时可使整株死亡。

3. 机械损伤 在进行棉田管理时，尤其是在棉株封行前后，田间管理操作不当，就会碰掉或损伤棉叶和蕾铃。另外，大风、暴雨、冰雹等灾害天气，也会直接或间接造成蕾铃脱落。

（三）增蕾保铃、减少脱落的途径

棉花蕾铃脱落的原因是多方面的，不同类型棉田减少蕾铃脱落的途径也不尽相同。目前还无法有效地防止棉花蕾铃脱落，但可以通过多种途径，采用多种技术措施减少脱落数量，降低脱落率。

1. 水肥调控 通过合理运筹水肥，调节棉花营养生长和生殖生长的关系，充分满足蕾铃发育对水肥的要求，防止因营养不良而导致大量脱落。

2. 整枝去叶 在密度适宜的基础上，通过整枝、去叶改善棉田通风透光条件，减少养分的无效消耗，提高群体有效光合生产率，以减少脱落。高产棉田一般7月底或8月初摘除主茎和叶枝顶心，控制顶端生长优势和营养生长；8月初打边心，控制果枝过分伸长和无效花蕾的生长；8月下旬起可陆续去除棉株下部的空枝、老叶。

3. 化学调控 使用化学药剂或外源激素调控棉花的生长发育，从而达到减少棉花蕾铃脱落的目的。如在生产上，施用甲哌鎓、复硝酚钾、赤霉素等均能有效地减少棉花蕾铃脱落。

4. 田间管理 加强病虫害防治，注意棉田耕作管理，减少机械损伤，都能减少棉花蕾铃脱落。

八、棉花产量的形成及其调控

（一）棉花经济产量的构成

棉花的经济产量是指籽棉或皮棉产量，棉花的经济系数，以籽棉计一般为 $0.35\sim0.40$，高产棉田可达 0.55 左右；以皮棉计为 $0.13\sim0.16$。生产上通常将单位面积的总铃数、平均单铃重、衣分作为构成产量的因素。三因素中，除衣分主要受遗传特性支配而变化较小外，总铃数、铃重都容易受环境的影响，变化较大。皮棉产量的计算公式为：

$$皮棉产量（kg/hm^2）=\frac{总铃数（个/hm^2）\times平均单铃重（g）\times衣分（\%）}{1\,000}$$

1. 单位面积总铃数 单位面积总铃数是构成棉花产量的重要因素，一般变化幅度较大，中、低产条件是限制棉花产量提高的主要因素。高产田每公顷总铃数可达 120 万～135 万个，低产田只有 30 万～45 万个，单位面积总铃数和产量可相差 4～5 倍。因此，提高中、低产棉田产量应主攻单位面积铃数。

一般生产条件下，影响单位面积铃数的因素包括：①土壤肥力。试验证明，对于低肥力棉田，随着施肥量的增加，单位面积总铃数成倍增长，单铃重也有所增加，衣分较稳定；对于中肥力棉田，增施肥料对产量构成因素的影响趋势与低肥棉田基本一致，但超过一定施肥量后增产效果就不明显了。②种植密度与配置。一般情况下，种植密度大时，单株结铃数减少，果节数减少，蕾铃脱落数增加；种植密度小时，果节数增多，脱落减少，单株结铃数增多；但密度过低，总铃数少，产量势必不高。因此，栽培上要合理密植，在保证单位面积总铃数的前提下，充分发挥单株生产潜力，提高群体产量。③水分。在缺水条件下，生物产量低，群体结铃受到影响。

此外，品种、季节、整枝技术、病虫害防治和棉株长势等，都能使单位面积总铃数改变。

2. 单铃重　在单位面积总铃数相同的情况下，铃重是决定籽棉产量的主要因素。在高产栽培条件下，要想提高产量，必须挖掘铃重的潜力。铃重一般根据实测的单铃或百铃籽棉重的克数为标准，陆地棉的单铃重一般为 4～6g，大铃品种为 7～9g，小铃品种为 3～4g。

单铃重除受品种遗传特性影响外，主要受温度与热量条件的影响。棉铃发育的最适温度为 25～30℃。在棉铃发育期间，当 ≥15℃ 的活动积温在 1 300～1 500℃ 时，棉铃可以正常开裂吐絮；≥15℃ 的活动积温少于 1 100℃ 时，大部分棉铃不能正常吐絮，铃重也随有效积温的递减而下降。其次，单铃重还受肥水条件的影响，地力和肥水条件优越，栽培管理水平高，植株有机化合物合成能力强，单铃重高。

3. 衣分　衣分是皮棉质量占原来籽棉质量的百分数。衣分的高低与种子表面单位面积的纤维根数、纤维长度、纤维粗细成正比，与种子质量成反比。陆地棉中熟品种的衣分一般为 36%～40%。衣分高低主要决定于品种的遗传特性，受外界环境条件影响较小。

（二）棉花成铃时空分布与调控

1. 棉花成铃的时间分布及与产量的关系　棉花在不同时期开花所结的棉铃称为棉铃的时间分布。棉铃按其开花结铃时间的早晚，分为伏前桃、伏桃、早秋桃和晚秋桃。伏前桃指 7 月 15 日前所结的成铃，伏桃指 7 月 16 至 15 日所结的成铃，早秋桃指 8 月 16 至 31 日所结的有效成铃，晚秋桃指 9 月 1 日以后所结的有效成铃。

伏前桃为早期铃，它的多少可作为棉株早发稳长的标志，但它着生在棉株下部，光照条件差，故品质较差、烂铃率较高。从高产优质出发，其比例不宜过大，春棉以占总铃数的 10% 左右为宜。伏桃是构成产量的主体桃，其所处的外界温、光、水条件适宜，体内有机养料多，故表现为单铃重高、品质好。高产棉田伏桃一般占总铃数的 60% 左右，占总产量的 60%～70%。所以，多结伏桃是优化成铃结构、夺取高产优质的关键。早秋桃所处的环境条件气温较高，昼夜温差大，光照充足，所以只要肥水跟上，早秋桃的成铃率就高，铃重就较大，品质也较好。一般高产棉田，早秋桃应占 20% 左右；两熟棉田和夏棉，早秋桃更是形成产量的主体桃。晚秋桃着生在棉株上部和果枝的外围果节上，是在气温逐渐下降、棉株长势逐渐衰退的条件下形成的棉铃，铃重小、品质差，一般占总铃数的 10% 左右为宜。但晚秋桃的多少可反映棉株生育后期的长势，若晚秋桃过多，表明棉株贪青晚熟；过少，则表示棉株衰退过早，伏桃和早秋桃的铃重和品质也会受到影响。

2. 棉花成铃的调控　棉花成铃的空间分布与产量品质也有密切的关系。就空间的纵向分布看，一般以中部（第五至第十果枝）的成铃率较高、铃大、品质好；下部（第一至第四果枝）次之；上部（第十一果枝以上）较低。若管理不善，营养生长过旺，棉田过早封行，中、下部蕾铃脱落严重，这时由于棉花结铃的自动调节功能，上部成铃率也会提高。如棉田中、后期脱肥脱水，出现早衰，则上部蕾铃大量脱落，即使成铃，其铃重也较小、品质差。就空间的横向分布看，靠近主茎的内围第一至第二果节，特别是第一果节成铃率高，而且铃大、品质好，越远离主茎的外围果节成铃率越低，铃重越小。栽培上适当密植能增产的原因，主要就是增加了内围铃的比例。内围铃之所以优于外围铃，一是因为内围铃多是伏桃和早秋桃，成铃时间正好与气候条件最有利于棉铃发育的时段同步；二是因为内围铃靠近主茎，得到的有机和无机养料比外围铃多。

因此在生产上，一是要适当密植，以提高内围铃的数量，获得优质铃；二是适当打顶和打边心，减少后期无效铃的发生，集中营养使中部和内围多结大铃；三是要调节开花结铃期，使大量开花结铃时间与当地最佳成铃温度相一致，如黄河流域棉区优质成铃的最佳时间为 7 月上中旬至 8 月中下旬。要应用一切调理手段使棉花内围第一、第二果节的成铃比例达到 85%～90%，并且在 8 月 15 日以前开花的成铃比例达到 85%以上，以实现棉花优质高产的目的。

>>> 任务二　棉花播种技术 <<<

一、播前准备

（一）整地

1. 具体要求　棉田整地须达到墒、平、松、碎、净、齐。墒即土壤有足够的表墒和底墒；平指地面平整无沟坎；松指土壤上松下实，无中层板结；碎指表土细碎，无大土块；净指表土无残茬、草根及残膜；齐指整地到头到边。这六字中墒是关键。

2. 操作步骤　一熟制地区通常要进行秋（冬）、春两次耕作。秋耕宜早，最好在前作收获后进行。迟耕必须在表层 5cm 土壤结冻前结束。春耕要抓住解冻后返浆期耕翻，并及时耙耱保墒。

3. 相关知识　棉花是深根作物，深耕的增产效果十分显著。据试验，深耕 20～33cm 比浅耕 10～17cm 皮棉增产 6.5%～18.3%。

（二）施基肥

1. 具体要求　根据各地植棉经验，一般肥力水平，基肥占施肥总量的 60%～70%，才能满足棉花高产的需要。

2. 操作步骤　棉花生育期长，根系分布深而广，需肥量大，必须施足基肥。基肥以有机肥为主，配合适量的磷、钾肥等；结合深耕，多种肥料混合施用，提高肥效；肥效发挥平稳，前后期都有作用。基肥中的氮肥，可在播种前随旋耕施下；磷肥（施总量的 50%）、钾肥（一次性施入）可在播前集中条施或穴施。

（三）造墒

1. 具体要求　为确保一次播种达苗齐、苗全、苗壮，在春季偏旱地区应及早浇足底墒水，浇底墒水的时间应以地表开始昼消夜冻时为好，这样可以保证播种时地温稳定。

2. 操作步骤　灌水方法多采用沟灌或畦灌，应力求灌透、灌匀。播前储备灌溉以秋（冬）灌为最好。秋（冬）灌以土壤封冻前 10～15d 开始至封冻结束为宜，灌水定额为

1 200m³/hm²。

未进行秋（冬）灌或播前土壤墒情不足，可于耕地前 5～7d 进行春灌，灌水量为 750～900m³/hm²；根据土壤情况及灌溉时间，水量可适当增减。灌后注意耙糖保墒。

3. 相关知识　浇足底墒水是保证棉花适时播种、一播全苗的重要措施。同时，蓄足底墒，可以推迟棉花生育期第一次灌水，实现壮苗早发、生长稳健。

（四）选种

1. 具体要求　选用良种，精选种子。

2. 操作步骤

（1）选用良种。根据当地的气候、土壤及生产条件，因地制宜地选用产量高、纤维品质优良的品种。在黄河流域中熟棉区，要选择前期生长势较强、中期发育较稳健、株型较紧凑、铃重稳定、衣分高的优质、高产品种；夏套棉可选择高产、优质、抗病的短季棉品种；北部特早熟棉区，要选用生育期短的中早熟或早熟品种。

（2）精选种子。生产上使用的种子纯度要达到 95% 以上，发芽率在 90% 以上，播种前进行晒种。晒种对棉籽有促进后熟、提高发芽率、减轻苗期病害的作用。在播种前选晴天晒种 4～5d，每天 5～6h，晒到棉籽咬时有响声为准。

3. 注意事项　不要在水泥地上晒种，以免温度过高形成硬籽、死籽。

（五）种子处理

1. 具体要求　处理种子，提高种子出苗率。

2. 操作步骤

（1）硫酸脱绒。以 100kg 棉籽加 110～120℃的粗硫酸（相对密度约 1.8g/mL）15kg 左右，边倒边搅拌，至短绒全部溶解，种壳变黑、发亮为止，捞出后以清水反复清洗，并摊开晾干。硫酸脱绒可杀灭种皮外的病菌，控制枯萎病、黄萎病的传播，有利于提高发芽率。

（2）浸种。

①定温定时温水浸种。将种子在 55～60℃温水中浸泡 30min，能杀死附着在种子内外的病菌；促进种子吸水，使出苗快而整齐。

②药剂浸种。用浓度为 0.3%～0.4% 的多菌灵胶悬剂浸泡种子 14h，可防止枯萎病、黄萎病的扩散和苗期病害发生。

（3）药剂拌种。用 0.5% 的多菌灵、甲（乙）基硫菌灵，0.3%～0.4% 的三氯硝基苯等药剂加 10% 的草木灰或细干土拌种，具有杀菌防虫的作用。

（4）种子包衣处理。种衣剂组成中包括杀菌剂、杀虫剂、微量元素、激素和成膜剂、稳定剂、防腐剂等。种衣剂包衣处理棉籽，能直接杀灭种子所带病菌，防止土壤传染病菌和地下害虫的危害，同时对棉花有促进生长发育的作用。

3. 相关知识　棉田合理群体结构的确定主要考虑如下方面。

（1）密度确定。确定合理的种植密度，要充分考虑当地气候、土壤肥力、品种特性、栽培技术水平等因素。目前我国棉区种植密度一般以 4.5 万～9 万株/hm² 为宜，南方棉区因雨水偏多，密度偏小些，北方棉区则密度偏大些。但麦后直播棉、旱薄地、西北内陆棉区等种植密度可提高到 10 万～13 万株/hm²。特早熟棉区如种植早熟品种，种植密度在 15 万～18 万株/hm²，新疆棉区部分棉田密度甚至高达 22.5 万～27.5 万株/hm²。

（2）株、行距的配置。适宜的株、行距能使棉株在田间分布合理，保持较好的通风透光条件，减小群体与个体的矛盾，便于田间管理，有利于机械化作业。

①等行距。一般棉田采用等行距种植。生产实践证明，土壤肥力高、肥水条件好、棉花株高可达 1.1m 以上，行距可放宽为 90～100cm，株距 26cm 左右；中等肥水条件，棉花株高在 1m 左右，行距在 82～90cm，株距在 25cm 左右；中等以下肥力条件，棉花株高在 80cm 左右，行距 70cm，株距在 23cm 左右；旱薄地、早熟棉区，株高在 60cm 以下，行距 50～60cm，株距 20cm。

②宽窄行。宽行与窄行相间种植，通过宽行来改善光照条件，通过窄行来增加密度。一般宽行距 60～100cm，窄行距 40～60cm。这种配置方式在中等肥力棉田和套作棉田普遍采用。

二、直播

直播棉花播种出苗期的栽培目标是一播全苗，并争取早苗、齐苗、匀苗、壮苗。

（一）确定播种期

1. 具体要求 根据当地的生产条件等综合因素确定棉花适宜的播种期。

2. 操作步骤 棉花的适宜播种期，应根据当地的温度、终霜期、短期天气预报、墒情、土质等条件来确定。春播一般在 5cm 地温日平均气温稳定在 14℃ 或 20cm 地温达到 15.5℃ 时播种。在常年情况下，应抓住 4 月中下旬"冷尾暖头"抢晴天播种。夏播则力争早播争时。

（二）确定播种量

1. 具体要求 根据当地的生产条件等综合因素确定棉花适宜的播种量。

2. 操作步骤 一般播种粒数不少于留苗数的 8～10 倍。条播要求每米播种行内有棉籽 30～40 粒，每公顷用种 60～70kg；点播每穴 3～4 粒，每公顷用种 30～40kg。在种子发芽率低、土壤墒情差、土质黏或盐碱地、地下害虫危害严重的地块应酌情增加播种量。环境适宜的条件下，采用精量播种或人工点播，每公顷仅用种 15～22kg。

播种量可按下式计算：

$$每公顷播种量（kg）＝\frac{每公顷最佳株数×千粒重（g）}{田间出苗率（\%）×发芽率（\%）×1\,000×1\,000}$$

（三）选择播种方式

1. 具体要求 根据生产实际选用适合的播种方式。

2. 操作步骤 播种方式分条播和点播两种。条播易于控制深度，易保证计划密度。点播节约用种，株距一致，幼苗顶土力强。采用机械条播或定量点播机播种（每穴播 3～4 粒），能将开沟、下种、覆土、镇压等几项作业一次完成。播种深浅一般掌握"深不过寸，浅不露籽"，深度以 1.5cm 左右为宜。播种和盖种要保持深浅一致，才能保证出苗整齐。

无论采用何种播种方法，都需在行间或地边播种部分预备用苗，以备查苗补缺。

（四）播后管理

1. 具体要求 播种后需及时进行播后管理。

2. 操作步骤 为实现一播全苗，要求播后就管。若出苗前遇雨，土壤板结，应及时中耕松土破除板结，提高地温；对墒情差，种子有可能落干的棉田，应谨慎操作，可采取隔沟浇小水浸润的方法补水（切忌大水漫灌）。出苗后发现缺苗断垄，要及时催芽补种。

一般苗期中耕 2～3 次，深 5～10cm。机械中耕要达到表土松碎，无大土块，不压苗、不铲苗，起落一致，到头到边。齐苗后及时间苗，定苗从 1 片真叶期开始至 3 片真叶期结束，苗要留足、留匀，确保种植密度。缺苗断垄处，可留双株。

【拓展阅读】

棉花精量播种技术

棉花精量播种机械化技术指用精量播种机械将棉花种子按农艺要求的播量、行距、株距、深度精确播入土壤的技术，一般要求达到 1 穴 1 粒种子，从而简化间苗、定苗操作。棉花精量播种技术包含播前种子处理、精量播种机械调试、精量播种和苗后管理等技术环节。精量播种可在常规播种的基础上减少用种量，无需间苗、定苗，显著降低棉花生产成本；同时还可以避免大小苗现象，实现棉田个体的生长发育一致性，提高田间管理工作效率，实现标准化种植，是节本增效较为明显的适用技术措施。其技术要点包括以下几方面。

1. 种子播前处理

（1）种子机械精选。精量播种所用种子必须对种子进行机械化精选，使种子纯度达 95％以上，净度达 97％以上，发芽率达 98％以上。

（2）种子人工粒选。经过机械化精选的种子还要进行人工粒选，彻底清除非健壮籽粒、破碎籽粒、杂质等。

（3）发芽率检测。供精量播种使用的棉种必须经过发芽率检测，确保发芽率达 98％以上。

（4）种子处理。播前半个月晒种 2～3d，注意不要将棉籽直接放在水泥地面晾晒，避免烫伤种子，降低发芽势。

晒种后根据技术要求对种子进行药剂处理。

2. 精量播种

（1）播种机械选择。选用气吸式棉花精量播种机或机械取种式棉花精量播种机。

（2）播种机械调试。播前做好机具调试，确保播种达到 1 穴 1 粒，单粒率≥85％，空穴率＜3％，错位率≤5％。播深一致，播深或覆土深度一般为 4～5cm，误差不大于 1cm。株距一致，株距合格率≥80％。种行左右偏差不大于 2cm。

（3）播种。棉花精量播种采用机械化作业，一次性完成开沟、覆膜、滴灌管带铺设、播种、覆土和镇压等多项作业。

（4）人工辅助清膜。播种后及时对地膜进行人工辅助清扫整理，增加透光面，对覆土不良的部分进行人工补救。

3. 苗期管理

（1）及时放苗。精量播种，1 穴 1 粒，棉苗顶土能力相对较弱，苗期应注意做好放苗工作，遇雨后要及时破除板结。

（2）精量播种无需间苗和定苗，但应做好苗情调查。缺苗率超过 20％或者连续缺苗 5 穴以上的，要实施人工补种。

>>> 任务三　棉花育苗移栽技术 <<<

一、育苗

目前正在推广的穴盘基质育苗技术是以塑料盘为载体，以蛭石和黄沙为支撑，以活力剂和生根液为促进剂进行无土育苗的先进技术。该项技术已经逐渐向工厂化育苗发展，将会给棉农的植棉带来更大的便利。

（一）育苗准备

1. 具体要求　准备好育苗所需的种子、基质、穴盘，选择合适的苗床。

2. 操作步骤

（1）备种。选用优质、高产、多抗的杂交棉品种。种子经筛选去除破籽、瘪籽、嫩籽，挑选健籽，播前先晒1～2h，确保出芽率。实现健籽壮苗，确保苗床出苗率达到85%。

（2）基质准备。按照每公顷大田30袋（每袋30L）的标准准备育苗基质，育苗前将基质用水打湿，搅拌。基质以手握成团，有1～2滴水渗出，松手即散开为宜。切忌水分过大，以免影响出苗。

（3）穴盘准备。每公顷选70孔穴盘（长60cm、宽33cm）375张，100孔密度太大，不利于壮苗生长，54孔又浪费穴盘，增加成本。

（4）苗床选择。选背风向阳、地面平坦、地势高、排水方便、便于管理的地块作苗床。苗床宽1.2m，可摆放2个穴盘，长度按所需苗床面积确定，床底铺农膜，防止棉苗根系下扎，膜上摆放穴盘。

3. 注意事项　苗床地应在棉田内或附近，选排水良好、管理方便、接近水源、背风向阳的地块，有计划地分段建床。

（二）播种

1. 具体要求　精细播种，力争一播全苗。

2. 操作步骤

（1）确定播期。适时播种，按移栽时间倒推播种时间，空茬棉4月上旬播种，菜茬棉4月中旬播种。规模化育苗需分期分批播种。

（2）装盘。把浸湿搅拌过的基质装入穴盘，用竹片刮平盘面，按每排2张穴盘放入苗床，准备播种。

（3）播种。按1穴1粒（或2粒）播种，种子一律经过精选、晾晒，以提高其成苗率。播种深度以2～3cm为宜，过深出苗不整齐，不易管理，过浅容易戴帽出土，不利于培育壮苗。

（4）覆盖。播种过后先盖上基质，然后铺上地膜，插上竹弓，盖上农膜。

（三）苗床管理

1. 具体要求　通过调控温度和湿度进行苗床管理。在苗床管理过程中，要严防低温伤苗，高温烧苗，以及高温、高湿形成高脚苗。

2. 操作步骤

（1）苗床以控温管理为主，防止形成高脚苗。棉苗出苗达到80%左右时即可揭膜通风降湿。棉花从出苗到子叶平展，要求温度保持在25℃左右；齐苗后注意调节温度，及时通风；真叶长出后，温度保持在 20～25℃。上午揭膜通风，下午覆盖，后期随着气温的升高，日夜揭膜炼苗。如遇低温或阴雨天，继续盖上薄膜，做到苗不离地、膜不离床。

（2）水分管理。掌握"干长根"原则，苗床以控水为主，根据基质墒情、苗情浇水。穴盘育苗基质用量少，易干旱；小拱棚育苗需将穴盘紧密码放，无缝隙，底部铺农膜使底部膜上有积水，这样可减少浇水次数，节省用工。苗床表面与底部皆干燥时，每天可补水 1 次，移栽前 5～7d 开始炼苗，使棉苗红茎与绿茎的比值达到 1∶1。

3. 相关知识　基质育苗的壮苗标准：根据穴盘基质育苗的特点，前期生长以长根盘根为主，苗龄 35d，每株有真叶 2～3 片，苗高 17cm，子叶完整，叶片肥厚无病斑，根多、根白且盘于穴盘内。

二、移栽

移栽要求：随起苗随移栽，栽健壮苗不栽瘦弱苗，栽高温苗不栽低温苗，栽爽土不栽湿土，栽活土不栽板结土，栽深不栽浅，定根水宜多不宜少。

（一）移栽前准备

1. 具体要求　做好整地工作，合理配置株、行距。

2. 操作步骤

（1）精细整地。为了保证移栽质量，移栽土壤要求达到土平、土松、土细、土爽，在移栽前做到精细整地，为提高棉苗移栽成活率创造条件。同时，早施足底肥，移栽时的施肥量同营养钵育苗移栽技术，施肥时间不迟于移栽前 20d，肥料与棉花裸根之间距离为 15cm 左右，防止距离较近造成烧苗。

（2）调整株、行距。实行宽行窄株栽培，将行距放宽为 1.0m，株距为 0.45～0.50m，保证株数在 2.10 万～2.25 万株/hm²，既充分发挥杂交棉潜在的个体优势，又充分利用作物的群体光合作用，为夺取棉花高产打下基础。

（二）移栽

1. 具体要求　适时适龄移栽，奠定好棉花高产的基础。

2. 操作步骤

（1）移栽时间。空茬棉移栽时期为 5 月中上旬，苗龄 35d 左右。菜茬棉为 5 月中下旬，苗龄 35d 左右，叶龄为 2～3 片真叶。

（2）移栽方法。按预定的株、行距进行打洞，洞深为 10cm，然后放苗，一手轻挤穴盘底部，一手轻提棉苗底部，将棉苗轻轻提起，然后放入洞内待栽。栽深 7～8cm，正常情况下以棉苗子叶节高出地面 2～4cm 为标准。栽后要浇足定根水，1 株棉苗约需浇定根水 50mL，以提高其成活率。浇足定根水后，再覆土，对周围土壤进行踩压落实，并扶正棉苗。

3. 注意事项　棉花穴盘育苗栽后管理和营养钵育苗基本相同，重点抓好追肥、整枝、化控、病虫害综合防治等。重点做好以下两方面。一是及时追施提苗肥。穴盘育苗的棉花苗小根嫩，为防止肥料烧苗，一般要求移栽前 20d 结合整地施好底肥，移栽时不带苗肥，但栽后活棵要立即追施苗肥，施尿素 112.5～150.0kg/hm² 提苗快长快发。二是后期做好壅根培土。可结合追施花铃肥培土壅根，起到防倒、防早衰的作用。因为穴盘育苗移栽时苗体小，移栽浅，培土对防倒、防早衰、增产效果明显。

【拓展阅读1】

棉花营养钵育苗技术

营养钵是用打钵器制成直径5～8cm、高10～15cm的钵体。其优点是在早播的前提下，在移栽时保护根系，达到缓苗期短、成活率高；缺点是费工。

1. 肥料准备　营养钵用的有机肥料，如充分腐熟的家畜粪肥、人粪尿、饼肥等，过筛后按1∶9的比例与熟土配置成营养土，以沙质壤土为好。如有机肥不足，也可加入少量氮、磷化肥，但应严格控制用量，肥土掺匀，以防烧苗。

2. 建床制钵　苗床宽度可视塑料薄膜宽度而定，一般床宽1.3m左右，长以10m为宜，苗床深度12cm左右，以摆钵盖土后与地面相平为宜。床底铲平，深浅一致，四周开好排水沟。制作营养钵时，将肥土掺匀喷湿，湿度达到手握能成团，齐胸落地即散为好。

3. 播种　育苗棉播种期要看天气变化情况，抓住寒尾暖头，抢晴播种。一般在移栽前30～45d播种。播前选好棉种，下种时进行温汤浸种。将营养钵摆正，可上齐下不齐。摆钵后，分次浇透钵块（标准是用小棍能顺利扎透钵块即可），待水下渗后，每钵点种2～3粒，然后覆盖1.5cm厚湿润细土。播种后，立即搭架盖膜，四周用土封严踏实，防风揭膜。

4. 苗床管理　出苗前，苗床温度保持在25～30℃，出苗后保持20～25℃，第一片真叶后，保持20℃左右。出苗前不要揭膜，当棉苗出土80%时，根据天气情况，在向阳面揭开2～3个小口通风，齐苗后通风口由小变大，进行炼苗。天气好、温度高，可逐渐揭膜至早揭晚盖，阴天则晚揭早盖，晴天中午全部揭开。移栽前5～7d，将薄膜昼夜揭开，直到移栽。如遇霜冻、阴雨、大风等，还要将薄膜盖好，以防受害。

在浇足底墒水的基础上，出苗前一般不浇水，出苗后尽量少浇水。在苗床干旱时，可适当喷水，以满足棉苗生长的需要。

为了培育壮苗，防止高脚苗，齐苗后选晴天及时进行间苗，1片真叶期进行定苗，间苗、定苗可用手掐或剪苗，并注意拔除床内杂草，防治病虫害。

炼苗是关键，要注意苗床温度、湿度的把握，既要有适宜的温度、湿度，又要防止高温烧苗或长成高脚苗。

【拓展阅读2】

棉花工厂化育苗技术

棉花营养钵育苗移栽技术劳动强度大，技术环节烦琐。随着农村年轻人口的减少，棉花逐渐实行规模化和区域化种植，为了满足我国棉花品质一致性的需要，迫切需要具有轻型化、简单化、规模化特点的棉花工厂化育苗新技术。因此，棉花工厂化育苗技术的研究一直是棉花科技界十分关注的热点。该技术的核心包括以下几个方面。

1. 工厂化无土育苗技术　在机械化控湿的简易温室内，选择适宜播种时间，在育苗盘、培养基内播种，经专用培养剂培养，使棉苗根表皮层得以活化、生长潜能得以激发。目前已基本实现了棉花工厂育苗技术指标化、工艺流程规范化、控湿机械化、育苗设施标准化等。

2. 棉苗无土移栽技术 主要通过对植株生理过程的诸多分析，找到以增加生长（化学）能积累量、提高棉苗根系活化度为核心的一系列营养生化手段，实现棉花育苗规程化、喷雾设施机械化、育苗盘标准化、育苗棚规格化、播种机械化等一系列规程。按照这套技术规程，可以使无土棉苗在离床的情况下，实现商品化棉苗存放保质期在 3d 以上，成活率在 95% 以上，缓苗期在 5d 以下，从而为实行棉花工厂化集中育苗提供可靠的技术保证。

3. 合格棉苗控制技术体系 包括育苗过程中温光肥水控制、生长速度控制、生产成本控制、育苗风险控制等诸多理论控制体系。通过这套技术控制体系，目前可以保证合格棉苗产出率不低于 85%。

>>> 任务四　棉花田间管理技术 <<<

一、苗期田间管理

棉花从出苗到现蕾需 40~45d，这段时间称苗期。苗期是以长根、长茎、长叶为主的营养生长阶段，并开始花芽分化。在产量构成中，苗期是决定株数的关键时期。

壮苗早发的长势长相为：根系发达，植株生长稳健，顶叶平齐，宽略大于高；茎粗节密，茎色红绿各半；4d 左右长 1 片真叶，叶色油绿，叶片平展，顶部 4 片叶的叶位次序为 4、3、2、1；株高日增长 0.3~0.5cm，现蕾时株高 15~20cm，真叶 6~9 片，叶面积指数在 0.5 以下。

栽培目标是在全苗的基础上，保证密度，培育壮苗，狠抓早管，促早发。

（一）中耕除草

1. 具体要求　通过中耕除草，调节棉花的生长，实现苗期壮苗的目标。

2. 操作步骤　当棉苗现行时，用手锄或耘锄浅中耕（3~5cm）。中耕次数与深度应灵活掌握。干旱苗小浅中耕，雨后土湿苗旺深中耕，雨后或浇水后土壤板结要及时中耕，中耕同时锄净棉苗根际杂草。

（二）间苗与定苗

1. 具体要求　培育壮苗，保证全苗。

2. 操作步骤　在齐苗后进行第一次间苗，以叶不互相遮挡为度。1~2 片真叶时进行第二次间苗，苗距以定苗株距的一半为宜。3~4 片真叶时可定苗。间苗、定苗要做到及时、留匀、留壮，拔除病苗、虫苗、弱苗和杂苗。

3. 注意事项　间苗、定苗要严格选留壮苗、大苗，拔除病苗、弱苗、虫苗、杂苗。如遇缺苗，在邻近处留双苗。

（三）追肥与灌水

1. 具体要求　实现早发、早熟，提高棉花产量和品质。

2. 操作步骤

（1）施肥。若施苗肥应以早施、轻施速效性氮肥为主。土质肥沃，基肥中又增施氮肥的棉田，苗期可不再施氮肥；旱薄地、盐碱地和未施基肥的棉田，均应早施苗肥。凡基肥未施用磷肥的棉田，应适当增施磷肥。在特早熟棉区，早施苗肥是关键措施。

（2）灌溉排水。一般在播种前灌溉过的棉田，苗期不必灌水，而以中耕保墒为主。如遇干旱年份，可以小水轻浇或隔行沟浇，浇后要及时中耕保墒提温。南方棉区苗期多雨，常出现明涝暗渍，影响棉苗生育，且易发生病害和烂根死苗，必须做好清沟排渍工作。保证 0～40cm 土层含水量占田间持水量的 55%～70%。

3. 相关知识 棉花苗期吸收氮、磷、钾的数量占一生吸收总数量的 5% 以下。此期虽然吸收比例小，但棉株体内含氮、磷、钾的百分率较高。

棉花苗期由于气温不高，植株体较小，土壤蒸发量和叶面蒸腾量均较低，因此需水较少，土壤水分不宜过多。

（四）防治病虫害

苗期病害主要有炭疽病、立枯病、红腐病、茎枯病等；在多雨年份，猝倒病、红腐病、角斑病会突然发生。应采取清沟排渍、勤中耕、早施苗肥等农业措施增强棉苗抵抗力并配合药剂防治苗期病害。苗期的主要害虫是蚜虫、蓟马、红蜘蛛、地老虎、蜗牛等，以药剂防治为主。

二、蕾期田间管理

从现蕾到开花需 25～30d，这一段时期称蕾期。蕾期是增果枝、增蕾数，搭丰产架子的时期。蕾期由于气温增高，光照充足，营养生长和生殖生长速度均在加快，进入营养生长和生殖生长并进时期，但仍以营养生长为主。蕾期棉苗吸收肥水数量相应增多。

蕾期高产棉田的长势长相为根系深广吸收旺，株型紧凑发棵稳，茎秆粗壮、节密，红茎比为 60%～70%；顶芽肥大不下凹，叶片大小适中，果枝向四周平伸，蕾多蕾壮脱落少；株高日增 1～1.5cm，盛蕾初花期可达 2.5cm，每 2.5～3d 出生 1 个果枝，开花前株高 50～60cm，果枝 10 个左右。

蕾期的管理目标：搭好丰产架子，实现增蕾、稳长；在栽培上应采取促控结合的措施，使营养生长和生殖生长协调发展，达到壮而不旺、发而不疯、生长稳健，力求蕾多、脱落少。

（一）中耕培土

1. 具体要求 实现控上促下、增蕾、稳长。

2. 操作步骤 蕾期中耕能促进根系下扎、分布广，有利于发棵稳长。其深度可逐渐加深至 8～12cm，行中间深、株边浅。长势过旺的棉田，应增加中耕深度到 12cm 左右。结合进行清沟培土，以提高地温，减轻病害，有利于防涝防倒。培土要分次培到高 10～12cm，行间要锄松。

（二）稳施蕾肥

1. 具体要求 培育壮苗，促进发棵稳长。

2. 操作步骤 蕾期追肥的时间和数量要根据苗情、土壤肥力和总追肥量来决定。土壤肥沃、基肥足、生长旺盛的棉田，不施或少施速效性氮肥。土壤瘠薄、基肥不足、长势弱的棉田，要适当偏施氮肥，施肥量应占追肥总量的 1/3。北部特早熟棉区、南方两熟棉区，一般棉田瘠薄，蕾期追肥是关键措施之一，早追肥有利于壮苗发棵。高密度栽培的棉田，蕾期应少施或不施速效氮肥。缺硼、锌的棉田，可叶面喷硼、锌。

（三）灌水

1. 具体要求 满足棉花蕾期对水分的需求。

2. 操作步骤　蕾期灌水要因地、因苗制宜。高肥力的丰产田，应适当迟浇头水。对于干旱灌溉棉区，一般在浇足底墒水的基础上，适当推迟浇头水的时间和减少头水的灌水量，有利于蹲苗。0～60cm 土层内的含水量保持在田间持水量的 55％～60％ 为蹲苗的适宜水分，＜55％ 即应小水隔沟浇，以维持棉株正常生长为度，切忌大水漫灌。在南方多数棉区，逢雨季要加强清沟排水工作。

（四）去叶枝

1. 具体要求　减少营养消耗，改善棉田通风透光条件。

2. 操作步骤　棉花现蕾后，将第一果枝以下的叶枝幼芽及时去掉。去叶枝应保留果枝以下的 2～3 片叶，它们对为根系提供有机养料有一定作用。

3. 注意事项　生长过旺的棉田，为抑制营养生长，防止徒长，除深耕断根进行控制长势外，可留取果枝以下的 1 个叶枝，等叶枝出现 1 个果枝时打去顶芽。在缺苗处要保留 1～2 个叶枝，充分利用空间，多结铃。

（五）摘除早蕾

1. 具体要求　通过摘除早蕾，调节结铃空间。

2. 操作步骤　采用人工或化学方法适当除去棉株下部 1～4 个果枝，4～8 个蕾。

3. 相关知识　生产上，伏前桃易霉烂，晚秋桃又成熟不好。优质、高产棉花的最佳结铃模式是集中多结伏桃和早秋桃，不要或少要伏前桃和晚秋桃。根据棉花具有无限生长习性和结铃补偿能力强的特性，在棉花早发的基础上摘除早蕾，使棉株营养生长加快，营养体增大，中部现蕾数和成铃数增多。

去早蕾技术适用于无霜期较长的棉区，以及采用地膜覆盖或育苗移栽的早发棉田。除去部分早蕾后棉花长势加快，要注意喷洒植物生长调节剂，以控制徒长，还要注意重施花铃肥，遇旱及时灌水。

（六）喷施生长调节剂

1. 具体要求　通过正确使用甲哌鎓等植物生长调节剂，促进营养生长和生殖生长协调发展。

2. 操作步骤　目前生产上化控的时期和剂量，主要根据叶龄模式和全程化控进行。叶龄模式调控技术：在 7～8 叶龄期，每公顷用 7.5g 甲哌鎓进行第一次化控；16～17 叶龄期，每公顷用 20～30g 甲哌鎓进行第二次化控；20～21 叶龄期，每公顷用 30～45g 甲哌鎓进行第三次化控。全程化控技术即分别在盛蕾期、初花期和盛花期使用甲哌鎓等生长调节剂。

（七）防治病虫害

蕾期主要害虫有棉蚜、棉铃虫、盲椿象、棉金刚钻、玉米螟、红蜘蛛等。此期也是枯萎病重发期，应及时防治。对枯萎病、黄萎病要拔除病株烧毁，并进行土壤深埋处理。

三、花铃期田间管理

从开花到棉铃吐絮的这一段时期称为花铃期，需 50～60d。花铃期是决定棉花产量的关键时期。花铃期是棉株营养生长和生殖生长齐头并进的时期，也是其一生中生长最快的时期。初花期仍以营养生长占优势，盛花期以后，营养生长明显减弱，生殖生长逐渐占优势。花铃期是棉花一生中需肥水最多的时期，需水量占一生需水总量的 45％～65％，需肥量占一生需肥总量的 70％ 以上。

花铃期高产棉株的长势长相：株型紧凑，茎秆下部粗壮，节间较短，果枝健壮偏横向生长，叶片大小适中，红茎比为 70%～80%，盛花后接近 90%，大暑以后带大桃封行；初花期主茎高日增量为 2～2.5cm，盛花期为 1.5cm 左右，打顶后最终株高 100～110cm，叶面积指数盛花期达到 3.5 左右。

花铃期的栽培目标：促进棉株健壮，长出足够多的果枝和果节，充分延长结铃期，提高成铃率和铃重；控制棉株旺长晚熟，达到早熟不早衰。

（一）重施花铃肥

1. 具体要求　争取桃多、桃大、不早衰。

2. 操作步骤　一般掌握在以棉株基部坐住 1～2 个大桃时施肥为宜。以速效氮肥为主，用量占追肥总量的 1/2～2/3，一般用标准氮肥 150～300kg/hm²。土壤瘠薄、长势弱的棉田，应早施、重施。土质肥、旺长的棉田，可适当晚施、少施、深施（穴施或开沟施），但不宜迟于 7 月底。西北内陆棉区和北部特早熟棉区，花铃肥提早到初花期施用有利于促进早熟，后期如果脱肥，采取根外喷施较为有效。缺肥并有早衰趋势或中、下部脱落严重的，可在立秋前少量施肥。

（二）灌水与排水

1. 具体要求　满足棉花生长发育对水分的需求。

2. 操作步骤　伏旱、秋旱易导致蕾铃大量脱落和棉株早衰。因此，伏旱、秋旱期间及早灌水抗旱是棉花高产的关键措施。抗旱时间要根据"看天、看地、看苗"灵活掌握。沙土保水力较差，连续 7d 不下雨就应灌溉，壤土干旱 10d 就要灌水。棉株顶部 3～4 片叶中午出现萎蔫，叶片变厚，呈暗绿色，无光泽，至下午 3—4 时仍不能恢复正常状态等均为缺水的表现，要及时灌水抗旱。

沟灌最好在早、晚进行，灌后要适时中耕松土保墒。在遭遇暴雨而发生渍涝的地区，必须做好雨前、雨后的清沟排渍工作。

3. 相关知识　花铃期棉花生育旺盛，叶面积指数和根系吸收营养的速度都达高峰，需水量最大。如果土壤含水量低于田间持水量的 55%，不仅影响肥效的发挥，而且容易产生乙烯抑制物质，从而导致蕾铃大量脱落，铃重减小，产量降低。

（三）中耕松土、盖草

1. 具体要求　改善棉花后期根系生长条件。

2. 操作步骤　棉花开花以后根系再生能力弱，故中耕不能深，次数也不宜多。为此可在重施花铃肥后，在棉花行内覆盖秸秆，既可保墒、防止土壤板结，又可弥补棉田有机肥的不足，还可增加棉田二氧化碳的浓度，提高光合速率。

（四）摘心整枝

1. 具体要求　改善棉田通风透光条件。

2. 操作步骤

（1）摘心（打顶）。正确的打顶时间应根据气候、地力、种植密度、长势等情况决定。棉农的经验：以密定枝，以枝定时；时到不等枝，枝到看长势。一般棉田每公顷总果枝数达到 90 万个左右时打顶较为适宜。一般棉区在大暑至立秋摘心为宜。摘心应掌握轻摘、摘小顶（即 1 叶 1 心），反对大把揪。同一块田摘心应分次进行，先高后矮。晴天摘心有利于伤口愈合。

（2）抹赘芽。在棉田赘芽出现后及早抹净。生长正常棉株的主茎和果枝上的腋芽，在光照和养分充足的条件下，也能分化发育成椏果，不要全部抹除，应适当保留。

（3）打边心。把棉花分枝顶叶摘除，但棉株长势不旺、无荫蔽的棉田不必打边心。

（4）剪空枝、摘除无效蕾。立秋后剪去无蕾铃的空果枝，摘除8月中旬以后长出的无效蕾。

3. 相关知识 适时摘心能改变棉株体内营养物质的运输、分配方向，使养料运向生殖器官，有利于多结铃，增加铃重空间。若摘心过早，上部果枝过分延长，增加荫蔽空间，妨碍中部果枝生长，增加脱落率，且赘芽丛生，徒耗养料；摘心过晚，上部无效果枝增多，消耗的养料多，反而减轻早秋桃的铃重。

抹除赘芽对棉花优质、高产也具有重要意义。土壤含氮水平高，过早摘心或盲椿象危害，均会促使赘芽丛生，不仅徒耗养分，且影响棉田通风透光，故应及早抹净。

打边心可以改变果枝顶端优势，控制棉株横向生长，改善通风透光条件，使养料集中，提高铃重，减少烂铃及病虫危害。

立秋后剪去无蕾铃的空果枝，摘除8月中旬以后长出的无效蕾，可以改善棉田通风透光条件，提高棉花光能利用效率。

（五）化学调控

1. 具体要求 控制后期无效果枝、赘芽生长，促进蕾铃发育。

2. 操作步骤 生长正常的棉株，初花期每公顷用甲哌鎓30g，结铃期用45～60g，兑水喷雾，贪青旺长的棉花，还可以增加喷雾次数，适当加大用量。

3. 注意事项 夏季高温季节最好在上午10时以前和下午3时以后喷施，以防药液蒸发，影响吸收，降低药效。

（六）防治病虫害

做好病虫害防治工作，保蕾增铃。花铃期虫害危害最大的主要是红铃虫和棉铃虫，应以这两种虫害的防治为重点，兼治其他虫害。棉花红叶茎枯病（凋枯病）是一种生理性病害，一般初花期开始发病，花铃期或吐絮期盛发。可通过改良土壤、增施钾肥、加强田间管理等办法进行防治。

四、吐絮期田间管理

从棉铃开始吐絮到收花结束的这段时间称为吐絮期，持续60～70 d。吐絮期是决定铃重和纤维品质的关键时期。吐絮期棉株营养器官生长逐渐减弱，生殖器官生长也逐渐减慢，棉株体内的有机营养几乎90%以上供给棉铃生长。

高产棉株吐絮期长势长相要求是顶部果枝平伸，果枝长度20～30cm，现蕾3～4个，蕾大且成铃率高，吐絮时上部主茎叶呈绿色，下部主茎叶较淡，田间通风透光，棉铃吐絮顺畅。

吐絮期的栽培目标是防止棉株早衰、晚熟和烂铃；实现秋桃盖顶，桃多、桃大，成熟充分，吐絮顺畅。

（一）灌水与排水

1. 具体要求 满足棉花生长发育对水分的需求。

2. 操作步骤 当连续干旱10～15d，土壤含水量低于田间持水量的55%时即应灌水。

但水量宜少，以免土壤水分过多，造成贪青晚熟，增加烂铃。如遇秋雨较多，要及时清沟排渍，降低田间湿度，防止烂铃和贪青迟熟。

3. 相关知识 吐絮期气温逐渐降低，叶面蒸腾强度减弱，对水分的要求也逐渐减少。但此时水分不足，不仅会造成幼铃大量脱落，甚至迫使棉株早衰，降低铃重和绒长、衣分，对产量和品质影响很大。

（二）整枝和推株并垄

1. 具体要求 改善通风透光条件，增加光照和通风，促进棉铃吐絮。

2. 操作步骤 吐絮后，及时打去枝叶繁茂棉田的赘芽、老叶，剪除上部空果枝以减少株间荫蔽和养分消耗，促使秋桃发育，提高纤维品质。长势过旺棉田，每亩当棉株顶部结住棉铃时，可隔行推株并垄，增加棉株下部光照，降低棉田湿度，防止烂铃。

（三）化学催熟

1. 具体要求 促进已熟未裂或接近成熟的棉铃开裂，提早吐絮，提高霜前花的比例。

2. 操作步骤 对贪青晚熟的棉田，每亩喷施 40% 的乙烯利 $100\sim150$ g，加水 50 kg，能使铃期缩短 $8\sim15$ d，提早成熟吐絮。在喷乙烯利的同时，加 0.1% 硫脲一同喷施，能提高催熟效果。

（四）防治病虫害

吐絮期主要虫害有棉铃虫、小造桥虫、卷叶虫等，应及时防治。

>>> 任务五　棉花收花技术 <<<

收花是保证获得高产、优质棉纤维的重要环节。我国主要棉区从 8 月中下旬棉花开始吐絮，一直要延续到 11 月才能收花完毕。在这约 3 个月的吐絮、收花期间，各地气候条件大体表现为北方降雨渐少，日照较充足，但低温降霜限制了棉铃的生长；南方在吐絮前期温度还较高，有利于棉铃的生长，但往往秋雨连绵，给收花工作带来困难。必须注意适时收花，以提高棉花质量，确保丰产丰收。在收花时，应注意分批次晾晒，分别存放和出售，以便获得优质优价。

（一）收花

1. 具体要求 适时采摘，防止乱收乱存，不混入异型纤维。

2. 操作步骤 一般在棉铃开裂后 $6\sim7$ d 进行采摘。但在生产上遇雨时，必须在雨前抢摘，生产上可安排每 $7\sim10$ d 采摘 1 次。采摘应选择在晴天晨露干后进行。气温较高时，吐絮较快，收花间隔应短些，采摘后期间隔可稍长些，但不宜超过半个月，要参照各地风、雨等条件决定。

3. 相关知识 棉铃的正常开裂是生理上成熟的外部特征。过早摘花，铃壳内养分便不能完全转移到纤维中，使铃重下降、纤维成熟度不足，细胞壁加厚不充分，强度变弱；过晚摘花，纤维组织是多糖结构，受光氧化时间过长，纤维则收缩变短、变脆，强度变弱，色泽变差。

4. 注意事项 棉株不同部位的棉铃成熟时期和纤维品质不同，收摘时必须把好花、次花区分开来，以保证优质棉售得优价。一般实际生产中提出了具体要求，即分收、分晒、分轧、分存、分售。

（1）分收。为了提高棉花的品级，对不同部位的棉花要实行分期、分批采收。棉株底部果枝的棉铃纤维粗短，称根花或头喷花。由于其铃位靠近地面，受日照少，吐絮不畅，棉绒易被雨露、泥土及微生物污染侵害，所以僵瓣、污棉较多，色暗而强力弱，质量不好。棉株中部所结的棉铃纤维品质最好，称为腰花或中喷花。这些籽棉纤维成熟好，棉铃室多而重，棉绒色泽好，是各期采收籽棉中质量最好的。棉株顶部的棉铃结于开花末期，称为稍花或末喷花，有些是在枯霜后开裂的，称霜后花。其成熟不好，质量较差。霜后花有时因受铃壳染色变黄成为黄花，质量更差。霜前已裂，霜后3～4d可采收的仍属霜前花。棉花拔秆时从棉株上摘下的棉铃，晒干后剥取的籽棉，称剥桃花。其成熟最差，质量也最差。在分次收花时，应将好、坏花分收，霜前、霜后花分收，田间收的花与剥桃花分收；同时要用布袋采装，防止异型纤维混入，影响纺织质量。

（2）分晒。刚采收的籽棉含水一般较多，晒干后方可贮藏。否则，在贮藏期间容易使纤维变色，降低品质，甚至发热霉烂，造成更大损失。

晒花时，仍应按照分收的要求分类、分级进行。提倡用帘架晒花，既可避免混杂，又有利于籽棉干燥，还便于随时清拣非本组籽棉和杂质。晒花标准以口咬棉籽有清脆响声，手摸纤维干燥为度。遇连续阴雨天气、日照不足时，应设法烘干。

（3）分轧。利用机械作用使籽棉的长纤维与棉籽分离的过程称为轧花。轧花时，按照分收后确定的不同级别的籽棉，严格分批扎花，以防混杂而降低皮棉品级。

（4）分存。各时期采收的棉花应标明时间，分别存放。避免混杂，防止受雨受潮。注意消灭越冬害虫。

（5）分售。不同品级的籽棉要分别出售，以利于收购时优棉优价和满足纺织工业对原棉品级不同的需要。

（二）清除地膜

1. 具体要求 及时清除地膜，防止污染。

2. 操作步骤 棉田收花结束后，可及时将地膜统一堆放并进行回收再利用，切忌焚烧或掩埋，避免形成二次污染。

【拓展阅读】

棉花机械化采收技术

棉花机械化采收机具有解决劳动力紧缺、减轻劳动强度、缩短采收时间、降低成本、提高劳动效率、增加效益等优点。实现棉花机械化采收是提高棉花经济效益的根本途径，也是棉花规模化经营的必然趋势。棉花机械化采收主要技术是性能良好的棉花采收机及与其配套的栽培技术，包括适宜机械采收的棉花品种的选择、机采种植模式、田间精细管理、脱叶技术等。机械化采收的流程包括以下几方面。

1. 适时采收 脱叶率达90％以上、吐絮率达95％以上、纤维含水率在12％以下时即可进行机械采收。

2. 采收前准备

（1）棉田准备。平整棉田，清除杂物，拔除田间杂草，采收并清理两端距地头15m以上的棉花，以便采棉机及拉运棉花机车通行。

（2）采棉机准备。按采棉机操作规程检查各部件，并按操作说明的要求进行必要的检查保养。检查报警装置间隙及灭火器配置。棉花收获机的安全性应符合 ISO 4254-1—2013 的规定，作业质量应符合 NY/T 1133—2006 的规定。

3. 机械采收　按预定行走路线以播幅为单位进行采收，作业速度控制在 4～5km/h。应根据收获棉花产量及运棉距离确定随车拉运棉花机车的数量。

采棉机运行过程中，非机组人员不得随意靠近机车；采棉机在空运转或工作时，应严禁排除各种故障；随车必须有灭火消防设施。

4. 采收指标　水平摘锭式采棉机要求采净率达 93% 以上，总损失率不超过 7%，含杂率在 10% 以下。

>>> 任务六　岗位技能训练 <<<

技能训练 1　棉花种子发芽率测定

（一）目的要求

根据棉花种子发芽条件，进行棉花种子发芽率鉴定。

（二）材料及用具

棉花种子、发芽箱、白瓷盘、烧杯、吸水纸、发芽床、标签、沙、镊子等。

（三）内容及操作步骤

1. 操作内容　棉花种子发芽床为纸床和沙床，但主要用沙床，其具体操作方法如下。

（1）数取试验样品。从经充分混合的净种子中，用数种设备或手工随机数取 400 粒，通常 100 粒为 1 次重复。

（2）种子处理。将供试样本（棉种）用温水（55～60℃）浸种 30min，再用冷水浸种 24h，使之充分吸水（子叶分层）。捞出稍干后，用湿纱布包好（每包 100 粒），注明品种、处理日期，还要注明测定人姓名。

（3）置床培养。将数取的种子均匀地排在铺有湿纱布的发芽皿或瓷盘内，粒与粒之间保持一定的距离，再放到 25～30℃ 的温箱内培养，并经常加水，保持湿润状态。

（4）发芽检查。发芽期间要经常检查温度、水分和通气状况，如有发霉的种子应取出冲洗，严重发霉的应及时更换。第三天检查发芽势，第七天检查发芽率，分别记载。发芽标准为胚根长度达种子长度的 1/2 或以上。

2. 结果计算　发芽势及发芽率计算公式如下：

$$发芽势 = \frac{3d\,内发芽的种子粒数}{供试种子总粒数} \times 100\%$$

$$发芽率 = \frac{7d\,内发芽的种子粒数}{供试种子总粒数} \times 100\%$$

（四）注意事项

对刚收获的棉花种子，可用开水烫种 2min，打破种子休眠，再进行发芽试验，或将发芽试验的各重复种子放在通气良好的条件下摊成一薄层，温度一般为 40℃，持续 1d，从而打破休眠。

（五）实训报告

写出棉花种子发芽率测定的操作流程。

技能训练 2 棉花营养钵育苗技术

(一) 目的要求
掌握棉花整地、种子处理、营养钵制作、育苗床建造、苗床管理等方法和技能。

(二) 材料及用具
棉种、整地和制钵工具、肥料、塑料膜、弓架材料和皮尺等。

(三) 内容及操作步骤
1. 营养土准备

(1) 准备营养钵用的有机肥料，如充分腐熟的家畜粪肥、人粪尿、饼肥等。

(2) 过筛后按 1∶9 的比例与熟土配置成营养土。

2. 制作苗床

(1) 苗床选择背风向阳、靠近水源和大田的地块，苗床面积比＝1∶(8～10)。

(2) 苗床培肥，准备床土。

(3) 苗床制作。苗床宽 1.2～1.3m、长 15～20m、深 12cm 左右，以摆钵盖土后与地面相平为宜。床底铲平，深浅一致，四周开好排水沟。

3. 制钵与排钵

(1) 床土浇水。制钵前 1d，将床土浇足水，浇少量水，以手捏成团，齐胸落地即散为度。

(2) 制钵。用内径 7～8cm、高 9～10cm 的制钵器。

(3) 排钵。排钵前，床底撒施敌百虫，以防地下害虫。排钵时，呈梅花形紧密排列，钵面要平，可上平下不平。排钵后，四周壅土。

4. 播种

(1) 播种前。将营养钵浇透水，以利发芽。

(2) 播种。在移栽前 30～45d 播种，1 钵播 2 粒种子。

(3) 盖土。盖 1.5cm 厚碎湿润细土。

(4) 喷除草剂。

5. 搭架盖膜 用竹弓进行搭架，盖膜 (双膜)，四周用土封严踏实，防风揭膜。

(四) 实训报告
写出棉花制钵育苗的技术规程。

技能训练 3 棉花蕾期看苗诊断技术

(一) 目的要求
掌握棉花蕾期长势长相的调查方法。根据调查结果，对不同苗情的棉田提出相应的管理措施。

(二) 材料及用具
供调查的不同类型棉田、钢卷尺、计算器等。

(三) 内容及操作步骤
1. 确定长势长相的调查项目及指标 调查前根据当地具体情况，提出棉花蕾长势长相调查项目，并列表。

2. 田间调查

（1）目测。选择弱、壮、旺 3 类苗情的棉田进行现场观察，全面了解不同棉田的长势长相。

（2）单株调查。在每类棉田选取有代表性的样点若干，每点选 10 株，然后根据项目依次调查，调查标准如下。

①株高。从子叶节到主茎生长点的高度（cm）。

②真叶数。主茎上展开的叶片数。

③蕾数。达到现蕾标准（幼蕾长到 3mm 大小）以上的总蕾数。

④果枝数。达到现蕾标准以上的果枝数和空果枝数的总和。

⑤第一果枝着生节位。主茎第一真叶节到着生第一果枝的节数。

⑥红茎比。主茎红色部分占主茎高度的百分数。

⑦叶位。主茎顶部 4 片叶自上而下排列的位置。

⑧主茎第四片叶宽度。从顶部展开叶往下数第四片叶的最宽处的宽度（cm）。

⑨株高日增长量。定株定时每 3～5d 观察株高，将后一次测得的株高减去前一次测得的株高，再除以前后两次间隔的天数即得。

（四）实训报告

（1）列表填写调查项目及调查内容，并评定苗情。

（2）分析造成此种苗情的原因，并给出相应的管理措施。

技能训练 4　棉花整枝技术

（一）目的要求

识别棉花果枝、叶枝、赘芽的形态，掌握整枝技术。

（二）材料及用具

代表性的棉田、有果枝和叶枝的棉株、剪刀等。

（三）内容及操作步骤

1. 果枝和叶枝的识别　根据枝条的着生部位、长势长相，找出棉株的叶枝。

2. 去叶枝　棉花现蕾后，将第一果枝以下的叶枝幼芽及时去掉。去叶枝时，应保留果枝以下的 2～3 片叶，它们为根系提供一定的有机养料。

3. 摘心（打顶）　正确的打顶时间应根据气候、地力、种植密度、长势等情况决定。一般棉田每公顷总果枝数达到 90 万个左右时打顶较为适宜，在大暑至立秋摘心为宜。

4. 抹赘芽　在棉田赘芽出现后及早抹净。

5. 打边心　把棉花分枝顶叶摘除，使养料集中，提高铃重。

6. 剪空枝，摘除无效蕾　立秋后剪去无蕾铃的空果枝，摘除 8 月中旬以后长出的无效蕾。

（四）实训报告

总结棉花整枝的内容和操作心得。

技能训练 5　棉花测产技术

（一）目的要求

了解棉花产量构成因素，掌握棉田估产方法，为分析、总结棉花生产技术提供依据。

（二）材料及用具

不同类型的棉田、皮卷尺、计算器、估产用表等。

（三）内容及操作步骤

1. 测产时间 测产时间要适时，一般在棉株结铃基本完成、下部 1～2 个棉铃吐絮时进行测产较为适宜。棉花的有效铃数到 9 月 10 至 15 日已基本定型，故可在 9 月中下旬进行测产。

2. 分类选取样点 生产上在测产前，先将预测的棉田分为好、中、差 3 个类型。取样点要有代表性，样点数目取决于棉田面积。一般情况下采取对角线五点取样法。

3. 测定收获株数 先测定行距。具体做法是在行距大体相同的田块，横向连续量 11 行宽度，除以 10，求出平均行距；纵向测 30～50 株距离，求平均株距，计算每亩株数。

4. 测单株有效铃数 每点连续数 10～30 株的结铃数，求出单株平均结铃数（包括已摘过的棉铃，幼铃和蕾不计在内）。

5. 测单铃重 每点摘取 20 朵充分开裂的棉花并称量，求出平均单铃籽棉重。

6. 计算产量 在测产时，平均单铃重和衣分可根据同一品种历年的情况和当年棉田具体情况确定。

$$每亩籽棉产量（kg）= \frac{每亩株数×平均单株铃数×平均单铃籽棉重（g）}{1\,000}$$

$$每亩皮棉产量（kg）=每亩籽棉产量（kg）×衣分（\%）$$

（四）实训报告

将测产数据进行整理，分析不同棉田产量形成差异的原因。

【拓展阅读】

天然彩色棉

天然彩色棉是一种天然具有色彩的棉花，天然彩色棉纺织品加工生产的全过程采用无毒、低毒的化学助剂和无污染的工艺及设备进行工业生产，实现了纺纱、织布、后加工、成衣整个生产过程既不污染环境，也不被环境所影响。其他诸如此类的纤维则需在纺纱、织成坯布后仍要通过染色等过程才能加工成服装。天然彩色棉纺织品的原料可以再生，废弃物可以通过再生得到再利用或通过堆埋达到自然降解或进行焚化等方法处理。

天然彩色棉和白棉相比，抗虫性明显，棉田棉铃虫百株落卵量低于白棉，百株幼虫数量少于白棉，棉蚜发生轻于白棉，而棉叶螨发生呈前重后轻的趋势。这可能是天然彩色棉叶片轻薄而且小，叶柄红色，株型紧凑，与白棉相比对棉铃虫成虫产卵的吸引力较弱的原因；天然彩色棉有半野生棉性状，棉株内部的化学物质如棉酚、单宁的含量明显高于白棉，适口性较差，对棉花害虫抗性明显，因而可以少施农药，减少农药中有毒物质的影响。天然彩色棉耐旱性、耐瘠薄性较好，特别适合于旱地种植，因此可以少施化肥，减少来自化肥的污染。天然彩色棉制品是一种绿色生态纺织品。

天然彩色棉纤维柔软、手感好，其服装色泽柔和、样式古朴、质地纯正、感觉舒适安全，因而其纺织品堪称"21 世纪的宠儿"，被誉为"人类第二健康肌肤"，迎合了市场的需求，是 21 世纪国际绿色纺织品市场上最具发展潜力的产品之一。天然彩色棉的开发是绿色纺织品的发展方向，穿戴天然彩色棉纺织品是人们高品质生活的标志，符合人们对衣着需求的发展趋势和回归自然的潮流。预计未来 30 年内，全球棉花总产量中将有 30％的产量被彩色棉和有机棉所代替。21 世纪全世界将有 60％～70％的人口使用天然彩色棉制品，天然彩色棉纺织品将走进寻常百姓之家。

天然彩色棉产业属于可持续发展产业，有助于打破纺织品的非关税壁垒，具有显著的社会效益，也给企业和棉农带来可观的经济效益（棉农种植天然彩色棉比白棉平均每亩增收 15％～40％）。

【信息收集】

通过阅读《棉花学报》《农业科学》《种子》《中国纤维作物学报》等科普杂志或专业杂志，或上网浏览与本项目相关的栽培内容，同时了解近两年来适合当地条件的有关棉花栽培新技术、审定新品种、研究成果等资料，写一篇综述文章。

【思考题】

1. 棉花一生可以分为哪几个生育阶段？各有何特点？
2. 棉花播前准备包括哪些具体内容？
3. 棉花穴盘育苗技术的要点有哪些？
4. 试述棉花各生育阶段的栽培目标。
5. 试述棉花花铃肥施用和化控的原理和技术。
6. 棉花收花的方法和原则是什么？

【总结与交流】

1. 调查当地棉花生产中机械化应用情况，并进行分组交流。
2. 以棉花花铃期田间管理为内容，撰写一篇生产技术指导意见。

项目五

油 菜 栽 培 技 术

【学习目标】

了解油菜的起源与分类、油菜生长发育特性、油菜生产的生物学基础、油菜产量的形成；掌握油菜播种、育苗移栽、田间管理和收获等技术要点。

能够进行油菜播种育苗、油菜移栽、油菜看苗诊断和田间管理等工作；能对油菜进行考种与测产，能进行油菜的收获贮藏工作。

【学习内容】

>>> 任务一　油菜生产基础知识 <<<

一、油菜的起源与分类

（一）油菜的起源

油菜是世界上重要的油料作物之一，也是我国传统的油料作物。一般认为栽培油菜有两个起源中心。白菜型油菜和芥菜型油菜的起源中心在中国和印度，甘蓝型油菜的起源中心在欧洲。中国和印度是栽培油菜最古老的国家，美洲、大洋洲和其他地区的油菜，分别由这两个起源中心传播而来。中国在六七千年以前就开始种植油菜，我国最早的油菜栽培地区被认为是青海、甘肃、新疆、内蒙古等地。

（二）油菜的分类

凡是栽培的十字花科（Brassicaceae）以芸薹属（*Brassica*）植物为主体，用以收籽榨油的，统称为油菜。所以油菜不是一个单一的物种，而是包括芸薹属及十字花科其他属的几个物种。这些物种尽管在分类学中同科同属，但在形态特征、生态特点等方面各具特色。以农艺性状为基础，我国栽培的油菜主要分为白菜型油菜、芥菜型油菜和甘蓝型油菜 3 类（图Ⅱ-5-1）。

1. **白菜型油菜**　俗称小油菜，包括：①北方小油菜（*B. campestris*）。原产于我国北部和西北部的原始种，历史上作为春油菜栽培，现仍广泛分布于我国北部和西北部高原。②南方小油菜（*B. Chinensis*）。由蔬菜植物白菜转化而来，原产于我国长江流域。白菜型油菜植株一般较矮小，叶色淡绿至深绿，上部薹茎叶无柄，叶基部全抱茎。花色淡黄色至深黄色，花瓣圆形，较大，开花时花瓣两侧相互重叠。自然异交率 75%～95%，属典型异花授粉作物。角果较肥大，果喙显著，种子大小不一，千粒重 3g 左右，种皮颜色有褐色、黄色或黄

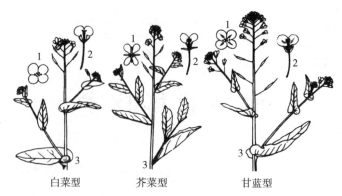

图Ⅱ-5-1 油菜三大类型的薹茎叶与花序

1. 花的横切面 2. 花的纵切面 3. 薹茎叶

（季道藩，1994，中国农业百科全书·农作物）

褐色。生育期较短，150～200d。易感染病毒病和霜霉病，产量较低，适宜在季节短、低肥力水平下栽培，并可作蔬菜和榨油兼用作物。

2. 芥菜型油菜 俗称大油菜、高油菜、苦油菜、辣油菜等，是芥菜的油用变种，包括：①细叶芥油菜（*B. juncea* var *gracilis* Tsen）。植株多被刺毛和蜡粉，分枝部位高，辛辣味强烈，在西北诸省份分布较多。②大叶芥油菜（*B. juncea* Coss）。少或不被刺毛和蜡粉，分枝部位中等，稍具辛辣味，多分布于西南高原一带。芥菜型油菜植株高大，株型松散。叶色深绿色或紫绿色，叶面一般皱缩，被有蜡粉和刺毛，叶缘有锯齿，薹茎叶有柄，不抱茎，基部叶有小裂片和花叶。花色淡黄色或白黄色，花瓣小，开花时4瓣分离。具有自交亲和性，自交结实率高达70％～80％。角果细而短，种子小，千粒重1～2g，辛辣味较重，种皮有黄、红、褐等色。生育期中等，160～210d。产量不高，但耐瘠、抗旱、抗寒，适于山区、寒冷地带及土壤瘠薄地区种植，可作调料和香料作物。

3. 甘蓝型油菜 又称洋油菜、番油菜等。甘蓝型油菜由欧洲引入我国，多在长江流域各省份栽培。甘蓝型油菜植株中等或高大，枝叶繁茂。叶色蓝绿似甘蓝，多密被蜡粉，薹茎叶无柄，半抱茎，基部叶有琴状裂片或花叶。花瓣大、黄色，开花时花瓣两侧重叠，自交结实率一般60％以上。角果较长，种子较大，千粒重3～4g，种皮黑褐色。生育期较长，170～230d，增产潜力大，抗霜霉病、病毒病能力强，耐寒、耐肥、适应性广。我国是世界上甘蓝型油菜的三大生产区之一（另外有欧洲和加拿大）。

二、油菜生产概况

（一）世界油菜生产概况

油菜作为世界上四大油料作物之一，广泛分布于世界各地，从40°S～60°N都有种植，但主要产区在亚洲、欧洲、美洲三大洲。2000年以来，全球油菜播种面积和总产量持续增长，从2000年的25.84Mhm² 增长到2014年的35.78Mhm²，平均年增长率为2.35％；总产量从2000年的39.52Mt增长到2014年的70.95Mt，平均年增长率为4.27％。

在世界油料作物生产结构中，油菜占有重要地位。其中，油菜播种面积占油料作物播种面积12％左右，总产量占油料作物总产量的36％左右，而且所占份额均较稳定。2014年全球有 65 个国家种植油菜，其中 6 个分布在非洲、8 个在美洲、15 个在亚洲、2 个在大洋洲、34 个在欧洲。2014 年播种面积前五位的是加拿大、印度、中国、澳大利亚和法国，总产量前五位的则是加拿大、中国、印度、德国和法国，油菜单产前五位国家均分布在欧洲（表Ⅱ-5-1）。

表Ⅱ-5-1 油菜播种面积、单产和总产量排名前五位的国家（2014）

国家	播种面积 （Mhm²）	占世界比例 （%）	国家	单产 （kg/hm²）	国家	总产量 （万 t）	占世界比例 （%）
加拿大	8.07	22.6	比利时	4 795	加拿大	1 556	21.9
印度	7.20	20.1	德国	4 481	中国	1 160	16.4
中国	6.55	18.3	丹麦	4 268	印度	788	11.1
澳大利亚	2.72	7.6	瑞典	4 052	德国	625	8.8
法国	1.50	4.2	捷克	3 949	法国	552	7.8

注：数据来源于 FAO 数据库。

（二）中国油菜生产概况

油菜是我国排在水稻、小麦、玉米、大豆之后的第五大作物。20 世纪 80 年代之前，我国油菜种植面积一直在 2～2.5Mhm² 徘徊，总产量则在 2Mt 以下。此后，油菜发展迅速，1980 年总产量开始跃居世界第一位。进入 20 世纪 90 年代，油菜生产仍保持持续增长的势头，1992 年单产超过了世界平均水平。2000 年全国油菜再获丰收，产量达到 11.2Mt。随后经济效益不佳等影响了农民种油菜的积极性，油菜种植面积和产量出现了一定程度下滑，2006 年种植面积减少为 5.64Mhm²，总产量降至 10.57Mt。但自 2008 年以来，国家积极制定油菜良种补贴等一系列政策措施，油菜生产迅速恢复并进一步发展。2016 年我国油菜总产量已经达 14.55Mt，栽培面积为 7.53Mhm²（国家统计局数据）。

我国油菜的主产省份有湖北、安徽、四川、江苏、湖南、贵州等。湖北油菜种植面积与产量居全国首位，油菜产量约占全国的 1/5，占世界的 1/18。长江流域冬油菜是我国油菜主产区，油菜总产占世界的 1/4，占全国 85% 以上，是世界上最大的油菜产区。长江流域冬油菜区的油菜产业水平代表着我国油菜产业的整体水平。

三、油菜种植区划

我国油菜的分布遍及全国，北至黑龙江，南至广东与海南岛，东至滨海山丘平原，西至青藏高原和天山南北，全国 31 个省份都有油菜生产。

中国油菜按农业区划和油菜生产特点，以六盘山和太岳山为界线，大致分为冬油菜区和春油菜区两大产区。六盘山和太岳山以东，延河以南为冬油菜区；六盘山和太岳山以西，延河以北为春油菜区。

冬油菜区集中分布于长江流域各省份及云贵高原，这些地方无霜期长，冬季温暖，一年两熟或三熟，适于油菜秋播夏收。种植面积约占全国油菜总种植面积的 90%，总产约占全国总产量的 90% 以上。冬油菜区又分 6 个亚区：华北关中亚区、云贵高原亚区、四川盆地亚区、长江中游亚区、长江下游亚区和华南沿海亚区。其中四川盆地亚区、长江中游亚区、长江下游亚区 3 个亚区是冬油菜的主产区，均以水稻生产为中心，实行油—稻或油—稻—稻的一年两熟或三熟制。

春油菜区冬季严寒，生长季节短，降水量少，日照长且昼夜温差大，对油菜种子发育有利。1 月平均温度为－20～－10℃或更低，为一年一熟制，实行春种（或夏种）秋收，种植面积、产量均只占全国油菜的 10% 以上。春油菜区又分 3 个亚区：青藏高原亚区，蒙新内陆亚区和东北平原亚区。春油菜区有西北原产的白菜型小油菜和分布广泛的芥菜型油菜，特别是蒙新内陆亚区与冬油菜区的云贵高原亚区，是我国芥菜型油菜类型分化较多和种植面积较大的地区，西北地区还是世界上芥菜型油菜单产最高的地区，而东北平原则为我国新发展的春油菜产区。

四、油菜的一生

（一）油菜的生育期和生育时期

从播种到新的种子成熟称为油菜的一生，油菜一生中要经历发芽出苗期、苗期、蕾薹期、开花期和角果发育成熟期 5 个生育时期（图Ⅱ-5-2）。油菜出苗至角果发育成熟所经历的天数称为油菜的全生育期，也称生育期。由于油菜类型、品种特性、气候条件和播期的不同，生育期相差较大。甘蓝型油菜生育期较长，一般为 200～230d；白菜型油菜生育期较短，一般为 160～200d；芥菜型油菜为 170～220d。

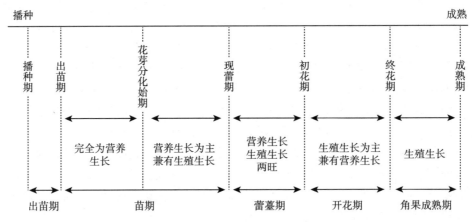

图Ⅱ-5-2　油菜生育进程示意

（周孟常，1998，经济作物栽培）

（二）油菜的生育阶段

1. 发芽出苗期　油菜从播种到出苗经历的时期。油菜种子无明显休眠期，成熟种子播种后条件适宜即可发芽。种子吸水膨大后，胚根突破种皮，幼根深入表土 2cm 左右时，根尖生长出许多白色根毛。胚根向上生长，幼茎直立于地面，子叶张开，由淡黄转绿，称为出苗。

这一时期的长短，在水分和土壤氧气等条件良好时，决定因素是温度。种子发芽的最适温度为 25℃，低于 3℃、高于 37℃都不利于发芽。一般日平均气温在 3℃左右时，油菜种子虽可萌动，但发芽出苗很慢，出苗需 20d 以上；7～8℃时，需 10d 以上；12℃左右时，需 7～8d；在 16～20℃的适温，仅需 3～5d。油菜种子小，播种浅，发芽时吸水量又大，播种时维持一定的土壤湿度是保证全苗的关键。要求田间土壤含水量为田间持水量的 60%～70%，种子需吸水达自身干重的 60% 左右。另外，整地质量差，表土坷垃过大或播种过深、过浅，都将会影响油菜出苗的进程和质量。

2. 苗期 油菜从出苗到现蕾的阶段。一般从出苗至开始花芽分化为苗前期，开始花芽分化至现蕾为苗后期。苗前期主要生长根系、短缩茎、叶片等营养器官，为营养生长期。苗后期营养生长仍占绝对优势，主根膨大，并开始进行花芽分化。

冬油菜与春油菜在生育时期上的差异主要是苗期的长短不同。春油菜苗期短，约 1 个月，而冬油菜苗期长，一般从前一年秋季延续到翌年春季，苗期约占全生育期的 1/2。冬油菜一般在旬平均气温下降到 0℃ 左右时进入越冬期，经 70～80d 至翌年春季返青。在越冬期间，植株处于休眠或半休眠状态，主要依靠主根短缩茎贮藏的养分维持生命，抵御寒冷。如果冬前植株细弱，或因播种过早，主根过粗，根质松软糠心，生机衰退，常使养分贮藏不足而造成越冬死苗。所以，冬前培育壮苗是确保安全越冬的关键。

3. 蕾薹期 油菜从现蕾至第一朵花开放的阶段。此期油菜植株转入营养生长与生殖生长两旺阶段，但仍以营养生长为主，表现为主茎伸长、增粗，叶片面积迅速增大，在蕾薹后期第一次主茎分枝出现，根系继续扩大，活力增加。

蕾薹期的长短因品种类型而异，冬油菜由于苗期、花序花蕾分化时间长，一般为 20～30d，春油菜蕾薹期很短，仅为冬油菜的 1/2。其他条件对此期也有不同程度地影响，其中以温度条件影响最大，一般以 12℃ 左右较为适宜。温度过高，此期天数显著缩短，对增产不利。同时，这一时期的水分、养分状况对搭好油菜丰产架子的影响也很大。因此，生产上要加强这一时期的肥水管理，以正常的营养生长促进旺盛的生殖生长，夺取油菜高产。

4. 开花期 油菜从第一朵花开放到开花结束的阶段。全田有 25% 植株开花为初花期，75% 植株花序开花为盛花期，85% 植株花序停止开花为终花期。开花期是油菜营养生长和生殖生长两旺的时期，盛花期生殖生长已占绝对优势。表现为花序不断伸长，边开花边结角果，因而此期为决定角果数和每果粒数的重要时期。

冬油菜和春油菜开花期的长短较为一致，约 30d。开花期温度高，天气晴朗干燥，花期稍有缩短；反之，则相对延长。开花期适宜温度为 14～18℃，10℃ 以下开花数减少，5℃ 以下便不能正常开花。如果气温过高，达 25℃ 以上时，虽然可以开花，但所开的花结实不良，角果数减少，且易脱落。油菜开花期对土壤水分要求十分迫切，故这一时期保证田间不缺水和供给充足的养分也是夺取丰产的重要措施。油菜进入开花期后，营养生长逐渐减弱，叶片由上而下逐渐枯黄脱落，株高及分枝数基本定型，生殖生长则逐渐转化为主要方面，体内的糖分大部分集中于长花和长角。因此，这段时间是充实高产架子的重要时期。栽培上促控结合，既防止花期脱肥早衰，又要注意防止植株疯长猛发，转移生长中心，并要防止病害发生蔓延。

5. 角果成熟期 从终花到角果成熟的一段时间。一般油菜终花后 15d 角果长度基本长足，宽度则到第二十一天基本定型。此期叶片逐渐衰亡，光合器官逐渐被角果取代。这一时期是决定粒数、粒重的时期。

冬、春油菜的角果成熟期均为 1 个月左右。这一时期的温度以 18～20℃ 为最适宜，25℃ 以上或 9℃ 以下，往往影响角果的正常发育，产生秕粒，甚至形成无效角果而脱落。充足的光照对油菜的产量和质量均有良好作用。虽然这时油菜大部分叶片枯黄脱落，但数量众多的角果皮能进行光合作用。据测定，成熟种子内 40％左右的贮藏物质是靠后期角果皮的光合作用积累的。油菜角果成熟期还要求适宜的水分和养分条件，这一时期吸收的矿物质养分逐渐减少，故养分不宜太高，尤其是氮肥，不能太多，否则易贪青晚熟，并对种子油分的积累不利。但磷素和其他微量元素的补充对产量提高有重要作用。此期土壤水分过多或天气阴湿多雨，则延长成熟时间，且易遭病虫侵袭，秕粒增多。土壤水分过少时，对角果种子的发育不利，并影响油分的积累。

五、油菜阶段发育特性

油菜在系统发育过程中，需要经历多个不同的发育阶段，才能进行花芽分化和开花结实。同一油菜品种生长周期的长短与油菜从营养生长进入生殖生长的迟早有关。目前已确定的油菜发育阶段有春化阶段和光照阶段。

（一）春化阶段

油菜通过春化阶段要求一定的外界环境条件，但低温是主导因素。油菜一生中必须通过一段温度较低的时间才能现蕾开花结实，否则就停留在营养生长阶段，这一特性称为感温性。根据我国油菜类型和品种春化阶段对温度条件的反应不同，可以将其分为 3 种类型。

1. 冬性品种　这类油菜对低温要求严格，需要在 0～5℃的低温下经过 15～45d 才能进行发育。冬性油菜的生育期较长，如甘蓝型冬油菜晚熟品种、白菜型冬油菜和芥菜型冬油菜晚熟品种均属这一类。

2. 春性品种　这类油菜可以在 10℃左右，甚至更高温度下很快发育。春性油菜生育期都较短，如西北地区的白菜型和芥菜型春播品种，西南地区白菜型早熟、极早熟品种，华南地区的甘蓝型极早熟品种均属这一类。

3. 半冬性品种　这类油菜对低温的反应介于冬性和春性之间，许多半冬性油菜品种既可在冬油菜区进行秋播，又可在春油菜区进行春播，其生育期较冬性品种短，较春性品种长。一般冬油菜的中熟、早中熟品种均属这一类。

油菜的春化阶段一般在萌动的种子中即可进行。春油菜多在播种出苗后不久即通过春化阶段，冬油菜则在越冬后或越冬前通过春化阶段。

（二）光照阶段

油菜通过春化阶段以后，便进入光照阶段。油菜通过光照阶段也要求一定的外界环境条件，但光照是主导因素。油菜发育中必须满足其一定时间的光照要求才能现蕾开花的特性称为感光性。油菜是长日照作物，不同品种的感光性与其地理起源和原产地生长季节中白昼的长短有关，一般分为以下两种类型。

1. 强感光型　春油菜在开花前经历的光照强，故一般对光照长度敏感，开花前需经过14～16h 的平均日照长度。

2. 弱感光型　冬油菜在开花前一般经历的光照较短，故对长光照不敏感，花前需经历的平均日长为 11h 左右。

油菜的光照阶段是在幼苗主茎生长点春化阶段完成的基础上进行的，光照阶段的进程，除与栽培地区生长季节中日照长短有很大关系外，还与其他环境条件有关，如油菜通过光照阶段时，如果适当提高温度，便可促进发育，提早现蕾、抽薹、开花、结实。

（三）油菜阶段发育特性在生产上的应用

掌握油菜阶段发育特性，在油菜育种、引种和栽培等方面都有重要的意义。例如，在引种工作中，可以根据油菜的阶段发育特点，确定适当的引种范围，克服盲目性；在栽培上，根据油菜的阶段发育特点，可以确定适宜播种期。冬性强的品种，苗期生长缓慢，应适当提早播种，促使营养生长良好，有利于提高产量；春性强的早熟品种，决不能早播，早播年前抽薹开花，易遭受冻害。此外，春性品种发育快，田间管理应适当提早进行，否则营养生长不足，产量不高。

六、油菜的器官建成

（一）营养器官

1. 根　油菜的根系属于直根系，由主根和侧根组成，侧根包括支根和细根。主根上粗下细呈圆锥形。侧根按着生状态和疏密分布情况，可分为密生根系和疏生根系，冬油菜多属于密生根系，芥菜型油菜和春油菜大多数品种属于疏生根系。

油菜幼苗在第一片真叶出现时，幼根两侧开始长出侧根。以后随着植株长大，主根不断伸长，侧根数也不断增加，从侧根上又长出很多支根和细根。在油菜一生中，根系生长可分为 3 个时期：①扎根期，自出苗至越冬期间，根系往下扎，垂直生长快于水平生长；②扩展期，越冬后至盛花期，根系生长加快，一般油菜根系至盛花期已达最大量，不再扩展；③衰老期，盛花期至成熟期，根系基本停止生长。

2. 主茎和分枝

（1）主茎。油菜的茎属直立茎秆，茎上有 30 个左右节间，茎秆强韧，老茎木质化。主茎长 100～200cm。茎色有绿色、微紫色和深紫色多种。茎面光滑或生稀疏刺毛，密被或薄被蜡粉。

冬油菜的主茎在冬前不伸长，各节之间紧密相接在一起。开春后气温回升，部分节间伸长，当主茎高 10cm 左右时抽薹，抽薹时主茎柔嫩多汁，开花后木质化程度增加，逐渐坚韧，至终花时，主茎的生长停止。

甘蓝型油菜主茎可根据其节间的长短变化和茎节上所着生的叶片特征，由下而上可分为 3 段：①缩茎段，在主茎基部，节短而密集，节上着生长柄叶；②伸长茎段，在主茎中部，节间由下而上逐渐增长，棱形渐显著，节上着生短柄叶；③薹茎段，在主茎上部节间较长，棱起较显著，节上着生无柄叶（图Ⅱ-5-3）。

（2）分枝。油菜的每个叶腋都有一个腋芽，在条件适宜时腋芽的节间伸长，形成分枝。着生在主茎上的分枝称第一次分枝（又称大分枝，是产量构成的主体）；由第一次分枝的腋芽发育形成的分枝，称第二次分枝。依此类推，只要条件适宜还可形成第三、第四次分枝（统称为小分枝）。根据第一次分枝在主茎上的着生和分布情况，可

图Ⅱ-5-3　油菜主茎生育进程示意
（刘玉凤、张翠翠，2005，作物栽培）

分为下生、匀生和上生 3 种分枝型（图Ⅱ-5-4）。

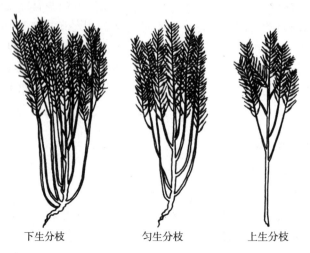

下生分枝　　　　匀生分枝　　　　上生分枝

图Ⅱ-5-4　油菜的分枝习性

（陈煜，1999，作物栽培学）

3. 叶

（1）子叶。油菜种子发芽出苗时，首先出现的黄绿色肥厚小叶片，一大一小两片即为子叶。子叶见光平展后颜色逐渐转为绿色，叶面积逐渐扩大，甘蓝型油菜子叶的形状为肾形；它既是幼苗生长初期的营养供体，也能进行光合作用制造养料。

（2）真叶。油菜子叶以上的胚轴延伸形成茎，茎上各节着生的叶片都称为真叶，是不完全叶，只有叶片和叶柄（或无叶柄）。叶色因品种而异，一般有淡绿、绿、深绿、暗绿、灰绿、蓝绿、紫或深紫等颜色；叶形有椭圆形、卵形、琴形、花叶和披针形；叶面被有蜡粉，一般为光滑状或有茸毛；叶有细锯齿、深锯齿、波状皱褶、浅裂、深裂、全缘等。中熟品种一般叶片可生长 25～30 片。

甘蓝型油菜主茎上的叶片根据叶形可划分成 3 种：①长柄叶，着生在缩茎段上，具有明显的叶柄，叶柄基部两侧无叶翅；②短柄叶，着生在伸长茎段上，叶片的叶柄不明显，叶柄两侧直至基部，具有明显的叶翅；③无柄叶，着生在薹茎段上，叶片无叶柄，叶片基部两侧向下方延伸呈耳状（图Ⅱ-5-5）。

（二）生殖器官

1. 开花与受精

（1）花的结构。油菜花由花柄、花萼、花冠、雌蕊、雄蕊和蜜腺等部分组成。花柄着生于花轴上，花谢后形成果柄。花萼由狭长的萼片组成，长在花的外面，呈黄绿色。花冠由 4 枚花瓣组成，蕾期互相旋叠，盛开时呈"十"字状。雄

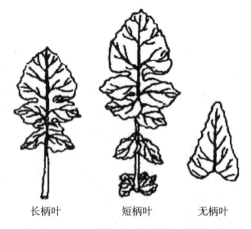

长柄叶　　　短柄叶　　　无柄叶

图Ⅱ-5-5　甘蓝型油菜的三种叶型

（陈煜，1999，作物栽培学）

蕊有 6 枚，4 长 2 短，称为四强雄蕊。每个雄蕊由花药和花丝两部分组成。雌蕊 1 枚，细长，呈瓶状。蜜腺有 4 个，呈粒状位于花的基部，绿色，可分泌蜜汁。

（2）花芽分化。油菜花序属总状花序，着生于主茎顶端的花序称为主花序，着生在各级分枝顶端的花序称为分枝花序。主花序先开花，然后各分枝花序从上至下陆续开花。同一个花序上的花蕾则从下向上逐个开放。油菜的花芽分化一般分为 7 个时期：花蕾原基形成期，花萼原基形成期，花瓣与雌、雄蕊原基形成期，胚珠花粉母细胞形成期，花粉母细胞减数分裂期，花粉粒第一收缩期及第一恢复期，花粉粒第二收缩期及第二恢复期。

（3）开花与授粉。油菜花若下午花萼顶端露出黄色花冠，则在翌日上午 8—10 时花瓣全部平展。开花后 3d 左右，花瓣即凋萎脱落。中熟品种花期一般为 30d 左右。

油菜花粉粒借助于昆虫或风力黏附到雌蕊柱头上即为授粉。油菜花粉落到柱头上 45min 后即可发芽，生出花粉管。随后花粉管伸入花柱中，经 18～24h 完成双受精过程。油菜存在一定的异花授粉率，所以与不同品种或其他十字花科作物相邻种植时容易串粉，导致生物学混杂。

2. 角果发育　油菜角果由果柄、果身、果喙 3 部分构成。油菜的角果由雌蕊发育而成。油菜开花受精后，子房发育膨大，形成圆筒形的果身，花柱和花柄分别形成果喙和果柄，三者相连呈角状，故名角果。

甘蓝型油菜的角果一般长 7～9cm，也有长达 14cm 以上的品种；粗度为 4～10mm。角果成熟时，大多数品种由于其果瓣失水收缩能自行开裂，也有的品种因其果壳的厚皮机械组织发达，在角果成熟失水后果壳并不收缩，不能自行开裂，表现出强的抗裂果性。

角果既是着生种子、形成产量最重要的器官，同时角果皮也是重要的光合器官。它具有表面积大、处于植株的冠层、在果轴上呈螺旋形排列、易于接受阳光的特点，具有与叶片相近似的高光合强度。因此，在角果的发育和成熟期，使角果皮充分地接受阳光，延长其光合时间就能有效提高油菜籽的产量。

3. 种子形成　油菜种子是由胚珠受精后发育而成的。种子为球形或近似球形。颜色有黄、淡黄、淡褐、红褐、暗褐及黑色等。种子大小因类型、品种和环境条件不同而异，甘蓝型品种千粒重一般在 3～4g。

种子由种皮、胚和胚乳（遗迹）三大部分构成。胚位于种子中央，由胚根、胚芽和子叶 3 部分所组成，2 片子叶占种子比例最大。胚乳则是包围在胚外的一层薄膜，细胞较大，含有较多的糊粉粒和油滴，是蛋白质的贮藏层。

油菜种子的主要成分有水分、脂肪、蛋白质、糖类、维生素、矿物质、酶、磷脂、色素等，此外还含有少量的硫苷、多酚类物质等有害物质。种子中的各物质组分因品种、土壤、气候等因素影响有所不同，但一般情况下，同一品种种子中各组分相对稳定，可以作为品种选择的依据。因此在生产上，选择具有优良品质的油菜品种是生产优质油菜的先决条件。

（三）花器脱落与不结实

油菜单株形成的花蕊数很多，一般可达数百个，甚至一千个以上，但实际结果率很低，单株有效角果数一般只有 200～500 个，仅占总蕊数的 40%～70%，无效果占 10%～20%，脱落数占 20%～40%。

花器脱落包含花蕊脱落与角果脱落。花器的脱落，一般是花期遇到低温而脱落，也有在生育后期雌蕊和花粉粒发育不良不能正常受精而脱落。花序顶梢部的蕾脱落较多，中下部较少。不结实是油菜终花后产生阴角，即无效果，只有果皮而无种子，或只含有极少数的不饱满种子。

油菜花器脱落与不结实产生的原因极为复杂，主要有以下几个方面。①营养条件。花器脱落受营养条件的影响很大，一般情况下，早开花的花早得到养分，脱落较少；迟开的花养料不足，脱落增多；花器脱落、阴角数表现为第二次分枝＞第一次分枝＞主茎花序。②气候的影响。开花时遇低温、寒潮，受冻花蕾易脱落。开花时湿度过高或过低，尤其在上午9—11时遇雨，对结角率影响较大。③病虫危害。油菜菌核病能破坏主茎和分枝的疏导系统，病部以上的花果将严重脱落或形成阴角秕粒。④密度过大。种植密度过高，植株上部隐蔽，通风不良，造成花角脱落和阴角秕粒。此外，施肥不当，微量元素亏缺，也会增加油菜花器脱落和不结实。

七、油菜的产量形成

（一）油菜的产量构成因素

油菜的产量由单位面积角果数、每角果粒数、粒重3个因素构成。其中以角果数变幅最大，在不同栽培条件下，变异范围常能相差几倍，粒数和千粒重也有一定差异。要夺取高产，在栽培措施中必须主攻角果数，重视每果粒数和粒重，协调三者发展。

1. 单位面积角果数　单位面积角果数取决于单位面积株数和单株角果数。一般来说通过增加单位面积株数来提高产量，效果是比较明显的。但超过一定的范围，特别是在肥沃的土壤上，产量提高不明显，甚至减产。单株角果数主要由主花序角果数、第一次分枝角果数、第二次分枝角果数及其他小分枝角果数构成。其中第一次分枝角果数比例最大，占全株角果数的70%左右。因此，增加角果效应以增加第一次分枝数和每个分枝上的角果数为主。适时早播、培育壮苗、合理密植与均衡施肥均可以提高油菜的有效分枝数以及分枝上的角果数，做到防止蕾、花、角果的脱落。

2. 每角果粒数　油菜每角果粒数与每角胚珠数、胚珠受精率和结合子发育状况有关。每角胚珠数的多少主要与品种特性有关，此外与胚珠分化期间植株长势及栽培条件也有一定的关系。胚珠受精率主要取决于授粉状况，天气晴好、养蜂传粉、人工辅助授粉等都可以提高胚珠的受精率。结合子的发育率则与油菜后期的长势及栽培条件有关。

3. 粒重　油菜粒重与物质积累和运输有关。油菜籽粒的养分来自3个方面：薹枝叶绿色部分的光合产物、绿色角果皮的光合产物以及植株体内贮藏的物质。抽薹开花期是粒重的奠基期，开花后到成熟是粒重的决定时期。

（二）油菜产量的形成过程

油菜各产量构成因素是在生育过程中按照一定的顺序形成的。当植株通过一定的感温阶段和形成一定的营养生长量，主茎顶端开始分化花芽，这是角果数形成的开始。主花序第一个花芽分化进入胞原细胞形成期，雌蕊内出现凸起的胚珠，这是粒数形成的开始。始花以后，当第一朵花的胚珠受精，经4～5d的胚胎静止期，开始长大增重，这是粒重形成的开始。油菜产量的形成过程可概括为3个时期：①花芽开始分化至开花前为角果数、粒数奠定期；②始花和终花后15d左右为角果数、粒数定型期；③始花后约25d至成熟为粒重的决定期。

尽管油菜产量构成的3个因素是在花芽分化以后开始形成的，但是苗前期的生长量却是重要的基础。只有苗前期有足够的生长量，才能分化较多的叶原基，为分枝结角做好准备，并提高幼苗的抗寒能力。因此苗前期要有足够的积温，以利多出叶，但要避免过早通过春化分化花芽。

【拓展阅读1】

油菜品质形成

（一）油菜籽的物质组成与品质特性

油菜籽由30%～50%的脂肪（即菜油），21%～30%的蛋白质，以及糖类、维生素、矿物质、植物固醇、酶、磷脂和色素等物质组成。油菜籽中的脂肪主要成分是甘油三酯（甘油和脂肪酸组成），油菜中含量在0.5%以上的脂肪酸达15种以上。菜油的脂肪主要有棕榈酸、硬脂酸、油酸、亚油酸、亚麻酸、花生烯酸、芥酸等。其中，油酸和亚油酸为人体必需脂肪酸，易被人体消化吸收，可软化血管和预防血栓形成；亚麻酸也是人体必需脂肪酸，但它同时又是高度不饱和脂肪酸，不稳定，易氧化，易使菜籽油产生异味并可缩短贮藏时间；芥酸为长链脂肪酸，不易被吸收消化，利用率低，高芥酸（含量在50%以上）的菜油在冶金、机械、化工、纺织和医药工业中具有特殊用途。

进行油菜品质改良，就是要调整菜油的脂肪酸组成和降低饼粕中的有害物质含量。目前，我国对油菜品质改良主要提出了以下几个方面，即高含油量（45%以上）、高油酸和亚油酸（油酸含量达60%以上）、高蛋白质（占种子质量的28%以上，或饼粕质量的48%以上）、低芥酸（1%以下）、低亚麻酸（3%以下）、低硫代葡萄糖苷（简称硫苷，每克菜籽饼中含量不超过30μmol，不包括吲哚硫苷）、低纤维（"三高四低"）。此外，为了满足工业上的需求，进行一些特殊改良，如提高芥酸含量（55%～70%）与月桂酸含量（高达80%以上）。

（二）油菜品质形成过程

在油菜成熟过程中，内含物的积累消长变化极为复杂。当子叶形成时，其中就有油滴出现，以后脂肪含量随种子质量增加而增加，开花后25～45d是粒重与含油量增加最多的时期，种子中养分的70%左右，脂肪的90%左右都是这段时间积累的。当种子油分逐渐增加时，含糖量相对减少，种子中可溶性糖在开花后10d高达30%，开花后29d降到2.5%，之后基本保持不变。随着种子成熟，低芥酸油菜的油酸含量上升，亚油酸、亚麻酸含量下降；低芥酸油菜芥酸含量变化不大，高芥酸油菜在开花后21d芥酸含量逐渐上升，49d达到40%以上。

油菜从终花到成熟阶段，一个月内氮素的积累量占全生育期总氮量的15%～18%。根以及其他营养器官所积累的氮先转移到果壳，最后集中于种子。蛋白质的含量在开花后16d达到最高值（30%左右），开花后25～30d开始下降，到成熟时基本维持在25%的水平。硫苷的浓度随着鲜重和干重的增加而增加，决定硫苷浓度的时期在籽粒的生长期，与种子大小呈线性关系。

【拓展阅读2】

双低油菜的标准

双低油菜指低芥酸、低硫苷的油菜。按照农业农村部有关标准，商品菜籽芥酸含量低于

5％（油）、菜饼中硫苷含量低于 $30\mu mol/g$（饼）的油菜为双低油菜。低芥酸菜籽油中油酸、亚油酸含量大幅度提高，营养品质显著改善；低硫苷含量降低了饼粕的毒性，有效提高了菜籽饼粕的利用价值。

>>> 任务二　油菜直播技术 <<<

（一）选用良种

1. 具体要求　选择适合本地区种植的优良品种。

2. 操作步骤

（1）选用良种。油菜种子的成熟度好、籽粒饱满、无病虫危害，且具有本品种的特征，种子要纯净、无杂质、发芽率要高（一般为90％以上）。

（2）考虑机械种植需要。机械播种与收割可选出苗快、个体小、分枝少、耐迟播的品种。

（二）种子处理

1. 具体要求　播种前进行晾晒、精选种子，并对种子进行包衣。

2. 操作步骤

（1）晒种。播前选晴天将种子摊开，在晒场上或草席上（避免在水泥路面上）晾晒2～3d。

（2）种子大粒化处理。种子大粒化就是将油菜种子外表包裹约2mm厚的肥料外壳，变成直径为5～6mm的颗粒，比原种子扩大2～3倍，包被的材料主要是过磷酸钙、磷矿粉，另外掺和部分细土作黏结剂。将20％～30％的过磷酸钙、65％左右的磷矿粉、15％的细土倒入包衣剂中，加入适量水充分混匀，再将油菜种子倒入搅拌，直至油菜种子外表包裹约2mm厚的肥料外壳为止。

3. 相关知识　晒种一方面能促进种子内部物质代谢，激发酶的活性，提高种子发芽率和发芽势；另一方面可以消毒灭菌。

晾晒期间要不断翻动种子，注意不能暴晒，以免灼伤种子。晒种后，一般要做好发芽试验和种子处理工作，使种子发芽出苗整齐。

油菜苗期对磷肥比较敏感，大粒化种子便于与磷肥接触，种子发芽后即可吸收利用，因此对幼苗生长，特别是对根系生长有利。油菜大粒化种子播种后出苗快、出苗齐、幼苗生长健壮。

种子包衣时，在包被材料中，过磷酸钙的用量不宜太多，一般占配料总量的20％～30％为宜，超过30％时常因游离酸过多，对油菜种子发芽出苗有抑制作用。

（三）整地及施肥

1. 具体要求　油菜整地要突出抓好早、深、细3个环节。开好排水沟，以利排水。油菜地要因时、因地制宜施肥，要施足底肥。

2. 操作步骤

（1）整地。旱作地区在前茬作物收获后及早浅耕灭茬或直接深耕20～30cm，立秋前后，趁墒浅犁细耙，达到土壤疏松细碎、上虚下实。水稻田种油菜，要在水稻收获前7～10d排水，收获后及时早耕、早风化、碎土平田，开好排水沟，以利排水。

（2）施肥。油菜地要施足底肥。底肥以优质有机肥为主，氮、磷、钾肥配合施用，底肥占油菜总施肥量的 40%～60%。最好在深耕整地时分次施入，使底肥和土壤充分混合。

3. 相关知识　油菜的适应性广，各类土壤均可种植，但最适合土层深厚、有机质丰富、结构疏松、排水良好、养分充足的土壤，最适 pH 为 5～6.5。因此，油菜适合与水稻、小麦、玉米等作物轮作，是禾谷类作物的良好前茬。油菜不宜连作，也忌与十字花科作物轮作。

油菜是一种耐肥作物，对氮、磷、钾、硼等元素都很敏感。且油菜各生育期对氮、磷、钾的吸收也不一样。

（四）播种

1. 具体要求　要适时播种油菜，做到稀播、匀播、浅播。

2. 操作步骤　每公顷选 6～7kg 优质油菜种子，加等量炒熟的菜籽或 6～8kg 的尿素，采用机械条播，或用犁开沟人工溜种，也可撒播。播种深度以 2～3cm 为宜。在干旱地区可采取抗旱播种，即垄沟就墒播种。具体做法是当表层干土在 6cm 以上，而底墒较好时，采用豁干湿种，用卸去犁壁的步犁冲沟，豁去表层干土，在沟底湿土上溜种，再覆浅土，随后用脚在沟内踩实；出苗后至越冬前通过多次中耕培土，使垄沟移位，油菜种在沟内，长在垄上，有利于防冻、抗倒伏。

3. 相关知识　直播是油菜栽培的主要方式，直播油菜主根入土深，根系分布范围广，能吸收利用土壤深层的水分和养分，抗旱、耐瘠薄、抗倒伏，在干旱地区或春油菜种植地区应用较多。

直播按其播种方式，有条播、穴播和撒播 3 种。条播又可分为翻耕开沟条播和免耕开沟条播。翻耕开沟条播适用于所有翻耕的田土，但若用于土块较细的土壤更能体现其优越性。免耕开沟条播适用于未经翻耕但土质较疏松的田块。穴播适用于水稻收后湿的板田、土质黏重的田块、荒坡、高岗土等不适宜翻耕的地块。撒播是前作收获后，进行机械浅耕或免耕，灌一次跑马水，直接将油菜种子撒播其上，保持适当的田间湿度，油菜也能很好地发芽生长。油菜撒播快速、简便，目前已成为油菜产区的一种主要播种方式。

4. 注意事项　用尿素拌种时要注意随拌随播，用量不能过多，以免烧芽烂种。

【拓展阅读 1】

油菜种子选购要点

1. **注意品种定向**　根据农业主管部门和农业专家的意见，结合了解到的情况确定购买适合当地种植的优良种子。

2. **选择正规种子店**　随着种子法的实施，种子经营主体增多，优势品种大多采用独家制种营销的方式，并在各级各地分设委托代销或总经销，购种时应查看授权证书等。

3. **仔细察看包装**　优质优势品种大多采用精品包装，正规的包装上有严格的防伪标识，育种单位和产销单位全称、电话、地址、品种审定编号、种子经营许可证等。

4. **辨认种子生产许可证和植物检疫证号**　相应号码应是当年的，往年的则有可能是假冒或过期陈种。

5. **运用防伪标识，举报假冒种子**　优良品种采用电码防伪，通过防伪涂层下的号码辨别真假，若是假的则应到当地相关部门举报。

【拓展阅读 2】

油菜免耕直播技术

免耕栽培技术是前茬作物收获后，土地不经翻耕或经过简单的处理就直接栽培的一种轻简化栽培方式；直播技术是一种作物不经过育苗、移栽阶段，比较有利于实现机械化的一种播种方式。油菜免耕直播技术是免耕技术和直播技术的结合体，也是油菜轻简化栽培的核心技术。

1. 技术特点　一是操作简便。不需育苗、移栽，直接在大田中播种，操作简便易行。二是省工、省力。与翻耕移栽相比，一般可省工 45～60 个/hm²，机播或人工撒播劳动强度低。三是病虫害少。播期相对较迟，避开了虫害发生高峰期，少氮直播栽培终花后植株干净，不倒伏，通风透光良好，病虫害少。四是抗倒性强。直播油菜密度较大，个体生长适中，株与株之间可相互支撑，群体抗倒性强。五是增产、增效。

2. 栽培要点

(1) 选择优良品种。良种是高产的基础，在生产上要注意良种的应用，一般良种要根据当地的气候条件、油菜的品种特性以及栽培目标来选择。

(2) 规范作畦。耕整时施用 45% 复合肥 525～600kg/hm²、硼砂 15.0～22.5kg/hm²、硫酸锌 15kg/hm²。然后按宽 2.2～2.5m 的围沟作畦，开好三沟，沟宽 25～30cm、畦沟深 10～15cm、腰沟深 15～20cm、围沟深 20～25cm，整平畦面后待播。

(3) 均匀播种。9 月底开始播种，10 月 25 日以前播完，在此播期内，播期越早产量越高。用种 4.5～6.0kg/hm²＋尿素 15.0～22.5kg/hm²＋油菜专用硼肥（基肥型）7.5kg/hm²，拌匀后分厢过秤均匀播种。

(4) 加强田间管理。一要保墒促苗。9 月底至 10 月上旬若遇秋旱，播后应及时灌跑马水，以促进早出苗、齐苗、全苗。秋雨多，则应清沟排湿除湿，保证全苗，防死苗、化苗。二要间苗、定苗。油菜苗 3～4 叶时，做好间苗、补苗工作，每隔 6～7cm 定苗 1 株，保证密度在 45.0 万～52.5 万株/hm²，确保个体、群体协调生长。三要化学调控。油菜苗 4～5 叶时根据苗势，用 15% 多效唑 450～750g/hm² 兑水 750kg/hm² 喷雾防徒长。四要合理追肥。5～6 叶时，追施尿素 45～75kg/hm²，切忌偏施氮肥。冬至前追施 40% 油菜专用复合肥 150～225kg/hm² 或草木灰 1 500～2 250kg/hm²、腐熟有机肥 15.0～22.5t/hm² 防倒防冻。抽薹期用油菜专用硼肥（叶面喷雾型）1 500g/hm² 兑水 450kg/hm² 喷雾防花而不实。五要清沟防湿。开春后雨水多，应及时清沟沥水，保证三沟畅通、雨停田干，确保春后油菜健壮生长。

(5) 防治病虫草害。冬前主要防治蚜虫和菜青虫，春后主要防治霜霉病、白锈病、菌核病等。立春后 15～25d，趁晴天摘除老叶、黄叶、病叶，以利通风透光，减轻病虫害。3 月上中旬，用 80% 多菌灵超微粉 1 000 倍液或 40% 菌核净可湿性粉剂 800 倍液叶面喷雾，隔 7～8d 再喷 1 次，防治菌核病等病害。出苗后用 36% 甲维·苏云金 450～600mL/hm²，兑水 450kg/hm²，或用 2.5% 溴氰菊酯乳剂 2 500～3 000 倍液喷杀菜青虫、蚜虫等害虫。

>>> 任务三　油菜育苗移栽技术 <<<

（一）选好育苗地

1. 具体要求　选择适合油菜育苗的地块作苗床。

2. 操作步骤

（1）选苗床地。选择平整、肥沃、疏松、向阳、水源方便且尽量靠近本田的早秋作物地或其他旱地作苗床地。

（2）确定苗床面积。一般苗床面积与本田的面积比为 1：（5～6）。

（二）确定播种期

1. 具体要求　适时播种，提高播种质量。

2. 操作步骤　油菜的播期一般以温度及移栽时间来确定。气温在 18～20℃时为适宜播期，也可根据移栽期推算，在移栽期确定的基础上，按苗龄（壮苗苗龄一般 40～45d）向前推算，即可确定播期。如果移栽面积大时，可分期播种，以便分期移栽。

（三）确定播种量

1. 具体要求　适量播种，提高播种质量。

2. 操作步骤　油菜播种量每公顷为 9～12kg。

3. 相关知识　一般早播长龄苗播量应少些，迟播短龄苗播量应多一些，籽粒饱满、整齐一致、发芽率高的种子可少播一些，而籽粒较小、饱满度差、发芽率低的种子要多播一些；整地质量差、土质差的也应多播一些。

（四）播种

1. 具体要求　均匀播种，力求提高播种质量。

2. 操作步骤　为了播种均匀，将油菜种子掺等量的细粪土或草木灰，然后分畦、定量、分次播种，并薄盖一层 2～3cm 的细土。

（五）苗床管理

1. 具体要求　种子播后应及时加强管理，培育壮苗。

2. 操作步骤

（1）早间苗、定苗。油菜齐苗后进行第一次间苗，做到苗不挤苗。长出第一片真叶后进行第二次间苗，做到叶不搭叶。在 3 片真叶时定苗，苗距以 6～8cm 为宜。间苗、定苗时去弱苗，留壮苗；去小苗，留大苗；去杂苗，留纯苗；去密苗，留匀苗；去病苗，留健苗。拔除杂草，保证幼苗生长健壮。

（2）早施提苗肥。为了满足幼苗养分需要，结合匀苗、定苗施肥，每匀一次苗用清淡粪水提苗定根，定苗后及早追肥，一般施尿素 45～60kg/hm²。5 叶期后进入壮苗充实期，应控制肥水，防止徒长。做到 4 叶前苗旺、5 叶后苗壮。在移栽前 6～8d 追施 1 次肥，施尿素75kg/hm²，栽后恢复生长快。干旱时应结合施肥适量浇水。

（3）勤浇水、排水。遇干旱应及时浇水，雨多土湿则应及时清沟排水。在干旱季节播种前，苗床要浇水然后播种，出苗后视土壤墒情，傍晚浇水，移栽前 1d 浇水 1 次，便于取苗。

（4）早防治病虫害。苗床期气温较高，要注意防除病虫害。苗期以蚜虫危害最严重，除直接危害油菜外，还传播病毒病。病害主要有病毒病、白锈病和猝倒病。必要时要用药剂防治，做到带药移栽，不把病虫带入大田。

3. 注意事项 育苗期间雨水多时，注意排水防渍，防止烂芽、烂苗。

（六）移栽前准备

1. 具体要求 适时移栽，提高移栽质量。

2. 操作步骤

（1）大田准备。大田移栽前耕整2~3次，结合耕整施足底肥，田内开好三沟（畦沟、围沟、腰沟），做到明水能排、暗水能滤。

（2）确定移栽期。油菜苗床期达到35~40d时移栽。移栽时叶龄5~7叶，也可以在4叶时开始移栽。早栽，苗床用量少，起苗时伤根少，及时移入本田后，利用冬前气温较高的条件，有利于培育壮苗。

（3）移栽密度。油菜秋发栽培，每亩栽植7 000~8 000株；冬发栽培，每亩栽植9 000~10 000株。

3. 注意事项 油菜移栽时要考虑品种的特性，早熟品种适当推迟，晚熟品种适当提前，适时早栽可延长冬前有效生长期，促进油菜多发根、多长叶，积累较多的营养物质，达到壮苗越冬，翌年发育健壮。移栽时不栽隔夜苗、无根苗、无心苗、病虫苗和杂苗，并在田边栽好预备苗，以便补栽时用。

（七）移栽

1. 具体要求 提高移栽质量，达到全、匀、深、直、紧的要求。

2. 操作步骤

（1）起苗。起苗时如果苗床干旱，应于移栽前1d浇水湿润苗床，以免起苗时断根伤苗。起苗时应在早晨露水干后进行，坚持不栽隔夜苗，要精心操作，做到带土、带药、带肥。

（2）移栽。起苗时用小铲或撬，带土移栽，以缩短缓苗期。苗要栽直，不要窝根，不能栽得过浅或过深，一般覆土到最下面叶的叶柄着生处，覆土要严，紧密适当，以免挤伤心叶。栽后随即浇定根水，并及时施缓苗肥，一般施尿素75kg/hm²。

3. 相关知识 油菜育苗移栽的意义：育苗移栽可以缓和季节矛盾，使一年一熟变为一年两熟、三熟，提高复种指数，也是在晚秋作物如玉米、水稻、棉花等收获后复种油菜的一项增产措施。同时，油菜育苗便于苗期集中管理，有利于培育壮苗，为丰产打下基础。

油菜壮苗标准：幼苗移栽时单株绿叶5~6片，叶色深绿，叶柄短粗；根系发达；根颈粗0.6~0.7cm，苗高25cm左右；苗壮而不旺，无病虫危害，抗逆力强。

4. 注意事项 油菜移栽时要做到"三要三边"和"四栽四不栽"。所谓"三要"指行要栽直，根要栽正、栽稳；"三边"指边起苗，边移栽，边浇定根肥和定根水。"四栽四不栽"指大小苗分栽，不混栽；栽新鲜苗，不栽隔夜苗；栽直根苗，不栽钩根苗；栽紧根苗，不栽吊根苗。

【拓展阅读】

杂交油菜培育壮苗的方法

培育壮苗的标准：油菜的叶数为5叶以上，苗高在20cm左右；油菜的单株叶面积在500cm²左右，最大的叶长为10cm，最大的叶宽为5cm，油菜苗叶柄粗短，无红叶现象，叶密集，没有出现高脚苗现象与弯脚苗；无任何病虫害。

1. 苗床准备　苗床不宜用近年种过油菜的地块。一般应选择地势向阳、排灌方便、土壤疏松肥沃的地块。苗床面积按苗床与大田1∶（6～8）的比例留足。苗床整地要做到平、细、实，经整地后做成1～1.5m宽的畦，畦沟宽25cm左右。每亩施2 500kg土杂肥和20～30kg磷肥作基肥。

2. 苗床播种　种子播前要晒种1～2次，然后风选或筛选。油菜苗床播种有撒播和条播两种，一般为撒播，每亩播种量为0.5～0.75kg，播种均匀，播后及时沟灌，使土壤湿润，以利出苗。

3. 苗床管理　苗床齐苗后即应开始间苗，以后每出1叶间1次苗，3～4片真叶时进行定苗，苗距8～9cm。若遇秋旱，应进行沟灌或浇灌。在移栽前1周最好施1次起身肥。注意防治蚜虫、跳甲、菜青虫、猿叶虫等。为防止高脚苗，在3～4叶时可喷100mg/L多效唑或烯效唑。

>>> 任务四　油菜田间管理技术 <<<

一、油菜前期田间管理

油菜前期指从移栽成活至现蕾的时期，一般为40～50d。此期是从以发根、长叶的营养生长为主，过渡到营养生长和生殖生长同时并进的时期，既发根、长叶又分化花芽、孕蕾，但仍以营养生长为主。前期栽培要促进多发根、长叶，形成壮苗，为壮秆、多产生分枝打下基础。油菜前期生长的好坏直接影响到以后各阶段的生长发育，因此，加强前期栽培管理是夺取油菜高产的最重要环节。

（一）间苗、定苗，查苗补缺

1. 具体要求　保证全苗，培育壮苗。

2. 操作步骤　直播油菜出苗后2片真叶时及时间苗，3～4片真叶时按预定密度定苗。如缺苗断垄现象严重，在定苗的同时带肥带水进行补栽。移栽油菜返青成活后，对全田进行一次查苗补苗，达到全苗。

3. 注意事项　间苗、定苗要求做到"五去五留"，即去密留匀、去弱留壮、去小留大、去病留健、去杂留纯。

（二）早施提苗肥

1. 具体要求　促进早发根，早发苗，促进花芽分化，使幼苗在现蕾前叶片多、根系旺、根颈粗、菜苗壮。

2. 操作步骤

（1）及早追肥。除移栽时施定根清粪水外，应在移栽后7～10d施1次清淡粪水或速效化肥，化肥可施用尿素120～150kg/hm²。

（2）施"开盘"肥。在11月下旬前后及时追施"开盘"肥。

3. 相关知识　油菜是一种需肥较多的作物，在施足底肥的基础上适时追壮苗肥。苗期施肥量一般占油菜总追肥量的30%～40%。尤其是移栽油菜，移栽时损伤了部分根系，吸肥水的能力减弱，影响幼苗生长，故需补充营养。

(三) 适时冬灌，保温防冻

1. **具体要求**　满足油菜对水分的要求，沉实土壤，均衡地温，防止漏风冻根死苗。

2. **操作步骤**　通过开沟进行冬灌。也可以给油菜苗基部壅土，保温防冻。

3. **注意事项**　切忌大水漫灌，灌溉后要及时松土保墒，防止地面龟裂，以免损伤根系和幼苗受冻。

(四) 中耕培土

1. **具体要求**　改善油菜生长环境，去除杂草。

2. **操作步骤**　一般在油菜移栽后 1 个月内或封行前，中耕松土 1～2 次，先浅后深，并对栽植较浅易倒伏的菜苗适当培土，培土时力求精细，做到不打叶、不压菜心，将缩茎段埋在土中即可。

(五) 施用腊肥

1. **具体要求**　重施腊肥，使菜苗安全越冬。

2. **操作步骤**　12 下旬至 1 月上旬，即冬至到小寒，低温来临之前施用腊肥。腊肥主要以农家肥为主，并结合中耕，进行培土压蔸。腊肥要重施，一般氮素用量应占总量的 20% 左右，钾素用量占总量的 40% 左右。施用腊肥不仅可以保温防冻，还可以供给油菜越冬期和抽薹开花期的营养元素，保证后期平稳生长。

(六) 防治病虫害

油菜苗期的病虫害以蚜虫、菜青虫和病毒病、猝倒病、白锈病为主，应注意及时防治。

二、油菜中期田间管理

油菜中期指现蕾到初花期，也称油菜的蕾薹期，一般需 40～50d。此期营养生长与生殖生长两旺，生殖生长逐渐占优势，且根系生长快，支根纵横扩展；叶面积成倍增加，腋芽形成分枝、茎伸长、充实、膨大，花芽迅速分化，是油菜生长最快的时期。栽培上要达到分枝多、花芽多，长势稳健。

(一) 松土保墒

1. **具体要求**　改善油菜生长的土壤环境，提高地温，促进春发。

2. **操作步骤**　春季解冻后及时浅锄，可以促进油菜根系发育，且消灭杂草。

(二) 施蕾薹肥

1. **具体要求**　满足蕾薹期油菜对养分的需要。

2. **操作步骤**　蕾薹肥的施用应根据油菜的长势长相而定。此期的施肥量占总施肥量的 20%～30%，一般施尿素 80～100kg/hm²。

(三) 补施硼肥

1. **具体要求**　满足油菜对硼肥的需要，防花而不实现象。

2. **操作步骤**　在油菜薹高 10～16cm 时，叶面喷施硼肥，浓度为 0.1%～0.2%，每亩喷施 75kg，促进油菜的生长发育。

(四) 灌水与排水

1. **具体要求**　满足油菜蕾薹期对水分的需要。

2. **操作步骤**　结合施肥灌水，水肥齐攻。北方蕾薹期常遇春旱，气候干燥，雨量少，应饱灌蕾薹水。在多雨易涝地区应开沟排水，降低田间湿度。

3. 注意事项 油菜田湿度不能过大，以土壤水分保持在田间持水量的 70% 左右为宜。

（五）防治病虫害

要注意防治病虫害，虫害主要有蚜虫、潜叶蝇、黄曲条跳甲等，病害主要有病毒病等。

三、油菜后期田间管理

油菜后期指初花到成熟的时期，包括开花期和角果发育期两个阶段，需 $50\sim60$ d。此期营养生长逐渐减弱，生殖生长日益旺盛，以至完全为生殖生长。花序迅速伸长，边开花边结角果，是决定油菜产量高低的重要阶段。此期管理要做到保根、养叶、增花、增角果、增粒数、增粒重。

（一）施花肥

1. 具体要求 巧施花肥，减少蕾果脱落，增加粒重和含油量。

2. 操作步骤 在初花期施用花肥，一般占总肥量的 $5\%\sim10\%$，视油菜的长势而定。也可进行根外追肥。花肥施用宜早不宜迟，以免贪青倒伏，延迟成熟。

（二）辅助授粉

1. 具体要求 提高结实率。

2. 操作步骤 辅助授粉的方法有两种，一种是养蜂传粉，另一种是人工授粉。人工授粉一般采用拉绳或竹竿等工具，在晴天上午 8—11 时油菜大量开花时进行。

（三）合理排灌

1. 具体要求 满足油菜后期生长发育对水分的需要。

2. 操作步骤 此期遇春旱时要及时灌水，在地下水位高，降水量大的田块，应及时排水。

（四）防治病虫害

油菜开花以后要注意防治蚜虫、菌核病、白锈病和霜霉病。

【拓展阅读 1】

油菜高产优质栽培技术

1. 选用优质油菜良种 品种选择是保证优质的关键基础，要选用芥酸、硫代葡萄糖苷含量均符合规定标准的油菜品种，现在主推品种有油研 9 号、油研 10 号、黔油 17、黔油 18、杂选 1 号等。

2. 做到种植连片，实行区域化栽培 油菜是借助昆虫或风力传播花粉进行授粉，如不集中连片种植，就会有外来花粉混入，从而影响菜油品质，因此必须集中连片隔离种植，严禁插种其他油菜。

3. 培育壮苗 壮苗是高产的基础。壮苗具有根多、叶茂、容易移栽成活、发根力强等优点。壮苗标准：绿叶 $5\sim6$ 片，苗高 20cm，根颈粗 0.6cm，白根多，无高脚苗，青秀，病虫害少。

（1）苗床选择与整地施肥。苗床应选土地平整，土层深厚，土壤肥沃、疏松，背风向阳，水源方便，不易受家禽危害的旱作地，深耕 20cm 左右，整碎土块，开沟作厢，厢高 10～13cm，厢宽 133cm 左右，然后每亩苗床用草木灰 $800\sim1\,000$kg、磷肥 25kg、尿素 2.5kg，用腐熟粪水混合堆沤后施于厢面与表土拌匀，整平厢面。

（2）适时播种。整好苗床后，于9月中旬播种。播种前要晒种2～3d，用5％食盐溶液浸种5min，滤出后用清水冲洗，晾干水待播。播种量以每亩0.5～0.75kg为宜，播种时按厢面定量称种，然后用少量磷肥、干细土或草木灰拌种。每厢播种操作最好分为两道工序：第一道播下定量种子的大部分，力求撒播均匀；第二道补足定量，填补过稀地方；播后覆盖一层薄细土，以不见种子为度，播完后用水浇透苗床地。

（3）苗床管理。播种至齐苗前要求保持床土湿润，晴天每天浇水1次，小苗出真叶后，及时匀密补稀，2叶至2叶1心期追施提苗肥，每亩追施清粪水500～1 000kg加尿素3～4kg，3片真叶时定苗，匀去弱苗、病苗、杂苗、高脚苗，保持每平方米留苗不超过120株。3叶期每亩用15％的多效唑34～50g兑水50kg（100～150kg/L）进行叶面喷施，可防止高脚苗、曲颈苗，使幼苗生长健壮，但切忌浓度过大，否则会抑制生长。移栽前1周追送嫁肥，每亩用清粪水500～1 000kg或尿素25kg兑水追施，以便带土、带肥移栽，促成活。苗床期要注意病虫害防治。

4. 施足底肥，适时移栽

（1）大田整地与施底肥。地势低洼、渍水的田块应在水稻散籽时四周开围沟排水，烂泥田与太大田块在水稻收后还要挖"十"字沟。所有田块应在水稻收后及时翻犁炕晒，细碎土块，使幼苗移栽后易成活、易生根。大田底肥，每亩施腐熟农家肥1 000～1 500kg、磷肥20～30kg，优质油菜对硼反应敏感，缺硼土壤会因此造成花而不实而减产，增施硼肥则增产显著，因此每亩底肥中还应混合硼肥0.5kg。

（2）移栽。移栽期的确定，按苗龄30～35d，达到5～6片绿叶时，即为适宜的移栽期。移栽密度以每亩8 000～10 000株为宜，要根据田土肥力情况及海拔高度而定，中、高等肥力田块和低海拔地方可栽。

【拓展阅读2】

油菜测土配方施肥

测土配方施肥是以土壤测试和肥料田间试验为基础，根据作物需肥规律、土壤供肥性能和肥料效应，在合理施用有机肥料的基础上，提出氮、磷、钾及中微量元素等肥料的施用数量、施肥时期和施用方法。

1. 基肥　基肥以农家肥为主，配施氮、磷、钾等化肥。基肥占总用肥量的比例主要相对氮肥而言。如迟效肥用量大、气温低、土质黏重或瘠薄，基肥可占50％～80％；土质肥沃、基肥中人粪尿比例较大、冬季气温较高、土壤养分分解较快的平原，基肥可占30％～50％。春油菜宜将全部磷肥作底肥。春甘蓝型油菜的基肥应施农家肥1.5万～2.25万 kg/hm²、硫酸铵37.5kg/hm²、过磷酸钙300kg/hm²或磷矿粉600～1 500kg/hm²、氯化钾112.5～150kg/hm²。白菜型和甘蓝型油菜施土杂肥1.5万～2.25万 kg/hm²、过磷酸钙300kg/hm²、硫酸钾或氯化钾75kg/hm²。农家肥应撒施，并耕翻入深20～30cm的耕作层。

2. 种肥　最好以难溶性的磷肥加磷矿粉作基肥，水溶性磷肥作种肥，施肥量150kg/hm²。

3. 追肥　一般分为苗肥、蕾薹肥和花肥。

（1）苗肥。在基肥不足或基肥中速效肥料少时苗肥尤为重要。一般施 2～5 次，直播油菜第一次在间苗时施入，以后在定苗后施入。移栽油菜第一次在幼苗返青时施入，第二次在有 3～5 片新叶时施入，每次施粪水 7 500～11 250kg/hm²。

（2）蕾薹肥。一般基肥中等、苗势正常、田间荫蔽面积不大，可在薹高 10cm 时施用蕾薹肥。长势差、绿叶片数少的田块，应重施蕾薹肥。基肥重、苗肥足的田块，可不施或推迟施用。蕾薹肥应以人畜粪尿肥为主，施用量为 7 500～22 500kg/hm²，再施用硫酸铵 150kg/hm²。

（3）花肥。注意施用时间和用量，根据苗情、地力等条件而定。薹茎、枝条粗壮，中、下部叶色浓绿，苗架长势旺的油菜，应重施；土壤保水保肥能力强的田块，应少施或不施；叶色褪绿、发生脱肥现象的田块，在开花前或初花期施用清粪水 7 500～15 000kg/hm²，加尿素 37.5～45kg/hm²。

4. 补硼　油菜在生殖生长阶段需要的硼较多。有效硼低于 0.5mg/L 的缺硼土壤，应施硼肥，一般用硼砂 50g 兑水 50kg，在苗期、薹期各施 1 次，也可以在花蕾期喷施 1 次，或用硼泥 225～375kg/hm² 在移栽时开沟条施或穴施。

>>> 任务五　油菜灾害防治技术 <<<

（一）油菜冻害防治

1. 具体要求　做好冻害防治工作，确保高产、稳产。

2. 操作步骤

（1）合理施肥。早施苗肥，重施腊肥，培育壮苗防冻。

（2）培土壅根防冻。结合施腊肥进行中耕除草和培土，培土高度一般达到第一片叶基部为宜，这样既能疏松土壤、提高土温，又能直接保护根部，有利于根系生长，防止严冬发生根拔以及后期倒伏。

（3）灌水增湿防冻。越冬水要浇足、浇透，以田间不积水为限，浇后外露的根基要适时重新培土。

（4）摘除冻薹和部分冻死叶片。摘除部分冻死叶片的工作应在受冻害后的晴天及时进行。已经抽薹的田块在解冻后，可在晴天下午采取摘薹的措施，以促进基部分枝生长。

3. 相关知识　油菜冻害有 3 种类型：一是拔根掀苗，土壤在不断冻融的情况下，土层抬起，根系被扯断外露，植株吸水、吸肥能力下降，而且暴露在外面的根系也易发生冻害，免耕直播油菜更易发生；二是叶部受冻，受冻叶片呈烫伤水渍状，当温度回升后，叶片发黄，最后发白枯死，重者造成地上部分干枯或整株死亡；三是薹花受冻，蕾薹受冻呈黄红色，皮层破裂，部分蕾薹破裂、折断，花器发育迟缓或呈畸形，影响授粉和结实，减产严重。

（二）油菜早薹早花防治

1. 具体要求　做好防治早薹早花，及时摘薹。

2. 操作步骤

（1）确定适宜播期。根据不同品种的感温性确定适宜的播期。

（2）中耕松土。结合疏松土壤，使之通气良好，有利于油菜生长发育，同时可损伤部分根系，暂时控制生长，有缓和抽薹开花作用。

（3）灌水增湿防冻。越冬水要浇足、浇透，以田间不积水为限，浇后外露的根基要适时重新培土。

（4）及时摘薹。摘除已经抽薹的油菜，在薹高 30cm 以下及时摘薹可以延迟开花，避开早春低温冻害，对生长健壮的油菜，还有促进分枝、增多结果的作用。摘薹后应及时追施速效性肥料。

3. 相关知识 油菜早薹早花指冬前和越冬时出现抽薹和开花的现象。油菜提早抽薹开花，植株容易受冻害，影响生长发育和受精结实，从而降低产量。出现早薹早花的原因是春性品种和一部分半冬性早中熟品种播种过早，特别是秋、冬温度较高的地区和年份更为严重。此外，水肥条件差、留苗过密、苗龄太长等，都会促使早花的出现。

（三）油菜倒伏防治

1. 具体要求 防止和减轻倒伏，及时做好相应工作。

2. 操作步骤

（1）合理选种。选用抗倒性强的品种，栽培中应注意合理密植。

（2）加强栽培管理。移栽取苗时应注意保留一定长度的主根，栽植深度适宜。开好深沟，降低地下水位，搞好各生育期的中耕松土，及时培土培根等，以增强植株的抗倒伏能力。

3. 相关知识 油菜倒伏的主要原因有 4 个方面：一是肥水管理不当，造成油菜疯长；二是种植密度过大，茎秆节间细长，强度低，分枝部位升高，造成头重脚轻；三是移栽过浅或移栽苗主根留得太短；四是由于各种原因导致茎薹龟裂，削弱植株抗倒能力。

（四）油菜花而不实防治

1. 具体要求 做好油菜花而不实的防治工作，确保正常结实。

2. 操作步骤

（1）适当早播。以长江中下游地区的油菜生产为例，沿江地区育苗移栽的播种时间应当不迟于 9 月 15 日，直播也应该在 9 月下旬结束，长江以北地区应适当提早 3～5d。

（2）合理密植。在油菜种植生产中，提倡免耕稀植移栽，一般大田移栽 4.5 万～6 万株/hm²，株、行距为 50cm×40cm 或 55cm×35cm 比较适宜。

（3）适时化控。在油菜苗期进行合理化控，可以有效控制油菜疯长，显著矮化苗高，控制缩茎段和叶柄的伸长，使油菜根、茎增粗，叶片增厚，光合作用增强，从而提高油菜苗的群体和个体素质，可有效预防油菜花而不实。一般在油菜幼苗 3 叶期，用 15% 多效唑可湿性粉剂 600～750g/hm²，兑水 1 500kg 喷施。

（4）科学施肥。油菜施肥应遵循施足基肥、早施苗肥、稳施薹肥、巧施花肥、增施硼肥的科学施肥原则。增施硼肥，给油菜补充足够的硼素营养，是预防油菜花而不实的根本措施。

（5）及时抗旱、排涝。做好油菜田的抗旱、排涝，可显著减少有效态硼被土壤固定或淋失，增加有效硼的供给。要求选择地势较高、排水通畅的地块种植，并开好围沟、畦沟和腰沟，做到田间三沟配套，平时做好清沟排渍、抗旱排涝工作。

3. 相关知识 油菜花而不实也称萎缩不实症，即油菜从发病开始，经花期之后，幼角果不膨大或不结籽粒，不能正常结实的现象，是油菜的一种生理性病害，一般造成减产20%～30%，严重时颗粒无收。油菜花而不实主要与土壤有效性硼含量、气候、品种、病虫害以及栽培管理等因素有关。

（五）油菜分段结实防治

1. 具体要求 做好油菜分段结实防治工作，确保高产、稳产。

2. 操作步骤

（1）选用良种。选用抗寒性较强的品种。根据品种的生育特性，合理安排播种期，使始花期尽可能处于当地适宜的开花期内，以减轻或预防不良气候引起的花蕾大量脱落。

（2）培土壅根防冻。同油菜冻害防治。

（3）加强栽培管理。培育壮苗，在春后使油菜达到春发稳长的目标。低温来临前，及时灌水，防止干冻。对薹部严重受冻的油菜，选择晴天温度高时摘除，追施速效氮肥，以促进下部分枝生长，增加角果数，减少产量损失。

3. 相关知识 油菜是无限花序，每株油菜可分化形成几百个甚至上千个花蕾，但结成有效角果的只有 300～500 个，其他花蕾脱落或形成无效角果，产生分段结实现象。

（六）油菜病虫害防治

1. 具体要求 预防为主，科学综合防治。

2. 操作步骤

（1）合理轮作，适时换茬。大多数油菜病虫草害都是以相应的形态在土壤中越冬、越夏，因而轮作换茬具有较好的防治效果，尤其南方冬油菜产区，应提倡稻—油水旱轮作。轮作换茬对菌核病防治效果最好，对病毒病和霜霉病也有一定的防治作用。油菜不宜与十字花科蔬菜连作，否则病害将显著增加。

（2）选用高产、抗病品种，合理布局。应因地制宜，及时更换品种，做到多品种合理布局。品种单一化，包括大面积连片种植和连年种植，会引起品种抗性的丧失和退化，也有利于病虫的积累和传播。播前精选并处理种子，适时播种和移栽。

（3）加强田间管理。深耕培土可将菌核和越冬跳甲等深埋土中，蕾薹期中耕培土可在菌核萌发前埋杀；合理密植与施肥、清沟排渍、降低田间湿度，可减少大多数病虫害的发生，适时灌溉可以减轻蚜虫危害。

▷▷▷ 任务六　油菜收获贮藏技术 ◁◁◁

（一）油菜测产

1. 具体要求 学会油菜田间测产的方法，测出指定油菜田的产量。

2. 操作步骤

（1）选择田块和样点。油菜测产一般在绿熟期至黄熟期进行。根据油菜生长情况，选择油菜田块。按 S 形或五点取样法选择样点。

（2）测定产量。

①测定有效株数。在要测产的田内选 5 个点，每个样点 1m²。然后数每样点内的有效株数。计算单位面积株数。

②测定角果数。在每个样点中随机抽取 5～10 个分枝，数其角果数，算出每株的角果数。

③测定每角果粒数。在每个样点中取 10 个角果，求每个角果的籽粒数。

④千粒重的测定。将测产田块收获籽粒晒干后，随机取 4 份各 1 000 粒，用天平称重，取平均值。

⑤计算产量。理论产量可用所测得的株数、每株有效角果数、每角果粒数和千粒重的乘积计算得出。

3. 注意事项 测产应在收获前 5～7d 进行，在测产过程中要小心谨慎，不要造成浪费。

（二）油菜收获

1. 具体要求 适期收获。

2. 操作步骤 可采用割秆或拔蔸收获油菜，收后搬至晒场或在田间堆置 3～4d，角果壳干后即可脱粒。收获时一般在晴天早晨露水未干时收割，并做到轻割、轻放、轻捆、轻运。

2. 注意事项 收获油菜一定要适时，过早，油分含量低；过晚，裂果落粒，损失太大，造成浪费。

4. 相关知识 油菜角果成熟早晚很不一致。如收获过早，未成熟角果多，种子不饱满，含油率低，品质和产量都不高；如收获过迟，角果易炸裂，落粒严重，粒重和含油量也下降。油菜的收获期在油菜终花后 25～30d。在全田有 2/3 角果呈黄绿色，主轴中部角果呈枇杷色，全株仍有 1/3 角果以绿色时收获为宜。

（三）油菜贮藏

1. 具体要求 科学贮藏油菜种子。

2. 操作步骤 油菜种子收获脱粒后，含水量一般在 20％左右，不耐贮藏，必须晒至含水量为 10％以下才能安全贮藏。种子入库长期贮藏时，含水量控制在 8％以下。仓库低温干燥，需经常检查防止霉变。严禁用塑料袋装种子，以免影响种子发芽。

（四）油菜留种

1. 具体要求 选留饱满、具有本品种特征的优良种子。

2. 操作步骤 在选种田找健壮无病，分枝多而集中，结角多的优良植株，做上标记，待种子成熟时及时收获。收获后将植株主薹剪下，去掉顶端小角果后混合脱粒留种。

3. 注意事项 油菜是异花授粉作物，不同品种不同类型之间容易互相授粉。因此，要注意选种、留种工作。种子田宜选用有天然屏障的山区、丘陵区，或用树林等高秆植物作隔离物的地区，或距离其他油菜田和十字花科作物田 600m 以上，以防异花授粉后引起种子混杂、种性退化。油菜种子至少应以县为单位统一繁殖、统一留种、统一供种。

【拓展阅读】

杂交油菜栽培技术

1. 地块选择 选好、选足苗床。在播种的时候需严格按照气候条件、轮作茬口、培育壮苗，遵循因地制宜的基本原则，早播种。

苗床制作。苗床整地要求平、细、实。平是畦面平整，下雨后或浇水时不产生局部积水；细是要求表土层细碎，上无大块下无暗垡，种子能均匀落在土壤细粒之间，深浅一致，使根系发育良好，取苗时少断根、多带土，易成活；实是要求在细碎的基础上适当紧实。苗床地不宜深耕，一般以 13～16cm 为好，以免主根下扎过深，不便取苗，造成伤根。苗床翻耕后，要求开好围沟，然后再作畦，一般畦宽 1.3～1.6m，沟宽 25cm，围沟、腰沟深30cm。在精细整地基础上，苗床要施足底肥，以有机肥为主，氮、磷、钾、硼相结合。一般苗床需优质腐熟有机肥 2～2.5kg/m²、磷肥 40～50g/m²，先将有机肥施于土壤充分混合，然后将磷肥均匀施于苗床表面，与表土层混合再用沼液或人畜粪尿兑水施下，使苗床充分湿润。底肥中增施磷肥有特别重要的作用，磷能促进根系发育，增强幼苗的抵抗力。

播种前将杂交油菜种子进行盐水消毒及除去部分夹杂物和秕粒。盐水选种可以提高种子质量，其方法是用 8%～10% 盐水把种子放在盐水中及时搅拌 5min，不断除去漂浮在水面的菌核和秕粒，然后捞出种子立即用清水冲洗数次，以免盐分影响发芽力。最后将选出的种子摊开晾干，准备播种。播种时间为 8 月下旬至 9 月上旬。播种前必须使苗床土壤充分湿润，一般可用清粪水浇泼保证出苗迅速。播种要求落籽均匀，为保证均匀，按苗床面积，定量称好种子，与细土或草木灰等拌匀，再均匀播种。

2. 苗床管理　要早间苗，稀定苗，否则会形成大量的高脚苗、弯脚苗、弱苗等。间苗要间均匀，以利于培养壮苗，第一次可在油菜长出第一片真叶时进行间苗，疏去过密细弱苗，扯小留大，间密留稀，使油菜苗不挤苗，叶不搭叶，苗距为 3～4cm，均匀分布于苗床。第二次在油菜苗长出 2～3 片真叶时进行匀苗、定苗，苗距 7cm 左右，每平方米留苗 150～180 株。间苗要做到去弱留壮、去小留大、去杂留纯、去密留匀、去病留健。在间苗的同时，拔除杂草，保证每棵幼苗生长健壮。

苗床追肥管理掌握早、勤、少的原则，前期以促为主，中期促控结合，后期注意控制用量。3 叶期油菜开叶发棵，需要吸收较多的养分，3 叶期前追肥要适当。以速效氮肥为主，少施勤施，促根长叶。3 叶期后要适当控制，避免发棵太旺，造成拥挤，并提高植株体糖分含量，逐渐积累养分，使根颈部分粗壮。每次追肥可结合间苗进行，既能及时补充营养，又有填土稳苗作用。5 叶期后一般不追肥或少追肥，但在移栽拔苗前 1 周追加 1 次送嫁肥，目的在于促使多发新根，移栽后易于成活，并保持土壤湿润便于取苗。

及早防治苗期病虫害。苗期主要害虫有黄曲条跳甲、菜青虫和蚜虫等。当油菜刚长出2 片子叶时，蚜虫发生很普遍，繁殖很快，危害也很严重，早期经常出现子叶有白点、穿孔或幼苗萎缩枯死的现象，同时蚜虫还传播病毒病。苗期的主要病害有病毒病和猝倒病、白锈病等，应及时防治。

喷施植物生长调节剂。多效唑在生产中使用效果很好，在幼苗 3 叶期用 15% 多效唑150g/hm² 兑水喷施，可使幼苗叶色加深、叶片增厚、叶柄缩短、出叶速度加快、根颈短而粗壮，并对控制高脚苗培育矮壮苗有作用，使幼苗移栽后提早成活，抗寒、耐寒能力增强，分枝部位降低，分枝数增多，有较明显的增产作用。

3. 合理密植，适时移栽　大田整地要求做到土粒碎，无大土块，整平整细开好沟，畦沟深 20cm，在开畦的同时要开好腰沟和围沟，做到三沟配套、沟沟相通、明水能排、暗水能滤、雨停田（地）干。

油菜移栽要做到"三栽三不栽"，即要栽直根苗，不栽弯根苗；要栽紧根苗，不栽吊根苗；要栽新鲜苗，不栽隔夜苗。还要做到边起苗边移栽，浇定根水，施返青肥。起苗时，苗床湿度要求较大，以使起苗少伤根系。若苗床缺水坚硬，应在起苗前 1d 浇透水，使土壤湿润，早上露水大取苗容易断柄伤叶，应在露水干后进行，起苗时要力求少伤根，多带护根土，除去弱、病、伤、杂苗。苗按大小分级，分田块移栽，以保证同一块田内秧苗整齐一致，方便田间管理。

4. 抓好年前田间管理　这是油菜高产的基础。农谚云："油菜要丰收，全靠年前发好箓，年前不发箓，产量减半收。"冬前油菜生长的好坏，直接影响到来年油菜的产量，为了来年的高产，冬前应抓好以下田间管理措施。

（1）早追壮苗肥。油菜从苗期到现花蕾阶段的氮、磷、钾吸收量占全生育期吸收总量的43%～50%，油菜苗期长达 100d 以上，又处于从高温到低温的变化阶段，必须抓住冬前有效生长时期，早施追肥，促进油菜越冬前的营养生长和根系发育，达到冬壮高产苗势。菜苗移栽活棵后，要及时追施活棵肥，可用尿素 80kg/hm² 兑清粪水浇施。

（2）中耕除草，重施腊肥，保温防冻。中耕的作用在于疏松表土、破除板结、改善土壤通气状况、提高土温、消灭杂草、促进土壤微生物活动、加速养分转化，以利于油菜发根发棵。中耕应在晴朗天气进行，切忌在阴雨、寒潮、霜冻天气进行。中耕后应施钾肥或草木灰，然后再用农家肥盖上，这样既可保温防冻又可作薹肥。

（3）防止早薹早花。油菜早薹早花的根本原因是部分春性较强的早熟、早中熟品种播种过早，加上它们通过春化阶段对低温的要求不严格，因此，这类品种在冬前达到一定的营养量后就会抽薹开花。此外，苗床密度过大、肥水管理差、菜苗生长不良等也会引起早花。早花植株抗寒性弱，在冬季遇低温易受冻害。防止早薹早花，应早观察、早发现、早防治。发现早薹可用多效唑喷施或在晴朗天气摘薹，寒冷天不宜摘薹。

（4）防治油菜缺硼病。硼属微量元素，硼能促进植物对磷的吸收和分配，硼对糖类合成转化与运输有较大的影响，硼还影响核酸代谢以及生长素的合成。硼在花粉生殖细胞的分化、子房和胚珠的分化、受精、胚乳和胚芽发育等过程中也是必需的。

油菜缺硼的典型症状是根系发育不良，须根不长，表皮褐色；根颈膨大，皮层龟裂；叶小、叶质增厚易碎，叶端倒卷枯萎，叶片呈紫红色，形成蓝紫斑点；花蕾褪绿变黄，萎缩干枯或脱落，开花不正常，花瓣皱缩，色深；角果中胚珠萎缩不结籽或结籽少；茎秆出现裂口，角果皮或表皮变为紫色或紫红色，次生分枝丛生，成熟期还在陆续开花。

预防油菜缺硼症最有效的方法就是施用硼肥。施用方法有基施、追施和叶面喷施，以叶面喷施效果最好。施肥时间以花蕾期效果最好，一般一季油菜最好分 3 次喷施，第一次在返青时喷施，第二次在蕾薹期喷施，第三次在盛花期喷施，能促使油菜角果增大增重，含油量增高。

（5）防止油菜第二次开花。甘蓝型杂交油菜植株较高，如果在中耕除草时培土不好，在花期往往会出现植株倾倒，致使油菜又在分枝处萌发新的枝条，当第一次花刚过，第二次花又开放时，由于第二次开花抢去了养分，第一次开花的角果就不实。我们在生产过程中如果遇到这种情况，必须要扶正植株，砍一些树枝支撑，随时摘去分枝处新生的嫩芽。

5. 防治病虫害　油菜主要的病害有油菜菌核病、病毒病，主要的害虫有油菜蚜虫、菜青虫、黄曲条跳甲，应注意防治。

6. 适时收割　当油菜终花后 30d 左右，有 2/3 的角果呈现黄色时，收割最为适宜。

>>> 任务七　岗位技能训练 <<<

技能训练1　油菜种子质量检验及其发芽过程的观察

（一）目的要求

掌握油菜种子净度、种子水分、千粒重、发芽率和发芽势的测定方法。同时观察油菜种子的发芽过程。

（二）材料及用具

油菜种子、分样直尺、天平、小刷子、镊子、称量纸、小刮板、发芽箱、培养皿、数种仪器、吸水纸或发芽纸、标签等。

（三）内容及操作步骤

1. 种子质量检验

（1）取样。取样时种子无论散装还是袋装，都采用分层分点取样，并仔细观察各点取的种子样品，注意其品质纯度、净度、气味、颜色、光泽等有无显著差异，如无显著差异，可混合在一起作为原始样本，否则另作处理。如原始样本数量较多，需按四分法或分样器分样，取出平均样本，供检验用。

（2）种子净度检验。

①试样分离。种子净度指供检种子量中洁净种子量的百分率。试样称量后，将样品倒在分析桌上，利用镊子或小刮板按顺序逐粒观察鉴定，将试样分离成净种子、其他植物种子和杂质3种成分，分别放入相应的容器或小盘内，并编号。

②称量。将分离后的净种子、其他植物种子、杂质分别称量，并做好记录。

③计算。依据如下公式计算种子净度：

$$种子净度 = \frac{净种子质量}{各种成分质量之和} \times 100\%$$

（3）种子水分的检验。油菜含水量采用高恒温烘干法（在130℃，1h）来测定。

①预热烘箱。将烘箱调至140～145℃，进行预热。

②烘干铝盒。将铝盒洗净擦干，盒盖套在盒子底部，放入烘箱内，将烘箱温度调至105℃，烘0.5～1h，再取出铝盒放入干燥器中，冷却至室温，用精确度为0.001g的天平称量，记下盒号与盒质量。再烘0.5h至恒定质量（前、后两次质量差不超过0.005g），放入干燥器中备用。

③处理试样。将油菜试样用分样器多次混合，使其均匀一致，从中取出试样30～40g，除去杂质后，放入电动粉碎机内进行粉碎。

④称取试样。将磨碎试样充分混合，置于预烘至恒定质量的铝盒内，用精确度为0.001g的天平称取4.5～5.0g试样2份。

⑤烘干称量。摊平盒内试样，盒盖套在盒底下，放入烘箱内上层，迅速关闭烘箱门，使箱温在5～10min内回升至130℃。

⑥冷却称量。烘规定时间后，用坩埚钳或戴上手套，在箱内迅速盖好盒盖，取出铝盒，放入干燥器内。

⑦结果计算。依据如下公式计算种子含水率：

$$种子含水率 = \frac{试样烘前质量 - 试样烘后质量}{试样烘前质量} \times 100\%$$

（4）种子千粒重检验。从净种子中随机数取 2 份油菜种子各 1 000 粒，称量后求其平均值，若 2 份试样质量之差不超过平均重复的 5% 时，则可计算为油菜种子的千粒重；否则须测定第三份试样千粒重，并选取质量相近的 2 份计算平均值作为最终的千粒重值。

（5）种子发芽检验。种子发芽检验是测定种子的发芽势和发芽率。发芽势指种子发芽的快慢和整齐度；发芽率指一定数量的净种子有多少能够发芽。在一般情况下采用温水浸种等催芽方法进行发芽试验。油菜种子发芽标准为幼根不短于种子长度，幼芽不短于种子的一半。将在 30℃ 下 3d 内发芽粒数占供试种子数的百分率计为油菜种子的发芽势；将 5 d 内发芽粒数占供试种子数的百分率计为油菜种子的发芽率。

2. 观察油菜种子的发芽过程

（1）吸水阶段。种子发芽时，首先要吸收水分，一般吸水量达种子本身质量的 60% 以上才能正常发芽，此时种子的体积比原来增加 1 倍。

（2）发芽阶段。种子吸足水分后，胚根开始伸长并突破种皮，露出白色的根尖。

（3）幼根活动阶段。幼根不断向下生长，在根尖端以上出现许多白色的根毛。

（4）子叶展平阶段。当幼根向下伸长的同时，胚轴向上伸长，将两片子叶顶出土面。子叶的颜色由原来的淡黄色转变为绿色，并逐渐展平，即为出苗。

油菜种子的发芽出苗过程也是种子贮藏物质如脂肪、蛋白质和糖类等的转化过程，这些物质被分解为简单的物质供种子发芽和出苗。

（四）注意事项

（1）油菜种子千粒重检验若 2 份试样质量之差超过平均重复的 5%，须测定第三份试样千粒重，并选取质量相近的 2 份计算平均值作为最终的千粒重值。

（2）油菜在种子发芽期间，要求每天检查发芽试验的状况，以保持适宜的发芽条件。

（五）实训报告

（1）将油菜种子质量检验结果与低芥酸、低硫苷油菜种子质量指标进行比较（表Ⅱ-5-2），确认供检油菜的质量。

表Ⅱ-5-2 低芥酸、低硫苷油菜种子质量指标

质量指标	杂交油菜种子		非杂交油菜种子		
	一级	二级	育种家种子	原种	良种
芥酸含量（%）	≤2.00	≤2.00	≤0.50	≤0.50	≤1.0
每克菜籽饼硫苷含量（μmol）	≤40.0	≤30.0	≤25.0	≤30.0	≤30.0
纯度（%）	≤90.0	≤83.0	≤99.0	≤99.0	≤95.0
净度（%）	≤97.0	≤97.0	≤99.5	≤98.0	≤98.0
发芽率（%）	≤80.0	≤80.0	≤96.0	≤90.0	≤90.0
水分（%）	≤9.0	≤9.0	≤9.0	≤9.0	≤9.0

（2）绘制油菜种子发芽与出苗的过程图。

技能训练 2　油菜类型的识别

（一）目的要求

比较不同类型油菜的形态特征，正确识别油菜的 3 种类型。

（二）材料及用具

3 种类型油菜（白菜型、芥菜型、甘蓝型）的新鲜植株（幼苗、成熟植株）、标本、放大镜、铅笔等。

（三）内容及操作步骤

（1）取 3 种不同类型油菜的幼苗及成熟植株（分期进行）。

（2）依据各油菜类型的特点，按根、茎、叶、花、果实、种子各器官的顺序区别幼苗及植株。

（3）将 3 种油菜类型观察对比的结果填入表Ⅱ-5-3。

表Ⅱ-5-3　油菜 3 种类型主要特征比较

项　　目		白菜型（　　）	甘蓝型（　　）	芥菜型（　　）
根的特点				
茎	株高（cm）			
	分枝部位			
叶	茎生叶大小、形状			
	薹茎叶基部抱茎状况			
	叶片蜡粉多少			
花	花冠颜色、大小			
	花瓣排列			
果实	着生状态			
	长度			
	粗细			
种子	大小			
	颜色			

（四）实训报告

填写 3 种类型油菜特征比较表，并进行整理分析，撰写 500 字左右的不同油菜类型特点的文字总结。

技能训练 3　油菜生育期观察记载及抗逆性调查

（一）目的要求

掌握油菜各生育时期的观察记载标准和抗逆性调查方法，并能根据抗逆性结果提出合理的栽培措施。

(二) 材料及用具

供实习的田块、油菜植株、天平、直尺、皮尺、计算器、记录纸、铅笔等。

(三) 内容及操作步骤

1. 物候期观察记载

(1) 播种期。实际播种日期。

(2) 出苗期。以预选面积的 75% 的幼苗出土，子叶平展张开为标准，穴播以穴计算，条播以面积计算。

(3) 现蕾期。以 50% 以上植株轻轻揭开 2～3 片心叶，即可见明显的绿色花蕾为标准。

(4) 抽薹期。以 50% 以上植株主茎开始延伸，主茎顶端离子叶节达 10cm 为标准。

(5) 初花期。以全区有 25% 植株开始开花为标准。

(6) 盛花期。以全区有 75% 以上花序已经开花为标准。

(7) 终花期。以全区有 75% 以上花序完全谢花（花瓣变色，开始枯萎）为标准。

(8) 成熟期。以全区有 50% 以上角果转黄变色，且种子呈成熟色泽为标准。

(9) 收获期。实际收获日期。

(10) 生育期。油菜出苗至角果发育成熟所经历的天数。

2. 品种一致性的观察记载

(1) 幼苗生长一致性。于 5 叶期前后观察幼苗大小、叶片多少。有 80% 以上幼苗一致者为齐；60%～80% 幼苗一致者为中；生长一致的幼苗不足 60% 者为不齐。

(2) 植株生长整齐度。于抽薹盛期观察植株的高低、大小和株型。有 80% 以上植株一致者为齐；60%～80% 植株一致者为中；生长一致的植株不足 60% 者为不齐。

(3) 成熟一致性。于成熟时观察，有 80% 以上植株成熟者为齐；60%～80% 植株成熟一致者为中；成熟一致的植株不足 60% 者为不齐。

3. 抗逆性调查

(1) 抗寒性（冻害）。在融雪或严重霜冻解冻后 3～5d 观察。以随机取样法每小区调查 30～50 株。

①冻害植株百分率。表现有冻害的植株占调查植株总数的百分数。

②冻害指数。对调查植株逐株确定冻害程度，冻害程度分 0、1、2、3、4 五级，各级标准如下。

0 级表示植株正常，未受冻害。

1 级表示仅个别大叶受害，受害叶层局部萎缩呈灰白色。

2 级表示有半数叶片受害，受害叶层局部或大部萎缩、焦枯，但心叶正常。

3 级表示全部叶片大部受害，受害叶局部或大部萎缩，焦枯心叶正常或受轻微冻害，植株尚能恢复生长。

4 级表示全部大叶和心叶均受冻害，趋向死亡。

分株调查后，按下列公式计算冻害指数：

$$冻害指数 = \frac{1 \times S1 + 2 \times S2 + 3 \times S3 + 4 \times S4}{调查总株数} \times 4 \times 100\%$$

式中，S1、S2、S3、S4 分别为 1～4 级各级冻害株数。

(2) 耐旱性。在干旱年份调查，以强、中、弱表示。叶色正常为强，黯淡无光为中，黄化并呈凋萎状为弱。

（3）耐渍性。在多雨涝年份调查，以强、中、弱表示。叶色正常为强，叶色转紫红为中，全株紫红且根呈黑色趋于死亡为弱。

（4）抗倒伏性。在成熟前进行目测调查，主茎下部与地面角度在 80% 以上者为直，45°～30°者为斜，小于 30°者为倒，并注明日期和原因。

（5）杂交油菜不育株。从始花至终花，整株花朵无花粉，有微量花粉但无活力的植株。不育株率为不育株数占调查总数的百分数。

$$不育株率=\frac{不育株数}{调查总株数}\times100\%$$

（四）注意事项

观察油菜植株的生育时期时，应进行定点、定株观察。

（五）实训报告

（1）在指定田块内，观察油菜各生育时期，将考察数据进行整理，并将结果填入表Ⅱ-5-4。

表Ⅱ-5-4 油菜生育性状田间观察记载

品种或处理	播种期	出苗期	5 叶期	现蕾期	抽薹期	开花期			成熟期	收获期	全生育期
						初	盛	终			

（2）根据抗逆性调查结果，分析并提出预防油菜灾害的防治措施。

技能训练4 油菜移栽技术

（一）目的要求

了解油菜移栽的方法，掌握油菜移栽的技术要点。

（二）材料及用具

供实习的田块、油菜秧苗、肥料、秧绳、米尺、记录纸、铅笔等。

（三）内容及操作步骤

1. 整地施肥 前茬作物收获后及时耕整土地，做到土粒细碎，无大土块和大空隙，土粒均匀疏松、干湿适度；板茬移栽主要适合土壤黏重的稻茬田，但容易返盐碱的田块不宜采用。板茬油菜必须在栽前用吡氟禾草灵等除草剂进行化学除草。不论是耕播还是板茬，都必须做到畦沟、腰沟、围沟三沟配套，沟渠相通，雨停田干，明水能排，暗渍能滤。结合耕整施足底肥，底肥以有机肥为主，配合施用化肥，重视硼肥施用。通常每亩施纯氮 15kg（不宜用碳酸氢铵）、过磷酸钙 30kg、钾肥 7.5kg，加猪羊圈灰土 400～500kg，在施用前 1～2d 拌和并闷制好，在移栽时施入沟内或移栽油菜的锹缝中，使根、泥、肥密切结合。

2. 适时移栽 油菜苗床期达到 35～40d 时移栽，移栽时叶龄 5～7 叶。早栽，苗床用量少，起苗时伤根少，及时移入本田后利用冬前气温较高的条件，有利于培育壮苗。起苗要仔细，力求少伤叶、叶柄和根系，多带护根泥土，抢住季节，分类移栽，要做到"三要三边"和"四栽四不栽"。要充分利用现有菜苗，抢墒尽可能多栽，常规品种要先栽大壮苗，再栽小苗，杂交品种要淘汰小苗、杂苗、瘦弱苗，以利于个体充分发育，力争在 10 月底前栽完。移栽方法有平栽、穴栽、沟栽、垄栽多种，以沟、垄栽为好。沟栽按规定行距开 8～10cm 深的沟，可以直行移栽，也可以横行移栽。为提高抗冻保苗能力，宜推广深沟高垄移栽。其方法是畦向宜南北，行向宜东西，垄距 50cm，垄高 20～25cm，垄身南缓北陡，以利菜苗背风向阳。栽后随即浇定根水，并及时施缓苗肥，一般每亩施尿素 5kg。

3. 合理密植 因品种、地力、播期和菜苗素质的差异，必须因地制宜，确定合理的密度，生产水平较高的地区亩栽 8 000 株，生产水平差的地区亩栽 12 000 株，一般要求亩栽 10 000 株左右。直播田重点抓好间苗、定苗、松土、除草，栽植密度每亩控制在 1.4 万～1.6 万株。

4. 栽后管理

（1）早施活棵肥。油菜移栽后 5～7d，看天看地追施活棵肥，即天气少雨干旱或土壤湿度小的田块，每亩用人粪尿 500kg 或尿素 2～3kg 加水 1 500～2 000kg 浇施，使根土肥三者融合，增加土壤湿度。天气多雨或田间湿度大的田块，则选择傍晚直接追施速效氮肥。

（2）抗旱排渍。抗旱以浇水为好，切忌漫灌，秋季多雨或地下水位高，要及时开通三沟，清除渍水。

（3）中耕松土。油菜活棵后要早松土，勤中耕，破除板结，疏松土壤，提高地温，并结合中耕松土做好培土壅根工作，促进根系发育。

（4）防治病虫害。秋季天高气爽，菜苗易遭虫害，对移栽前没有杀虫的油菜和已有蚜虫、菜青虫危害的油菜要及时防治。

（四）实训报告

根据当地的自然条件和栽培习惯，形成 500 字左右的油菜移栽技术总结。

技能训练 5　油菜看苗诊断技术

（一）目的要求

掌握油菜各生育阶段形态特征及其诊断指标。

（二）材料及用具

不同田块的油菜、米尺、游标卡尺、计算器、铅笔等。

（三）内容及操作步骤

1. 秧苗阶段

（1）油菜秧苗的长相。苗龄适当，苗株矮壮，叶片较多，叶柄较短，叶色青绿，叶缘呈紫色，不发黄，不发红，根系发达，根颈粗壮，不高脚，不歪根，无病虫。

（2）秧苗阶段诊断指标。

①足苗。秧田定苗以每平方米 135～180 株为宜。移栽叶龄为 5.0～7.0 叶，苗龄和苗体大小一致。

②主根宜短，发根力强，侧根要多，栽后成活快。

③缩茎段节间紧凑，相邻两个节间长度之和超过 1.5cm 以上的苗为高脚苗。

④根颈粗短，出苗时根颈粗 1.5cm 左右，5 叶期根颈粗 2.5～3.0cm，移栽时根颈粗应达 5～6cm。

⑤秧苗最大叶面积指数为 2.5～3.0，超过此限易形成高脚苗。

⑥秧苗最大叶的叶柄与叶身之比超过 1：1.15，即应及时移栽，否则易形成高脚苗。

（3）苗期阶段诊断指标。

①绿色叶片多。冬发苗的冬前有效生长期长，移栽后日平均气温达 3℃ 以上的天数有 50～60d。越冬初期已有绿叶 12～14 片，叶腋抽生大量腋芽。冬壮苗具有绿叶 7～8 片或 9～10 片，无腋芽或腋芽少；冬弱苗具绿叶 3～5 片，不抽生腋芽，苗体最小。

②叶面积指数。油菜苗进入越冬时，叶面积指数以 0.8～1.0 为宜。冬发苗叶面积指数常只有 0.2～0.3，叶面积指数过小。

③根颈粗。冬壮苗越冬期根颈粗以 1cm 为宜。

④发根快，白根多。

⑤叶色。移栽后叶色快速转绿，促进早发，越冬前叶色褪淡，至越冬期菜苗老健，叶色绿里透红，外围叶大，叶缘带紫色。

2. 蕾薹阶段

（1）蕾薹期油菜长相。叶挺色深，叶柄有弹性，叶片披垂，不扭曲反转。抽薹有力，薹既不长期缩头，也不过早冒尖，平头高度适当。薹高定型时薹色微红，青秀老健，秆圆不起棱。

（2）诊断指标。

①绿叶数。返青以后，叶片数明显增加，抽出叶已占总叶数的一半以上。

②叶面积。开春后，短柄叶是春后的主要功能叶，它的叶面积比春后的长柄叶和主茎无柄叶都要大，占同期叶面积的一半左右。低于此限表示苗势偏弱，高于此限则苗势偏旺。

③薹的伸长速度与态势。薹的伸长要经历缩头、平头、冒尖的动态过程，根据平头高度可以估计苗势，一般以平头高度达 35～49cm 为宜。

④茎粗。茎不能太细或太粗，要求秆圆不发扁，上下粗细匀称。茎粗一般为 1.5～2.0cm。

⑤茎枝数。每亩总茎数（主花序加一次有效分枝）10 万左右。

⑥叶色和薹色。抽薹期叶色深，薹色绿，开花前叶色褪淡，向阳面的薹色微红（纯青茎的品种不现红）。

3. 开花结角成熟阶段

（1）植株的长相。主茎有较多的绿色叶片，下部叶片不早衰，结角层厚，角果大小整齐，无分段结角现象，成熟时植株弯腰不倒，秆青角黄。

（2）诊断指标。

①绿叶数。始花期要求主茎有绿色叶片 18～20 片，至终花期还保持有 15～16 片绿叶，

至结实中期叶片自下而上渐次发黄。

②叶面积指数。盛花期最大叶面积指数为 4~5。

③角果皮面积。结实中期形成的最大角果皮面积指数应相当于最大叶面积指数。

④根系活力。开花后要求根系较长时间维持活力，使结实期不因根系早衰而减轻粒重。

（四）注意事项

调查时，宜在田间现场进行，必要时取典型植株，室内考种。

（五）实训报告

（1）试述油菜各生育阶段长势长相。

（2）根据调查结果，分析苗情，提出合理的栽培管理措施。

技能训练 6 油菜考种技术

（一）目的要求

了解油菜成熟期植株性状特点，掌握油菜室内考种的项目及其考查方法。

（二）材料及用具

成熟期的油菜植株、直尺、皮尺、计算器、天平、盘秤、种子袋、考查表、铅笔、标牌等。

（三）内容及操作步骤

每块油菜田选择代表性样点 3~5 个，在每个样点内，取代表性样本 3~5 株，挂上标牌后，带回室内进行以下项目考种。

1. 株高 自子叶节至全株最高部分的长度，单位以厘米（cm）表示。

2. 第一次有效分枝数 指主茎上具有一个以上有效角果的第一次分枝数。

3. 第一次有效分枝部位 指第一次有效分枝离子叶节的长度，单位以厘米（cm）表示。

4. 主花序有效长度 指主花序顶端最上一个有效角果至主花序基部着生有效角果处的长度，单位以厘米（cm）表示。

5. 主花序有效角果数 指主花序上含有一粒以上饱满或欠饱满种子的角果数。

6. 全株有效角果数 指全株含有一粒以上饱满或欠饱满种子的角果数。

7. 线结角密度 即主花序有效角果数与主花序有效长度（cm）的比值。

8. 每角粒数 自主轴和上、中、下部的分枝花序上，随意摘取 20 个正常夹角，计算平均每角饱满或欠饱满的种子数。

9. 千粒重 在晒干（含水量不高于 10%）、纯净的种子内，用对角线、四分法或分样器分样等方法取样 3 份，分别称量，取其样本间差异不超过 3% 的 3 个样本，每个样本 1 000 粒种子，求其平均值，千粒重单位以克（g）表示。

10. 小区产量 收获前或收获时需调查实收株数，收获脱粒的种子量为实收产量，以克（g）表示。

11. 亩产量 由小区产量计算求得，单位以千克（kg）表示。

（四）注意事项

调查时，油菜成熟期考种项目要齐全。

（五）实训报告

（1）将考察数据进行整理，并将结果填入表Ⅱ-5-5。

表Ⅱ-5-5 油菜考种

品种或处理	株高（cm）	一次有效分枝数	有效分枝	主花序有效长度（cm）	结荚密度（个/cm）	单株有效角果			荚粒数	千粒重（g）	单株产量（g）
						主序	分枝	合计			

（2）根据油菜植株经济性状考察结果，分析其增产、减产的原因。

技能训练7 油菜收获与贮藏技术

（一）目的要求

了解油菜收获与贮藏的条件，采取合理的贮藏措施。

（二）材料及用具

供实习的田块、油菜种子、鼓风机、席子、晒场、盘秤、温度控制器、曲柄温度计或杆状温度计、测湿仪器、种子检验仪器、记录本等。

（三）内容及操作步骤

1. 收获时期

（1）收获时期。油菜收获是以全田70％～80％的角果转为黄色或主茎中上部第一次分枝所结种子开始转色的时期为收获适期。

（2）收获方法。可采用割秆或拔蔸收获油菜，收后搬至晒场或在田间堆置3～4d，角果壳干后即可脱粒。收获时一般在晴天早晨露水未干时收割，并做到轻割、轻放、轻捆、轻运。

2. 油菜贮藏

（1）清除杂质。油菜种子入库前，应风选1次，以清除杂质及病菌等，增强贮藏期间的稳定性。此外对水分及发芽率进行1次检验，以掌握油菜种子在入库前的情况。

（2）控制入库水分。油菜种子入库的安全水分标准不宜机械规定，应视当地气候特点和贮藏条件而有一定的灵活性。就大多数地区贮藏条件而言，油菜种子水分控制在9％以内可保证安全，但如果当地特别高温多湿以及仓库条件较差，最好能将水分控制在8％～9％。

（3）低温贮藏。贮藏期间除水分须加以控制外，种温也是一个重要因素，必须按季节严加控制。在夏季一般不宜超过28℃，春、秋季不宜超过13℃，冬季不宜超过6℃，种温与仓温相差如超过3℃就应采取措施，进行通风降温。

（4）合理堆放。油菜种子散装的高度应该随含水量多少增减。含水量在7％～9％时，堆高可为1.5～2m；含水量为9％～10％时，堆高只能为1～1.5m；含水量为10％～12％时，堆高只能为1m左右；含水量超过12％时，应进行晾晒后再进仓。散装的种子可将表面耙成波浪形或锅底形，使油菜种子与空气接触面加大，有利于堆内湿热的散发。

油菜种子如采用袋装贮藏，应尽可能堆成各种形式的通风桩，如"工"字形、"井"字形等。油菜种子含水量为9%以下时，可堆高10包；含水量为9%～10%时，可堆高8～9包；含水量为10%～12%时，可堆高6～7包；含水量在12%以上的高度不宜超过5包。

（5）加强管理。油菜种子进仓时即使水分低，杂质少，仓库条件合乎要求，贮藏期间仍须遵守严格检查制度。一般在4—10月，对含水量为9%～12%的油菜籽，每天检查2次，含水量在9%以下应每天检查1次。在11月至翌年3月，对含水量为9%～12%的油菜种子应每天检查1次，含水量在9%以下的，可隔天检查1次。

（四）注意事项

油菜一定要适时收获，若收获过早，油分含量低；过晚，裂果落粒，损失大，造成浪费。

（五）实训报告

（1）写出油菜收获贮藏的方法和步骤。

（2）根据油菜贮藏期间的检查情况，确定合理的管理措施。

【拓展阅读1】

油菜秸秆还田

当前油菜秸秆还田是解决油菜秸秆问题的有效途径，它既能解决油菜秸秆焚烧带来的环境污染问题，又能培肥地力，提高农作物产量和品质，节约农业生产投入成本，促进农业可持续发展，保护生态系统的平衡。下面从油菜秸秆还田的作用、还田方式和注意事项3个方面介绍油菜秸秆还田。

1. 秸秆还田作用

（1）增加土壤中有机质及氮、磷、钾等含量。油菜秸秆内含有丰富的氮、磷、钾等多种营养元素和有机质。平均含氮量为0.62%、含磷量为0.04%、含钾量为0.84%，有机质含量平均达15%左右。因此，油菜秸秆还田具有增加土壤有机质及氮、磷、钾等含量的作用，从而可培肥地力。

（2）疏松土壤、改良土壤结构。油菜秸秆还田后经微生物作用形成大量的腐殖酸与土壤中的钙、镁等大量的微量元素结合，使土壤形成大量的水稳性团粒结构。土壤团粒结构的改善使土壤疏松并且通透性增强，提高了土壤保水保肥能力。

（3）提高土壤中微生物的活性。油菜秸秆含有大量的化学能，它的腐烂分解给土壤微生物生命活动提供大量的能源，从而增强土壤中各种微生物的活性。

（4）增加作物的光合作用。油菜秸秆腐熟分解过程中释放出大量的二氧化碳，可提高土壤表层二氧化碳浓度，有利于增加近地面叶片的光合作用。

2. 油菜秸秆还田的方式

（1）直接切碎后还田。油菜收获后，将油菜秸秆用铡刀切成20～25cm碎段，撒入田面后翻耕。

（2）机械粉碎后还田。用秸秆还田机将秸秆粉碎后撒入田面翻耕。

（3）沟式直接还田。将油菜秸秆整条埋入沟中，将土翻压在上面，灌水浸泡1周左右，再翻耕，注意不耕沟。

（4）堆沤后还田。利用田角地边，将猪牛粪和油菜秸秆一起堆沤，用泥密封，腐熟后下田。

（5）垫猪牛圈造肥后下田。

（6）作沼气原料，以沼肥下田。

3. 油菜秸秆还田的注意事项

（1）环境适宜可促进油菜秸秆腐熟分解。田间土壤含水量应保持在田间持水量的60%~70%，田间土壤的温度一般控制在28~35℃。

（2）适量施速效氮肥以调节适宜的碳氮比。因油菜秸秆中含纤维素高达30%~40%，秸秆还田后土壤中碳素物质会陡增，导致碳氮比例严重失衡，影响微生物活动。油菜秸秆还田时增施适量速效氮肥可以加速油菜秸秆快速腐烂分解并保证作物苗期生长旺盛。

（3）把握油菜秸秆直接还田的数量、质量和田间管理。油菜秸秆直接还田的数量可根据土壤肥力水平来定。一般土壤肥力水平较低的土壤，在施肥量不足的情况下，秸秆还田数量不宜多，一般以每亩200~260kg为宜；肥力水平较高的土壤，并且施肥充足的条件下，每亩还田数量可达400~500kg。

【拓展阅读2】

世界优质油菜发展动态

优质油菜即品质优良的油菜，主要包括以下几种：①单低油菜，即低芥酸或低硫苷油菜，指大田生产菜籽油中的芥酸含量不超过5%，或者饼粕中硫苷含量低于$30\mu mol/g$；②双低（低芥酸、低硫苷）油菜，指菜籽中的芥酸含量和饼粕中的硫苷含量低于上述标准；③高芥酸油菜（芥酸含量在55%以上），主要用于工业生产；④高含油量油菜。黄籽油菜含油量和出油率高，油质清澈透明，菜籽饼粕的纤维素含量低，蛋白质含量高，被列入优质油菜的范围。

当前所说的优质油菜主要是双低油菜、高含油量或具有黄色种皮的油菜。目前生产上大面积推广的优质油菜主要是双低油菜，因而常将优质油菜与双低油菜表述为同一概念。

双低油菜是加拿大于1974年对油菜品种改良的结果。双低油菜培育成功，加速了油菜生产的发展，提高了油菜籽油在食用植物油中的比例。加拿大作为世界较大的油菜生产及出口国，其双低油菜籽生产量、需求总量年均增长率相对稳定，出口增长率大幅提高，世界双低油菜籽消费市场逐年扩大。双低菜籽油在加拿大国内食用油中的比例也逐年提高，加拿大、澳大利亚及欧洲主要油菜生产地区在20世纪80年代中后期已实现油菜品种双低化，双低菜油被认为是最健康的食用植物油之一。为提高菜籽油食用安全水平，世界卫生组织制定了食用菜籽油质量标准，主要指标是芥酸含量在5%以下，饼粕中硫苷含量低于$30\mu mol/g$。

【信息收集】

通过阅读《作物杂志》《中国农业科学》《现代农业科技》《中国油料作物学报》等杂志，或通过上网浏览与本项目相关的内容，查找油菜生产的新技术，并整理成一篇3 000字左右的综述文章，以增进对油菜最新生产技术和前沿科学的了解。

【思考题】

1. 简述油菜的分类以及优质油菜的品质标准。
2. 简述油菜温光反应特性及其在生产上的应用。
3. 简述油菜的产量构成因素及其产量形成过程。
4. 简述油菜直播的技术要点。
5. 在油菜育苗中，培育油菜壮苗的关键技术是什么？
6. 油菜前期、中期和后期3个阶段的生育特点、栽培目标和工作任务分别是什么？
7. 油菜在不同生育期如何追肥？

【总结与交流】

1. 以小组为单位，讨论近年来轻简化栽培技术在当地油菜生产上的应用情况。
2. 以春油菜栽培技术为题，写一篇科技短文。

3

第三篇

主要园艺作物
生产项目

马铃薯生产技术

【学习目标】

了解马铃薯品种分类方法，掌握马铃薯种苗繁育技术、定植技术及田间管理等技术要点。

能根据市场需求选择品种，并进行扦插育苗；能根据马铃薯生长情况，进行肥水管理、植株调整和病虫害防治等工作。

【学习内容】

马铃薯又名洋芋、土豆、山药蛋、荷兰薯等，是茄科茄属的草本植物。它是我国重要的粮菜兼用作物。马铃薯的营养价值较高，块茎中淀粉含量一般为 12%～15%，蛋白质和矿物质元素也较丰富。块茎蛋白质具有较高的生物学价值，氨基酸的组成齐全。块茎中含多种维生素，尤其是维生素 C 含量很高，故被称为"地下苹果"。马铃薯又是重要的轻工业原料，可以制作淀粉、糊精、葡萄糖和酒精等多种工业原料，同时也可用于生产薯片、薯条等休闲和快餐食品，块茎和茎、叶是家畜、家禽的优良饲料。

马铃薯植株矮小，生长期短，播种期、收获期的伸缩性大，在复种轮作中是谷类作物的优良前作，并适合与多种作物间套种植，在南方多熟制地区的复种轮作中占有重要地位。2016 年 2 月农业部下发的《关于推进马铃薯产业开发的指导意见》中提出把马铃薯作为主粮、扩大种植面积、推进产业开发，在生产发展与整体推进相统一原则中强调依靠科技进步，推广配套栽培技术措施，提高单产，促进农民增收和农业持续发展。

>>> 任务一　马铃薯品种分类 <<<

一、马铃薯品种分类方法

1. 皮色　马铃薯按皮色分白皮、黄皮、红皮和紫皮等品种。

2. 薯肉颜色　按薯肉颜色分为黄肉种和白肉种。

3. 块茎形状　按块茎形状分圆形、椭圆形、长筒形和卵形等品种。

4. 用途　根据马铃薯不同用途划分为菜用型品种、淀粉加工型品种、油炸薯片型和油炸薯条型品种。

5. 生育时期　在栽培上常根据马铃薯出苗至成熟的天数多少，将马铃薯分为极早熟品种（60d 及以内）、早熟品种（61～70d）、中早熟品种（71～85d）、中熟品种（86～105d）、中晚熟品种（106～120d）和晚熟品种（120d以上）。其中，在以塑料拱棚为代表的促早熟设施栽培中，除了中晚熟品种和晚熟品种外，其他品种均可栽培。

二、马铃薯优良品种栽培特性

1. 东农303 属极早熟菜用型和鲜薯出口型品种，由东北农业大学育成。特征特性：生育期90d左右；株型直立，分枝中等，株高50cm左右，茎、叶绿色，花白色，不能天然结实；块茎圆形，黄皮黄肉，表皮光滑，芽眼多而浅，结薯集中；薯块含淀粉13.1%～14.0%，还原糖0.14%；植株中感晚疫病，块茎抗环腐病，退化慢、怕干旱、耐涝；一般亩产薯块1 500～2 000kg。栽培要点：适宜密度为每亩栽4 000～4 500株，土壤肥力要求中上等，苗期和孕蕾期不能缺水，不适于干旱地区种植。适宜范围：适应性广，东北、华北及江苏、广东和上海等地均有种植，综合经济性状良好。

2. 中薯3号 属早熟菜用型品种，由中国农业科学院蔬菜花卉研究所育成。特征特性：生育期80d左右；株型直立，株高60cm左右，茎粗壮，绿色，分枝少，生长势较强；叶片浅绿色，花白色，块茎卵形，皮、肉均为浅黄色，芽眼少而浅，结薯集中，薯块大而整齐，休眠期短，耐贮藏；食用品质好，鲜薯淀粉含量13.5%左右，还原糖含量0.35%；植株较抗病毒病，不抗晚疫病；一般亩产为1 700～3 000kg。栽培要点：适宜于水浇地种植，土壤肥力中上等，重施有机肥，栽植密度为每亩4 000～4 500株。适宜范围：适合两季作物及南方冬闲种植，适应性广，较耐瘠薄和干旱。

3. 郑薯4号 属中早熟菜用型品种，由河南省郑州市蔬菜研究所育成。特征特性：生育期75d左右；株型开展，株高60cm左右，茎绿色，长势较强，叶绿色，花白色；块茎圆形，皮、肉黄色，表皮粗糙；块茎大而整齐，结薯集中，块茎休眠期短，耐贮性中等；块茎含淀粉13%，还原糖0.1%；较抗晚疫病和环腐病；一般亩产1 700kg左右。栽培要点：栽植密度为每亩4 000株左右，要加强前期管理，后期忌过多施氮肥，以免引起枝、叶徒长，影响产量。适宜范围：适合两季作物栽培区。

4. 陇薯3号 属中熟品种，由甘肃省农业科学院粮食作物研究所有性杂交育成。特征特性：生育期110d左右；株型半直立，株高60～70cm，茎绿色，粗壮，叶深绿色，花冠白色；块茎扁圆或椭圆形，皮稍粗，块大而整齐，皮、肉黄色，芽眼较浅并呈淡紫红色，薯顶芽眼下凹；结薯集中，单株结薯5～7块，块茎休眠期较长，耐贮藏；适合加工淀粉和食用，食用品质优良，口感好，鲜薯淀粉含量高，平均含量为21.2%，最高为24.25%，粗蛋白质含量为1.88%，还原糖含量为0.13%；植株抗晚疫病；平均亩产2 790kg。栽培要点：栽植密度为每亩4 000～5 000株，要加强前期管理。适宜范围：适合两季作物栽培区、甘肃及我国西北一季作区种植。

5. 夏坡蒂 属中晚熟品种，由加拿大育成，后引入我国试种。特征特性：生育期100d左右；株高70cm左右，茎、叶黄绿色，复叶大，花冠淡紫色，花期长；块茎长椭圆形，白皮，白肉，表皮光滑，芽眼浅；结薯集中，块茎大而整齐；块茎淀粉含量15%～17%，还原糖含量低于0.2%，食用和加工品质优良；易感早疫病、晚疫病和疮痂病，易感马铃薯X病毒、Y病毒和卷叶病毒；一般亩产2 500～3 500kg。栽培要点：对栽培条件要求严格，适宜种植在肥沃、疏松和排灌条件良好的壤土或沙壤土中，栽植密度为每亩4 500～5 000株，要加强前期管理。适宜范围：该品种适应性较广，在内蒙古、黑龙江、吉林、甘肃等一季作地区，以及山东、河南、江苏、上海等两季作地区都有栽培。

6. **春薯 4 号** 属晚熟淀粉加工型品种，由吉林省蔬菜花卉科学研究所育成。特征特性：生育期 140d 左右；株型直立，生长势强，株高 80～100cm；茎粗壮，分枝多，横断面为三棱形，叶深绿色，花淡紫色；单株结薯多，薯块形成早；薯块扁圆形，大而整齐，肉白色，白皮或麻皮，芽眼深度中等；薯块含淀粉 19.5%，还原糖 0.46%；耐贮藏，抗晚疫病；一般亩产 2 000kg 以上。栽培要点：高度喜肥水，适宜在地力条件好的地块种植，每亩种植 3 500 株左右。

三、相关知识

马铃薯生产中，不同地区对品种类型的要求不同。因此，生产中应该根据当地的气候特点以及马铃薯品种的特性来选择适宜的品种。例如，在中原两季作地区，春季播种出苗后很快就遇到高温、长日照季节，对中晚熟及晚熟品种结薯和块茎生长极为不利，往往产量很低，甚至没有产量。秋季播种时正是高温多雨季节，对于不耐热的品种，不能够正常出苗，也会影响产量。在这一地区就必须选用早熟、结薯集中、对温度和光照不敏感的品种。

>>> 任务二 马铃薯扦插繁育技术 <<<

1. 具体要求 网棚扦插繁育，提高马铃薯繁殖系数。

2. 操作步骤

（1）苗床准备。土壤翻松耙平做苗床，苗床长 5～10m、宽 1～1.5m。每亩用辛拌磷 250g 均匀撒入土壤以防治地下害虫。地表每亩施三元复合肥 10kg，增加土壤养分。最后铺经高温消毒的蛭石，厚度 5cm。

（2）扦插母株种植。将消毒土、干净河沙、腐熟的羊粪、三元复合肥按 3：2：0.5：0.05 的比例混合后在苗床撒开、耙平。然后栽种脱毒微型薯原种（按种薯单芽眼切成小块栽种，行、株距保持 6cm×3cm）。为促进茎、叶分枝生长，要求每天光照在 16h 左右，室温 25～28℃，土壤温度 20～25℃；间隔 7d 结合浇水喷施 0.3% 尿素、0.1% 磷酸二氢钾、0.1% 硫酸铜混合液 1 次。期间还需注意病虫害的防治。

（3）扦插苗的剪取。当扦插母株长到 8～9 片叶时即可剪取扦插苗，一般可剪取 5～7 次，直至现蕾开花期为止。在剪取前将刀片用 75% 的酒精消毒，扦插苗应从母株叶腋处带 2 叶 1 心，茎长 3～5cm 处用刀片切取。

（4）扦插。经过处理的扦插苗按行距 10cm、株距 5cm、深度 3cm 进行扦插。然后浇定根水，3d 后视土壤情况再喷 1 次水，以保持湿润。

（5）扦插苗管理。扦插后注意室内温度、湿度以及遮阳的管理。温度保持日均气温 20℃左右、中午 25℃、夜间不低于 15℃为最佳。扦插后立即浇水，空气湿度保持在 80% 左右。科学使用遮阳网，使其起到遮阳、防蚜虫的效果。

（6）病虫害防治。种薯生产基地应选择周边无茄科作物、无桃树，隔离条件好的地方。科学防治晚疫病、蚜虫等主要病虫害。发现病株及时清出繁殖基地，以防其他植株感染。

>>> 任务三　马铃薯田间管理 <<<

（一）马铃薯田间植株管理

1. 具体要求　加强田间植株管理，促进增产。

2. 操作步骤

（1）苗前耕地。马铃薯从播种到幼苗出土约30d。许多地区春风大，土壤水分蒸发快，表土易板结，土壤中杂草幼芽大量滋生。因此，于出苗前3～4d浅耕或耢地，可以消灭杂草、疏松土壤、提高地温、促使马铃薯及早出苗。若土壤异常干旱，有条件的地区应进行苗前灌水。

（2）查苗补苗。马铃薯齐苗后，应及时进行查田补苗。干旱、误播病薯或地下害虫危害，常使田间缺苗，造成减产。因此，应采取补苗措施，争取全苗。补苗的方法是在缺苗附近的垄上找出1穴多茎的植株，将其中1个茎苗带土挖出移栽。干旱地区可浇水移栽。

（3）中耕培土。在苗齐之后，苗高7～10cm时，进行第一次中耕，深度10cm左右，并进行除草。10～15d后进行第二次中耕，深度稍浅。现蕾开花后覆土，进行第三次中耕，深度比第二次更浅。后两次中耕结合培土进行。第一次培土宜浅，第二次稍厚，并培成宽肩垄，总厚度不超过15cm。

（4）肥水管理。在马铃薯不同生育期，进行合理灌溉和排水，追施肥料。

（5）打花及疏枝。马铃薯的分枝性较强，若栽植过密或氮肥过多，生长过旺和密度过大，会影响地下部分发育，应及时进行疏枝，去除病枝、弱枝，增强通风透光，减少病害。在花蕾形成期，及时摘除花蕾，避免养分消耗，促进养分集中供应块茎，增加产量。

（6）病虫害防治。马铃薯的病害较多，常见的有晚疫病、青枯病、环腐病、疮痂病以及病毒病等。晚疫病可喷洒甲霜灵、甲霜·锰锌、代森锰锌等进行防治。青枯病选用抗病品种，采用合理轮作以减轻危害。环腐病主要通过切刀消毒或小整薯作种来减轻发病。疮痂病可用0.2%甲醛溶液浸种1～2h进行防治。马铃薯常见的虫害有蛴螬、蝼蛄、地老虎、金针虫、二十八星瓢虫、蚜虫等，一般采用药剂防治。

（二）马铃薯田间肥水管理

1. 具体要求　加强田间肥水管理，促进马铃薯增产。

2. 操作步骤

（1）发芽出苗期管理。马铃薯萌发出苗主要依靠母薯内贮存的水分，在一般播种条件即可萌芽。遇干旱，土壤严重缺水，有条件的地区必须及时浇水，以保证全苗。

（2）幼苗期管理。苗期追肥应及早进行，使其尽快形成足够大的叶面积，以满足下阶段茎、叶生长的需要，为块茎膨大提供充足的光合产物。一般是齐苗前后追施芽肥、苗肥。现蕾期看苗施第二次追肥，植株现蕾时株高应为最大高度的2/3，如达不到此标准或叶色褪淡，下部出现黄叶时应追肥，此次追肥以钾肥为主，每公顷追施硫酸钾90kg，再配合适量氮肥。苗期植株抗旱力强，一般不需要灌溉，土壤含水量保持在田间持水量的50%～60%即可。

（3）块茎形成期的管理。现蕾期追肥，以钾肥为主，结合施氮肥，以保证前、中期不缺肥，后期不脱肥。如遇干旱应适当灌水，土壤水分含量以田间持水量的 60％ 为宜。

（4）块茎增长期管理。块茎增长期为需水肥临界期，开花以后，植株已封垄，一般不宜根际追肥。如后期表现脱肥时，可结合磷、钾肥及微量元素进行叶面追肥。此期如土层干燥，应浅浇水一次，浇水后破除土壤板结。

（5）淀粉积累期管理。收获前 15d 应停止灌水，促使薯皮老化。如雨水过多，应做好排涝工作，以防薯块腐烂。

>>> 任务四　岗位技能训练——马铃薯定植 <<<

（一）目的要求

了解马铃薯定植的方法，掌握马铃薯定植的技术要点。

（二）材料及用具

供实习的田块、种薯、肥料、秧绳、米尺、记录纸、铅笔等。

（三）内容及操作步骤

1. 整地施肥　前作收获后，一般应及时灭茬，深耕翻土，耕后要及时耙地保墒，做到无大土块、表土疏松、地面平整。一般每公顷施农家肥 45 000kg 左右、纯氮 95～150kg、纯磷（以 P_2O_5 计）75kg、纯钾（以 K_2O 计）75kg。结合整地全田施入或在起垄时集中施入窄行垄带内。

2. 种薯准备　选择生长期适宜、品质优良、薯型好、产量高的抗病品种。最好选用脱毒小型（75～100g）种薯，进行整薯播种。播前准备种块时，选择无病种薯，切成 40～50g 的种块。每个种块留 2 个芽眼。每次切薯后用 75％ 的酒精对切刀消毒，以免病菌传染。种块切好每公顷用稀土旱地宝马铃薯专用型复合微肥 1.5kg 药液兑水 75kg，浸种 10～20min，捞出晾晒后播种；也可用草木灰拌种。

3. 适时定植　一般在当地地温 10cm 处地温稳定在 5℃ 以上便可播种；如果覆地膜种植，可提高地温 3～5℃，一般可提早播种 10～15d，但出苗后要注意防止霜冻。播种深度根据土壤墒情而定，若墒情好，播深 10～12cm；墒情差，播深 12～15cm，以见到湿土为宜。

4. 合理密植

（1）垄作。垄距、株距 80cm×15cm，每亩种植 8 337 株，播深 15～18cm。

（2）露天（水田）。株、行距 30cm×35cm，每亩种植 5 000 株（水田），播深 15cm。

（3）露天（旱田）。株、行距 30cm×35cm，每亩种植 3 000 株（旱田），播深 10～12cm。

5. 栽后管理

（1）查苗。及时检查出苗情况，缺苗的地方应及时补种，以求全苗。

（2）抗旱、排渍。水田灌溉应依情况而定，马铃薯在幼苗期耗水不多，但干旱时也要浇水，土壤含水量保持在田间持水量的 60％～65％ 即可。

（3）防治病虫害。田间发现疫病植株要及时拔除。

（四）实训报告

根据当地的自然条件，完成 500 字左右的马铃薯定植技术文字总结。

【拓展阅读1】

马铃薯大棚促成栽培管理

1. 选取地块　马铃薯受多种病害侵染，有不少病害是通过土壤传病的。因此，马铃薯是忌连作的作物，喜欢轮作倒茬。选土壤肥沃、地势平坦、排灌方便、耕作层深厚、土质疏松的大棚，忌重茬。前茬以禾谷类作物、豆类、萝卜、大白菜等为宜，不能选茄子、辣椒、番茄等茄科作物为前茬的大棚，以减轻病害。

2. 选用良种　大棚促成栽培宜选用结薯早、块茎膨大快、休眠期短、高产优质、抗病的早熟马铃薯品种，如东农303、克新1号、中薯3～5号等。最好采用脱毒薯种，脱毒薯种出苗早、植株健壮、叶片肥大、根系发达、抗逆性强、增产潜力大。

3. 整地施基肥　一般每亩施优质腐熟有机肥3 000kg、尿素20kg、过磷酸钙50kg、硫酸钾30kg作基肥。基肥下地后，对地块进行深耕细耙，耕翻深度不宜过浅，之后再着手作畦。畦的宽度和高度要根据地势和土壤水分来定，大棚内主要作2条畦，并注意挖好田间沟系，注意排水防涝。

4. 播种　马铃薯大棚促成栽培一般在1月中旬播种。为保证苗齐、苗壮、高产、高效，应大力推广催芽技术。催芽温度控制在20℃左右，时间20d左右。催芽时若将芽切开，可催出大芽，但消毒不彻底，温度控制不好容易导致烂种。播种前10～15d将种薯切块，要求每块有1～2个芽眼，质量25～30g。马铃薯在大棚中种植需要增加密度来提高产量，一般每垄种植2行，株距20～25cm，播种深度5～8cm，种植穴距垄边约8cm。

5. 田间管理

（1）温度管理。马铃薯生长期温度宜保持在15～20℃，随着外界温度的逐渐升高，要加强通风管理。通风遵循南大北小的原则，根据棚内温度情况，调整通风时间和通风力度。

（2）水分管理。在齐苗期、现蕾期、开花期、薯块迅速膨大期各滴灌浇水1次，收获前5～7d停止浇水，以防田间烂薯和影响薯块贮藏。

（3）追肥管理。结合灌水每亩施硫酸钾15kg作为追肥，同时视苗情可施尿素5～10kg，来补充马铃薯生长期间的营养不足。同时，经常喷施叶面肥是增产的另一项措施，如喷施浓度0.2%～0.3%的磷酸二氢钾溶液。

（4）病虫害防治。春马铃薯大棚促成栽培的马铃薯病虫害较少，生产后期随着气温升高，会发生蚜虫和病毒病、晚疫病等病虫害。出现蚜虫时可用10%吡虫啉可湿性粉剂2 000倍液防治，病毒病发病初期可用1.5%烷醇·硫酸铜乳剂1 000倍液喷雾防治，晚疫病发病初期可用25%甲霜灵可湿性粉剂600倍液喷雾防治。每隔7d喷药1次，连喷2次。

6. 适时收获　马铃薯可根据市场需求适时收获。一般在高温和雨季到来前选晴天土壤干燥时采收。

【拓展阅读2】

马铃薯产期调控方法

在马铃薯的栽培过程中，一是要解决好地上部分和地下部分的营养分配问题，尤其是在生长后期，要有效地控制地上部分的徒长，使养分更多地供给薯块，以增加产量；二是要获得营养充足的马铃薯块茎，在产量增加的同时，增加大薯和中薯的比例，改善品质。合理地使用植物生长调节剂，能取得良好的效果。

(1) 马铃薯蕾期至花期。叶面喷洒 60～120mL/L 的甲哌鎓（蕾期浓度要低一些，可以取低限，避免造成伤害），每亩用量为 50L，能抑制植株地上部分的生长，增加产量，并可增加大、中薯块的比例。

(2) 马铃薯开花期。①叶面喷施 50～500mg/L 的石油助长剂药液，每亩用量为 50L，有提高产量的效果。②叶面喷施 2 000～2 500mg/L 的矮壮素溶液，每亩用量为 50L，进行叶面喷施，可使地上部分生长健壮，避免徒长，使块茎提早形成，增加大块茎的比例，从而提高产量。③用三碘苯甲酸溶液进行叶面喷雾，使用浓度为 100～200mg/L，每隔 10d 用 1 次，连续喷 3 次，有增加叶绿素含量、提高产量、增加大薯比例等作用。使用时要注意，三碘苯甲酸原药不溶于水，可先配成母液，然后再稀释。

(3) 马铃薯结薯期。①用 0.1mg/L 的天然芸薹素，在马铃薯结薯初期及薯块迅速膨大期各喷施 1 次，每亩用药液 50L，均匀喷雾，比喷清水的对照增产 24% 左右。②用胺鲜脂 1 500 倍液，在薯块迅速膨大期再喷施 1 次，每次每亩用药液 50L，均匀喷雾，比喷清水的对照增产 40% 左右。喷施胺鲜脂不仅可增加薯块产量，同时还可提高大、中薯的比例。在喷施胺鲜脂时，注意浓度不可过高。

【思考题】

1. 试述马铃薯扦插繁育的关键技术。
2. 简述马铃薯田间管理的主要技术措施。
3. 试述马铃薯各生育阶段对肥水的需求特点。
4. 定植的技术要点。
5. 简述马铃薯的大棚促成栽培技术。

【总结与交流】

根据当地生产实际，拟订一个马铃薯丰产优质栽培方案。

葡萄生产技术

【学习目标】

了解葡萄的优良品种及其生长特性、葡萄的繁种育苗技术、田间葡萄的植株管理技术等。

掌握葡萄的绿枝扦插技术、双"十"字V形架搭建技术等，并能够根据葡萄生长状况制订肥水管理方案。

【学习内容】

>>> 任务一　葡萄品种分类 <<<

一、葡萄品种分类方法

1. 按照亲缘关系和起源分类

（1）欧亚种或欧洲葡萄品种。从欧洲葡萄选育的品种，分为东方品种群、黑海品种群、西欧品种群。

（2）美洲品种。从美洲种选育的品种，分为美洲葡萄、河岸葡萄、沙地葡萄、伯兰氏葡萄。

（3）欧美杂交品种。由欧亚种群的葡萄和美洲种群的葡萄杂交选育而成。

（4）欧山杂交品种。为欧洲种群的葡萄与东亚种群中的山葡萄杂交取得的品种。

2. 按照果实成熟期分类

（1）早熟品种。从萌芽到浆果成熟需要110～140d的品种称为早熟品种。

（2）中熟品种。从萌芽到浆果成熟需要140～155d的品种称为中熟品种。

（3）晚熟品种。从萌芽到浆果成熟需要155d以上的品种称为晚熟品种。

3. 按照果实主要用途分类　按照果实用途分为鲜食品种和加工品种，加工品种又分为酿造、制汁、制干等品种。

（1）鲜食品种。鲜食品种应具备较好的内在品质和外观品质。果穗重300～500g，粒重4g以上，外形美观，果粒着生疏密得当，甜酸适口，可溶性固形物含量15%～20%，含酸量0.5%～0.9%，果肉致密而脆，皮、肉、种子易分离。如京秀、红地球、巨峰等。

（2）酿造品种。酿造品种比较注重内在品质，含可溶性固形物含量要求达到17%以上，出汁率70%以上，具有特殊香味和不同的色泽。如赤霞珠、贵人香、法蓝黑等。

（3）制汁品种。制汁品种要求有较高的含糖量和较浓的草莓香味，出汁率 70% 以上。如康克、卡巴克。

（4）制干品种。要求是无核品种，可溶性固形物含量要求达到 20% 以上。如无核白。

二、葡萄优良品种介绍

1. 藤稔 属欧美杂交种，于 1987 年引入浙江金华，在金华市种植面积逾万亩。在金东、婺城 7 月中下旬成熟，适于鲜食，可兼制去皮糖水葡萄罐头。树势强，新梢和叶片似巨峰，但新梢密生灰色茸毛，是其与巨峰的区别。枝条较直立，嫩枝绿色，有紫红色条纹，幼叶绿色，叶背有白色茸毛；成龄叶深绿色，大而厚，叶面粗糙，节间中长，果穗中大，呈圆锥形，单穗重 500～600g，单粒重 18g 左右，曾享誉国内。完全成熟时呈紫黑色，皮中厚，有果粉，具光泽，肉软肥厚、中脆，汁多，含可溶性固形物 18% 左右，不易脱粒，但易裂果。

该品种抗黑痘病能力比巨峰强，霜霉病、炭疽病发生较轻，较丰产，耐贮运。栽培上必须控制留果量，提早疏花疏果。由于主、侧根少，生根能力弱，宜采用嫁接繁殖育苗，加强树势；需肥量大，宜采用大肥大水栽培；树势易衰，应采用中、短梢修剪，培育树势；对激素敏感，结合疏花疏果，谨慎采用葡萄膨大剂处理，增大果粒，但为使消费者食用放心，不能盲目使用膨大剂。

2. 无核白鸡心 原产美国，属欧亚种。树势强，枝条粗壮。果穗呈圆锥形，单穗重 500g 以上；果粒鸡心形，单粒重 6.9g；成熟后黄绿色，果皮薄，可食，味甜，有玫瑰香味，含可溶性固形物 17.3%，无核，品质极上；耐贮运。宜大棚或小棚架或篱架栽培。

3. 美人指 属欧亚种，1994 年从日本引入。该品种树势旺，新梢伸长快，副梢多，树冠易形成，叶片 5 裂，呈五角形。单穗重 480g，呈圆锥形；单粒重 10g 左右，果皮薄有韧性，肉脆爽甜，品质优，含可溶性固形物 16%，在金华 8 月上中旬果实成熟，栽培上宜增施有机肥，及时疏去副梢；开花前进行花穗整形，一般留 20 个小穗，坐果后摘除无核的小粒果；抗病性差，宜实行避雨栽培方式。

4. 红地球 又称晚红、大红球、晚熟红提。原产美国，属欧亚种，为美国出口最多的葡萄品种。1992 年引入我国，1994 年引入金华。该品种幼叶稍带红色，叶背有稀疏茸毛，成叶 5 裂、绿色、较薄、光滑无茸毛。一年生枝浅褐色。果穗长圆锥形，单穗重 500～650g，果粒大而圆，单粒重 12～14g，果皮中厚，淡红色至紫红色，美观秀丽，果肉硬脆，汁多，易剥皮，甜味可口，含可溶性固形物 14%～16%，品质佳；果刷粗长，不掉粒，极耐拉、耐压、耐贮运。在金东、婺城 9 月初至中旬成熟，唯易患葡萄炭疽病，花芽不易形成，宜避雨设施栽培。

5. 巨峰 欧美杂交种。原产日本，是用石原早生与森田尼杂交育成的四倍体品种。20 世纪 60 年代引入我国，是目前浙江葡萄的主栽品种。果穗中至大，350g 左右，圆锥形；粒重 9～10g，近圆形，紫黑色，果皮中等厚，果粉较多，果肉较软，味甜而清香，含可溶性固形物 15%～16%，品质中上。树势强健，芽眼特大，抗病力、适应性强，耐旱性较差，对肥水要求高。幼树长势旺，着果率低。结果过多而导致树势早衰时，则树势较难恢复。8 月上中旬成熟，适于棚架栽培。幼树修剪时宜轻剪长留，并可利用副梢加速整形。花前 7～10d 掐穗尖，适时抹芽、摘心，花期喷 0.2% 硼酸液，均可提高着果率。应多施有机肥和磷、钾肥；幼树花前不宜施氮肥。合理负载量，每亩产量宜控制在2 000kg以下，以提高浆果质量。

6. 京亚　属欧美杂交种，四倍体。1990年北京植物园从黑沃林实生苗中选育出的新品种。树势中强，枝较细，老熟早，每个结果枝上着生2～3个果穗，栽培特点似巨峰。叶中大，心形或近圆形，叶缘鲜粉紫色，中厚，叶背密生茸毛，叶片3～5裂；果穗圆锥形，单穗重482g，果大、特早熟、着色性好，呈短椭圆形，单粒重11g左右；果皮紫黑色，果肉较软，汁多味甜，微有草莓香，含可溶性固形物13%～17%，品质一般，较酸。婺城、金东果实成熟期在6月20日左右，杭州在7月上旬，比巨峰早约20d。从萌芽到果实成熟约需90d，较抗黑痘病、炭疽病、白腐病，果实着色较一致。栽培上宜加强肥水管理，及时疏果，以增大果粒。

▶▶▶ 任务二　葡萄种苗繁育技术 ◀◀◀

（一）葡萄硬枝扦插育苗

1. 具体要求　掌握葡萄硬枝扦插育苗技术。

2. 操作步骤

（1）扦插时期。春季发芽前当土壤达10℃以上时进行露地扦插。

（2）插条准备。选择品种纯正、优良，枝蔓生长健壮，芽饱满，枝粗0.7～1.0cm且充分成熟的一年生枝作插穗。扦插前将枝条剪成具有2～4芽、长10～15cm的插条。上端在距芽2cm处平剪，下端在芽节下1cm处斜剪成马耳形剪口。

（3）催根处理。为了提高扦插成活率，也可在扦插前进行催根处理。其方法是：将插条基部浸于5 000mg/L吲哚丁酸或萘乙酸的溶液中浸2～3s，也可以在50～100mg/L吲哚乙酸或萘乙酸中浸泡12～24h，然后取出扦插。

（4）插床准备及基质配制。露地插床，先施足基肥，将基肥翻入土中后再整平畦面。保护地内的插床，其基质以膨胀（粗3～10mm）的蛭石效果最好，也可用珍珠岩和河沙作基质，或沙质壤土与沙按1∶2的比例混合，泥炭土与沙按1∶2或1∶3的比例混合。营养袋的基质可采用肥泥、木糠与河沙混合。

（5）扦插。扦插的株、行距为5cm×10cm。插条以斜插为宜（斜度约45°），扦插深度为插条的1/3～1/2，插条用基质压紧，然后灌水。待基质下沉后，插条上端只有一芽留于床面，也可直接插在营养袋中。

（6）扦插后管理。插后要加强管理，要适时灌水，保持基质水分。插床用塑料薄膜覆盖，能增温保湿，有利于扦插成活；适当遮光（遮光率40%），有利于扦插成活。扦插20d后，可降低基质湿度。

（二）葡萄绿枝扦插育苗

1. 具体要求　掌握葡萄绿枝扦插育苗技术。

2. 操作步骤

（1）扦插时期。在生长季进行扦插，为提高成活率，保证当年形成一段发育充实的枝条，扦插时间尽量要早，一般在6月底以前进行。

（2）插条准备。在生长季结合夏季修剪，利用粗度在0.5cm以上的半木质化新梢育苗。

选生长健壮的植株，于早晨或阴天采集半木质化的枝条，以副梢尚未萌发或刚萌发的新梢为好，随采随用。将采下的嫩枝剪成长 15～20cm 的枝段。上剪口于芽上 1cm 左右处平剪；下剪口稍斜或剪平。

（3）催根处理。同葡萄硬枝扦插育苗。

（4）插床准备及基质配制。绿枝扦插宜用河沙、蛭石等通透性能好的材料作基质。苗床深 20～30cm，也可在地面用砖砌成，床底部不能存水，以防新梢基部腐烂。床内铺 15cm 厚的粗沙，并用甲醛消毒，插床上安装迷雾设备或扣塑料膜并遮阳。

（5）扦插。扦插的株、行距为 10cm×15cm，将处理好的插穗插入苗床内，留顶芽在外。适当密插，有利于保持苗床的小气候。采用直插，宜浅不宜深（插入部分约为穗长的1/3）。插后要灌足水，使插条和基质充分接触。扣上塑料膜并进行遮阳。

（6）扦插后管理。绿枝扦插必须搭建遮阳设施，避免强光直射。扦插后注意光照和湿度的控制，勤喷水或浇水，使空气湿度达到饱和，勿使叶片萎蔫。生根后逐渐增加光照，温度过高时喷水降温，湿度过高时及时排除多余水分。有条件者利用全光照自动间歇喷雾设备，效果更佳。

（三）葡萄嫁接育苗

1. 具体要求 掌握葡萄嫁接育苗技术。

2. 操作步骤

（1）砧木的培育与选择。选择生长旺盛、健壮、充实的砧木，要求选用枝条粗度 0.5～1.0cm 的一至二年生苗木。

（2）接穗采集与处理。采集接穗的时间应在葡萄落叶后，从品种纯正、植株健壮的结果株上采集充分成熟、节部膨大、芽眼饱满，髓部小于枝条直径的1/3，无病虫害的一年生枝。采集后按枝条长短、粗细分开，每 50 根或 100 根种条 1 捆，捆扎整齐，做好标记，入沟埋藏。嫁接前 1d 取出接穗，用清水浸泡 12～24h，使接穗吸足水分。

（3）嫁接时间及方法。一般在 2—3 月，早春葡萄伤流时间前，选用劈接法进行嫁接。嫁接时离地表 10～15cm 处前截，在横切面中心线垂直劈下，深达 2～3cm。接穗取 1～2 个饱满芽，在顶部芽以上 2cm 和下部芽以下 3～4cm 处截取，在芽两侧分别向中心切削成 2～3cm 的长削面，削面务必平滑，呈楔形，随即插入砧木劈口，对准一侧的形成层，并用嫁接膜将嫁接口和接穗包扎严实，并露出芽眼。

（4）嫁接后管理。植株发芽后，要及时开展抹除萌蘖、夏季嫩枝补接、引缚新梢、肥水管理、病虫害防治等工作。

3. 注意事项

（1）砧木选择时应根据栽植地实际情况，选择相应抗性品种，并注意嫁接砧木和接穗的亲和性。

（2）掌握好嫁接时间，具备娴熟的嫁接技术。

►►► 任务三　葡萄田间植株管理 ◄◄◄

（一）葡萄夏季修剪

1. 具体要求 掌握葡萄夏季修剪的时期和基本方法。

2. 操作步骤

（1）抹芽定枝。抹芽在春季芽萌发时进行。首先要根据芽的萌发情况判别芽的质量。通常萌发早而饱满圆肥的芽多为花芽，萌发晚而尖瘦的芽多为叶芽或发育不好的花芽。应抹除过密芽及质量差的芽。一节上萌发 2～3 个芽时，选留 1 个发育好的芽。当新梢长到 10cm 左右，能明显辨别有无花序和花序多少、大小时，进行定枝。篱架一般每隔 10～15cm 留 1 个新梢，棚架每平方米留 15～20 个新梢。原则上留结果枝去发育枝，留壮枝去弱枝；短梢或枝组上，留下位枝去上位枝。在枝条稀的部位和需要留预备枝或更新枝的部位，如无结果枝可留，也可留一定数量的发育枝，将多余的新梢全部去掉。

（2）摘心。结果枝一般于开花前 5～6d 至始花期，在花序以上留 5～7 叶摘心；发育枝留 10～12 叶摘心；主蔓延长枝或更新枝，可根据冬季修剪的要求长度再多留 2～3 叶进行摘心。

（3）副梢处理。较常用的有两种方式。①结果枝上只保留顶端 1 个副梢，其余的及时抹去。顶端留下的（一次）副梢，留 4～6 叶摘心；其上再发生的（二次）副梢，除顶端 1 个副梢留 3～4 叶摘心外，其余的（二次）副梢抹除；待三次副梢萌发后，也按此法处理。这种副梢处理方式多用于生长较弱的品种。②花序以下的副梢抹除，花序以上的副梢留 1～2 叶摘心，以后再发生的二次、三次副梢，再留 1～2 叶反复摘心。此种副梢处理方式多用于生长较旺或易得日灼病的品种。营养枝 5 节以下萌发的副梢全部抹除，5 节以上的副梢处理方法同结果枝。在开花前，结果枝中下部的副梢已萌发，在进行结果枝摘心的同时，对已萌发的副梢一并加以处理。一般 1 年内需要进行 3～5 次副梢处理或摘心工作。

（4）疏花序及掐花序尖。开花前 2 周，根据树势及结果枝的强弱，适当疏去部分弱小和过多的花序。一般强枝留 2 穗，中庸枝留一穗，弱枝及预备枝不留穗。对落果较重、花序大而长的品种，在开花前 1～2d 可掐去花序顶端的穗尖，使果穗紧凑，果粒整齐。

（5）绑蔓和除卷须。新梢长到 30cm 左右时开始绑蔓，使新梢均匀固定到架面上，一般斜绑，以缓和长势，生长期需绑缚 2～3 次。在绑蔓和处理副梢的同时，随时将卷须除去。

（二）葡萄冬季修剪

1. 具体要求 学会葡萄冬季修剪技术，掌握修剪时期、修剪方法。

2. 操作步骤

（1）修剪时期。冬季葡萄正常落叶后至翌年春天枝蔓开始伤流前修剪，为 12 月下旬至翌年 1 月底。

（2）修剪方法与步骤。

①确定留枝量（结果母蔓的剪留数量）。根据品种、树龄、树势、初步确定植株的负荷能力（即产量），大体上确定留枝量。每亩或每株剪留枝量可根据下面公式计算，将计算结果作为修剪的参考。

$$\frac{每亩（或株）}{剪留结果母蔓量}=\frac{计划每亩（或株）产量（kg）}{每母枝平 \times 每果枝平 \times 每果穗平}\times(1+15\%)$$
$$\frac{}{均果枝数 \quad 均果穗数 \quad 均质量（kg）}$$

②枝蔓去留原则。根据留枝数量，挑选位置适宜的健壮枝蔓作结果母蔓，多余的疏去。原则是去高（远）留低（近）、去密留稀、去弱留强、去徒长留健壮、去老留新。

③结果母蔓的剪留长度。根据品种习性、架式、枝蔓质量，确定每一枝蔓的剪留长度，依据剪留芽数的多少分为长梢修剪、中梢修剪和短梢修剪。

修剪时根据具体情况灵活运用。一般花芽分化节位低、生长势较弱的植株或枝蔓多用短梢修剪，花芽分化节位高、生长势强或枝蔓多的植株用长梢或中梢修剪。生产实践中，有时主要用一种方法，有时三者结合应用。修剪完毕，对于长、中梢修剪的结果母蔓水平绑缚在架面上。

④结果母蔓的更新。不论进行长、中、短梢修剪，都应考虑结果母蔓的更新，方法有单枝更新和双枝更新。

单枝更新：冬季修剪时不留预备枝，翌年春季萌芽时，将结果母蔓牵引至水平位置或曲向下方，使其中上部抽生结果蔓结果，基部选留1个生长良好的新梢，培养为预备枝，如预备枝有花穗可摘除，并将其扶直，使其生长健壮。冬季修剪时，将预备枝的上部剪去，依预备枝强弱采用长、中、短梢修剪作为来年的结果母蔓，以后每年如此反复进行。

双枝更新：在同一基枝上，上部的结果母蔓按要求的长度（6～12节）修剪，然后于结果母蔓基部附近选一发育良好的枝蔓，留2芽短截作为预备枝。翌年结果母蔓抽生结果蔓开花结果，预备枝萌发成为2个新梢。冬季修剪时将已结过果的枝蔓连同母蔓剪去，预备枝萌发的2个枝蔓，上部的1个作为翌年的结果母蔓，留6～12节剪截，下部的1个留2芽短截作为预备枝，以后依此重复操作。

⑤主蔓更新。主蔓结果部位严重外移或衰老，结果能力下降时，需进行更新。为了减少更新后对产量的影响，应在前1～3年，有计划地选留和培养基部发出的萌蘖作为预备主蔓。当培养的预备主蔓能承担一定产量时，再将要更新的主蔓剪除。

在冬季修剪时，还须疏剪枯枝、病虫枝、细弱枝、过密枝，无用的二次、三次枝及位置不当的徒长枝等。

3. 注意事项

（1）注意鉴别枝蔓的质量和芽眼的优劣。凡枝条粗而圆，髓部小，节间短，节部凸起，枝色呈现品种固有颜色，芽眼饱满，无病虫害的为优质枝。芽饱满，鳞片包紧的为优质芽。

（2）防止剪口芽风干。葡萄枝蔓组织疏松，水分易蒸发，故枝蔓短截时，应在剪口芽上端一节的中部或节间中部剪断，以保护剪口。疏剪时，剪口应离基部1cm左右（即要留长约1cm的残桩），以免影响附近枝蔓的生长。

（3）凡需要水平绑缚的结果母蔓或主蔓延长枝，剪口芽应留在枝的上方，以免影响新梢的生长。

（三）葡萄花果管理

1. 具体要求　掌握葡萄花序与果穗管理技术。

2. 操作步骤

（1）疏花序与花序整形。一般在开花前5～7d进行，根据品种、枝蔓粗细等来确定留花序数量。每株留穗量，大穗品种为14～16个花穗，中穗品种为18～20个花穗，壮枝留1～2个花序，中庸枝留1个花序，细弱枝不留花序。通过掐除穗尖和疏副穗进行花序整形，使其果穗穗形一致、大小合适。

（2）花期喷硼。葡萄花前1周、花期和花后分别叶面喷施1次浓度为0.1%～0.2%的硼砂或硼酸溶液，提高葡萄坐果率。

（3）花期主、副梢处理。强壮新梢在第一花序以上留5片叶摘心，中庸新梢留4片叶摘心，细弱新梢疏除花序以后，暂时不摘心，可按营养新梢标准摘心。顶端 1～2 个副梢留 3～4 片叶反复摘心，果穗以下副梢从基部抹除，其余副梢留 1 叶绝后摘心。此法适用于幼龄结果树，多留副梢叶片，既保证初结果树早期生产，又促进树冠不断扩展和树体丰满。成龄树可选择省工法，顶端 1～2 个副梢留 4～6 叶摘心，其余副梢从基部抹除，顶端产生的二次、三次等副梢，始终只保留顶端 1 个副梢，留 2～3 叶反复摘心，其他二次、三次等副梢从基部抹除。此法适用于成龄结果树，少留副梢叶片，减少叶幕层厚度，让架面能透进微光，使架下果穗和叶片能见光，减少黄叶，促进葡萄着色。

（4）疏果穗和果粒。疏粒工作在疏穗以后，在开花后 25d 左右，当果粒进入硬核期，果粒约有黄豆粒大，能分辨出大小粒时可进行。强果枝留 2 穗，中庸果枝留 1 穗，弱枝不留穗，每平方米架面选留 4～5 穗果。疏除因授粉受精不良而形成的小粒、畸形粒，个别突出的大粒果也要疏去，再疏除病虫、日灼果粒。

（5）果穗套袋与摘袋。葡萄果袋应选择优质专用袋，如纯白色的聚乙烯纸袋、带孔玻璃纸袋或塑料薄膜袋。在果实坐果稳定、整穗及疏粒后立即开始套袋，此时幼果似黄豆粒大小，宜早不宜迟。对葡萄已套袋的果穗，一般可有两种处理方法：如果采用透明透光的白纸袋，可不摘袋，带纸袋采收入箱；如果采用不透光或透光性差的纸袋，应在采前 1 周左右摘除，以促进着色。

3. 注意事项

（1）花期应做好控肥控水，花期施肥、灌水会引起枝叶徒长，树体营养大部分供应新梢生长，而影响开花坐果，易出现大小粒和严重减产。

（2）葡萄套袋前，应全园喷布一次杀菌剂，如多菌灵、代森锰锌、甲基硫菌灵等。

（3）葡萄摘袋时，不要将纸袋一次性摘除，先把袋底打开，使果袋在果穗上部戴一个帽，以防止鸟害及日灼。

（4）葡萄园内铺设反光膜在葡萄生产中有较高的实用价值，除可促进果实增糖增色，提高葡萄果实品质外，还可防止草生长及肥水流失。

（四）葡萄幼树整形

1. 具体要求　掌握葡萄幼树整形技术。

2. 操作步骤

（1）定芽。种苗萌芽后能分辨芽的好坏时，留强去弱，只留 1 个壮芽生长，同时抹除多余芽及壮芽边的副芽。

（2）主干的培养。当种苗新梢生长到 1.2～1.3m 高度时，及时摘除生长点。

（3）2 条主蔓培养。除顶端 2 个副梢生长外，其下所有夏芽都采用留一绝后的方法摘心。当顶端 2 条副梢各生长到 7～8 叶时（即 1m 左右）及时摘掉 2 条副梢的生长点。

（4）结果母枝培养。在 2 条副梢主蔓上间距 25cm 左右留 1 个二次副梢。每条副梢主蔓上培养 3～4 个二次副梢。当二次副梢生长 5～6 叶时及时摘心。摘心后对每条二次副梢顶端再生长的三次副梢留 2～3 叶反复摘心，其下三次副梢留 1 叶摘心，促进其二次副梢增粗生长，以使二次副梢的直径能达到 0.6cm 以上，便能成为翌年的结果母枝。

（5）冬季整形修剪。主蔓修剪留芽量根据离地 20cm 处主蔓的直径来计算，直径达到 1cm 的，留 6～8 芽修剪，凡每增粗 1cm 就多增留 6～8 个芽。二次副梢达到结果母枝的粗度（0.6cm 以上）就保留结果，其余剪除。

>>> 任务四　葡萄田间土肥水管理 <<<

（一）葡萄田间土壤管理

1. 具体要求　掌握葡萄园间土壤管理的几项关键措施。

2. 操作步骤

（1）深翻改土。在建园定植前及幼树期结合深施基肥进行，逐步达到全园深翻，深度一般为50～60cm。

（2）清耕生草。可选择在生长季内植株周边多次浅清耕、松土除草，在葡萄行间实行人工种草或自然生草。

（3）种植绿肥，合理间作。在葡萄园内种植油菜、燕麦、紫云英等绿肥，或者间种豆类、薯类、蔬菜等作物。

（4）地面覆盖和免耕法。选用地膜或选用合适的除草剂来做好防草工作。

3. 注意事项　为葡萄生产的安全及土地健康长远考虑，尽量少用或禁用除草剂。

（二）葡萄田间施肥

1. 具体要求　掌握葡萄田间的施肥种类、施肥方法及施肥技术。

2. 操作步骤

（1）肥料种类。主要分为有机肥料、矿质肥料、生物肥料3种。

（2）施肥方法。土壤施肥的具体方法分为条沟状施肥、放射状施肥、穴状施肥、环状施肥、全园施肥和灌溉式施肥。

（3）施肥技术。催芽肥一般在萌芽前15d左右施入，每亩施复合肥15～20kg，可采用局部挖施肥沟或施肥穴，结合施肥进行翻土。壮果肥的施肥期应掌握坐果率高的品种在谢花期开始施肥，坐果率低的品种在坐果后果粒黄豆大小时开始追施，施肥量约为每亩有机肥100kg、50％硫酸钾25kg、磷肥50kg、尿素10～15kg，采用浅翻入土或畦边开沟条施后覆土。

（三）葡萄田间水分管理

1. 具体要求　掌握葡萄园田间水分管理，做好适时排水与灌溉。

2. 操作步骤

（1）排水。葡萄抗涝力差，如土壤中水分过多、排水不良，对葡萄生长危害较大，夏、秋季节大雨过后要及时排水。雨季来临前，要注意做好排水防涝的准备工作，要求遇到大雨或暴雨时葡萄园不受淹，雨停后畦沟不积水。

（2）灌溉。从萌芽到开花，适宜的土壤湿度为田间持水量的65％～75％，满足这一湿度条件，可促进发芽整齐、新梢生长健壮；新梢生长和幼果膨大期，适宜的土壤湿度为田间持水量的75％～85％；果实迅速膨大期，适宜的土壤湿度为田间持水量的70％～80％；新梢成熟期，适宜的土壤湿度为田间持水量的60％左右；采果后，一次枝蔓增粗生长高峰和发根高峰，需要较充足的水分。在葡萄萌芽前后、果实膨大期至着色前、果实着色期和果实采收后及秋、冬季休眠期进行适时适量灌水更为关键。可采用沟灌、畦灌、喷灌、滴灌、渗灌等方法进行灌溉。

3. 注意事项　一般花期不要灌水，以免加重落花落果。要根据天气、品种、栽培模式和园地实际水分状况来决定是否需要灌水。降水多、土壤湿度大则无需灌水，天气干旱应及时灌水。不同葡萄品种对水的需求不同，果实膨大期一般欧美杂种对水的需求要多于欧亚种。栽培模式不同，灌水也有差异。

>>> 任务五　岗位技能训练 <<<

技能训练 1　葡萄出土上架技术

（一）目的要求

通过实训掌握葡萄出土上架技能，能够团结合作完成葡萄出土上架任务。

（二）材料及用具

埋土防寒的葡萄、铁锹、耙子、绑缚绳。

（三）内容及操作步骤

1. 出土时间　准确掌握适时的出土日期十分必要，葡萄出土可以根据历年的栽培经验进行。每年的气候都有所变化，可以用某些果树的物候期作为指示植物来确定出土日期。一般在当地山桃初花期或杏等栽培品种的花蕾显著膨大期开始撤去防寒物。

2. 出土方法　通常葡萄枝蔓捆扎置于栽植畦的中心，先撤去防寒土堆两侧的土，再扒去枝蔓上部的覆盖物，直至露出葡萄枝蔓为止。撤去防寒物后要修整畦面。

为了防止芽眼抽干，使芽眼萌发整齐，出土后可将枝蔓在地上先放几天，等芽眼开始萌动时再把枝蔓均匀地绑在架面上，开始生长期的管理工作。

3. 整理支架　每年葡萄出土上架前必须修整、扎紧铁丝，对倾斜松动的架面必须扶正扎紧。用牵引锚石或边撑将边柱扶正或撑正，如果有铁丝锈断，需及时补设。

4. 复剪　冬季修剪时由于技术、劳动力或其他原因，修剪未完全按要求进行，有些葡萄修剪质量不佳，在春季出土后需进行复剪。复剪时，除按冬季修剪要求修剪外，还要注意剪除出土过程中碰伤的枝蔓，去掉干橛，清除架上的残枝卷须等。

5. 上架绑蔓　植株经过复剪后即上架绑蔓。要注意使枝蔓在架面上均匀分布，将各主蔓尽量按原来生长方向绑缚于架上，保持各枝蔓间距离大致相等。如棚架上各龙干间距50～60cm，尽量使其平行向两侧延伸。结果母枝的绑缚要特别注意，除了分布要均匀外，还应避免垂直引缚，以缓和枝条生长的极性。一般可呈 45°角引缚，长而强壮的结果母枝可偏向水平或呈弧形，以促进下部芽眼萌发和各新梢生长的均衡。

葡萄枝蔓用塑料绳、马蔺、稻草、柳条等材料绑缚时，既要在架上牢固附着，也要注意给枝条加粗生长留有余地。通常采用 8 形引缚，使枝条不直接紧靠铅丝，留有增粗的余地。

（四）注意事项

在发芽前后的各项果园农事操作中，如枝蔓出土、上架等，要特别小心，避免葡萄枝蔓和芽眼受伤。若枝蔓或芽眼受伤，伤流轻者会使植株营养损失过多，造成树势衰弱，芽体枯死，影响生长、开花和结果，使葡萄产量下降，重者整株死亡。

（五）实训报告

通过实际操作，总结葡萄出土上架的技术要点。

技能训练 2 葡萄双"十"字 V 形架搭建技术

（一）目的要求

通过葡萄双"十"字 V 形架搭建的实训，学会并掌握葡萄架搭建的方法。

（二）材料及用具

立柱（粗水泥柱或耐腐木材）、横梁、铁丝（以 8～10 号型为好）、钳子、紧线器、铁铲、U 形钉等。

（三）内容及操作步骤

1. 埋立柱 每隔 4～6m 埋 1 根，每亩可埋 60 根，入土深度为 60cm。

2. 架横梁 在离表土 80cm 处的立柱上架设短横梁，在第一根横梁上端距离第一根横梁 25cm 处架设长横梁，横梁最好从立柱中穿过。

3. 拉铁丝 在立柱距地 80cm 处拉第一层铁丝，铁丝要绕过柱子，形成一左一右 2 道铁丝；再以同样方法在立柱距地 105cm 处拉第二层铁丝；最后在距地 140cm 处拉第三层铁丝，形成 3 层共 6 道铁丝。这样，立柱剩下的 50cm 可作机动用。水肥充足、苗情长势好时，可在立柱顶端再拉 1 层，形成 4 层 8 道铁丝。但实践表明，以控制在葡萄母蔓 1～3 层挂果最好。

（四）注意事项

（1）在葡萄落叶后至翌年萌芽前搭建双"十"字 V 形架，冬剪葡萄时可将母蔓全部置于横梁上，至翌年新枝长出时，便可沿两边的铁丝生长，形成上大下小的双"十"字 V 形结构。

（2）除双"十"字 V 形架以外，常见的葡萄架式还包括篱架、棚架，埋设立柱的方法基本一致。

（五）实训报告

搭建双"十"字 V 形架，说明建架方法，并根据结果撰写实习报告；查阅篱架、棚架的搭建方法，并撰写总结报告。

技能训练 3 葡萄生长结果习性观察

（一）目的要求

通过观察葡萄生长结果习性，了解葡萄不同阶段的生长习性。

（二）材料及用具

葡萄结果树、钢卷尺、放大镜、记载用具。

（三）内容及操作步骤

1. 树性和枝蔓 葡萄为藤本果树。识别主蔓、侧蔓、二年生枝（蔓）、新梢（蔓）及副梢。

2. 新梢器官的组成和着生 枝条有节，不同品种节间长短不同。叶呈 1/2 叶序排列。对于卷须在节上的着生位置，欧洲种葡萄每 3 节有 2 节着生卷须（即间歇性着生）。

3. 冬芽和夏芽 枝条上每节叶腋有 1 个冬芽和夏芽，冬芽为鳞芽，夏芽为裸芽。冬芽在形成的当年一般不萌发，但受到刺激时也易萌发。上年形成的冬芽，翌年春季萌发，有时 1 个冬芽可发出 2 条或 2 条以上的新梢。由此可以证明葡萄的冬芽是包括 1 个主芽和数个预备芽的复合芽。有些预备芽不萌发，成为隐芽，此种隐芽对枝条的更新有作用。夏芽为早熟性芽，当年即萌发，所以葡萄一年能形成多次副梢。葡萄新梢生长无停止期，不形成顶芽。

4. 花芽和花序　葡萄花芽为混合芽，花芽萌发为结果枝，着生花芽的枝为结果母枝。观察结果母枝上花芽所在节位的高低。观察结果枝上花序着生的节位和每一结果枝的花序数。从花序着生位置和该处卷须的有无证明花序与卷须是否为同源器官。观察有些品种夏芽副梢和冬芽副梢出现花序的现象。

5. 结果枝和结果母枝　春季由冬芽萌发的新梢，根据花序的有无分为营养枝和结果枝。发育充分的营养枝和结果枝，均可成为下年结果的结果母枝，一个结果母枝可以形成多个花芽。

6. 结果年龄　观察开始结果的年龄，一般二年生的葡萄开始结果。

（四）注意事项

（1）实习时间宜选在开花期至果实成熟前。

（2）实习时按前述内容逐项观察记载。某些观察不到的内容，留待适宜季节利用课余时间进行观察。

（五）实训报告

观察葡萄开花期的生长习性，并根据结果撰写报告。

技能训练 4　葡萄套袋技术

（一）目的要求

了解葡萄套袋的目的、套袋时期及果袋规格，掌握葡萄套袋的方法。

（二）材料及用具

葡萄结果树、疏果剪、果袋、杀虫剂、杀菌剂、喷壶。

（三）内容及操作步骤

1. 套袋时间　套袋要尽可能早，一般在坐果稳定、疏穗及疏粒结束后立即开始。一般在坐果后 15～20d，赶在雨季来临前结束，以预防早期侵染的病害及日灼，有效预防冰雹等自然灾害。套袋最好在天气晴朗时进行，避免高温特别是雨后高温时进行。有的果园为了提早上市，把套袋推迟到葡萄转色后进行，这种做法不提倡，因为套袋太晚会影响套袋的综合效果。

2. 套前准备　套袋前，全棚可喷 1 次复方多菌灵、寡雄腐霉、甲基硫菌灵等杀菌剂，重点喷布果穗，药液晾干后再开始套袋。套袋后可以不再喷施针对果实病虫害的药剂，重点防治葡萄叶片病虫害，如对蝉、炭疽病、霜霉病、白粉病、黑痘病等。

3. 果袋类型　葡萄套袋要根据品种以及不同地区的气候条件，选择适宜的纸袋种类。要求原纸质地轻，纸质经过强化，对果实增大无不良影响，透明度高，透气性强，透湿性好。葡萄园使用的果袋主要有纸袋、半透明纸袋、透明袋、无纺布袋、伞袋等，规格一般有 175mm×245mm、190mm×265mm、205mm×290mm 等几种类型。设施促成栽植、避雨栽植或棚架栽植都应选用透光率好的果袋。

4. 套袋方法　套袋前用手将袋子撑开，然后由下往上将整个果穗放入袋中，再将袋口从两边向中间折叠收缩到穗柄上，使果穗悬空在袋中，用封口丝将袋口扎紧扎严。注意一定要把袋口缠紧，不能留成喇叭形张口。套袋时间以晴天上午 9—11 时或下午 2—6 时为宜，尽量当天套完。套袋的顺序为先上后下，先里后外。果实袋涂有农药，套袋结束后应洗手和衣物，以防中毒。

（四）注意事项

（1）袋口一定要扎紧，否则雨水、病菌、虫容易进入，易引起病害、虫害。

（2）套袋后密切观察袋内病虫害发生情况，严重时可以解袋喷药。

（3）易发生日灼的品种，可在纸袋上方加一个伞袋。

（五）实训报告

选定适宜时间对葡萄进行套袋练习，并根据实训结果撰写报告。

【拓展阅读1】

南方葡萄避雨栽培

葡萄避雨栽培是葡萄设施栽培的又一种新形式，是在葡萄架杆、枝蔓上部增设薄膜防雨小棚的一种特殊栽培方式。增设了防雨棚，使雨水不能直接落在枝、叶、花、果上，减少或避免了雨水的影响，从而改变了植株生长期葡萄叶幕层周围的小气候，减轻了病虫危害，保证了葡萄健壮生长。我国葡萄产区中，除新疆、甘肃、宁夏、内蒙古西部等地区外，大部分葡萄产区均处于东亚季风区控制范围内，每年葡萄成熟季节（7—9月）正值降雨集中时，夏季和初秋连续的阴雨是导致葡萄病虫滋生和葡萄品质、产量降低的主要原因，也是造成欧亚种品种不能在一些地区大面积推广的主要原因，因此开展避雨栽培在我国有着广阔的发展前景。

1. 避雨栽培的作用和意义

（1）防止雨水对植株生长和果实成熟的影响。葡萄在开花期和幼果生长期喜欢相对干旱的环境，采用避雨栽培能有效防止雨水对葡萄植株开花和果实生长的影响，明显降低叶幕层内的空气湿度，促进枝、叶、花、果正常生长。调查表明，采用避雨栽培的葡萄植株与露地栽培相比，叶片厚而浓绿，枝条老熟正常，果实上色良好，病虫害明显减轻，可克服雨水过多对葡萄生长和结果造成的不良影响。

（2）减轻病害发生，减少喷药次数。避雨栽培条件下明显减轻了靠风雨传播病虫害的发生，保护了叶、枝、花、果的正常生长，延长了叶片的有效光合时间，从而显著地减少了喷药次数和喷药数量。

（3）提高果实品质，增加葡萄产量。葡萄避雨栽培防止了阴雨对授粉受精的影响，减轻了病虫害的发生，防止了裂果，提高了叶片的光合效率，从而有效地提高了葡萄的产量和果实的品质。

（4）扩大了优质葡萄栽培区域。由于欧亚种葡萄抗湿性、抗病性均较差，所以华中、华东许多地区露地难以种植，而采用避雨栽培，则可使优质的欧亚种葡萄在这些地区成功栽培。近年来华东、华中地区利用避雨栽培成功地引种栽培了乍娜、玫瑰香、红地球等一批欧亚种，扩大了我国优良葡萄品种的栽培地域。严格来讲，在我国的气候条件下，避雨栽培对许多夏、秋季多雨的葡萄栽培区都有一定的现实意义。

2. 葡萄避雨栽培技术

（1）避雨栽培适应范围。凡是在葡萄花期有连阴雨或葡萄采前1个月降雨量超过100mm的地区，都应尽可能地推行葡萄避雨栽培法。当前避雨栽培主要用于鲜食品种。

（2）避雨覆盖架的设置。避雨覆盖架在原葡萄架杆上设置。篱架栽植时，一般常在葡萄架杆顶端先固定一个长 1.4～1.5m 的横杆，木杆、竹竿或钢材均可，但以钢材作横杆牢固性较好。横杆中央部位即原架杆处向上再竖一高 30cm 左右的立杆，并在横杆两端通过竖杆顶端再用木条、细竹竿或 6 号钢筋盘连成一个拱形框架。整个拱形框架可制作成一个整体并与篱架架杆固定在一起。相邻的防雨拱架可用分布在拱形框架上的 5 条 8～10 号铁丝相互连接，在整个拱架上形成一个铁丝架框，上面铺设防雨塑料薄膜。同时，也可在制作水泥柱杆时即将防雨架一同设计制作，这样更为方便。

（3）薄膜的选择。避雨覆盖主要在夏季高温时进行，因此覆盖用的薄膜应选用抗晒、抗裂、抗老化、厚度 0.08～0.12mm、抗高温、高强度、透光性良好的聚氯乙烯薄膜。一般薄膜可连续使用 2 年。

为了使葡萄枝梢正常伸展，防雨覆盖的薄膜与枝条叶片之间最少应保持有 20～30cm 的空间距离。膜的宽幅根据拱架面的宽度决定，一般用非黏接的 1 幅薄膜进行覆盖。为了使防雨棚结实、牢固，防止风雨掀动薄膜，覆膜后膜上要用压膜线或尼龙绳压缚固定。

（4）覆膜时间。小面积或庭院栽培中，覆膜在下雨前进行，而天晴后即可撤除薄膜；栽培面积大时，可根据当地气候情况在进入雨季前进行覆膜。我国华中及华南地区葡萄花期常遇阴雨，因此常在开花前即进行覆盖，一直到采收后枝条基部基本老熟后再撤除薄膜。

3. 避雨栽培应注意的几个问题　避雨栽培与设施促成栽培或延迟栽培不同，它只是防止降雨对葡萄生长和结果的影响，而且也只是植株顶端遮盖，四周照常通风，因此其栽培管理技术基本与露地栽培相同。但由于避雨棚的遮盖相对减少了根部土壤的水分含量和增加了叶幕层内的温度，因此避雨栽培时应注意以下几点：①在避雨棚覆盖情况下，减少了葡萄根部土壤接收自然降水的数量，因而易发生土壤干旱，所以在干旱发生时要及时灌水，尤其在幼果迅速生长阶段，一定要注意及时补充水分。有条件的地方可将避雨栽培与滴灌相结合，这样效果更为理想。②覆盖情况下，叶幕层内小气候有所变化，病虫害发生与露地栽培有所不同，因此必须加强病虫害防治，尤其是高温下易发生白粉病、葡萄叶蝉和葡萄红蜘蛛等，一定要注意及早防治、防彻底。③夏季高温季节避雨棚下温度超过 33℃ 时要注意及时揭膜降温。④避雨栽培和果实套袋相结合不仅使果穗外观更加艳丽，而且可以有效减轻果穗日灼病的发生。

【拓展阅读2】

南方葡萄一年两茬栽培

葡萄促成避雨一年两熟栽培是避雨栽培、促成栽培和一年两次结果技术在我国南方有机结合的栽培模式，其关键技术如下。

（一）一次果树体管理

1. 冬季修剪　冬季修剪在 1 月中旬进行，每亩留结果枝 3 000 条、留芽 8 000 个左右，每条结果母枝留 2～3 个芽，以留 2～3 个芽短梢修剪为主，采用单枝、双枝更新。

2. 上架　修剪后及时把枝条按树形要求均匀地绑缚在架面上。

3. 破眠剂涂芽　剪后立即用破眠剂（50% 单氰胺 18 倍液或石灰氮 6 倍液）涂芽，进行催芽处理。

4. 抹芽定梢　2 月中下旬开始萌芽，3 月中下旬新梢 5～6 叶时进行抹芽定梢。抹芽进行 3 次，保留早芽、饱满芽、主芽，抹除晚芽、副芽、位置不当芽、过多芽、密芽、弱芽，若复芽中多芽萌发，留 1 个饱满芽。梢长 10～20cm 现蕾时进行定梢，每亩留有花序的新梢 3 500 条，以保证通风透光。

5. 引缚、除卷须、摘老叶　当新梢长到 30～50cm 时，将新梢引缚到架面，新梢间距 20cm。新梢上的卷须要及时摘除，以便于管理和节省营养。上色初期可摘除部分老叶、黄叶，改善通风透光条件。

6. 摘心与副梢处理　结果枝在花序上留 5～7 叶摘心，视新梢强弱定叶数，顶端留 1～2 个副梢，3～5 叶反复摘心，果穗下副梢去掉。

7. 定产和花序处理、疏果　目标产量为每亩 1 250kg 左右，目标商品果穗为每亩 3 300 穗，平均每穗 35～40 粒，粒重 10g 以上，平均穗重 350g 左右，果实可溶性固形物含量 17％以上。4 月上中旬花前 1 周疏花序，根据控产目标留花序，每亩留 3 700 个，每个结果枝留 1 穗，去除副穗和 1～3 个大分枝穗，大的花序掐去 1/5 序尖等。生理落果后进行定穗、整穗，之后疏果粒。疏除过小果穗，疏去无核小果、畸形果、病虫果和过密果，每穗留 35～40 粒。

8. 套袋　果穗整理和疏粒后立即套袋。套袋前喷洒保护性或治疗性杀菌剂，果袋采用葡萄专用袋。

9. 采收　当果穗中 90％以上的果粒完全成熟，即果面颜色转为黑色时表明果穗已成熟即可采收。6 月下旬至 7 月上旬收获一次果。

（二）二次果树体管理

生产二次果，修剪在 8 月中旬进行，用一次果的结果枝作结果母枝，每亩留结果母枝 3 500 条。每条结果母枝留 5～6 个芽裁剪，并摘除全部叶片，剪口第一个芽涂破眠剂（50％单氰胺 20 倍液或石灰氮 6 倍液）催芽。8 月 20 日修剪涂药液后 5～8d 萌芽。9 月中旬定梢，定梢时每条结果母枝留 1 条结果枝。萌芽后 19d 左右开花（9 月 15 至 18 日），开花期 3d。开花前 1 周处理花序，每条结果枝留 1 个花序结果，10～11 个叶片时摘心。疏果，整果穗，套袋，12 月上中旬收获二次果。开花到始熟需 61d 左右（11 月 15 至 20 日）。

（三）覆膜与温度管理

大棚 1 月中旬覆盖棚膜，盖膜后至萌芽前，应以保温并提高棚内温度为主要目的。棚内温度以控制在 0～30℃为好，晴好天气要防止棚内温度过高，当温度达 30℃时，要打开棚上的通风口（天窗）进行通风降温；低温阴雨天气要注意保温，防止温度过低不利于萌芽。萌芽后，棚内温度不要高于 32℃，也不要低于 15℃，要根据天气情况，通过开闭天窗和收放围膜来调节棚内温度，防止新梢因棚内温度过高烧叶，或温度过低出现冻害。4 月后，气温稳定在 18℃以上时，去除侧面围膜。5 月后，气温在 20℃以上时，去除棚头膜，改成避雨栽培。6—10 月要开启天窗，加强通风透光，防止棚温过高，提高棚内光照度和昼夜温差，有利于积累营养物质。11 月后要围上侧膜和棚头膜保温，白天棚内温度保持在 25℃左右，夜晚 15℃左右，保持较高的昼夜温差，有利于葡萄营养物质积累和品质提高。12 月采收后，去除侧膜和棚头膜，收起棚膜，通过低温刺激促进休眠，完成 1 年的生产。

（四）施肥

一年两次结果，树体营养消耗量大，要适当增加施肥量，全年施 1 次基肥，进行 5 次追肥。

二次果采收后（12月下旬），进行深翻开沟施基肥，每亩施商品有机肥 250～300kg、钙镁磷肥 75～100kg，或施堆肥、厩肥、人畜禽粪尿等腐熟农家肥 1 000kg。

第一次追肥在一次果坐果后（5月上旬），亩施进口三元复合肥 20kg、尿素 5kg。第二次追肥在着色前（5月下旬），追施钾肥，亩施 50％硫酸钾 20～30kg。第三次追肥在一次果采收结束前 2～3d（7月上旬），亩施进口三元复合肥 15kg、尿素 5kg，以恢复树势。第四次追肥在二次果坐果后，亩施进口三元复合肥 10kg、尿素 5kg。第五次追肥在二次果着色前（11月中旬），追施钾肥，亩施 50％硫酸钾 15～20kg。

根外追肥，开花前后根外追肥用 0.2％磷酸二氢钾和 0.3％尿素溶液各喷施 1 次。在果实生长期根外追肥以含钾、钙为主的液肥喷施 2～3 次。微量元素肥料可结合喷药或根外追肥喷施 2～3 次。

（五）水分管理

大棚栽培，园内土壤比较干燥，要注意浇水保持湿润。萌芽前、发芽期、果实膨大期需水较多，垄畦沟可保持浅水层，让土壤渗透。开花期需水较多，开花前适当供水，但不能过湿，以防灰霉病、穗轴褐腐病，浆果成熟期控制灌水。

（六）中耕除草

生长季结合追肥，重点做好 3 次浅中耕，春、夏、秋各中耕 1 次，中耕配合覆土，耕作深 10cm，果园可保持无杂草状态。除草剂 10％的草甘膦水剂 1 年使用 1 次，除草醚、草枯醚、2,4-滴、五氯酚钠等不能使用。

（七）病虫害防治

重点防治的病害有灰霉病、白粉病，兼治穗轴枯腐病、霜霉病、房枯病、叶斑病等。虫害有红蜘蛛、绿盲蝽、金龟子等。

12月冬剪和 8月二次果修剪后清洁果园，清除果园杂草、杂物、枯枝、落叶等，进行深埋或烧毁。为铲除各种病菌源和虫源，对地面、树体和架体喷 5 波美度石硫合剂、45％晶体石硫合剂 30～50 倍液或 1∶0.5∶100 波尔多液或其他铜制剂。

2～3 叶期主要防治灰霉病、叶斑病，可用 80％波尔多液可湿性粉剂 400 倍液、5％亚胺唑可湿性粉剂 800～1 000 倍液、21％高硼肥（美国志信进口叶面肥）1 500 倍液喷雾。

花序分离期用 78％波尔多液＋代森锰锌可湿性粉剂 600～800 倍液、21％高硼肥 1 500 倍液喷雾。

始花期防治灰霉病、穗轴褐枯病、白粉病、霜霉病、房枯病及红蜘蛛、绿盲蝽、金龟子等，可用 10％苯醚甲环唑水分散粒剂 1 500～2 000 倍液、40％嘧霉胺悬浮剂（或 10％乙烯菌核利干悬浮剂）1 000 倍液、10％高效氯氰菊酯浮油 3 000～4 000 倍液或 1.45％阿维菌素·吡虫啉可湿性粉剂 1 000 倍液喷雾。

花谢后用 80％代森锰锌可湿性粉剂 800 倍液、10％苯醚甲环唑水分散粒剂 2 500 倍液、21％高硼肥 1 500 倍液喷雾。

套袋前用 22.2％抑霉唑乳油 1 000～1 200 倍液或 25％溴菌腈乳油 1 000 倍液＋25％异菌脲悬浮剂 1 000 倍液喷果穗，药液干后套袋，在 2d 内完成套袋。

上色期主要有白粉病、叶斑病、霜霉病、褐斑病、房枯病等病害及各种虫害，可用 25％腈菌·锰锌可湿性粉剂 600 倍液、10％氯氰菊酯乳油 2 000 倍液（或其他杀虫剂）

喷雾。

【思考题】

1. 如何提高葡萄硬枝扦插成活率？
2. 葡萄冬季修剪如何进行？
3. 葡萄有何需肥特点？葡萄壮果肥如何施用？
4. 为什么南方地区欧亚种葡萄需要采取避雨栽培技术？
5. 葡萄花序处理有哪些措施？
6. 怎么使葡萄一年多次结果？

【总结与交流】

1. 以小组为单位，对葡萄花果期的情况进行诊断，并进行讨论与交流。
2. 以葡萄花果期田间管理为内容，撰写一篇技术指导意见。

草 莓 生 产 技 术

【学习目标】

了解草莓的优良品种和分类，草莓的田间管理技术，草莓的贮藏、保鲜、加工技术。掌握草莓的种苗繁育技术、肥水管理技术、采收包装技术等。

【学习内容】

>>> 任务一　草莓品种 <<<

草莓香味浓郁，色泽艳丽，风味独特，营养丰富，堪称水果中的佳品。每100g鲜果中含糖2.81～9.81g、有机酸0.6～1.6g、果胶1.1～1.7g、蛋白质0.4～0.6g、脂肪0.2～0.6g、粗纤维1.4g、维生素B_1 0.03mg、维生素B_2 0.04mg、维生素B_6 0.05mg、维生素C 44.5～152.8mg、胡萝卜素0.05mg、磷25mg、钾160mg、钙20mg、铁1.08mg。草莓果实除鲜食外，还可加工成果汁、果酒、果酱、果脯、罐头、雪糕、冰激凌等。

草莓属蔷薇科草莓属植物，约有50个种，分布于亚洲、欧洲和美洲，有利用价值的是野生草莓、东方草莓、蛇莓和凤梨草莓等。

一、草莓主要品种

根据草莓品种对日照反应的不同，可以将其分为短日照型、长日照型和中日照型。根据其对温度感应的不同，可以分为低温型、中温型和高温型。根据草莓的休眠特性，把草莓分为寒地型、暖地型和中间型三大类型，也可以称为北方型、南方型和中间型，这种分类方法最为实用。寒地型品种指需要5℃以下的时间在1 000h以上才能打破休眠的品种；暖地型品种指需要5℃以下的时间在50～150h的品种；中间型品种指需要5℃以下的时间在200～750h的品种。

主要品种介绍见表Ⅲ-3-1。

表Ⅲ-3-1 当前生产栽培的主要草莓品种

品种	成熟期	特征特性	备注
新明星	5月上旬始熟，6月上旬采收结束	果实个大、美观、整齐，圆锥形或楔形，果面鲜红色，有光泽。最大单果重56g，平均单果重24g。果肉橘黄色，果汁较多，风味酸甜芳香。该品种丰产性强、抗逆性强、产量高、品质好、营养价值高、耐贮运	休眠期较短，早熟，是保护地和露地栽培兼用的优良品种
春星	4月底始熟，6月上旬采收结束	果实圆锥形，鲜红色。最大单果重78.8g，平均单果重30g。果肉橘红色，味甜酸，有香味，果汁多，品质好。该品种是高产、丰产、早熟、大果、优质、综合性状优良的草莓新品种	适宜露地和保护地栽培
宝交早生	5月初始熟，6月上旬采收结束	果实圆锥形，鲜红色，有光泽。最大单果重24g。平均单果重17.5g。果肉橘红色，果汁多，肉细，酸甜适度，有香味。该品种丰产、早熟、品质好	适于鲜食或加工，既可露地栽培又可保护地栽培
硕露	5月下旬为成熟高峰期	果实纺锤形，鲜红色，有光泽。最大单果重30～45g，平均单果重17g。果肉橘红色，肉质细，汁多，味甜酸适中。该品种耐热性强、较丰产	适宜鲜食和加工
丽红	6月上旬采收结束	果实整齐、美观，圆锥形，鲜红色，果面有光泽。最大单果重35g，平均单果重15.5g。该品种早熟，丰产性、抗病性较强，果实品质优良	适于鲜食和加工，适合保护地和露地栽培
硕丰	5月上旬始熟	果实短圆形，果面橙红色。最大单果重50g，平均单果重15～20g。果肉红色，肉质细，风味酸甜，品质好。对灰霉病和炭疽病有较强的抗性，丰产性好	适宜鲜食和加工，是露地栽培的优良品种
春香	5月上旬始熟，6月上旬采收结束	果实楔形或圆锥形，整齐，鲜红色，有光泽。最大单果重30g，平均单果重14.2g。果实耐贮运，肉细、汁多，风味酸甜，有香气。该品种早熟、丰产、品质优良	适于鲜食和加工，适合温室栽培
戈雷拉	5月上旬始熟，6月上旬采收结束	果实短圆锥形，鲜红色，有光泽。最大单果重34g，平均单果重15g。果肉细，果汁较多，风味酸适度，有香气。该品种早熟、较丰产，果实外形美观及品质较好	适宜鲜食和加工，适宜露地栽培
明宝	5月上旬始熟，6月上旬采收结束	果实短圆锥形，鲜红色，有光泽，最大单果重40g，平均单果重12g。果肉橘黄色，果肉细，果汁较多，风味酸甜，有香味。该品种生长势强、较丰产	休眠期短，适合保护地栽培
石莓1号	5月初始熟，6月上旬采收结束	果实整齐、美观，长圆锥形，果色鲜红，有光泽。最大单果重31g，平均单果重19.8g。果肉橘红色，风味酸甜，有香气。该品种早熟、品质优良、耐贮运、抗病性较强	露地和保护地均可栽培

二、草莓优良品种介绍

（一）优良品种的标准

草莓生产中，主要用侧重于体现草莓经济价值的生物学性状来衡量栽培品种的优劣，包括物候期、果实经济性状、丰产性、稳定性、抗病虫害能力和抗逆性等。果实的经济性状包括鲜食、加工和贮运品质，果个大小、整齐度、光洁度、颜色、果形、种子分布状况和髓心大小等外观性状；此外，还有可溶性固形物含量、糖酸比、维生素 C 含量、果实硬度、果肉质地、果汁色泽、风味以及有无香气等内在品质。

栽培草莓的目的不同，对优良品种的衡量标准会有差异。但通常要求优良品种果实外形美观，整齐度好，可溶性固形物含量较高，糖酸比适中，果肉口感好，香味浓，产量高，较耐贮运，抗病虫害及抗逆性较强等。从消费者的角度看，对良种草莓品质的要求是优质。它主要指果面干净，无病虫，无污染；果实个大，即一级序果的平均单果重在 30g 左右，最大果重达 80g；形状美，即果形整齐，果面平整，外观鲜红诱人；味道好，指甜酸适口，芳香浓郁，营养成分高；当然，还要求果实硬度大，以利于贮运保鲜。

（二）优良品种介绍

1. 丰香 丰香由日本农林水产省蔬菜试验场久留米分场育成，亲本为绯莪子×春香。该品种株型开张，生长势强，匍匐茎抽生能力中等。叶较大，圆形，叶色绿，较厚，叶面平展；单株着生花序 3 个，花序梗斜生，低于叶面，每序上着花 6～7 朵；果实圆锥形，鲜红色，有光泽，外观漂亮，平均单果重 16g；果肉淡红色，果汁多，酸甜适中，香味浓，可溶性固形物含量 9%～11%，品质优良；果实硬度中等，比明宝等品种耐贮运；丰产性好，株产 130g 左右，商品果率 75%～80%。该品种休眠浅，早熟，花芽分化早，是保护地栽培的优良品种，温室栽培中能连续发生花序，采收期长达 5 个月以上。主要缺点是抗白粉病能力弱。

2. 图得拉 图得拉（Tudla）由西班牙 Pianasa 种苗公司以弗杰利亚为亲本杂交育成。该品种吸收根相当发达，移栽后发苗快，生长旺盛，株型大，叶片多，叶色深绿，花托长，花和叶片平齐，大多数花为单花序；果实呈长圆锥形或长楔形，果大，大果率高，一级序果平均重 40～50g；果面鲜亮红色，有光泽，可溶性固形物含量 7%～9%，酸甜适中，硬度大，耐贮运。对草莓的主要病虫害抗性强，较丰香抗灰霉病和白粉病。休眠期短，早熟，适于北方促成和半促成温室或拱棚栽培以及南北方露地栽培。丰产性强，采收期可持续 4～5个月，且在整个采收期内，产量分布均匀，设施栽培条件下单株产量 300～600g，每公顷产量 30～60t。主要缺点是风味稍淡。

3. 达赛莱克特 达赛莱克特（Darselect）是法国品种。植株生长势强，株态较直立，叶片多而厚，深绿色；果实圆锥形，果形漂亮整齐，果个大，一级序果平均重 30～40g；果面深红色，有光泽，果肉全红，质地坚硬，耐贮运；果实品质优，香味浓，酸甜适度，可溶性固形物含量 9%～12%。丰产性好，单株产量 300～400g，保护地栽培每公顷产量 45～60t，露地栽培每公顷产量 30～45t。抗病性和抗寒性较强，早中熟，适合露地和半促成栽培。缺点是多雨季节有少量裂果。

4. 卡麦罗莎 卡麦罗莎（Camarosa）由美国加州大学育成，亲本为道格拉斯×Cal 85.218-605。该品种休眠较浅，早熟，适合促成栽培。植株生长势强，株型直立，半开张，株高 22～30cm，冠径 27～30cm；叶片多而大、较厚，椭圆形，浅绿色，有皱褶，叶缘锯齿钝；花序 3～7 个，多数为单花序，长 12～20cm；果实长圆锥形或楔形，果形整齐，果面平整光滑，深红色，有明显的蜡质光泽，外观艳丽；一级花序单果重 30～52g；果肉红色，细密坚实，果汁多，香味浓，硬度大，耐贮运。丰产性和适应性强，抗灰霉病和白粉病，保护地条件下，连续结果可达 6 个月以上，每公顷产量可达 50～60t。缺点是果实可溶性固形物含量较低，完熟后颜色变成暗红色，影响商品价值。

5. 幸香 幸香（Sachinoka）由日本农林水产省蔬菜试验场久留米分场以丰香与爱美杂交育成。果实圆锥形，果形整齐，果面深红色，有光泽，外形美观，果实在低温少日照时期仍着色良好。一级花序单果重 20g 左右。果肉浅红色，肉质细，香甜适口，汁液多，可溶性固形物含量 10% 左右。果实硬度比丰香大，耐贮运，糖度、肉质、风味及抗白粉病能力均优于丰香。植株长势中等，较直立。叶片较小，新茎分枝多，单株花序数多。植株休眠浅，适合南方地区促成栽培。

6. 甜查理 甜查理（Sweet Charlie）是美国品种。果实形状规整，圆锥形，果面鲜红色，有光泽，果肉橙红色，可溶性固形物含量高达 12%，甜脆爽口，香气浓郁，适口性极佳。果较硬，较耐贮运；花较大，雌蕊高，花梗粗壮，每株有花序 6～8 个，每序有花 9～11 朵，自开花至果实成熟约需 40d，一级花序单果重 40～50g。丰产性强，单株结果重平均达 500g 以上，露地每公顷产量可达 45t 以上。植株健壮，叶片宽大、厚，叶色浅绿，须根多而发达，芽萌发力强，新苗形成花芽快。一般 10 月下旬扣棚，采果期可从 12 月中旬一直延续到翌年 5 月中旬，平均单株全期产量达 450～500g，每公顷 50 多 t。高抗灰霉病、白粉病和黄萎病，对其他病害抗性也很强，很少有病害发生。对高温和低温的适应能力强，休眠期短，早熟，适合我国南方地区大棚或露地栽培。

7. 枥乙女 枥乙女由日本枥木县用久留米 49 与枥峰杂交育成。植株长势强旺，叶色深绿，叶大而厚；果大，圆锥形，鲜红色，具光泽，果面平整，外观品质好；果肉淡红色，果心红色，果汁多，酸甜适口，品质优。果实较硬，耐贮运性和抗病性均较强。中熟品种，丰产性优于女峰。

8. 红颊 红颊由日本静冈县农业试验场育成，亲本为章姬×幸香。该品种休眠浅，适合日光温室和大棚促成栽培。植株生长旺盛，株高 20cm 左右，明显高于丰香；叶片大、较厚，长圆形，深绿色，叶片较软，叶缘锯齿钝，叶柄基部红色，叶片数比丰香少 1～2 片；根系生长能力和吸收能力强，主要分布在 25cm 的土层内；匍匐茎白色，较粗，平均每母株可繁殖子苗 65 株左右；花序二歧分枝，单株花序 3～4 个，花序长 15～24cm，花瓣 5～8 枚，单株花朵数 26 朵左右；果实圆锥形，端正整齐，畸形果少，果面鲜红色，平整有光泽，外观漂亮；果肉粉红色，肉质脆密，髓心实，果汁多，香味浓，降酸快，食味甜，可溶性固形物含量 12% 左右。日光温室栽培，一级序果平均重 30g 左右，但二级序果和三级序果较小。果实硬度中等，较耐贮运。对白粉病、黄萎病及芽枯病的抗性比丰香强。在浙江建德，4 月上旬母株开始抽发匍匐茎，8 月下旬花芽分化，大棚设施栽培 9 月上中旬定植，能在 11 月中旬开花，12 月中旬开始采摘。一年共可抽发 4 次花序，各花序可连续开花结果，中间无断档，直至翌年 5 月采摘结束。在辽宁沈阳，日光温室栽培 10 月上旬扣棚膜，11 月上旬开花，翌年 1 月上旬果实成熟开始采摘，每公顷产量 22.5t 左右。缺点是对炭疽病和灰霉病的抗性比丰香弱，耐热耐湿能力也较弱。

9. 北辉 北辉由日本农林水产省蔬菜茶业试验场盛冈支场育成。该品种休眠较深（需冷量 1 000～1 200h），晚熟，适合冷棚栽培。植株生长势较强，株型直立，株高 20～28cm，冠径 37～39cm；叶片大而硬，较厚，叶色深绿，茸毛多，叶缘钝；花序 2～4 个，二歧分枝，株均花朵数 19 朵；果实短圆锥形，果形整齐，果面红色光亮；果肉粉白色，髓心实，肉质致密，果汁多，甜酸适口，一级序果平均重 22～25g，可溶性固形物含量 8% 左右；果实硬度大，耐贮运。适应性强，抗病性中等，较抗白粉病。在沈阳地区冷棚早熟栽培，12

月初（土壤封冻前）扣棚膜，土壤完全封冻时在草莓植株上覆盖地膜，并在地膜上覆盖10cm厚稻草。3月上中旬撤覆盖物，植株开始生长时破膜提苗。始花期4月中下旬，5月上中旬开始成熟采摘，采果盛期为5月下旬至6月下旬，每公顷产量20～24t。

10. 早明亮　早明亮（Earlibrite）由美国佛罗里达州农业试验站育成，杂交亲本为Rosa Linda×F1 90-38。该品种休眠较浅，适合冷棚早熟栽培。植株生长旺盛，半开张，株高25cm左右，冠径35～38cm；叶片大而厚，浅绿色；花序3～7个，单花序或二歧聚伞花序平均每株花数25朵；果实圆锥形，果形漂亮，果面深橙红色，有光泽，一级序果平均重20g左右；果肉浅橙红色，髓心实，果实硬度大，耐贮运；果实可溶性固形物含量6%左右，果汁多，甜酸适口，风味浓郁。对草莓白粉病和灰霉病抗性较强。在沈阳地区冷棚早熟栽培，始花期4月上旬，5月上旬开发成熟采摘，5月中旬至6月上旬为采果盛期，每公顷产量25～30t。

11. 加州巨人2号　加州巨人2号（Cal Ciant2）由美国加利福尼亚州巨人公司育成。该品种休眠中等，适合冷棚早熟栽培。植株生长势较强，半开张，叶片大而厚，株高20cm左右，冠径34～46cm；花序2～6个，多数为单花序，平均每株花数21朵；果实长圆锥形，果面鲜红色，有光泽，果实较大，一级序果平均单果重25g左右，硬度较大，耐贮运性强；果肉多汁，可溶性固形物含量7%左右。在沈阳地区冷棚早熟栽培，始花期4月上中旬，5月中旬果实开始成熟采摘，盛果期5月下旬至6月中旬，每公顷产量25～28t。

12. 瓦达　瓦达是以色列品种。早中熟，植株生长旺盛，叶片大，绿色；果实深红色，鲜亮有光泽，酸甜适中，单果重70～100g。硬度大，耐贮运性极强，在15℃的环境下，放置6d不软化。对灰霉病等病害的抗性很强。在山东招远日光温室栽培，9月下旬至10月初定植，10月中下旬霜冻到来前扣棚，保温10d左右后铺地膜，11月中下旬气温下降时加盖草帘，春节前可成熟上市，每公顷产量可达50～60t。

13. 森加森加拉　森加森加拉（Senga Sengana）由德国卢肯瓦尔德州立实验站育成，亲本为Markee×Sieger。中晚熟，适于露地栽培。该品种生长健壮，叶片颜色深，呈蓝绿色；单株花序数3～9个，果实圆锥形，中等大小，一级序果常具棱沟；果面及果肉均呈深紫红色，味酸甜，可溶性固形物含量7%左右，果较硬，易除萼。与常规品种相比，其匍匐茎繁苗能力较弱，生产上结完果的苗一般每株只能繁殖5～10株，但利用组培苗春天定植繁苗时当年每株能繁殖20～50株。正由于其繁殖能力不强，所以欧洲一些国家常用多年一栽的地毯式栽植，可维持4年的较高产量。抗病力较强，尤其是对主要叶部病害抗性突出。收获期较短，一般为15～20d。丰产性极强，露地栽培时，一般每公顷产量25～35t，比一般品种高1/2甚至1倍。鉴于它丰产性极强，果肉深紫红色，易除萼等，因此成为优良加工或速冻品种。

14. 弗杰利亚　弗杰利亚（杜克拉）为西班牙品种。休眠期短，早熟，适于保护地栽培。植株健壮，生长势强；叶片大，呈黄绿色；果实宽楔形至长圆锥形，鲜红色，果面有明显光泽，果大，平均单果重30～40g；果实硬度好，耐贮运性强。抗病性和丰产性均很好，日光温室栽培可多次结果，每公顷产量可高达60t。缺点是品质稍差，露地栽培产量低。

15. 章姬　章姬系日本品种，以久能早生与女峰杂交育成。早熟，适于保护地栽培。果实大，长圆锥形，一级序果平均重30～40g，果色鲜红美观，可溶性固形物含量12%左右，果实充分成熟后品质极佳。对白粉病、黄萎病、灰霉病抗性好于丰香，但对炭疽病抗性弱。

果实柔软多汁，耐贮运性较差。比丰香容易栽培，适于城郊种植。

16. 佐贺清香　佐贺清香由日本用丰香作母本，大锦作父本杂交育成。株型直立，长势强，分蘖较少，叶片肥大，叶色浓绿；果大，圆锥形，果肉白黄色，果面鲜红色，有光泽，如果干旱缺水一级序果易出现果面不平滑症状；棱沟果、畸形果比丰香发生率低，商品果率高，果皮、果肉硬度比丰香略高；果实糖度8%～11%，酸度比丰香低，甜味较浓，但日照条件不足时含糖量下降比丰香明显。为采收更多优质甘甜果实，应注意适期摘果和增加光照。该品种花芽分花比丰香略早，休眠期较短，辽宁丹东地区温室栽培9月初栽植，10月初覆膜保温，11月中旬现蕾，采收期为12月下旬至翌年6月，每公顷产量30t以上，比丰香增产10%左右。花粉对高、低温的耐性好于丰香，但土壤干旱时容易发生青枯病，果实对含有黏着剂的农药比较敏感，易产生药害。

17. 金三姬　金三姬系日本品种。株型直立，长势强，植株高20cm左右。早熟（与丰香相当或略早），大棚促成栽培顶花序果可在11月下旬开始采收上市，采收高峰在1月上中旬。第一次腋花序果2月上旬开始采收，3月上中旬为采收高峰期。果大，长圆锥形，香甜少酸，色泽鲜艳光亮，品质优，产量高，对白粉病抗性较强。但果实偏软，最好近距离销售。栽培上育苗要适当密植，优质无病种苗密度以每公顷2.25万～3万株为宜。防止高温干旱，重点防治炭疽病、叶斑病、蚜虫等病虫害。可采取遮阳和避雨育苗，梅雨季节定期喷药防病，伏旱季节小水勤灌或微喷灌，保持土面湿润。适当早栽，于8月下旬至9月上旬定植，可适当密植，以每公顷1万～1.2万株为宜。肥料以腐熟有机肥为主，化肥适量，并重施磷、钾肥，追肥少量多次；采用滴灌技术，切勿大水漫灌，保证优质大果生产肥水的均衡供应。花序抽生较长，可不用激素调节。自花授粉能力不如明宝、丰香等，因此必须要放养蜜蜂传粉和花期喷2～3次0.2%的水溶性硼肥，以提高授粉效果。

18. 枥木少女　枥木少女系日本品种。株型较为直立，长势强，株高15～18cm。果大、色深红，品质优且稳定。早熟，大棚促成栽培顶花序果略早于丰香，可在11月下旬开始采收上市，采收高峰在1月上旬。但第一次腋花序果采收迟于丰香，2月下旬开始采收，4月上中旬为采收高峰期。该品种产量高，特别是早期产量尤为突出，且果实硬度较大，对白粉病抗性较强，很适合于促成早熟栽培和远途销售。栽培上因繁苗较困难且较易感枯萎病、黄萎病等，育苗田最好选择水旱轮作地和无病沙质壤土或进行土壤消毒处理，防止土传病害的发生。育苗期适当密植，优质无病种苗以每公顷2万～2.5万株为宜。育苗地增施有机肥和磷、钾肥的同时要增施钙肥，注意防止高温干旱，不过干或过湿，防止匍匐茎尖枯症，高温期间覆盖遮阳（遮阳率50%～60%）降温，避雨育苗。花芽分花较为容易，育苗后期（8月中旬至9月上旬）可采取适度控水控肥措施，但不可断肥过早或过晚，否则会引起着花数减少和减产。强调大棚有机肥和磷、钾肥的投入，重视平衡肥水供给，确保持续增产。现蕾初期和侧花序抽生期，施用1次低浓度的生长激素（赤霉素一般用量为3～5mg/kg）。大棚极早熟促成栽培定植期可提早于8月下旬或9月上旬，不可过迟，并适度密植（每公顷10万株左右）。因定植缓苗期较丰香、明宝早4～5d，因此要多带土并保湿，并遮阳，以加快成活，防止死苗。结果期不要过度摘叶，适当保留绿色功能叶片和1～2个侧芽，维持植株良好长势。

19. 宝交早生　宝交早生由日本兵库试验场以八云与塔号（Tohoe）杂交育成。植株长势中等，株型较开展；叶片中等大小，长圆形，叶色绿，叶面平展光滑；每株着生花序

3 个，花序梗斜生，高于叶面，每花序上着花 6 朵；果实中等大小，平均单果重 10～12g。果实整齐，圆锥形，果面鲜红色有光泽，果心不空虚，淡红色，果肉白色，肉质细软，风味甜浓微酸，鲜食品质优良，但果面柔软，不耐贮运。在南京地区露地栽培发芽期 3 月初，开花期 4 月 7 至 12 日，开始采收期 5 月 7 至 8 日。丰产性能较好，平均单株产量 120～160g。植株耐热性中等，在夏季高温干旱的条件下，好叶率保持在 50％左右；抗病性中等，但比大多数日本品种（如丰香、明宝等）抗病力强。在我国南方地区栽培，需要加强夏季育苗管理。

20. 明宝 明宝由日本兵库农业试验场以春香与宝交早生杂交育成。株型较为直立，长势中等偏强，株高 15cm 左右；叶片中等大小，长圆形，叶较厚，绿色，叶柔软，无光泽；每单株着生花序 3 个，花序梗斜生低于叶面，每序上着花 7 朵；果实中等略偏大，平均单果重 8g 左右，短圆锥形，果面平整，粉红色至鲜红色，稍有光泽，果肉白色，肉质松软，果心不空虚，白色微红，汁多，味香甜而少酸，鲜食品质优良。熟期比丰香稍迟，大棚促成栽培顶花序果可在 12 月中旬开始采收上市，采收高峰在 1 月中下旬。但第一次腋花序果采收迟于丰香，2 月中旬开始采收，3 月中下旬为采收高峰期。休眠浅，花序耐低温性强，连续结果能力强，适于一般大棚促成栽培。但果实硬度小，仅适于近距离销售。对白粉病抗性强于丰香，但对黄萎病抗性弱。产量中等，但在大棚栽培温度较低时比丰香易获得高产。

21. 鬼怒甘 鬼怒甘系由日本枥木县通过女峰营养体突变选育而成。株型直立，长势强，植株高 18cm 左右。熟期比丰香稍迟，大棚促成栽培顶花序果可在 12 月上中旬开始采收上市，采收高峰在 1 月中下旬。但第一次腋花序果采收迟于丰香，2 月中旬开始采收，3 月下旬为采收高峰期。果较大，色泽鲜红光亮，品质较优，产量较高，对白粉病抗性较强，但硬度偏软，适于一般大棚促成栽培。栽培上注意培育花芽分化早的健壮苗。育苗田加强肥水管理，重视防治叶面病害。采用假植育苗，育苗后期要适度控水控肥，促进花芽早分化。因株型直立，可适当密植，以每公顷 10 万～12 万株为宜。比丰香少摘叶，因着花数较多，可适当疏花疏果。株势较旺，要防止早衰，重视补施肥水。

22. 法兰蒂 植株根系粗壮，生长势强，叶片数多；花序低于叶面，花果数较多，果实平滑，无沟，果尖着色较青，果大，单果重 20g 左右，高的可达 40g 以上，品质优，产量高，耐贮运。该品种对白粉病抗性强，但易感黑霉病。

23. 帕罗斯 帕罗斯系意大利品种，由 Marmolada Onebor 与伊尔维尼杂交育成。中早熟，果实较大，圆锥形或长圆锥形，果面橘红色，有光泽，果皮和果肉硬度大，品质中等。植株长势中等，抗草莓轮斑病和叶斑病，但对草莓炭疽病和草莓细菌性角斑病敏感。保护地栽培，第一茬果产量较高。

24. 昂达 昂达系意大利品种，由优系 83.521 和 Marmolada Onebor 杂交育成。果实为宽圆锥形（一级序果）至圆锥形，果面橘红色，有光泽，品质中等。果实除萼容易。植株生长势中等，抗土传真菌病害，抗黑色轮斑病和炭疽病，但对白粉病和细菌性角斑病敏感。昂达定植时期宜早一些，有利于获得高产。

25. 帕蒂 帕蒂系意大利品种，由哈尼与 Marmolada Onebor 杂交育成。果实圆锥形，中等大小，果皮橘红色，有光泽，果皮和果肉硬度中等，品质中等，有香味。植株长势中等，新茎分枝数量多。帕蒂植株抗白粉病和土传真菌病害，但对细菌性角斑病敏感。塑料大棚栽培，用粗壮的冷藏苗，秋季采收，产量高。该品种在未熏蒸的低肥力土壤栽培仍表现很好，适合有机栽培。

26. 宏大　宏大系意大利品种，由 Sel. 83.58 与 Marmolada Onebor 杂交育成。晚熟品种，适应意大利北部的气候条件，在山区的表现更好。果实圆锥形，有时形状不规则，果个大，一级序果单重常超过 100g，果面橘红色，有光泽，但在高温低光照条件下常着色不良，果皮和果肉较硬，风味和香味均浓。植株长势旺，形成分枝多，高垄栽培时易导致植株郁闭，抗黑色轮斑病和炭疽病等土传病害，但对白粉病和细菌性角斑病敏感。丰产性极强。

27. 石莓 3 号　石莓 3 号由河北省农林科学院石家庄果树研究所杂交育成。中早熟，生长势和繁殖力强，适宜露地和半促成栽培；果实圆锥形，果面平整，鲜红色，有光泽，平均单果重 31g，最大单果重 166.7g，种子黄色，陷入果面较浅，萼片多层翻卷；果肉橘红色，肉质细，果汁多，味酸甜，有香味，品质优良。丰产性好，平均株产 468g，每公顷产量可达 60t 以上。果肉硬度中等，较耐贮运。但该品种不抗叶斑病。

28. 石莓 4 号　石莓 4 号由河北省农林科学院石家庄果树研究所以宝交早生为母本，以石莓 1 号为父本杂交育成。早熟，丰产，适宜于露地和保护地促成栽培。果实圆锥形，橘红色，美观，无畸形果，香味浓郁，果实整齐度极高，一级至四级序果平均果重 21.7g，最大果重 75g；果肉淡红色，肉质细，果汁中偏多，髓心小；种子黄绿色，中等大小，种子稍陷入果面。较耐贮运，耐花期低温，抗叶斑病和灰霉病。但保护地栽培需注意防治白粉病，露地栽培需注意防治蚜虫、白粉虱。

29. 明晶　明晶由沈阳农业大学自美国引进的日出自然杂交种选育而成。早中熟，适合露地和保护地栽培。植株生长势强，株型较直立，丰产性好；果实短圆锥形，平均单果重 27.2g，最大果重 43g；果面红色，有光泽；果肉红色，致密，髓心小，稍空，风味酸甜爽口；果皮韧性好，果实硬度大，耐贮运；种子黄绿色，平嵌于果面。抗逆性和抗寒性强，在寒冷地区栽培冻害轻，并能耐晚霜冻害。

30. 星都 2 号　星都 2 号由北京市农林科学院林业果树研究所育成。早熟，适合露地和保护地促成或半促成栽培，温室促成栽培果实可在 1 月成熟上市。植株生长势强，株型较直立；果实圆锥形，红色略深，有光泽，平均单果重 27g，最大果重 59g；外观上等，风味酸甜适中，香味较浓，果肉红色，肉质中上；果实硬度大，耐贮运；种子黄绿色、红色兼有，平或微凸于果面，分布密。丰产，一般每公顷产量可达 27～30t。

31. 硕露　硕露由江苏省农业科学院园艺研究所选育而成。早熟，休眠中等偏深，适于露地或半促成栽培。植株长势强，株型直立，耐热性强，抗叶部病害，适应性广；果实纺锤形，平均单果重 17g，最大果重 30～45g；果面平整，鲜红色，光泽强；果肉红色，肉质细韧，髓心小，甜酸适中；种子黄绿色，平嵌于果面。果实硬度大，耐贮运性和加工性好。

32. 红丰　红丰由山东省农业科学院果树研究所杂交育成。早熟，适宜于我国中北部草莓栽培区的露地或半促成栽培。植株生长势强，丰产性好。果实圆锥形，平均单果重 13.4g；果面鲜红色，有光泽，外观美；果肉橙红色，质细，甜酸适中；果实硬度大，耐贮运。

33. 港丰　港丰是由从丰香变异株系中选出的优良单株培育而成。植株半开张，生长势较强；叶片椭圆形，较大，叶色浓绿，匍匐茎抽生能力特强；花序抽生量大，平于或高于叶面；果色鲜红色，果肉浅红色，果实甜香，口感好。果实硬度好，可长距离运销。一级果平均重 42g，最大单果重 98g。该品种对白粉病抗性较强，适宜温室栽培，每公顷产量可达 45～50t。

三、草莓的果实形态特征与生长特点

草莓的果实为聚合果，是由一朵花中多数离生雌蕊聚生在肉质花托上发育而成的，因其柔软多汁，栽培学上称为浆果，植物学上称为假果。草莓食用部分为肉质的花托。花托上着生许多由离生雌蕊受精后形成的小瘦果，称为种子。瘦果在花托表面嵌入的深度不同，有的与表面平，有的凹入表面，有的凸出表面，以种子凸出果面的品种较耐贮运。草莓果实大小与品种、果实着生位置和种子多少有关，以第一级花序上的果实最大。同一品种或同一植株，种子越多，果个越大，如果授粉受精不充分，种子在果面上分布不均匀或无种子，则产生畸形果或不能坐果。草莓果实形状因品种不同而有差异，常见果形有圆形、圆锥形、扁圆形、楔形等。

草莓果实的生长速度呈单 S 形生长曲线，即在花后幼果膨大初期，果实生长缓慢，随后果实生长迅速，到成熟以前生长又逐渐减缓。

>>> 任务二　草莓种苗繁育技术 <<<

一、分株繁殖育苗

分株繁殖又称根茎繁殖或分墩繁殖。这种方法适用于两种情况：一是需要更新换地的草莓园，将所有植株全部挖出来，分株后栽植；二是用于某些不易发生匍匐茎的草莓品种。

（一）分株繁殖的特点

草莓分株繁殖不需要设立专门的育苗圃，不需要摘除多的匍匐茎和在匍匐茎节上压土等，可节省劳动力和降低育苗成本。与匍匐茎苗繁殖相比，分株繁殖的繁殖系数低，一般三年生的母株，每株只能分出 8～14 株合格的草莓苗，且苗的质量不如匍匐茎苗。此外，这种分株苗，多带有分离伤口，容易受土传病菌侵染，目前生产上除了急需用苗时，一般不采用此法繁殖苗木。

（二）分株繁殖的方法

分株繁殖分为两种，一是根状茎分株，另一种是新茎分株。

1. 根状茎分株　在果实采收后，及时加强对母株的管理，适时进行施肥、浇水、除草、松土等，促使新茎腋芽发出新茎分枝。当母株的地上部有一定新叶抽出，地下根系有新根生长时，挖出老根，剪掉下部黑色的不定根和衰老的根状茎，将新的根状茎逐个分离，这些根状茎上具有 5～8 片健壮叶片，下部应有 4～5 条米黄色生长旺盛的不定根。分离出的根状茎可直接栽植到生产园中，定植后要及时浇水，加强管理，促进生长，翌年就能正常结果。

2. 新茎分株　除了上述分株方法外，也可培育母株新茎苗结果。具体做法是将第一年结果的植株，在果实采收后，带土坨挖出，重新栽植在平整好的畦内。畦宽 70cm，可栽 2 行，行距 30cm，行内每隔 50cm 挖 1 穴，每穴栽 2 株苗。经 1 个月后，母株上发出匍匐茎，当每株有 2～3 条匍匐茎时，掐去茎尖，促使母株上的新茎苗加粗。去匍匐茎要反复进行。这样栽植的二年生苗，每穴至少可分生 4 个新茎苗。新茎上着生的花序，加上新茎苗周围匍匐茎上的花序，比单纯栽匍匐茎的花序要多 1/3 以上，产量也有显著提高，

而且还节省秧苗土地和劳力。果实采收后，把三年生草莓苗去掉，结 1 年果的二年生苗还可以利用。

二、苗期花芽分化调控

（一）花芽分化

草莓花芽在短缩茎主轴先端生长点上形成，由此分化为草莓的顶花序，即第一花序。短缩茎的腋芽也可形成花芽，而成为草莓的腋花芽，即第二、第三和第四花序。

花芽分化过程大致可分为分化初期、花序分化期和花器分化期 3 个时期。分化初期持续 5～6d，先是叶原始体生长点变圆隆起，继而迅速膨大，并纵裂出侧花芽小凸起，至花原始体形成。花序分化期需 11d 左右，先是顶花序的花芽群不断分化发育，继而顶花芽萼片凸起，同时第二花序原始体形成。花器分化期需 16d 左右，先是顶花序形成，大部分小花萼片向花盘中部延伸形成总苞，其内侧花冠、雄蕊、雌蕊相继凸起，并先后发育成熟，至中后期第三花序原始体形成。

温度和日照是影响草莓花芽分化的主要因素。只有在低温和短日照条件下持续一定时间，草莓才能进行花芽分化。氮素营养对花芽分化也有重要影响，苗期或花芽分化前如施氮肥过多，容易造成植株生长过旺，花芽不易分化或推迟分化；此外，如苗期氮素供应不足，秧苗过于衰弱也不能形成花芽。

草莓花芽开始分化期与地理纬度有关，高纬度地区花芽分化期早，低纬度地区则相应推迟。在北京、河北、山东等地，草莓在 9 月中旬前后进入花芽分化期；而在江浙地区多在 9 月下旬前后开始花芽分化。草莓开始花芽分化的时间还与品种有关，一般早熟品种要比中晚熟品种早 10d 左右。

一些植物生长调节剂可促进或抑制花芽分化。如抑芽丹会使草莓生长素含量降低，促进花芽分化；脱落酸可抑制植物生长，对花芽分化起促进作用；其他植物生长延缓剂（如矮壮素等）也对花芽分化起一定的促进作用；但赤霉素则可抑制草莓的花芽分化。

（二）影响草莓花芽分化的因素

1. 温度和日照时数 草莓苗在日平均气温 5℃以上、24℃以下，日照时数少于 12h 条件下，经过 10～15d 即完成花芽分化。一般把日平均气温 12℃以下称为低温区；12～25℃称为中温区；25℃以上为高温区。在低温区 5℃以下花芽形成停止，而在 5～12℃时花芽形成与日照长短无关，即使在长日照条件下也能形成花芽。在中温区，日照长短能左右花芽形成，一般要求短于 13.5h 日照才能形成花芽。在 25℃以上的高温区则花芽不能形成。

在浙江建德，当日平均气温低于 24℃时，丰香、红颊等品种一般在 8 月下旬花芽开始分化，9 月上旬定植较为适宜。定植时间太早或太晚，都会影响草莓的上市时间。采用高山育苗或冷水区域育苗的可以适当提前到 8 月下旬后期定植。10 月下旬是侧花芽开始分化时期，此时应特别注意确定大棚覆膜保温的适宜时间，开始覆膜时间太早，大棚内温度过高，直接影响到侧花芽的分化，保温太迟则第二批花果（即第一侧花序果）上市时间推迟，从而出现草莓上市断档现象，且植株容易进入休眠状态。

2. 氮素营养 植株体内氮素含量多少对草莓花芽分化时期的迟早影响显著。一般而言，营养状况好，生长茂盛的幼苗花芽分化期比长势弱的苗相对要迟。用联苯胺比色法测定，当叶柄汁液中的硝态氮浓度在 300mg/kg 以下时有利于花芽分化，而硝态氮含量高于 300mg/kg

时，花芽分化有推迟倾向。同时植株生长弱，营养不足，虽然有利于花芽分化，但却抑制花芽发育，表现为尽管花芽分化早，但开花后花的质量和数量低下。因此为促进花芽提前分化，要适当地控制前期氮的吸收，花芽一旦完成分化，要尽可能采取促进草莓苗营养吸收的一系列措施，促进顶花芽发育，以达到顶花芽分化早、开花也早且好的目标。

在生产中为促使草莓苗提早花芽分化，一般从 8 月中旬开始，草莓苗地停止施用氮肥。假植苗地不施基肥，且假植苗定植成活后，一般不需要追施肥料，若苗太弱，可视苗情适当追施一次薄肥。草莓定植后若出现草莓植株徒长，推迟现蕾，可采取控制水分，断根蹲苗等措施。断根蹲苗的具体做法：可用利器，如砍柴刀的刀钩部，在畦面距草莓植株 5～8cm 处划一直线，深度 10～20cm，以切断部分草莓根系，促进花芽形成。同时在生产中应用营养钵限根育苗方法，可以明显使草莓上市时间提前。

3. 植物生长调节剂　在草莓生产中常用的植物生长调节剂是赤霉素、多效唑。赤霉素对花芽分化起抑制作用，但它可以促进花芽发育（10mg/kg）、促进匍匐茎发生（50mg/kg）和防止休眠（10mg/kg）。多效唑在苗期喷布，能控制苗徒长，促进花芽的形成。在生产上若出现草莓苗徒长，可于 8 月上旬喷施 15％多效唑可湿性粉剂 1 500 倍液，以控制徒长，促使花芽分化。

三、草莓花芽分化期的特点

草莓经过旺盛生长之后，植株由营养生长转向生殖生长。随着秋季气温下降，日照变短，植株生长减缓，养分逐渐回流积累，开始进入花芽分化阶段。当日平均气温处于 5～25℃，日照时数达到 12h 时，经 10～15d 即可开始花芽分化。草莓花芽分化虽然与温度和日照时数关系都很密切，但温度对花芽的形成影响更大。若气温达到 30℃以上时，无论日照时数是多少都不能形成花芽。而气温降至 5℃以下时，植株就会进入休眠状态，花芽分化也会受到抑制。北方高纬度地区，秋季低温来临时日照变短变早，花芽分化时期早于南方低纬度地区；同纬度地区，海拔较高处由于气温较低，花芽分化早。不同品种花芽分化时期也不同，一般早熟品种花芽分化开始较早，而晚熟品种则相对较晚。顶花芽分化 20～30d 后，腋花芽开始分化。一般北方与中部地区草莓花芽分化多在 9 月中旬开始，而南方地区多在 10 月上旬前后开始。

花芽分化期要施足基肥，一般每亩地施入充分腐熟的有机肥 2 000～3 000kg，同时加入三元复合肥 30～40kg 及过磷酸钙 40kg。新建草莓园，施基肥在草莓栽植以前结合耕翻整地进行；多年一栽制草莓园施基肥在果实采收后进行，施入深度以 20cm 左右为宜。基肥施入后要与土壤充分混匀，以保证肥料均匀分布。

>>> 任务三　草莓田间管理 <<<

（一）疏花疏果

一株草莓通常可抽生 1～3 个花序，也有 4 个以上花序的少数品种和植株。每个花序上一般有 10～40 朵花，最小的高级次花有时不能开放，称无效花，或者能开放但结果太小，无经济价值，称无效果。因此，在现蕾期及早疏去高级次小花蕾或植株下部抽生的细弱花序，可节省植株营养，增大果个，提高果实整齐度，促进果实成熟。疏果是疏花蕾的补充，可使果形整齐，提高商品率。在疏蕾时，一般大果型品种以留第一和第二级花序为主，适当少留一些第三级花序。小果型品种留第一、第二和第三级花序的花蕾，摘去第四、第五级花序的花蕾，在青色幼果时期，及时疏去畸形果和病虫果，以提高商品果率，减少病虫害的发生。

（二）预防畸形果

畸形果是与该品种固有果形不同的果实，典型的畸形果有鸡冠果、平顶果、不完全发育果和僵果等。但在我国目前实际生产和市场销售中，不同的畸形果对效益的影响不同。如鸡冠果是畸形果，但在我国消费者中，并没有因其畸形而影响消费者的购买，反而因其畸形而受部分消费者的青睐，生产者效益也没有受到影响。不完全发育果、僵果则不能成为商品果而直接影响产量和生产效益。不同的畸形果产生原因不同，主要有两方面：鸡冠果、平顶果等是由在花芽分化时氮素过多引起；不完全发育果、僵果则是由授粉不良引起。所以，要防治畸形果的产生，在管理上一是应在草莓花芽分化期控制氮肥的施入量，二是要控制引起授粉不良因素的产生，如大棚内要有足够的授粉蜜蜂，开花盛期控制大棚内温度、降低湿度，尽量避免喷施农药，10 月下旬初盖大棚保温时要防止温度过高，冬季防止温度过低造成冻害等。

（三）放蜂授粉

草莓促成栽培的开花期正处于秋、冬季，尤其是 1—2 月塑料大棚内气温低、昆虫少，加上通风相对差、湿度大等，造成花粉不能飞散，授粉不良，影响产量和效益。利用大棚内放养蜜蜂辅助授粉可以有效解决这个问题，明显提高坐果率和产量。

1. 蜜蜂入棚时间 一般在 5％草莓植株开花时，蜜蜂入棚较适宜。过早入棚蜜蜂会由于觅花粉而伤害花心，过晚则影响授粉效果。

2. 适宜蜂种 中华蜜蜂（土蜂）优于意大利蜜蜂，因为中华蜜蜂个体小，飞行高度低，授粉效果好。

3. 放蜂量 一般 1 个标准大棚放养 1 箱（桶）蜂，使平均每株草莓大致有 1 只蜂为佳。

4. 蜜蜂管理 蜜蜂入棚后，因花量少不够蜜蜂采食，需要饲喂。可把白砂糖与冷开水按 1：0.4 的比例配好，溶解后放置于蜂箱前面，供蜜蜂取食。蜜蜂活动最适温度是 20℃左右，低于 10℃一般不活动，故要保持一定的棚温并经常清扫蜂箱底部杂物以防发生螨虫。

5. 放蜂期间的草莓管理 放蜂前 10d 不能喷洒杀虫剂，放蜂期间更不能喷洒各种农药，以防杀伤蜜蜂。在放蜂结束或中途移出轮用时，可采取通风降温措施，当温室温度降低到 15℃以下时，蜜蜂会自动飞回箱中。

（四）垫果

草莓坐果后，随着果实的生长，果穗下垂，浆果与地面接触，施肥浇水均易污染果面，这不仅极易感染病害，引起腐烂，同时还影响着色。因此，对采用地膜覆盖的草莓园，应在开花后 2～3 周，用麦秸或稻草垫于浆果下面。垫果有利于提高浆果的商品价值，对防止灰霉病也有一定的效果。生产上也可以在花序抽生的一侧拉上线绳，将花柄搭于线绳上，这样花果悬空，有利于果实着色、果面干净和减少病害的发生。

（五）增大果个

草莓的浆果大小主要与品种、植株的营养状态及环境条件（温度、光照、土壤、水分）

有关。草莓的不同品种之间果实大小差异较大，一般分大果型品种（如卡麦罗莎、图得拉、甜查里和全明星等）和小果型品种（如硕丰、宝交早生和明宝等）。同品种的同一果序中，一级果序的果实大于二级果序的果实，二级果序的果实大于三级果序的果实。植株养分充足，花芽分化质量好，果个大；反之，果个则小。果实膨大期间，光照好，温度适宜，昼夜温差大，水分充足，单果重增加；反之，果重较小。由于草莓从开花到果实成熟，一般只有 30～45d，除在此期间加强肥水管理外，从育苗开始到草莓开花这段时期的管理也非常重要。这期间包含花芽分化的过程，如前所述。果实大小在花芽分化完成时已基本确定，以后的管理主要是调节草莓营养生长与生殖生长的平衡，促使植株的果实达到本身应有的大小。

为了增大果个，从育苗开始，必须重视每一个环节，特别要注意如下管理，以便使果个增大，增加一级果比例，提高产量。①通过假植提高秧苗质量，使其花芽分化良好。要求秧苗新茎粗 1.2cm 以上，有 6～8 片展开叶，根系发达，有 5 条以上长根，全株鲜重达 30g 以上，并且已分化好 1～2 个花芽。②加强肥水管理。定植时按要求平衡施足基肥，特别是施足有机肥。从开花期开始到果实成熟期，每隔 12～15d 要追肥 1 次。平常注意排水、灌水和保墒，使土壤水分长期维持在田间持水量的 70％～80％。③及时做好去老叶、剪匍匐茎、除弱芽和疏花疏果等工作。

（六）提高果实着色度和糖度

在促成栽培条件下，从开花到果实成熟的时间主要受温度影响，与果实的大小无相关性，即无论果实大小，如果其开花期相同，在相同温度条件下，则它们的成熟期大致一样。光照影响果实的着色程度。草莓果实的着色和成熟过程有两种类型：一种是从果顶开始着色，逐渐向果蒂部成熟；另一种是从果实的阳面开始着色，渐向全果。第一种情况，如丰香品种在日平均气温 6～10℃时，正常晴天光照下需要 10d 左右达到成熟；而第二种情况则 5～7d 就能成熟。因此，在生产上采用人工拉长花茎和把花序理顺挂到沟沿，以避免被叶片遮光，充分接受光照，增加着色，提高光泽度，是一项重要工作。

草莓果实膨大的后期，一般从绿转白，然后再从白转红。红色的增加是花青苷积累的结果。果实着色的好坏，主要与环境（光照、温度及土壤水分）相关。良好的光照、合适的温度及较大的昼夜温差、适当干燥的土壤，有利于着色度和糖度的提高。平衡磷、钾肥，可提高果实着色度。过多的氮会降低果实的着色度。因此，在草莓栽培管理中，为了使果实糖度高、着色好，重点应抓如下几项管理工作。

1. 平衡施肥 追肥时注意施有机肥及磷、钾肥，其他微量元素肥料，如硼、铁、锌的施入，也必不可少，以免出现缺素症。

2. 增加果实光照 铺白色地膜或银色地膜不仅可增加地温，保持土壤水分，还可提高果实着色度与洁净度。用绳、线、尼龙绳及木棍与竹竿，成行地将草莓植株叶柄、叶片牵拉，让短梗果序上的果实充分暴露在行间或垄边的阳光下，不让叶片挡住果实的光照，也是提高果实糖度和着色度的有效方法。

3. 适度缺水 在果实着色期，使土壤水分保持在田间持水量的 65％～70％，土壤排水与适当干燥也可提高果实的着色度和糖度。如果果实成熟期温度过高，会使果实较快成熟，但果实酸度却未来得及下降，导致果实较酸。另外，施用过多钾肥会使果实的酸度增加。

>>> 任务四　草莓田间生长调控 <<<

一、草莓田间环境调控

(一) 温度调控

草莓喜欢温暖的气候，但不抗高温，虽有一定的耐寒性，但不抗严寒。早春当10cm地温稳定在1~2℃时根系便开始活动，10℃时发出新根，15~20℃为根系最适生长温度。冬季土壤温度下降到−8℃时，根部就会受到危害，−12℃时会被冻死。因此，冬季最低气温在−12℃以下的地区，应采取保护措施，使草莓安全越冬。

1. 扣棚后到出蕾期的温度调控　为了促进草莓植株生长，防止矮化苗进入休眠期，也为了使花蕾发育一致，需进行高温管理。其适宜温度，白天为18~32℃，夜间为9~10℃。在不发生烧叶的情况下，大棚与小拱棚都要完全密闭封棚，使草莓提早打破休眠。发现高温轻微伤叶时，可喷洒少量水分。如果是晴天，短时的35℃温度，对草莓植株影响不大。但温度在40℃以上时，则应通风降温，温度绝对不能超过48℃。在扣棚后的10d内，只对大棚通风换气，调节温度，小拱棚暂时不通风，以保持其内较高的湿度。

2. 现蕾期的温度调控　从开始出蕾到开花始期，当2~3片新叶展开时，温度要逐渐降低，除大棚外，小拱棚也需通风换气，使气温白天保持25~28℃，夜间为8~10℃。此时正是花粉母细胞四分期，对温度变化极为敏感，容易发生高温或低温伤害。要防止草莓栽培设施内温度的急剧变化，绝不能有短时间的35℃以上高温。

3. 开花期的温度调控　开花始期至开花盛期的适宜温度，白天为23~25℃，夜间为8~10℃。温度在30℃以上时，花粉发芽力降低。在0℃以下，雌蕊受冻害，花蕊变黑，不再结果。因此应注意夜间保温。

4. 果实膨大期的温度调控　此期白天宜保持18~20℃，夜间保持5~8℃的温度。如果夜温在8℃以上，果实着色好。冬季最低温度不可低于2℃。此期温度高，果实成熟上市早，但果个小。如果温度低，则果实采收期推迟，但果个大。可根据市场价格来调节温度，以利于提高经济效益。

5. 果实采收期的温度调控　此期白天可保持在18~20℃，夜间为4~5℃，保持夜间最低温度不低于2℃。同时，要注意换气、灌水和病虫害防治。

(二) 光照调控

草莓是喜光植物，但也能耐轻微的遮阳，可在果树行间间种。只有在光照充足的条件下，草莓植株才能生长健壮，花芽分化好，浆果才能高产、优质；如果光照不足，植株生长弱，叶柄和花序梗细弱，花芽分化不良，浆果小而味淡。因此，草莓种植不宜过密，一定要合理密植。

草莓不同生育时期对光照要求不同，6月结果型的草莓品种，其花芽分化要求小于12h的短日照条件，而打破休眠、叶柄伸长、葡匐茎发生，则需12~15h的长日照条件。四季结果型草莓成花的首要条件是日照长度大于12h。

(三) 水分调控

草莓根系浅，不耐旱、不耐涝；叶片多，叶面积大，新老叶更新频繁，蒸腾量大，因此在整个生长期间都要求有比较充足的水分供应。在抽生大量葡匐茎和刚栽苗时，对水分需求更大。不但要求土壤含有充足的水分，而且空气也要有一定的湿度。

在草莓不同生育期，对水分要求也不同。如果萌芽期缺水，将阻碍茎、叶的正常生长；开花期缺水，将影响花的开放和授粉受精过程；果实膨大期缺水，影响果实的正常发育；繁殖期缺水，将影响匍匐茎的发生和幼苗的发根；果实成熟期要适当控水，以增进果实着色，提高果实含糖量，增加果实硬度。生长季一般保持土壤相对含水量在70%~80%为宜，花芽分化期适当减少水分，以保持土壤相对含水量在60%~65%为宜。

草莓园也不宜灌水太多，大雨过后要注意排水。因为土壤中水分太多就会导致通气不良，根系会加速衰老死亡，进而影响地上部分的生长发育；同时草莓的抗病性也降低。对于地势低洼地，可采用台田栽培草莓。

(四) 土壤调控

草莓根系浅，表层土壤的结构、质地及理化性质对其生长发育影响极大。适宜栽培草莓的土壤以疏松、肥沃、通气良好、保肥保水能力强的沙壤土为好。黏土地上种草莓，由于透气不良，根系呼吸作用和其他生理活动受到影响，容易发生烂根，结出的草莓味酸，着色不良，品质差，成熟期晚。这类土壤必须采用掺沙或增施有机肥改良后才能种植草莓。在缺硼的沙土地上种草莓，易导致果实畸形，落花落果严重，浆果髓部出现褐色斑渍，这类土壤需通过施硼砂来改良。草莓适宜的土壤pH为5.8~7.0，pH<4和pH>8，都会引起草莓生长发育不良，因此盐碱地和石灰性土壤不适宜栽培草莓。

1. 整地 整地一般与土壤消毒处理结合进行。先清除田块中的上茬作物及杂草等，采用草莓与水稻轮作栽培制度的，水稻收割后，稻秆切碎还田。土地翻耕前施入基肥，并根据土壤pH施入一定石灰。翻耕后，适当灌水，持续5~7d，使田中秸秆和有机肥腐熟，田块自然吸干水分后即可作畦。

采用高畦栽培有利于减少田间作业中对草莓果实的污染和损伤。一般一条畦加一条沟的宽度要求在90~100cm，畦面宽55~65cm，畦高30cm左右，沟肩宽35cm左右，沟底宽30cm左右，畦面做成龟背形，以防积水。畦的长度因地制宜，畦的方向以南北为佳。大棚膜宽度、大棚宽度和棚内畦数的一般关系如表Ⅲ-3-2所示。

表Ⅲ-3-2 大棚膜宽度和大棚宽度与棚内畦数的对应关系

大棚膜宽度（m）	大棚宽度（m）	建议畦数
12	10	10
9.5	8	8
7.5	6	6

作畦完成后，适当灌水，使土壤充分湿润，土中有机残体进一步腐熟。一般作畦完成后与草莓定植的时间间隔要在10d以上。

2. 耕作 9—10月草莓秧苗成活后，可及时松土1次。此次松土可稍深些，一般为10~15cm。结合松土，铲除杂草，可改善土壤物理性状，促使根系生长。在覆盖地膜前，需结合除草再浅耕松土1次。春季解冻后待土层化透，表土稍干时需进行第三次中耕松土，深度以不伤根为度，可保墒、除草、提高地温。以后每隔10~15d浅耕1次，以使土壤疏松、通气性良好。

3. 覆盖 目前，生产上一般采用地膜覆盖，所以又称地膜覆盖栽培。草莓植株被地膜覆盖以后，可使病虫害发生量减少，增加产量10％～30％，并可提早7～10d成熟，同时可使植株安全越冬。生产上常用无色透明地膜和黑色地膜。透明地膜地温较高，可促进果实提早成熟，一般比黑色地膜早熟7d左右，并可增加草莓产量，改善浆果品质，但透明地膜不能防止杂草生长。

覆膜时间，北方地区在10月下旬至11月上旬，南方地区一般以在草莓现蕾后至开花前进行为宜。

4. 人工与化学除草 人工除草一般结合松土进行。在草莓园进行化学除草一定要谨慎，许多除草剂都会对草莓产生危害。若在草莓园进行化学除草，一般使用精喹禾灵、吡氟氯禾灵、氟乐灵和丁草胺等除草剂。要通过试验证明对草莓植株不产生药害，在正常浓度范围内有抑制杂草的效果，方可正常使用。但要注意，在不同的气候条件下、不同的土壤上使用时，效果有一定差异。其中氟乐灵可有效防治草莓田多种杂草危害，效果好，一般每亩用药0.1～0.2kg，加水后喷洒田间，随后中耕松土，以防止其药效光解。将其与细土混合均匀，撒于田间再中耕，效果也好。

5. 赤霉素处理 在草莓半促成栽培中，喷洒赤霉素可以加快打破草莓植株的休眠，进而促进草莓植株开花结果。赤霉素的处理时期是升温后植株开始生长时，使用的浓度为5～10mg/L，使用量为每株5mL。使用时必须把药液喷在苗心上。

二、草莓田间肥水管理

（一）施肥管理

草莓生长需要消耗大量的营养物质，特别是设施栽培草莓，自11月至翌年5月连续生长、结果、采摘，生长期长，生长量大，产量高，养分消耗尤其迅速，需要及时补充植株营养。

根据植株的生长发育特点，从定植到采果结束，可将生长期肥料吸收分为4个阶段。

第一阶段：从定植成活后到自然休眠完成，约4个月时间。随着秋季温度的降低，根系生长量较少，植株逐渐进入休眠期，相对根系吸收的养分较少，植株干重增加也少，此时氮（N）、磷（P_2O_5）、钾（K_2O）肥的吸收比例为1：0.3：0.3。

第二阶段：从休眠解除后到现蕾期，约2个月时间。随着春季温度的升高，地上部和地下部的根系开始较旺盛地生长，养分吸收量明显增加，特别是磷、钾肥的吸收量增大，此期氮、磷、钾肥的吸收比例为1：0.3：0.6。

第三阶段：地上部进入旺盛生长阶段，第一级花序的果实开始成熟，第二、第三级序花正在开花和果实膨大，为始产期。此期养分吸收达到高峰，氮的吸收量占整个生育期的85％以上，磷的吸收量为66％左右，钾的吸收量大幅增加，接近氮素水平。此期的氮、磷、钾肥的吸收比例为1：0.3：0.9。

第四阶段：为果实旺产期。第二、第三级序花的果实进入膨大与成熟期，氮素吸收量下降，磷、钾素的吸收量增加，其中钾的吸收量达最高值。此期氮、磷、钾肥的吸收比例约为1：0.4：1.7。

试验结果表明，每株草莓在整个生长发育期，氮、磷、钾的吸收量分别为2.0g、0.9g、2.5g，并推算出每1 000m² 草莓的肥料吸收量为氮16～20kg、磷7.9kg、钾20～25kg。

1. 施肥方法　施肥以 9—10 月的基肥为主，追肥的次数不宜过多，每次的量也不能过大。除基肥施用外，一般在定植后、现蕾期、果实盛产期和旺产期追 4 次速效肥。草莓施肥的具体方法如下。

（1）基肥。在草莓定植前，每亩施优质农家肥 3 000～5 000kg，并在农家肥中加入三元复合肥 50kg，氮、磷、钾的比例以 3∶3∶2 为宜，混合后撒施，翻耕整平后，再定植秧苗，并注意灌水。

（2）追肥。一是在定植成活后 1 个多月，每亩追施三元复合肥或尿素 10kg。施用时，可先将化肥溶解在水中，然后结合灌水施用；也可在 2 行草莓植株中间开 1 条浅沟，深 10～15cm，将肥料均匀施入后再浇水。二是在现蕾前追肥，每亩追施三元复合肥 10～15kg。覆盖地膜的草莓园，可用打孔器打孔施入，也可将肥料用水溶解后利用管状器具灌入。三是在始产期、盛产期各追施肥料 1 次。每亩施三元复合肥 15kg，2 次肥料施入间隔时间为 10～15d。四是除上述追肥外，在生长季节，特别是现蕾后，可每隔 10～15d 喷施 0.3% 尿素加 0.3% 磷酸二氢钾溶液 3～4 次。

追肥一般分覆膜前追施和覆膜后追施。覆盖地膜前追施肥料主要是为了促进植株的生长和提高花芽的质量，必须视草莓植株生长情况而确定施肥的种类和数量，也可以不施。一般在草莓定植成活、初生根系生长后才进行第一次追肥，可与土壤管理结合起来。

一年一栽的露地栽培草莓一般只要施足底肥后不再提倡用追肥，可以在缓苗后和翌年花蕾期各喷施 1 次叶面肥。

覆盖地膜后至采摘结束，设施栽培草莓植株进入现蕾、开花和结果阶段，要进行多次的追肥，分别在各花序顶果开始采摘和采摘盛期各追肥 1 次，一般掌握 15～20d 追施 1 次，每公顷用三元素复合肥 180～250kg。同时用磷酸二氢钾、硼砂和多种微量元素叶面肥进行根外追肥。施肥最好与灌水相结合。

2. 施肥的一般原则　草莓施肥一般分为基肥和追肥两部分。基肥一般占总施肥量的 70%，总施肥量可根据目标产量和土壤肥力状况综合考虑。一般的土壤条件下，若目标产量为 30t/hm²，则每公顷需施入纯氮（N）180～250kg、磷（P_2O_5）80～150kg、钾（K_2O）100～200kg，相当于每公顷施入厩肥 25～35t、菜籽饼肥 1 200～1 800kg、复合肥 1 000～1 400kg，对于酸性土壤，还需加施熟石灰 350～400kg。基肥要均匀撒施，并与土壤充分拌和。施用的栏肥、菜籽饼肥或其他有机肥必须是经过充分腐熟的，或与秸秆同时施入后灌水 2 周左右，让其在田中腐熟，以防烧苗。在生产上草莓栽植前要进行土壤消毒处理的，秸秆还田与施基肥一般与土壤消毒处理结合进行，尤其是太阳热能土壤消毒。

（二）水分管理

草莓定植后至成活前，必须保持较高的土壤湿度。草莓定植成活后至现蕾期，应根据植株生长势强弱，保持土壤适度湿润。浇水的基本原则：草莓植株生长旺盛有徒长趋势时，必须适当控制水分，俗称烤苗；相反，当草莓植株生长较弱，需要促进其生长时，应适当增加浇水次数。可视草莓植株生长和天气情况，一般每 3～7d 浇水 1 次。

大棚覆盖保温后，土壤过干会影响草莓生长和结果，并易出现畸形果；土壤过湿同样会影响草莓生长和结果，并会加重灰霉病等草莓病害的发生。一般土壤水分要求控制在手握即能成团，松开手土团落地能散开为度。在一般性气候条件下，每周浇 1 次水即可。

浇水方式有沟灌、浇灌和软管滴灌等。软管滴灌在达到灌水目的的同时，具有节约用水，控制大棚内空气湿度，保持大棚内卫生，减少病虫害发生等优点，在生产上可大力推广应用。

1. 灌溉与排水 草莓与其他果树不同，需水量很大；每株草莓在生长发育期需水量为15L左右，每10 000株草莓，生长发育期需水150m³。因此，在草莓整个生长期需一直保持土壤湿润状态，使土壤含水量为田间持水量的80%左右，所以需要经常灌溉。露地栽培除了结合施肥灌溉外，在植株旺盛生长期和果实膨大期等重要生育期，都需要进行灌溉。常用的灌溉方法有沟灌、管灌和滴灌。根据水源、地形和经济条件，综合考虑后选择合适的灌溉方法。总的要求是节水，使水分渗透到根系分布最多的土层内，并保持一定的湿度。上述3种灌溉方式，以滴灌效果最好。它可以保持土壤疏松，使水分供应均衡，草莓生长旺盛，产量高，品质好。每次灌溉时，需将40～50cm厚的土层灌透。

草莓虽然需水量很大，但草莓又不耐涝。也就是说，草莓既不耐旱，也不耐积水。雨水过多使土壤孔隙减少，根系呼吸及水分、养分吸收受阻，地上部植株的生长发育也不良；当积水时间过长时，则发生死苗现象。在6—8月的雨季，要注意排水，一般采用高垄栽培，使条沟（宽40cm、深40cm）、腰沟（宽60cm、深60cm）、围沟（宽1m、深1m）相通，遇到暴雨时，可使雨水及时排出。

2. 保水措施 由于草莓需水量大，加上我国水资源相对不足，季节性干旱严重。因此，土壤保水也显得特别重要。目前，草莓园常用的保水措施有松土、覆地膜、铺秸秆（或稻壳）和使用保水剂等。

（1）松土。指每次灌水或降雨后，及时进行中耕松土保墒。松土可清除杂草，减少杂草与草莓争水争肥的矛盾，同时可防止土壤板结，破坏表层土壤毛细管水的运动，减少水分蒸发，从而达到保持土壤水分的目的。

（2）覆盖地膜。覆膜可达到增加土壤温度，保持土壤水分的目的。根据山东农业大学的试验，在沙质壤土园中，覆膜能显著减少水分蒸发量，覆膜的蒸发量仅为不覆膜的1/4～1/3。北方地区一般在11月进行覆膜，在果实采收结束后去膜。

（3）铺秸秆。铺盖作物秸秆通常在草莓定植成活后进行。所铺的秸秆有麦秸和碎玉米秸等，也可以铺稻壳和碎花生壳等。铺秸秆可起到减少土壤蒸发，增加土壤有机质含量，降低夏季地温的作用。

（4）使用保水剂。保水剂为高分子树脂类化合物，为白色或微黄色，外表如盐粒，无毒、无味，颗粒状，吸水厚度膨胀率为350～800倍。吸水后呈胶体状，用力挤压不出水，持水能力强，可与土壤混合。干旱时，可将吸收的水分释放出来，供植株根系吸收，有效使用期为3～5年。使用时，将保水剂撒施于土壤中，然后进行中耕，使保水剂与土壤均匀混合。保水剂的使用量一般为土壤质量的1/1 000～1/700，即在700～1 000kg的土壤中，加入1kg的保水剂。

>>> 任务五 草莓的采收与贮藏 <<<

草莓虽然坐果期长，但成熟浆果自然保鲜期只有1～2d，并且果皮薄软，极易碰伤腐烂。因此，要掌握正确的草莓采收保鲜和包装运输技术，确保实现增收。

（一）适时采收

1. 成熟度的确定 草莓果实成熟通常分为4个阶段，即绿熟期、白熟期、转色期和红熟期。在绿熟期和白熟期之间，草莓果实开始软化，并且随着色泽的变化继续软化。按果实的着色面积，草莓成熟度可分为 25％、50％、75％和全部着色 4 个进程。

确定草莓采收成熟度的最重要指标是果面着色程度，也就是着色面积。草莓在成熟过程中果皮红色由浅变深，着色范围由小变大。生产上可以此作为确定采收成熟度的标准，分别在果面着色达 70％、80％、90％时采收。着色首先从受光一面开始，而后是侧面，随后背光一面也着色，有些品种背光一面不易着色。直至果肉内部也着色，即完成成熟过程。此外，还可通过观察果实硬度确定草莓采收时期，果实成熟时浆果由硬变软，并散发出诱人的草莓香气，表明果实已完全成熟，采收应在果实刚软时进行。

果实的生长天数也可作为确定采收时期的参考指标，但由于草莓果实成熟天数是以积温计算的，不同采收时期气温不同，果实成熟所需天数也不同，因此生产上较难用果实生长天数作为采收指标。

另外，果实内部化学成分也随着果实的发育、成熟逐渐发生着变化。果实在绿色和白色时没有花青素，果实开始着色后，花青素急剧增加；随着果实的成熟，含糖量增加，而含酸量减少；草莓中维生素 C 的含量较高，每 100g 约含 80mg，但未成熟的果实中维生素 C 含量较少，随着果实的成熟含量增高，安全成熟时含量最高，而过熟的果实中维生素 C 的含量又会减少。

2. 采收期的确定　草莓适宜的采收期要依据品种性状、环境温度、果实用途、销售市场远近等因素综合考虑。

（1）根据品种特性确定采收期。欧美品种较日系品种果实一般偏硬，多属硬肉型品种，最好在果实接近全红时采收，才能达到该品种应有的品质和风味。

（2）根据环境温度确定采收期。温度对草莓开花至成熟所需的天数起主要决定作用，温度高，所需时间短，反之则时间长。在促成栽培条件下，10 月中下旬开花的，大约 30d 成熟；12 月上旬开花的，果实发育期较长，约需 50d；5 月开花的，成熟天数只需 25d。对于促成栽培的草莓，由于其大部分果实的采收期在寒冷的冬季，12 月至翌年 3 月中下旬，可在八成熟时采收，4 月以后温度明显上升，成熟速度加快，可在七成熟时采收。

（3）根据果实用途确定采收期。鲜食果以出售鲜果为目的，草莓的成熟度以九成熟为好，即以果面着色达 90％以上。供加工果汁、果酒、饮料、果酱和果冻的，要求果实成熟时采收，以提高果实的含糖量和香味；供制罐头的，要求果实大小一致，在八成熟时采收；远距离运输的果实，在七成熟时采收；就近销售的可完熟时采收，但不能过熟。

3. 采收方法

（1）采收前准备。草莓采收前浇水可增重 5％～10％，但因其吸水量大，会使表皮组织弹性减小，易破裂损伤而造成腐烂。另外，采前浇水易造成地温低，不利于着色，病害严重。因此，一般采收前 1～2d 尽量避免浇水，或可少量给水。

（2）采收适宜时间。草莓的果穗中各级果序果实的成熟期不一致，必须分批分期采收。采收初期每隔 1～2d 采收 1 次，盛期要每天采收 1 次。草莓采收必须及时进行，否则不但使采收的果实过熟腐烂，还会影响其他未成熟果实的膨大成熟。采摘最好在晴天进行。采收草莓应尽可能在清晨露水已干至午间高温来临之前或傍晚天气转凉时进行，避免在中午采收。

（3）采收操作方法。草莓浆果的果皮薄、果肉柔软，极易被机械碰伤，采摘时不要硬拉，以免拉下果序和碰伤果皮，影响草莓产量和果实品质。采收时必须轻拿、轻摘、轻放，将手比成碗状，尽量不挤压果实，用拇指和食指拿住果柄，在距果实萼片1cm处折断，使果实带有一小段果柄，以方便消费者食用。此时注意不要翻动果实，以免碰伤果皮。每次采摘，要把达到成熟标准的果实全部采完，以免延至下次采收时由于过熟而腐烂，影响下茬果的营养吸收与果实膨大。果实采收后应立即置于阴凉通风处，并分级包装。

（4）采收容器的选择。采收时为减少果实堆压损伤，应使用洁净、无毒的容器，容器的内壁光滑、底平、深度较浅，可用小塑料盆、搪瓷盆等，尽量避免使用水桶、洗脸盆、箩筐等过深的容器，因为底部过深，容易装太多，在重力作用下易使下部的果实受压而损伤。果实装满后，用纸箱、塑料箱、竹编箱等装箱，箱内垫放柔软物。采收时最好边采收边分级，并分开放，避免装盒时二次损伤，对畸形果、过熟果、烂果、病虫果、碰伤果应单独装箱，不可混装。装满草莓的果盘可套入聚乙烯薄膜袋中密封，及时送冷库冷藏。

（二）草莓果实分级

草莓的感官品质指标主要包括：外观品质基本要求、果形及色泽、果实着色度、单果重、碰压伤和畸形果实比例。

我国农业行业标准《草莓等级规格》（NY/T 1789—2009）中提出鲜食草莓应符合：完好；无腐烂和变质果实；洁净，无可见异物；外观新鲜；无严重机械损伤；无害虫和虫伤；具萼片，萼片和果梗新鲜、绿色；无异常外部水分；无异味；充分发育，成熟度满足运输和采后处理要求10项要求。将草莓果实分为特级、一级和二级，同时根据果实大小差异，确定为3个规格（表Ⅲ-3-3）。

表Ⅲ-3-3　草莓规格（NY/T 1789—2009）

单位：g

规　格		大（L）	中（M）	小（S）
大果	单果重	＞25	20～25	≥15
	同一包装中单果重差异	≤5	≤4	≤3
中果	单果重	＞20	15～20	≥10
	同一包装中单果重差异	≤4	≤3	≤2
小果	单果重	＞15	10～15	≥5
	同一包装中单果重差异	≤3	≤2	≤1

1. 特级　优质，具有本品种的特征，外观光亮，无泥土。除不影响产品整体外观、品质、新鲜度及其在包装中摆放得非常轻微的表面缺陷外，不应有其他缺陷。

2. 一级　品质良好，具有本品种的色泽和果形特征，无泥土。允许有不影响产品整体外观、品质、新鲜度及其在包装中摆放的下列轻微缺陷：不明显的果形缺陷（但无肿胀或畸形）；未着色面积不超过果面的1/10；轻微的表面压痕。

3. 二级　在保持品质、新鲜度和摆放方面基本特征前提下，允许有下列缺陷：果形缺陷；未着色面积不超过果面的1/5；不会蔓延的、干的轻微擦伤；轻微的泥土痕迹。

出口草莓一般按输入国家或地区的标准进行分级，不同品种的果实大小有差异，因此，不同品种的分级标准也有所不同。

（三）草莓果实包装

草莓果实柔软且不抗压，不耐碰撞，因此一定要重视采后的包装质量，避免后期的果品损伤，良好的包装可以保证产品的安全运输和贮藏，减少产品间的摩擦、碰撞和挤压造成的机械损伤，同时减少病虫害的蔓延和水分蒸发，保护草莓的商品性。

为了减少二次损伤，从采收、加工到销售地点，最好不要倒箱。草莓的包装要以小包装为基础，大小包装配套。一般用透明塑料小盒包装，以每盒装 300～400g 为宜，12～16 枚果。小盒内的草莓码放要按一定顺序，按照一定的大小和方向整齐放置，切忌装得太满或太松，以免合盖挤压果实或碰撞造成损伤。

长距离运输包装应尽量采用纸箱，因为纸箱软，有弹性，也有一定的强度，可以抵抗外来冲击和振动，对草莓有良好的保护作用。

贮藏包装应视贮藏期长短和贮藏方式的不同，选择用塑料箱、木箱、纸箱等，内衬聚乙烯塑料薄膜或打孔塑料袋，采用分层堆放等方式，容量不要太大。

（四）草莓的贮藏保鲜

草莓果实是难以贮存的水果，最好随采收随销售或随加工处理。临时运输有困难的，可将包装好的草莓放入通风凉爽的库房内暂时贮藏。包装箱要摆放在货架上，不要就地堆放。由于草莓极不耐贮存，即使只存放 3～5d，其失水、腐烂现象也很严重。草莓采后腐烂的主要是由灰霉病所致。灰霉病的病原菌多数是从田间带来的。采收的果实感染该病菌后，即使在 5℃条件下，7d 之内就可见到腐烂的病斑。为了使采收后的果实在贮存和运输中保持其新鲜度和品质，仍需采取适宜的保鲜方法。

1. 气调贮藏 气调贮藏是在草莓贮藏过程中，人为调节空气的成分，达到保鲜的目的。据国内试验，将宝交早生草莓果实密闭在真空干燥器内，冲入钢瓶装二氧化碳，浓度为 10%，在 0℃温度条件下可贮藏 20d，好果率和商品率均达 94%，这为草莓运输和短期贮藏开辟了新的途径。

选择比较耐贮藏的品种，采收后要剔除病虫果和机械损伤果。选出的草莓果实，用 3%～5% 的氯化钙溶液浸泡 5min，抑制草莓软化。浸泡后装入 90cm×60cm×15cm 的盘中，装满后送入预冷车间预冷。通过预冷迅速排除草莓所带的田间热，同时还可使呼吸强度降低，从而延长果实的贮藏期。

草莓气调贮藏的适宜气体成分是：3% 氧气，3%～6% 二氧化碳，91%～94% 氮气。此种方法的贮藏时间为 10～15d，如将该种贮藏方法与低温冷藏相结合，贮藏期会更长。

2. 速冻保鲜 速冻就是利用 -25℃ 以下的低温，使果实在短暂的时间内急速冻起来，从而达到保鲜的目的。草莓适合速冻保鲜贮藏。草莓速冻后可以保持原有的色、香、味，既便于长期贮藏，又可远销；既可作冷食供应，又可作加工原料。

（1）速冻原料的要求。

①品种适应性。草莓不同的品种对速冻的适应性有差别。速冻保鲜必须选择适于速冻的草莓品种作为原料。要求用果实品质优良，匀称整齐，果肉红色，硬度大，有香味和酸度，果萼易脱落的品种进行速冻。一般可将草莓品种依据对速冻的耐性分为优、中、劣 3 等。就目前草莓生产中的品种而论，宝交早生、春香、达娜、全明星、哈尼和绿色种子等适于速冻；圆球、四季和维斯塔尔等果实肉质特别疏松，品质差，不宜速冻。

②成熟度。用于速冻的草莓果实，成熟度必须一致。果实的成熟度为八成熟时比较适合

速冻，即果面 80% 着色，香味充分显示出来，速冻后色、香、味保持良好，无异味。而成熟度较差的果实，速冻后淡而无味，而且产生一种异味。过熟的果实，由于硬度低，在处理过程中水分、养分损失较大，冻后风味淡，颜色深，果形不完整。

③新鲜度。速冻草莓必须保持原料新鲜。采摘当天即应进行处理，以免腐烂，增加损失，影响质量。如果当天处理不完，则应放在 0～5℃ 的冷库内暂时保存，第二天再尽快处理，以确保原料的新鲜度。远距离运输时，需用冷藏车，以防原料变质。

④果实大小。速冻要选用均匀一致的整齐果，单果重为 7～12g，果实横径不小于 2cm，过大或过小均不适合。因此，大果型品种，一般选用二级序果及三级序果进行速冻；最先成熟的一级序果往往较大，可用作鲜食果品供应市场。

⑤果实外观。草莓速冻要选用果实完整无损、大小均匀、果形端正和无任何损伤的果实。对病虫果、青头果、死头果、霉烂果、软烂果、畸形果和未熟果等，均应捡出，以确保原料的质量。

（2）速冻工艺流程。选果→除萼→洗果→消毒→淋洗→控水→摆盘→速冻→冷藏。

包装好的速冻草莓，立即送入冷藏库贮藏。冷库温度保持在 -18℃ 条件下，可保持 12～18 个月而不失草莓原有风味。

速冻草莓在食用前解冻。解冻方法是将冻品放入容器，再把容器置于温水中，解冻后立即食用；不能解冻后又重新冷冻，或解冻后放置时间太长。

3. 低温保存　研究表明，贮运草莓的最适温度是 0～0.5℃，允许最高温度是 4.4℃，但持续时间不能超过 48h，空气相对湿度应保持在 80%～90%。草莓采收后，要快速而均匀预冷，然后进行低温贮藏。库温保持 0～2℃ 恒温，可存放 7～10d，但冷藏时间不能过长；否则，风味品质会逐渐下降。如果冷库温度在 12℃ 左右，只可贮藏 3d；在 2～8℃ 以下，则能贮放 4d。

4. 辐射贮藏　辐射贮藏是利用同位素钴（^{60}Co）放出的 γ 射线辐射草莓浆果，杀伤果实表面所有的微生物，以减少各种病害的感染，达到贮藏保鲜的目的。试验表明，用 2 000Gy 剂量照射草莓，可显著降低果实的霉菌数量，约减少 90%，同时还消灭了其他革兰阴性杆菌，因而保鲜时间相对较长。

5. 热处理贮藏　草莓热处理贮藏是防止果实采后腐烂的一种有效、安全、简单与经济的贮藏方法。在空气相对湿度较高的情况下，将草莓果实放在 44℃ 的温度条件下；处理 40～60min，可以使草莓腐烂率减少 50%；处理 40min，草莓浆果的风味、香味、质地和外观品质不受影响。

6. 保鲜剂处理　在远途运输的情况下，可用 0.1%～0.5% 的植酸、0.05% 的山梨酸和 0.1% 的过氧乙酸的混合液，处理草莓果实，可使草莓果实在常温下保鲜 7d。

7. 采前处理　浆果成熟前 15d，喷 1 次 50% 多菌灵 500 倍液，可以减少草莓采后贮藏中的腐烂。

8. 离子电渗贮藏　将草莓浆果放入电渗槽的电渗液（1% 氯化钙 + 0.2% 亚硫酸钠）中，用 110V 电压、50mA 电流进行电渗处理 1.5h 后捞出，用水冲洗净，沥干后装入聚乙烯袋中封口，在 4℃ 低温下贮藏，保持相对湿度为 92%～95%。电渗后可使果实中的钙浓度增加，可稳定生物膜的结构，降低通透性，防止组织崩解。亚硫酸钠分解产生的二氧化硫，不仅有防腐作用，还可抑制果实中多酚氧化酶的活性，抑制果实褐变。经离子电渗法处理的草莓浆果，贮藏30d后，腐果率低于5％，浆果品质较好。

9. 脱乙酰甲壳素涂膜　脱乙酰甲壳素是一种高分子量的阳离子多糖，能形成半渗透性膜，而且无毒，安全。用1％的脱乙酰甲壳素在草莓果上涂抹，可形成一层膜，在13℃条件下能明显减少草莓的腐烂，21d后，腐烂率约为对照（未经脱乙酰甲壳素处理）的1/5，效果好于杀菌剂，而且无伤害，还可保持浆果较好的硬度。

（五）草莓果实运输

在采收和运输过程中，草莓极易受损伤和遭受微生物侵染，导致腐烂而失去商品价值，因此，运输时选择最佳路线，尽量减少震动。最好用冷藏车进行运输，如无冷藏条件，也可在清晨或傍晚气温较低时装卸和运输，运输工具必须整洁，并有防日晒、防冻、防雨淋的设施。

►►► 任务六　岗位技能训练 ◄◄◄

技能训练1　草莓穴盘扦插育苗技术

（一）目的要求
掌握草莓穴盘育苗扦插的方法，做好扦插后的管理。

（二）材料及用具
草莓匍匐茎子苗、穴盘、育苗基质、标签纸、塑料膜、喷雾器等。

（三）内容及操作步骤

1. 母苗繁殖圃的准备　选用优良可靠的脱毒组培苗作为子苗繁育的母苗。在春季建立草莓母苗繁殖圃。苗圃起高床，稀植，覆盖黑色塑料薄膜，当气温超过10℃时栽植母苗；苗床宽60cm，单行，株距30cm。

2. 子苗采集　子苗采集标准：带1～2片叶，基部有小根，小根的长度短于1cm。每隔10～14d从草莓繁殖圃采集1次子苗，选无病健壮匍匐茎上的子苗，留1～2cm的匍匐茎。子苗采集后及时栽植，若不能及时栽植，需贮藏，其方法是把1根长匍匐茎剪下，装在塑料袋中，贮存在温度为0～0.5℃和相对湿度为90％左右的冷库中，存放时间不超过15d。

3. 穴盘选择和育苗基质配制　扦插穴盘采用50孔穴盘，孔穴直径5cm，高度8cm。育苗基质选用无毒、无病原、透气性好的基质，不要用含发酵料的基质材料，避免扦插伤口被菌类感染。一般按腐殖土∶细河沙∶有机肥为7∶2∶1混配，如果育苗地沙性强，也可用田土代替细河沙，腐殖土质量好的可不用加有机肥。将准备好的基质拣出杂质混合均匀。

4. 子苗扦插　草莓苗适宜苗龄为50d，根据栽植时间确定扦插时间。扦插前先用清水湿润基质。将匍匐茎子苗按大小分级扦插。将子苗置于穴盘孔中间，扦插宜浅不宜深，基质不能盖过心叶，将匍匐茎固定好。插苗深度以深不埋心、浅不露根为标准。做好品种、插苗日期等标记。

5. 扦插后管理

（1）水分、湿度管理。扦插后喷雾浇1次透水，然后基质表层保持空气湿度在90％以上；喷雾状态保持7～10d，使叶片保持湿润，扦插3～5d后可适当缩短喷雾时间，2周后根系逐渐发育形成，可停止喷雾。

（2）光照管理。扦插后大棚顶上要覆盖遮阳网，进行避光管理。7～10d早、晚见一次光，10～15d 上午 10 时半至下午 4 时遮阳，以后逐渐全天见光。

（3）营养管理。扦插苗 2 周后到成苗前，根据子苗生长情况，酌情追施 1～2 次全营养肥料，追施肥料宜选取水溶肥，要求磷、钾含量高。

（4）病虫害防治。苗期易发生蚜虫、红蜘蛛、白粉病、炭疽病等病虫害，及时防治。

（四）注意事项

（1）插苗前应去掉根部前端匍匐茎尖及病残叶片，将准备插苗的穴盘先浇透水。

（2）栽插的匍匐茎子苗，最好采用脱毒组培种苗，以提高成活率。

（五）实训报告

总结草莓穴盘扦插育苗的操作技能，撰写实训报告。

技能训练 2　草莓苗定植技术

（一）目的要求

通过了解草莓苗定植时间、种苗准备、定植密度等知识掌握草莓苗定植的方法。

（二）材料及用具

营养钵假植苗、直尺、广谱性杀菌剂、标签纸、聚乙烯袋、冰冻塑料瓶装水（冰）等。

（三）内容及操作步骤

1. 定植时间的确定　根据栽培区域和育苗方式，确定草莓植株的定植时期。对于营养钵假植苗，当顶花芽分化的植株达 80％时进行定植。在我国北方地区，定植一般在 9 月中下旬进行。对于非假植苗，一般是在顶花芽分化后的 10d 左右定植。北方棚室栽培一般在 8 月下旬至 9 月初定植，南方大棚栽培在 9 月中旬至 10 月初定植。

在促成栽培中，草莓的定植时间是以草莓苗花芽分化程度来确定的，一般以 50％草莓苗顶花芽达到分化期为定植适期，否则容易引起徒长而推迟采收。因此，定植前必须检查所要定植的草莓苗顶花芽的分化程度。

2. 种苗的准备　定植时草莓苗要求达到二级苗以上，即具有 5 片正常展开叶，根颈粗 1～1.2cm（表Ⅲ-3-4）。准备起苗种植前 1 周，先在苗地中整理草莓苗植株，剥除老叶、病叶和匍匐茎，仔细周到地喷施 1 次广谱性杀菌剂。于计划起苗日前 1d 把苗地灌透水，自然吸干。起苗时为提高成活率和缩短缓苗时间应尽量不损伤根系，多带土移栽，严防草莓苗根系被太阳直接照射。需远距离运输的苗，必须按 50～100 株为一包进行包扎，挂上标签，标明品种等，根部用聚乙烯袋包扎好，剪除所有叶片的 1/2，然后按 8～10 包为一箱进行包装。若用普通车辆运输且气温较高时，每箱草莓苗中间可放一瓶冰冻塑料瓶装水（冰）。定植时要将草莓苗按大小不同分开定植，以便于定植后的管理。正常情况下，在起好苗后，1 个人 1d 可以定植 3 000～4 000 株草莓。

表Ⅲ-3-4　草莓苗的分级标准

级别	苗重（g）	根颈粗（mm）	叶片数	地上部与地下部质量比	叶色	根系	病虫害
一级	≥30.0	≥12.0	≥5.0	1.0	浓绿	多而白	无
二级	≥20.0	≥10.0	≥3.0	1.0	浓绿	多而白	无

3. 定植密度　每畦种植2行，呈三角形种植，株距应根据不同草莓品种的植株大小而有不同，一般为18~22cm。如丰香株距一般为18~20cm，每公顷栽10万~11万株；红颊、章姬等大株型品种株距为20~22cm，每公顷栽9万~10万株。

4. 定植方法　采取大垄双行的定植方式，植株距垄沿10cm，株距15~20cm，小行距30~35cm，每亩用苗量8 000~10 000株。定植后的前7d内，每天需浇水1~2次。以后依土壤湿度进行灌水，以保证秧苗成活良好。

(四) 注意事项

(1) 栽植深度是草莓成活的关键之一，要求深不埋心，浅不露根。

(2) 定植时要认真仔细剔除带病苗，尤其是感染了枯萎病、黄萎病、青枯病和炭疽病的苗。

(3) 栽苗时一定要注意苗的栽植方向，必须把草莓苗的弓背方向朝沟，使草莓植株抽出的花序均为向沟侧伸展，将来果穗抽向畦两侧，以减少烂果，并使果实接受充足的光照，有利于着色、通风和便于采收。

(五) 实训报告

(1) 思考草莓苗定植之前要做哪些准备？

(2) 试述草莓苗定植的规范操作流程。

(3) 草莓苗定植后期管理需要注意什么？

【拓展阅读1】

草莓大棚促成栽培技术

1. 品种选用　选用花芽分化早、休眠浅、耐寒、丰产、品质好的品种，目前大棚栽培应用最多的是丰香、明宝、章姬、鬼怒甘等。草莓自花结实力强，搭配1~2个其他品种栽培产量会更高。

2. 适期定植　一般在8月上中旬整地。连作或病虫害发生严重的园地，在定植前进行土壤日光消毒和土壤净化剂处理。一般在7—8月晴天高温时密闭大棚灌水保湿，覆盖黑色地膜，使地温升高到40~45℃，并保持该温度15~20d，这样可以基本消灭土传病害。随后耕翻晒田，增施有机肥，每亩基施腐熟鸡粪肥2 000kg、饼肥100kg、过磷酸钙30~40kg、45%三元复合肥30kg。鸡粪、饼肥用酵素菌发酵，经充分腐熟后施用，沟施与撒施结合。连作田增施活性菌肥。做南北向高畦，畦底宽55~60cm、畦面宽45~50cm、畦高30cm以上，每畦间隔25cm。9月上中旬，选择有4~6片绿叶、新茎粗0.8~1.2cm、叶柄短粗、苗重25~30g、根系发达、白根5条以上、无病虫害的苗定植。每畦栽2行，行距25~30cm，株距15~25cm，每亩栽6 000~8 000株，迟栽或弱苗每亩栽9 000~10 000株。

3. 定植后管理　定植后灌足水，2~3d后再灌1次小水。缓苗后即进入花芽分化期，应加强肥水管理，控水控氮肥，防止苗徒长。一般每亩追施三元复合肥10~15kg，以促进花芽分化。顶芽开始分化后30d，棚外夜间气温降至8℃时开始保温。10月下旬至11月上旬为保温适期，采用三膜覆盖，即在大棚中设小棚和中棚，也可以不用内层膜而加盖草帘。高冷地棚北侧用玉米秸秆等设置风障。一般白天棚温控制在28~30℃，夜间控制在12~15℃，相对湿度控制在85%~90%。开花期白天棚温控制在22~25℃，夜间以10℃为宜，相对湿度控制在40％。草莓果实膨大期和成熟期，白天棚温控制在20～25℃，夜间控制在5℃以上，相对湿度控制在60％～70％。在开花前、果实膨大期、侧花序发生期、侧花序结果期追肥4～5次，每次每亩施三元复合肥10～15kg，同时喷施叶面肥。一般在保温前浇1次水，以后结合追肥或在清晨新叶边缘不吐水时适当补水，宜采用滴灌。果实发育期保持土壤湿润。沟灌润水时防止水浸果实。

4. 喷赤霉素　现蕾30％时每株喷3～8mg/L的赤霉素溶液，促进花柄伸长，以利于授粉受精。7d后看花序伸长情况，如果效果不明显再喷施1次。

5. 植株整理　及早除去侧芽、病虫叶、老叶和匍匐茎，一般每株保留1～2个侧芽。前期果实采收后及时摘除果柄和老叶，以提高后期果实产量和品质。

6. 花果管理　疏除易出现雌性不育的高级次花，降低草莓畸形果率。疏除病果、过早变白的小果及畸形果，第一花序保留10个果，第二花序保留5个果。

7. 果实采收　果实80％～90％红熟时切断果柄采收，采下的果柄越短越好，以免扎破果实。采收后剔除病虫果和烂果，大小果分级包装出售。

【拓展阅读2】

草莓畸形果原因分析及预防方法

（一）草莓畸形果原因分析

1. 气候　温度和湿度是影响草莓畸形果发生的主要因素。草莓花期遇连续阴雨或空气湿度过大，导致花药开裂受阻，花粉传播不良，影响雌蕊柱头受粉；花期温度低于0℃亦会影响授粉受精。此外，低温和阴雨伴随的光照不足造成花粉发育不良，发芽率低下，从而影响授粉受精和果实发育，导致形成畸形果。例如，在贵州安顺，草莓花期适逢冬季和早春时节，气温低、雨水多、光照不足，是草莓畸形果形成的主要物候因素。

2. 品种特性　草莓不同品种间花粉发芽率不一而使畸果率表现出较大差异。花粉发芽率高的品种如章姬、童子1号、全明星、丰香等畸形果率较低，而硕丰、硕蜜等品种畸果率高达30％，花序级数过高的品种着果不一，养分分布不均，畸果率较高，如金香、春香等品种。此外，抗病性能差的品种在花期染病后，亦会增加畸形果的发生概率。

3. 病虫危害及用药不当　草莓栽培过程中发生的多种病害如白粉病、灰霉病、黄萎病均会导致光合作用及养分代谢受阻，螨害和斜纹夜蛾等虫害则对植株造成机械损伤，导致不同程度地发生畸形果。而不当的用药防治非但达不到有效控制病虫害的目的，相反会对草莓产生毒副作用，致使花粉发育受损，花粉发芽率降低，从而大大增加畸果的发生概率，以农药浓度过大和花期、小果期用药影响最甚。

4. 栽培管理　种植密度过大、通风透光不良的棚室地块发生严重。有机肥施用量不足，偏施氮肥致枝叶徒长、过度繁茂，畦面过低、不平等综合因素形成郁闭高温的小气候，极易加重畸形果发生。

（二）防控对策

草莓畸形果的防控应立足于以农业控制措施为主，优先实施农业栽培措施，充分利用保护地生态的可控性和蜂媒昆虫的有效性，选用无害化农药控制病虫害发生，确保植株生长旺盛和果实健壮发育。

1. 调控温度和湿度 为防寒保温，应于10月下旬在草莓进入休眠前覆盖地膜，花期要根据其生理特性加强对温度的动态调控，通过适时放风使白天温度控制在23～25℃，夜间温度控制在8～10℃，通过通风换气和必要时加盖中棚降低空气湿度，使棚室的相对湿度保持在白天60％左右，夜间80％～90％，既满足草莓生长的需要，又不易诱发病害。

2. 选用抗病良种 这是控制畸形果最经济有效的方法。实践证明，全明星、童子1号、章姬、红颜等浅休眠型品种具有耐低温和弱光，抗白粉病的良好特性，适合当地优质、高产栽培，同时表现为花粉强健，不易产生畸形果。

3. 加强管理，实施健株栽培 在定植前10d，按30t/hm²有机肥兑配1.5t生石灰均匀与土拌和，灌水盖膜，利用有机肥腐熟产生高达60℃的酵热清洁土壤、消灭菌源，提高土壤肥力，以保证植株生长健壮，增强群体抗逆能力；在开花前适量疏除高级次花蕾，确保养分集中，着果整齐；落花后摘除花序顶果及弱势侧芽和衰老病叶可增加全株质量提高果实糖分和商品果率，保持棚室整洁通透，增强植株光合效率，抑制畸形果和病虫害发生。

4. 放蜂传粉 放蜂传粉是促进授粉受精，防控草莓畸形果形成的有效措施。在花期前3d将蜂箱放置于棚内向阳处，蜂箱底围铺麦草以增加箱内温度，促使蜜蜂在低温条件下提高采粉力，每亩棚室面积投放一箱蜜蜂授粉，辅以蔗糖水（1∶1）作为蜜蜂的补充营养，保持棚室通风，严禁使用农药。与不放蜂区相比，此项措施可提高草莓的授粉受精结实率，使草莓正常果产量增加近3倍。

5. 科学用药，适时防治 草莓生长期发生的多种病虫害以白粉病和灰霉病为重。应立足于勤检查、早发现，将发病中心及时控制在较大面积扩展危害之前。选用生物农药和高效、低毒、低残留的化学农药，合理混配交替，严格控制用药次数和用药量。杜绝花期及小果期用药。在草莓定植后开花前交替使用15％三唑酮可湿性粉剂2 000倍液、70％甲基硫菌灵可湿性粉剂1 500倍液、58％甲霜·锰锌可湿性粉剂1 000倍液或2％的寡雄腐霉菌可湿性粉剂8 000倍液等药剂，每隔7～10d喷雾1次，连续3次用药即可有效抑制病害的发生和发展。

【思考题】

1. 草莓分株繁殖育苗的特点有哪些？
2. 怎样对大棚草莓进行花果管理？
3. 如何对草莓生长的环境条件进行调控？

【总结与交流】

调查当地种植的草莓主推品种类型，并以其中的某一品种为例，总结该草莓品种的设施大棚促成栽培技术，完成2 000字以上的总结报告。

项目四

苹 果 生 产 技 术

【学习目标】

了解苹果优良品种特性，学习苹果建园定植、栽培管理的基础知识与技术要求。掌握苹果的定植技术和整形修剪技术等基本生产技能。

【学习内容】

>>> 任务一　苹果主要种类与品种 <<<

苹果是全世界重要的栽培果树之一，与柑橘、葡萄和香蕉一起并称为四大水果。苹果营养价值较高，酸甜适口，味道鲜美，不仅可供鲜食，还可制作果汁、果酒、果酱、蜜饯和罐头等。苹果品种众多，成熟期不同，从6月中旬到11月，陆续有果实成熟，加之一些晚熟品种很耐贮藏，因此，有利于鲜果的周年供应。

一、苹果主要种类

苹果属蔷薇科（Rosaceae）苹果属（*Malus* Mill.）植物。该属全世界约有35个种，起源于中国的共有22种、1个亚种。其中用于栽培和砧木的主要种类有以下几种。

1. 苹果（*M. pumila* Mill.）　目前世界上栽培的苹果品种，绝大多数属于本种或本种与其他种的杂交种。我国原产的绵苹果属于本种。本种有2个矮生变种，即道生苹果（*var. paraecax* Pall.）、乐园苹果（*var. paradisica* Schneider）。

2. 山荆子（*M. baccata* Borkh.）　又名林荆子、山定子，原产于我国东北、华北、西北。乔木，果实重1g左右，果柄细长。抗寒力极强，有的可耐−50℃，但不耐盐碱，在pH 7.5以上的土壤易发生缺铁黄叶病，是北方寒冷地区常用的抗寒砧木。

3. 楸子 ［*M. prunifolia*（willd.）Borkh.］　又名海棠果、海红，在我国西北、华北、东北均有分布。果实卵形，直径约2cm，黄色或红色。适应性强，抗旱、抗寒、耐涝、耐碱、抗苹果绵蚜，与苹果嫁接亲和力强，是生产上应用广泛的砧木。

4. 西府海棠（*M. micromalus* Mak.）　又名小海棠果、子母海棠，在我国东北、西北、华北均有分布。果实扁圆形，单果重约10g。抗性较强，耐盐碱，较抗黄叶病，与苹果嫁接亲和力好，是北方应用最广泛的苹果砧木之一。耐盐碱的河北八棱海棠、耐涝的平顶海棠等均属于本种。

此外，生产上应用较多的砧木还有湖北海棠 [*M. hupehensis* (Pamp.) Rehder]、新疆野苹果 [*M. sieversii* (Ledeb.) Roem.] 等。

二、苹果主要品种

据资料介绍，全世界有苹果品种 10 000 多个，但在生产中栽培的品种只有 100 多个，选做主栽品种的只有十几个或几十个。在选择苹果品种时，要根据栽培地区的土壤、气候条件，选择适宜的主栽品种，并根据市场的需求，在适宜的品种中选择那些适销对路的品种。

按照从苹果落花期至果实成熟期的天数把苹果分为 5 类，落花期至果实成熟期少于 90d 的品种称为早熟品种，落花期至果实成熟期 90~119d 的品种称为中早熟品种，落花期至果实成熟期 120~149d 的品种称为中熟品种，落花期至果实成熟期 150~179d 的为中晚熟品种，落花期至果实成熟期大于 180d 的品种称为晚熟品种。

生产上常见苹果优良品种介绍如下。

1. 辽伏 果实扁圆形，平均单果重 100g，果面底色翠绿色，充分成熟后稍带红条纹；肉质细脆，风味甜，稍有香味；果实生育期 60d，其授粉品种有甜黄魁、金冠等品种。适宜在苹果主产区栽培和长江中下游及其以南部分省份栽培。

2. 早捷 果实扁圆形，底色黄绿色，全面表色为鲜红色，并有蜡质光泽，无果锈，鲜艳美丽；果实中等大，平均单果重 146g；果实大小整齐，果柄短粗，梗洼浅广，萼洼浅，果点小而不明显，灰白色；果肉乳白色，汁多，风味甜酸，香味浓郁，品质上等。果实发育期 65d，适宜在我国中部地区或城郊栽培。

3. 夏红 果实长圆形或近圆形，果实中等大，平均单果重 200g 左右；果实底色黄绿色，全面着鲜红色，有红色条纹，果面光洁无锈，外观甚美；果肉乳白色，肉质松脆，汁多，风味酸甜适口，略有香气。果实发育期 75d，对斑点落叶病、果实轮纹病、炭疽病等抗性较强。

4. 萌 果实近圆形或圆锥形，果个较大，平均单果重 200g；果面底色黄绿色，表色为鲜红色或浓红色，片红，外观鲜艳美丽；果柄细长，果顶部有不明显的微棱状突起；果肉黄白色，肉质致密，果汁多，有香气，风味适中或微酸，品质中上等。果实发育期 90d，全国各地都可种植。

5. 藤牧 1 号 又称南部魁。果实为圆形或长圆形；萼洼处有不明显的五棱，果个较大，平均单果重 200g 左右；果皮底色黄绿色，表色为浓红色或具鲜红色条纹，外观美丽，果面洁净；果肉黄白色，肉质松脆多汁，甜酸适口，有香味，品质上等。果实发育期 90d，该品种对土壤和气候条件适应性较广，是具有发展前景的优良早熟品种。

6. 美国 8 号 果实近圆形，平均单果重 240g；果面光洁，底色乳黄色，着鲜红色，果面有脂质光泽，艳丽夺目，果肉黄色，肉质细嫩，脆而多汁，风味酸甜适口，芳香较浓。果实发育期 110d，该品种适于我国中部地区密植栽培。

7. 嘎拉系列 果实圆锥形或圆形，平均单果重 200g 左右；果面金黄色，阳面具浅红晕，有红色断续宽条纹，果形端正美观；果顶有五棱，果梗细长，果皮薄，有光泽；果肉浅黄色，肉质致密，细脆，汁多，味甜微酸，十分适口，品质上等，耐贮运。果实发育期 125d，丰产稳产，容易管理，抗病性强。

8. **津轻及其芽变系**　津轻果实近圆形，平均单果重约 200g；底色黄绿色，阳面有红霞和红条纹，色相有片红和条红两种类型；果面少光泽，蜡质较少，梗洼处易生果锈，严重时可达果肩部，果点不明显，果皮薄；果肉乳白色，肉质松脆，汁多，风味酸甜，稍有香气，品质上等。果实发育期 135d，在我国各地栽培均表现结果早，果实品质优良。

9. **乔纳金及其芽变系**　果实圆锥形，平均单果重 220～250g；底色绿黄色或淡黄色，阳面大部有鲜红霞和不明显的断续条纹；果面光滑，有光泽，蜡质多，果点小，不明显，果皮较薄、韧；果肉乳黄色，肉质松脆，中粗，汁多，风味酸甜，稍有香气，品质上等。果实发育期 155d，果实较耐贮藏，贮藏中果面分泌油蜡。

10. **王林**　果实长圆形或近圆柱形，平均单果重 180～200g；全果黄绿色或绿黄色；果面光洁，无锈，果点大，有晕圈，明显，果皮较厚；果肉乳白色，肉质细脆，汁多，风味酸甜，有香气，品质上等。果实发育期 180d，适应性强，在黄河故道地区、西北黄土高原以及河北北部、辽宁等较冷凉地区均生长结果良好。

11. **澳洲青苹**　果实圆锥形，平均单果重约 200g；全面翠绿色，向阳面常带有橙红至褐红晕；果面光洁，有光泽，蜡质中多，果点小，多为白色，有灰白晕圈，果皮厚、韧；果肉绿白色，肉质硬脆，致密，汁多，风味酸，少香气，因风味太酸，初采时品质仅为中等。果实发育期 185d，果实极耐贮藏，在冷藏条件下可贮至翌年 7—8 月，贮后品质好。

12. **富士系品种**　富士系为日本品种，现已发展为我国苹果主栽品种。生产上对富士的着色系通常统称红富士。富士系的果实为近圆形，有的果稍有偏斜，平均单果重 210～250g；底色黄绿色或绿黄色，阳面有红霞和条纹；其着色系全果鲜红，色相分为片红型和条红型两类；果面有光泽，蜡质中等，果点小，灰白色，果皮薄、韧；果肉乳黄色，肉质松脆，汁液多，风味酸甜，稍有香气，品质上等。果实发育期 190d 以上，富士系品种的适应性较强，但其耐寒性稍差，在我国北方冬季较寒冷的地区栽培要做好幼树防寒；西北、华北一带幼树往往有抽条问题，需采取保护措施。

13. **元帅**　果实圆锥形，顶部有明显的五棱，平均单果重 250g；成熟时底色黄绿色，多被有鲜红色霞和浓红色条纹，着色系芽变为紫红色；果肉淡黄白色，松脆，汁液中多，味浓甜，或略带酸味，具浓香，品质极佳。芽变品种（系）有红星、好矮生、超红、新红星、首红、瓦里短枝等。

14. **国光**　果实扁圆形或扁圆锥形，平均单果重 140～150g；成熟时底色黄绿色，被有暗红色彩霞和粗细不匀的断续条纹；果肉黄白色，肉质细脆，汁多，味酸甜可口，品质上等。该品种耐贮，且可进行加工。

▶▶▶ 任务二　苹果建园定植 ◀◀◀

（一）园地选择

苹果是多年生果树，一经建园，就要在固定的地方生长十几年甚至几十年。因此，必须选择适宜苹果生长发育的环境条件，并对苹果园进行合理规划设计与科学种植。

（二）苗木要求

苹果苗木的质量包括枝条的长度、粗度、根系的大小和须根的多少等。建园时要求选用一级苗木，以使果树快速成园，且整齐一致。苹果一级苗木的要求是至少 5 条侧根（矮化自根砧苹果苗至少 10 条），直径≥0.3cm，长度≥20cm；根砧长度要≤5cm；苗木高度要≥120cm；苗木粗度要≥1.2cm；整形带内饱满芽数要≥10 个。

（三）配置授粉树

苹果品种中有 70％以上自花不实（花粉发育不良，不能授粉受精），有的品种虽然自花能实，但结实率很低，所以均需配置适宜的授粉树。建园时在选择好主栽品种以后，要选择适宜的授粉品种。主要品种的授粉组合见表Ⅲ-4-1。

表Ⅲ-4-1 主要品种的授粉组合

主栽品种	授粉品种
元帅系普通型	金冠、富士系普通型、王林、津轻系
富士系普通型	王林、新世界、嘎拉系、津轻系、金冠、红星、秦冠
元帅系短枝型	富士系和金冠系短枝型以及红富士、王林等的矮化砧树体
富士系短枝型	元帅系短枝型以及王林、新世界、津轻等的矮化砧树体
嘎拉系	美国 8 号、摩利斯、藤牧 1 号、津轻系品种
津轻系	美国 8 号、摩利斯、嘎拉

授粉品种与主栽品种的距离不超过 30m，授粉品种占总株数的 20％～50％，根据授粉品种的经济价值酌情增减。配置方式可采用等量配置，如 2：2、4：4，也可采用差量配置，如 1：2、1：3、1：4。果园的品种过多，管理不方便，在选择主栽品种和配置授粉品种时，应尽量减少品种数量，每个果园有 1～3 个主栽品种，全园共有 2～6 个品种为宜。

（四）定植

春季栽植前，整平园地，按行距南北向挖掘宽与深各为 0.8～1m 的栽植沟，亩施入优质农家肥 3 000kg、果树专用复合肥 50kg，将有机肥与土混匀，回填入定植沟内，浇水沉实。选取优质、整齐一致的一年生一级苗木，按株、行距定植，以保证果树健壮生长和园相整齐。定植时注意保证苗木接口与地面相平。栽植密度在一定的环境条件下，合理密植可以增加叶面积，有效地利用光能，提高单位面积产量。但是密植并非越密越好，密度过大，光照不足，通风不良，下部枝条干枯，结果部位上移，产量下降，质量变劣，不便于管理且费工。因此，要根据园地的具体条件决定栽植密度。株、行距乔砧山地果园 (2～3)m×4m，平地 (2～3)m×(3.5～4)m，中间砧 (1.5～2)m×3m，并按设计好的授粉品种配置方式栽植授粉树。

>>> 任务三 苹果土肥水管理 <<<

（一）土壤管理

土壤是苹果树生长发育的基础，树体所需的水分和多种营养元素绝大部分是通过根系从土壤中获得的，土壤的理化性质直接影响着树体的生长发育。对苹果园行、株间的土壤常年采取某种方法进行管理，并作为一种特定的方式固定下来，就形成了苹果园的土壤管理制度。

1. 深翻熟化 深翻结合施有机肥，可以改善土壤结构和理化性质，加深耕作层，熟化土壤，提高肥力。深翻深度比果树主要根系分布层稍深为宜，一般要达到 $80\sim100cm$。深翻方式有扩穴深翻、隔行深翻、全园深翻等，应根据实际情况灵活掌握。一年四季均可进行深翻，但以对断根影响较小的秋季深翻为好。

2. 行间间作 根据幼龄果园对间作及轮作的要求，选择种植适宜作物或绿肥植物，在不断提高土壤肥力的前提下，提高经济效益。

3. 清耕 清耕就是在生长季经常进行中耕除草，使土壤保持疏松和无杂草状态。

4. 生草 生草管理是果园种植禾本科、豆科等植物的一种管理方式。一般分为全园生草法、行内清耕或覆盖的行间生草法两种类型。一年刈割 $4\sim6$ 次，就地腐烂增加土壤有机质。生草还具有防止水土流失的效果。生草管理的不足之处是果树和草之间对水分和养分的争夺，因此应加强生草果园的肥水管理。

5. 覆盖 覆盖管理分为覆草法和覆膜法。覆草法是在生长季将作物秸秆覆于行内或树盘（秸秆充足也可全园覆盖），覆草厚度以 $10\sim20cm$ 为宜。若全园覆盖，第一年每亩需草量 $3\,000kg$，以后每年每亩填充 $600\sim800kg$ 即可。如果行内或树盘覆盖，覆草量仅为全园覆草量的 $1/5\sim1/4$。地膜覆盖一般选用宽为 $0.8\sim1.0m$，厚度为 $0.03\sim0.05mm$ 的聚氯乙烯膜。覆膜时期为早春，在追肥、灌水、整地后覆盖。膜四周一定要盖严。地膜覆盖有保温、保墒、防杂草等效果。

（二）施肥

苹果园的施肥原则：以施用有机肥为主，合理配施化肥，保持或增加土壤肥力及土壤微生物活性，使果园土壤有机质含量逐步达到 1.5% 以上。所施用的肥料不应对果园环境和果实品质产生不良影响。当有机肥种类不能满足生产需要时，可使用化学肥料，但禁止使用硝态氮肥。使用化肥时必须与有机肥配合施用，有机氮与无机氮之比不超过 $1:1$。化肥也可与有机肥、复合微生物肥配合施用，例如，厩肥 $1\,000kg$，尿素 $5\sim10kg$ 或磷酸氢二铵 $20kg$，复合微生物肥料 $60kg$（厩肥作基肥，尿素、磷酸氢二铵和微生物肥料作基肥和追肥用）。在采前 1 个月内禁止使用化肥。

苹果基肥主要是有机肥料，一般在 9 月下旬至 10 月底施入，基肥施用有机肥越多越好，保证每生产 $100kg$ 苹果施 $200kg$ 优质有机肥，同时配合施用少量化肥。

为了调节苹果树生长和结果的矛盾，要及时追肥。追肥可分地下追肥和叶面喷肥。在丰产期，对挂果多的树要增加追肥次数，除在开花前、花芽分化前和采收后进行追肥外，还要在果实膨大期追肥，一般早熟品种在 6 月下旬，中熟品种在 7 月中下旬，晚熟品种在 8 月中下旬，以磷、钾肥为主，少施氮肥。采用穴施或"井"字沟浅施。每亩施硫酸钾 $70kg$、磷酸氢二铵 $5kg$，能增加产量和果实含糖量，促进着色，提高硬度。

叶面喷肥主要是补充微量元素，如钙、锌、硼、铁等。此法简单易行，用肥量小，发挥作用快，能及时满足果树对肥料的急需，并可避免某些营养元素在土壤中发生化学和生物固定。喷肥一般在生长季节进行，如开花前、落花后、成花前、果实速长期及采收后，若各个时期均能喷布 $1\sim2$ 次效果更好。喷布时间最好选在多云天或阴天喷施，或晴天的上午 10 时以前和下午 4 时以后，中午气温高，溶液很快浓缩，影响喷肥效果或导致肥害。

（三）灌水和排水

1. 需水规律 苹果全年需水量为 $434\sim479mm$，在年降水不足 $450mm$ 的地区，要根据苹果的需水规律进行适时、适量地灌溉，才能满足苹果对水分的需求。甚至在年降水量大于

450mm 的地区，由于降水时期与苹果的需水时期不一致也需要进行适期灌溉。随着树龄及枝、叶、果量的增加，苹果的需水量、耗水强度逐年增大。在果园覆草、覆膜、清耕 3 种土壤管理制度中，果园覆草的耗水量和耗水强度最小，比清耕节水 9.39%。

2. 灌水时期 灌水时期根据苹果一年中各个时期对水分要求的特点、气候特点和土壤水分的变化规律等因素确定。沙壤土苹果园在一般情况下，全年灌水 5～7 次即可满足苹果树对水分的需要。根据苹果一年中对水分的要求应进行多次灌水。

花前水：在花蕾分离期结合土壤追肥进行。

花后水：在落花后，生理落果前结合土壤追肥进行。

催果水：在果实迅速膨大期进行。

灌秋水：在果实采收后结合秋施基肥进行。

封冻水：在 10 月下旬至 11 月上旬封冻前进行。

以上几次灌水不能机械照搬，要根据天气情况、土壤水分状况和果树实际需要，并结合土壤追肥灵活运用。

3. 灌水量 苹果的灌水量应根据树龄和树冠大小、土壤质地、土壤湿度和灌水方法确定。大树应比幼树灌水多；沙地果园水易渗漏，应少量多次灌溉；土壤湿度小，大畦漫灌，要加大水量。一般情况是以根系分布范围内的土壤（山地深度 60cm 左右，平原沙地 100cm 左右）含水量达田间持水量的 60%～80% 为适宜。

4. 灌水方法 灌水方法应依照提高效益、节约用水和便于管理的原则确定，目前主要有畦灌、沟灌、喷灌、滴灌和渗灌等方法。

5. 果园排水 排水是解决土壤中水分和空气的矛盾，防涝保树的主要措施。平原果园或盐碱较重的果园，可顺地势在园内及四周修建排水沟，把多余水顺沟排出园外；也可采用深沟高畦或适度培土等方法，降低地下水位，防止返碱，以利雨季排涝。山地果园要做好水土保持工程，防止因洪水下泻而造成冲刷。

>>> 任务四　苹果整形修剪 <<<

苹果整形修剪是在不违背树体自然生长的原则下，通过人为措施，培养和维持一定的树形，保持树势平衡，合理配置各级骨干枝及枝组，充分利用空间，调整生长和结果的关系，达到早结果、早丰产和连年优质丰产的目的。

（一）修剪方法

苹果树的修剪方法要因树龄、树势和花芽多少等因素的不同而异。常用的修剪方法有以下 3 类 5 种。

1. 长放法 多用于压冠期未结果和结果少的壮树，即对密挤处的辅养枝、直立枝、竞争枝进行疏间或回缩，其他枝一律长放。为了保证骨干枝正常生长，对层间（对有层间的树形而言）和主枝中、下部的辅养枝，在生长季节采用拉枝、环剥等措施使之早结果，抑制其生长。以后随着树势的缓和及结果量的增多，逐年疏间或回缩密挤的辅养枝，以打开层次，并通过落头的方法，使树高逐年降低，达到标准树高。对于长放枝组要逐年回缩，使之长、短枝组相配合占满树冠。此法的修剪量较小，约占全树枝量的 10%。

2. 轻剪法 可分截放轻剪法和放缩轻剪法两种。

截放轻剪法适用于需扩大树冠又要求结果的壮幼树，即对主、侧延长枝及空处的一年生枝进行短截，并用回缩、极重短截、疏间或发芽后软化、扭梢等措施控制竞争枝，同时疏间或回缩过密枝和直立枝，其余枝一律长放。为了保证骨干枝正常生长，还需控制辅养枝的保留量，并在生长季节采用拉枝、环剥等措施控制其生长，以后随着树势的缓和及全树结果量的增多，要逐年进行疏间或回缩，以利通风透光。此法修剪量居中，占全树总枝量的 20%。生产中许多果园运用此修剪方法时，由于不注意控制竞争枝，造成长放的辅养枝过粗、过大，影响了主枝、中央领导干的生长，造成主次不分。此类树需对大辅养枝回缩或疏除，或用辅养枝代替原选主枝的方法进行改造。

放缩轻剪法适用于丰产期的树，在大枝已基本固定的情况下，主要是对大小不同的结果枝组，根据生长势的强弱、空间的大小和花芽的多少，采用长放和回缩相结合的方法进行修剪，当花芽过多时，仍需短截长、中果枝。放缩轻剪法的修剪量居中，一般占全树总枝量的 20%～30%。

3. 重剪法 有缩截重剪法和短截重剪法两种。

缩截重剪法适用于小老树、移植树和衰老树，即对这些树的大枝、中枝和枝组进行不同程度的回缩和疏间，对外围延长枝按主从关系在饱满芽处剪截。缩截重剪法的剪量大，占全树总枝量的 50%～70%。

短截重剪法主要用于刚栽植的幼树和生长较弱的各时期的树，即对一年生枝除疏间直立枝条及过密的枝条外，其余所有长 30cm 以上的枝条均按主从关系进行短截。较大的树还要回缩或疏间过密、直立的辅养枝及部分多年生枝，以调整生长与结果的关系。剪后层次较分明，修剪量较大，占全树总枝量的 30%～40%。

（二）果树修剪

苹果树修剪工作在果树的不同时期存在较大差异。果树修剪时期具体分为以下几种。

1. 幼树期 此期应促进营养生长，迅速扩大树冠，培养坚固骨架，应有方位适宜，健壮的主枝和侧枝，主枝层次分明，各级枝及枝组从属关系明显。修剪时要加大主枝和侧枝的角度，对各级延长枝应十分注意选留和培养，要适当剪留。及时处理竞争枝，保证骨干枝的优势。

2. 结果初期 此期为生长、结实并进的时期，生长与结实的矛盾开始形成。应该继续培养骨干枝，扩大树冠，调整树势，大力培养结果枝组，迅速增加结果部位，延长外围结果枝，促使提早进入盛果期，此期整形修剪技术要点如下。

（1）继续完善树形。保持中心枝的优势地位，培养主枝、侧枝，不断扩大树冠，直至盛果期。

（2）平衡树势。在整形过程中常出现树冠各部发育不均衡现象，如上强下弱、下强上弱及主枝间的不平衡。

上强下弱现象：表现为中心枝及上层主枝过强，第一层主枝较弱。应对中心枝少留枝，对中心枝的延长枝重剪，或利用下位枝换头，加大中心枝的弯曲来缓和中心枝的长势，而对第一层主枝则可采用相反的做法。

下强上弱现象：表现为主枝（基部三主枝）过强，中心枝较弱。应通过加大主枝角度、重剪、留下位芽或位枝、中心枝轻剪并减少中心枝上的结果量等办法加以解决。

主枝间的不平衡调节：留主枝时可采用强枝强剪、弱枝弱剪，或采用抬高或压低角度的办法来调整，把强枝枝头往下压，弱枝枝头则往高抬，在强枝上还可以用压果压枝的办法来调节平衡。

（3）培养结果枝组。随着树冠的形成，要在各级骨干枝上逐级选留培养结果枝组，增减枝组是提高产量、防止大小年、控制结果部位外移的重要措施。结果枝组培养方法有先放后缩、先截后放再缩、改造大枝、枝条环割、短枝型修剪。

（4）处理好部分枝条。要处理好辅养枝，使它在树冠内的空间生长，防止其向外伸展过长，可采取多种抑制生长措施，促进辅养枝大量结果。

要及时除去或利用徒长枝。在没有利用价值的时候要在夏剪时及时除掉，以免徒耗营养。如有空间，可通过摘心、拉枝或环剥等方法促使其成为结果枝，或继续培养为枝组。

要注意疏枝。疏除过密、病虫枝、重叠枝和交叉枝。

3. 结果盛期　此期果树产量上升很快，结实量达到高峰，营养生长明显减弱。针对该期特点，应做到以下几点。

（1）调节营养生长和生殖生长的平衡。要根据树体的营养状况和花芽分化情况确定修剪量。无论新梢生长强弱，在花芽分化较多的情况下都要重剪，对花芽分化量少的树应多疏枝、轻短截，尽量多留花芽。控制花芽量是保持花芽和叶芽比例的有效措施，比例适宜就能克服果树大小年现象。

（2）注意结果枝和结果枝组的细致修剪。结果枝结果后，形成几个分枝，如有空间可留作枝组，否则可以疏除。盛果期的结果枝组一般枝轴较长，分枝较多，易出现衰老和过密现象，对其细致修剪能提高产量、改善品质和防止大小年。枝组冗长衰弱的应疏掉或缩剪，过密的可适当疏掉一些，过大的要缩剪。修剪时要保证每个枝组都有三套枝：一是结果枝，让它在当年结果；二是营养枝，又称空台枝（孕花枝），当年不结果，使其孕花明年结果；三是延长枝，起伸缩枝组、维持枝组活力的作用。三套枝修剪法能有效地克服大小年现象。

（3）利用徒长枝更新衰老的骨干枝。盛果后期，树势开始减弱，徒长枝增多，骨干枝衰老的要利用徒长枝逐个进行更新。

4. 衰老期　果树进入衰老期焦梢现象十分明显，新梢短而数量少，骨干枝残缺不全，病虫害严重，产量下降，徒长枝大量发生，在修剪上主要是进行更新和复壮。

（1）更新。在衰老树上要提前培养徒长枝，然后对衰老枝有计划地逐年更新，做到既要更新树冠又要有一定的产量，对徒长枝的培养大体上像对待小树一样去整形修剪，但层次要少，层间距要小，枝条级次要少，修剪量要小。

（2）复壮。要适当减少衰老树的产量，加强病虫害防治，加强对更新枝伤口的保护，促进愈合。同时要加强肥水管理，增施有机肥和氮肥，施有机肥时要有意识地与更新根系结合起来，这样对恢复树势、延长经济年限的效果会更好。

【拓展阅读】

苹果整形修剪歌谚

村村建有新果园，重栽轻管结果难，大小枝条朝天长，这样下去太危险。要想果树结果多，请你快把修剪学，围绕树体转三转，定好主枝再修剪。一树主枝五六个，分层布在树体上，辅养大枝见空留，内膛小枝留适当。主副层次要分清，疏缩缓放看树用，幼树旺长不结果，拉枝开角很重要。内膛小枝少疏除，八月拉枝果满树，旺长枝条要控制，不能长成树上树。四周密林遮阳光，剪去直立留平生，延长枝条要短截，其他枝条不动头。环割环剥看树用，两年结果见成效。

>>> 任务五　苹果花果管理 <<<

苹果的花果管理包括促进花芽形成、提高坐果率、合理负载、疏花疏果、果实着色管理、果实采收、果实分级、包装等内容。

（一）促进花芽形成

树势过旺或幼树阶段枝量少、枝类组成不合理等原因，会限制花芽的形成，从而影响果园的产量和效益。另外，如果适龄不结果，起不到以果压冠的作用，会使树势过旺造成全园郁闭。因此，在生产中要根据果园花芽少的原因采取相应的措施，促进花芽形成。

1. 加强综合管理，保证树体健壮　加强以土、肥、水为中心的综合管理，保持树体健壮是形成花芽和结果的基础。在土质条件较差或肥水不足的果园，往往多抽生细弱而长的枝条，短枝很少，萌发的叶丛枝较多，细弱枝、丛枝均不易形成花芽。

2. 长放修剪　长放修剪是促进形成花芽的一项主要措施。长放修剪留枝多，叶片多，可以为花芽形成提供较多的光合产物；长放修剪增加了易于形成花芽的短枝比例，同时缓和生长势，为由营养生长向生殖生长转化创造了条件。试验得知，长放修剪比短截修剪干周和冠径增长快，新梢生长缓和，短枝比例大，累计产量高。一般生长健壮的苹果树，可由扩冠期最后一年（三年生左右）开始进行长放修剪。

3. 环剥和环刻　主干或大枝基部环剥、环刻是促进花芽形成的措施之一，适用于压冠期的苹果树。生长健壮的苹果树，由开始长放修剪的当年（三年生左右）对长放的长枝于发芽前后进行多道环刻，促进出枝。为了促进成花，可于5月（落花后10～40d）对辅养枝（临时枝组）进行环剥或环刻（较小的枝）。四年生左右的树，可重复三年生的成花措施，但环剥枝量要适当增多，可包括生长壮的主枝。五至七年生的树如果仍结果很少，树势旺盛，株间枝梢搭接时，可在4月下旬（落花期）进行树干环剥。若树势过旺，新梢年生长量1m以上，同时又不易成花的品种，如红富士、国光等，则可在剥口愈合后进行第二次树干环剥，以利成花。八至十年生的树，如果花芽量适宜（20%左右），则可在生长壮、花芽较少的主枝和辅养枝上进行环剥。十年生以上，一般情况下不再采用环剥技术，但对个别结果少、生长壮的树，也可酌情应用。

4. 控水　花芽分化前期土壤水分过多，枝条旺长，不利于花芽形成。为了缓和幼树的生长势，防止旺长，为花芽的形成提供充足的营养，在花芽生理分化和形态分化的前期（6月上中旬至7月上中旬）应适当控水。控制的程度以不过旱为宜，使土壤含水量保持在田间持水量的50%左右，但中午叶片发生萎蔫时应灌小水解除旱象。

5. 枝梢处理　对辅养枝、结果枝组、长放枝在发芽后进行曲别、软化，5月对新梢进行扭梢，6—7月进行拉枝等，这些措施都有不同程度的缓和生长势、促进花芽形成的作用。

（二）提高坐果率

进入压冠期的果树，由于存在贪长习性，营养生长旺盛，开花坐果营养不足；或单一品种开花，授粉受精不良；或生长较弱，形成花芽过多，营养不足等，坐果率很低，特别是祝光、元帅系等坐果率较低的品种。采用以下技术措施可提高坐果率。

1. 花期授粉 苹果树为虫媒花，自花授粉能力差，因此，在授粉树配置不当，单一品种开花的果园或花期天气不好的情况下，除引蜂授粉外，还可采用人工辅助授粉。

2. 果园放蜂 一般可在果园放养蜜蜂。研究表明，角额壁蜂飞翔距离为700m，但主要在蜂巢附近40m内活动，此范围内坐果率可明显提高。释放的方法：利用纸（木）箱作巢箱，固定在支架上，箱底距地面60cm，箱口向东或向南，巢管50支为一捆，每箱10～15捆。于初花期的傍晚释放角额壁蜂。

3. 适度冬剪 苹果树在生长旺盛、花芽较少的情况下，修剪过重会导致旺长，果枝营养不足，坐果率较低；在生长较弱、花芽过多的情况下，修剪过轻，营养分散，坐果也不好。生长旺盛花芽较少的树，冬剪量要占总枝量1/10左右；生长较弱花芽过多的（压冠期），冬剪量为1/5～1/3较适宜。

4. 适当夏剪

（1）早期摘心。当新梢长到10cm左右时（5月上旬），对果台副梢和壮新梢进行摘心，控制旺长，减弱其对幼果争夺营养的能力，以利于坐果。据调查，单中梢、短梢台的坐果率较高，单长梢、双梢台的坐果率均较低。为此对生长强旺副梢进行早期摘心，有利于坐果。

（2）早期环剥。对苹果壮树于盛花期至落花后5d进行环剥，能抑制生长，剥口上方为幼果生长发育累积较多的糖类，可以提高坐果率。

5. 叶面喷肥

（1）尿素。叶面喷尿素可以增加叶绿素的含量，促进碳素同化作用和提高树体内氨基酸含量，并可减少生理落果。在开花前或落花后喷布200～350倍的尿素有提高坐果率的作用。

（2）硼。硼能促进花粉粒萌发和花粉管生长，因此花期或花后叶面喷硼有提高坐果率的作用。喷布的浓度，硼酸或硼砂都可使用200～250倍液。

6. 改善树体的营养状况 秋季施氮、保护叶片、适量坐果、适期采收等都可以提高树体的贮藏营养水平，从而提高翌年的坐果率。对于树体贮藏营养水平低、秋季施氮不足的，在早春要抓紧施用速效氮肥。

（三）合理负载

合理负载是苹果连年优质稳产的保证。合理的负载量既可使当年有适宜的产量，又能形成足量的花芽，克服大小年结果现象，并生产优质的果实。常用留果量的确定方法有距离法、梢果比法、叶果比法、干周法等。

1. 距离法 以留下的果之间的距离为依据进行留果。一般普通型苹果，大型果为每25～30cm留1个果，中、小型果为每20～25cm留1个果。

2. 梢果比法 疏果时以当时萌生的新梢数量为依据，根据品种、树势等每5～8个新梢留1个果。在管理条件较好、生长健壮的情况下，大型果如元帅系、富士系等品种，梢果比为8∶1；中、小型果如金冠系、国光等品种，梢果比为5∶1。

3. 叶果比法 果实的生长发育主要依靠叶片合成的营养物质，叶果比即每株树上的总叶片数与总果数之比。为保证果实有足够的营养，一般认为苹果大果品种的叶果比为（50～60）∶1，小果品种叶果比为（30～40）∶1，短枝型品种为30∶1，矮化砧为（30～40）∶1较为适宜。

4. 干周法 以距地面 30cm 处的树干周长（cm）为依据，富士系普通型、元帅系短枝型和金矮生等品种全树留果量（个）＝0.2×干周长（cm）的平方。如干周为 40cm，则全树留果个数＝0.2×40²＝320（个）。

留果量受品种、树龄、树势和肥水条件等因素的影响。在生产中要根据实际情况灵活掌握。一般大型果少留些，小型果多留些；自然落果严重的多留些，不易落果的少留些；壮树适当多留，弱树适当少留；肥水条件好的可多留，反之则少留。在一棵树上，壮枝上要多留，弱枝上要少留。要做到看树、看枝合理负载。

（四）疏花疏果

1. 花前复剪 于春季花芽萌动后至开花前进行，在能分清是否为花芽的前提下越早越好，过晚营养物质消耗大。花前复剪是冬季修剪的补充，在冬季修剪时花芽不易辨认，通过花前复剪可以疏除过多的花芽，确定适当的花、叶芽比例，平衡生长和结果的关系，克服大小年结果，减少树体不必要的养分消耗，保持树势健壮生长。

2. 疏花 在坐果率较高、花期气候较稳定的园区应用。疏花比疏果更能节省养分，更有利于坐果及形成花芽和提高产量。疏花的时期在花蕾分离前期至盛花期，其中最好在花蕾分离前期。疏花的方法是用剪子只剪去花序上的全部花蕾，留下果台上的叶片。所留花序的数量与部位根据将来的留果要求而定，一般每留一个花序就能确保该部位坐一个理想的果实。

3. 疏果 疏果分 2 次进行较好。在落花后 1～2 周（子房膨大时）进行第一次疏果称间果；在落花后 1 个月左右（生理落果以后）进行第二次疏果称定果。定果后留下一部分空果台，空果台上的果台副梢，在营养条件较好的情况下，有些品种当年还能形成花芽。如果疏果过晚，不但消耗营养，而且影响幼果的发育。间果是在疏花的基础上进行的，主要的任务是使疏花后留下的每个花序上保留 1 个健壮的、发育好的幼果，其余的全部去掉。定果时应首先疏除有病虫的果、有机械损伤的果、瘦小畸形的果和过密的果，然后再根据留果量疏除多余的果。

（五）果实着色管理

1. 果实套袋 果实套袋能显著地提高果实的外观，保持果面洁净，细腻光滑，促进红色品种着色，使其色泽艳丽。套袋能防止多种病虫的危害，减少喷药次数，有效降低农药残毒，是生产无公害果品和绿色果品的重要措施。

苹果果实袋的种类很多，按生产的原料分为纸袋和塑膜袋，按层数分为单层袋、双层袋和三层袋，按功效可分为防锈袋、防虫袋和杀菌袋等。选择果实袋时，一是要选择成本低、质量好的果实袋。纸袋的纸最好是加入湿强剂的木浆纸，要求不易破裂；具有良好的透气性；有一定的疏水能力；对于有黑色面或黑色衬纸的果袋，黑色要不易脱落；对涂蜡袋要求蜡层薄而均匀；做工规范，黏合紧密，袋下面有通气排水孔。二是要根据品种进行选择。对于容易着色的红色品种，如新红星、红津轻等可选用内面黑色的单层纸袋；对于难着色的红色品种，如富士等应选用外层袋内面为黑色、内层袋为黑色纸或红色蜡纸的双层纸袋；对于黄色和绿色品种，如金冠、王林等可选用涂蜡单层袋或内面黑色的单层纸袋。三是要根据气候条件进行选择。果实发生日烧严重的地区，要选择透气性好的果袋，不用涂蜡袋或塑膜袋。

2. 铺反光膜 果实除袋后在树下沿行向铺设银色反光膜。据试验可使树冠下部光强提高 4 倍，使萼洼全部着色，树内膛叶片叶绿素含量提高 60% 以上，果皮中花青素的含量增加 2 倍以上。

3. 摘叶 摘叶可防止果实表面出现花斑，摘叶宜在除袋后进行，摘除果实周围 5～15cm 内的遮光叶、贴果叶。摘叶时不能过多、过早，可分期进行，以防日烧和对花芽及树体贮藏营养产生不利的影响，摘叶总量不能超过总叶量的 30%。

4. 转果 当果实阳面着色后，为使背阴的果面得到光照，需要人工转动果实。使原来的阴面向阳，促使果实全面上色。距枝近的果实可用手转动 180° 后贴靠在枝上；靠在一起的双果，将双果向相同方向各转 180° 靠在一起；对下垂果可用透明塑料胶带拉转 180° 固定在附近的枝上。转果后着色指数可增加 20% 左右。

（六）果实采收

1. 采收期的确定 采收期的早晚对苹果产量、品质和果实贮藏性有很大的影响。采收过早，果实尚未成熟，果个小，产量低，果实色泽、风味等均不能表现出应有的品质，由于角质层发育不好，贮藏性差。采收过晚则果实成熟过度，硬度降低，果肉松软发绵，不耐贮运，对采前落果严重的品种损失大，并减少树体贮藏养分的积累，加重大小年。确定采收期要考虑品种特点、气候条件等因素。

2. 采收的方法 采收前准备好采收用的工具，如采果袋、采果篮、周转箱、果柄剪、采果梯等。用的篮、筐均需内衬蒲包、旧布等柔软铺垫物，防止扎伤果实。苹果的采收主要是人工采收，采果人员要剪短指甲并戴手套，避免指甲刺伤果实。采摘时用手托住果实，用拇指或食指顶住果柄，轻轻上翘，使果柄与果台自然分离。尽量轻采、轻放，切忌生拉硬拽，以免挤伤果实，拉掉果柄。无果柄的果实在运输贮藏过程中易感染病害，不符合商品要求。为了避免果柄扎伤果实，果实采下后用果柄剪剪短果柄，使果柄低于果肩。

采收时应从树冠下部和外围开始，而后采内膛和树冠上部的果实，即先下后上，先外后内，否则会碰掉或碰伤果实，降低果实等级和品质。果实从篮到筐、从筐到果堆，翻、倒、拣、运时都要逐个拾、拿，禁止倾倒。

（七）果实分级

苹果的分级以苹果质量指标为依据，按外观等级标准和卫生标准来执行。

1. 手工分级方法 分级时，果实大小通常用分级板来确定。分级板上有 80mm、75mm、70mm 等不同直径的圆孔，由此可将果实按大小分成若干等级。果形、色泽、果面等则完全凭目测和经验来判断。由此，选果分级人员必须熟练掌握分级标准，分级时注意力要集中，严格按标准执行。此外，质量监管人员要为每个分级人员挑选几个特级果、一级果、二级果作为标准样品，以便分级人员参考。

2. 机械分级方法 近年来我国引进多条各种类型的苹果分级流水线，大大提高了苹果分级的准确性和速度，增强了苹果在国际市场的竞争力。苹果机械分级流水线流程：卸果→清洗→粗选→打蜡→人工挑拣→分级。

（八）包装

包装是苹果进入流通领域的必备条件，可以保护苹果，避免或减少果品在贮运、销售过程中受损。也便于营销过程中陈列、计数和计价。精美的包装是商品的直接展示和宣传，可以吸引消费者的注意力，激发购买欲望。同时，也不易被仿制、假冒和伪造，有利于保持苹果商的信誉。同样质量的苹果，由于包装不同，销售价格有很大的差异。近年来兴起各式各样的苹果礼品包装正在向便携化、透明化、小型化发展，使苹果身价倍增。包装箱必须有足够的机械强度，在装卸、运输和堆放过程中受挤压不变形，在受潮或处于高湿度环境中时，包装箱的机械强度应不受影响。纸箱两端应各有一个手抓孔，便于人工搬运和箱内通风散热，如无手抓孔，应有 4 个以上足够大小的通风散热孔。我国苹果目前主要选用 10kg、15kg 等规格的包装箱。

>>> 任务六　岗位技能训练——苹果整形修剪技术 <<<

（一）目的要求
果树整形修剪的目的就是人为地培养一定形体结构的树形，以及调节生长与结实的关系。通过合理的修剪，不仅可以构造苹果树的牢固骨架，同时也可以调节果树营养生长和生殖生长的矛盾，避免果树大小年现象的出现，延长经济结果寿命。

掌握苹果整形修剪的程序和技术。

（二）材料及用具
苹果幼树、结果树及衰老树，修枝剪、手锯、高梯、铅油等。

（三）内容及操作步骤
1. 苹果幼树的整形

（1）树形。树形应以生产中应用最普遍的疏散分层形进行整形修剪。

（2）定干。新栽苗木，在预定的干高以上再留 20cm 左右的整形带，进行短截。整形带内最好有 5～8 个饱满芽。

（3）选留中心干。幼树每年都要注意选留和培养中心干，应选居树冠中心位置的壮条作为中心干，留 60cm 左右进行短截，剪留长度经常受第二层和第三层主枝配备情况的影响。

（4）选留主枝。

①选留原则。选择基角较大，生长强壮，方向适宜的 3 个枝作为第一层主枝。层内距 40cm。若第一年选不足 3 个主枝，可在下年完成。第二层 2 个主枝，第三层 1～2 个主枝。上、下层主枝要错落开，层间距下层大些上层小些，一般 70～100cm。

②修剪方法。主枝延长枝一般采用轻短截或中短截，具体剪留长度还要根据侧枝着生情况而定。剪口芽的方向应根据主枝腰角大小、主枝彼此间的疏密关系，确定留上芽、下芽或某侧的侧芽。同时要根据主枝的强弱和角度，采用平衡树势和调节角度的措施。整形带以下的强枝要疏除，小枝和角度大的枝一律留下，不疏不截。

（5）选留侧枝。在主枝离主干 50～60cm 的地方选留第一侧枝。第一层主枝的第一侧枝应各留在主枝的同一侧，角度大于主枝，剪后枝头低于主枝的枝头。

（6）枝组的选留。

①配置原则。在主枝上的侧枝间和侧枝上都可以配置枝组，大型枝组应是侧生的、背斜的或背后的，不能留背上的。中型枝组多分布在树膛内和大型枝组之间。小型枝组则见缝插针。

②枝组培养方法。采用先放后截或先截后放的方法来培养枝组，但幼树多用前者。培养枝组的一年生枝，其角度要大，背上强枝一般不能用来培养枝组，尤其不能培养大型枝组。

（7）辅养枝的选留。幼树各层主枝间有较大的距离，应留辅养枝。辅养枝角度应比主枝大，明显地弱于主枝。对辅养枝采取轻剪缓放的修剪方法。

（8）直立枝和徒长枝的处理。幼树枝叶茂盛，容易选出应留枝条，对直立枝和徒长枝一般都要疏除。

2. 结果树的整形修剪　修剪前先观察树体结构、树势、树龄、品种和花芽多少等，然后确定修剪量和修剪方法。

（1）中心干。根据树体高度决定中心干延长枝的处理方法，如树体已达预定高度，可选择斜生弱枝作为延长枝，以削弱中心干。如果树高超过预定高度，可在第六或第七主枝的三叉枝处落头开心。

（2）主枝和侧枝。梢角过小或过大的骨干枝应利用背后或背斜枝换头，调整其角度。若与相邻树冠或大枝交叉，应适当回缩。

（3）辅养枝。在辅养枝过密或影响主枝的情况下，应逐渐加以疏除或回缩修剪。

（4）外围枝和上层枝。在长势旺盛，外围枝和上层枝多的情况下，应以疏枝和长放为主，短截为辅。疏除过强和过弱的，留下健壮中庸的。留下的枝条宜减少短截数量，外围枝数量较少的衰弱树，则应增加短截的数量，以增强长势。

（5）枝组。过密的和衰老的枝组要疏除，要不断培育新的枝组取代老的枝组，但枝组不能过大、过长，应采用回缩修剪法加以控制，使其在限定的范围内生长。对枝组要细致修剪，就一个枝组来说，一般每年都有回缩的、短截的和长放的。

（6）直立枝和徒长枝。在有空间的情况下，可通过拉枝、甩放等措施将其培养为枝组，否则要疏除。

3. 衰老树的整形修剪

（1）骨干枝的更新。衰老树应采用更新复壮修剪措施。即对衰老的骨干枝进行回缩修剪，以缩小冠幅，降低树高。此期要特别注意培养和利用萌条或徒长枝更新骨干枝，注意抬高下垂枝的角度。

（2）短果枝群和枝组的更新。过于衰老的应全部疏除，否则可进行局部疏除，使留下部分得以复壮。

（四）注意事项

（1）先处理大枝，后处理小枝。

（2）按主枝顺序由外向内剪。

（3）大伤口应立即修平，涂上铅油。

（五）实训报告

通过修剪实习总结苹果树的整形修剪要点。

【拓展阅读】

苹果矮化密植栽培

近年来，果树矮化密植栽培（简称矮密栽培）发展很快，已成为当前国内外果树生产发展的趋势。所谓果树矮化密植栽培，是利用矮化砧木，或选用矮生品种（短枝型品种），或采用人工致矮措施和植物生长调节剂等，使树体矮化，栽植株、行距缩小，每公顷栽植株数增加，并采取与之相适应的栽培管理方法，获得早期丰产的一种新的果树栽培技术。矮密栽培具有以下优点：早结果、早丰产、早收益；单位面积产量高；早成熟、品质好、耐贮藏；便于田间管理，适于机械化作业；生产周期短，便于更新换代；经济利用土地。

（一）矮化苹果育苗

利用矮化砧和矮化中间砧的果苗育苗技术如下。

1. 自根矮化苗木的培育　要先建立矮砧母本园，在此基础上可用扦插、压条或茎尖培养的方法来繁殖矮砧自根苗，然后再在矮砧自根苗上嫁接栽培品种。

2. 中间砧苗木的培育

（1）分次嫁接。先培育乔砧，然后在乔砧上枝接或芽接矮化砧，当矮化砧长到一定长度后，再枝接或芽接栽培品种。中间砧段的长度一般保持25～30cm。

（2）分段芽接。同样要先培育乔砧，再在乔砧上嫁接矮化砧，再于矮化砧上分段芽接栽培品种，成活后再分段剪截，每段矮砧顶部带有一个栽培品种的芽，再枝接到另外的乔砧上。

（3）双重枝接。按矮化中间砧段的长度，把矮砧枝条剪成段，于每段的顶端枝接栽培品种，然后再把接有栽培品种的矮砧段的下端枝接在乔砧上。

（二）矮化苹果整形修剪

1. 整形要点　矮密树形主要有细长纺锤形、自由纺锤形、小冠疏层形、圆柱形、折叠扇形、Y形等。现以自由纺锤形整形过程为例介绍如下。

（1）树体结构。自由纺锤形适合于半矮化或短枝型品种，每公顷栽植666～1 250株。行距4～5m，株距2～3m。干高60～80cm，树高2.5～3m，中心干直立；中心干上直接均匀分布10～15个骨干枝，外观呈纺锤状；骨干枝层性不明显，下强上弱，下层骨干枝长1～2m，往上依次递减；骨干枝与中心干夹角大，达70°～90°。

（2）整形过程。①定植当年定干，定干高度80～90cm（好地、平地）或50～60cm（山地、薄地）。进行刻伤促进剪口下20～25cm处多发枝，增加枝量。夏季拉枝使之呈70°～90°，同时注意控制竞争枝（疏除或扭梢、重摘心）。

②第二年冬剪时，选留6～7个长势均衡、分布均匀的长枝，短截其中3～4个枝。根据生长势，中央领导干延长枝剪留40～60cm，疏除过密枝和竞争枝。生长季拉开主枝和辅养枝角度70°～90°。夏季可采用扭梢、疏除、摘心、拉枝等方法，对背上直立旺梢加以控制。

③第三年冬剪时，除中央领导干延长枝剪留50～60cm外，其余长枝尽量少截。在上层再选留2～3个骨干枝和1～2个辅养枝。

④以后每年留2个骨干枝，且剪留40～50cm，生长季仍要进行扭梢、疏除、摘心、拉枝等。这样一般4～5年即可完成整形任务（图Ⅲ-4-1）。

其他适用于苹果矮化密植的树形见图Ⅲ-4-2。

2. 修剪要点　矮密苹果进入盛果期较早，整形后应及早注意保持生长和结果之间的平衡状态。

①当树高超过3m时，每年要反复进行落头以保持树高。

②及时进行骨干枝更新。在骨干枝基部或中心干上培养骨干枝的预备枝，以备更新衰老的骨干枝。

③用改变骨干枝角度的方法调节树冠上、下生长势。

④用环剥、环割、刻伤等方法促进花芽形成。

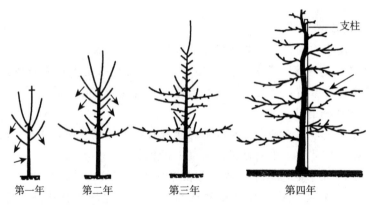

第一年　　　　第二年　　　　第三年　　　　　第四年

图Ⅲ-4-1　自由纺锤形的整形过程

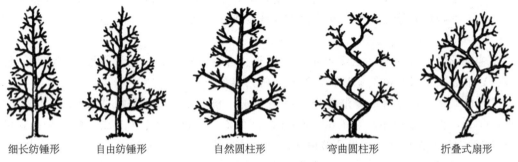

细长纺锤形　　　自由纺锤形　　　自然圆柱形　　　弯曲圆柱形　　　折叠式扇形

图Ⅲ-4-2　苹果矮化密植常用树形

⑤用拿枝、弯枝、扭梢等方法控制旺梢长势。

⑥用疏剪方法疏除过密枝，改善光照，减少养分消耗，提高坐果率和增进果实品质。

⑦用短剪、摘心等方法，促进分枝，加速培养更新枝组。

（三）其他管理

与普通栽培苹果相比，矮密栽培苹果根系相对较弱，因此要特别注意维持地力，培肥土壤。矮密栽培苹果营养生长较弱，叶片光合产物分配给果实的比率较高，即使叶果比稍低，果实也肥大，如果结果过多，树体会更加衰弱，在管理上要特别注意。

【思考题】

1. 苹果常用的砧木有哪些？结合栽培地区的基本情况如何正确选用砧木？

2. 简述苹果园土肥水管理技术要点。

3. 苹果果实发育各阶段的特点是什么？简要说明其与栽培的关系。

4. 简述苹果树主要修剪方法。

5. 试述苹果自由纺锤形树体结构和整形修剪过程。

【总结与交流】

请结合当地生产实际情况，总结苹果周年管理技术要点。

参 考 文 献

陈凤祥, 2010. 油菜科学栽培 [M]. 合肥: 安徽科学技术出版社.

戴金平, 2009. 作物生产技术: 棉花分册 [M]. 北京: 中国农业出版社.

戴金平, 2009. 作物生产技术: 小麦分册 [M]. 北京: 中国农业出版社.

贺亚琴, 2016. 气候变化对中国油菜生产的影响研究 [D]. 武汉: 华中农业大学.

胡立勇, 2009. 作物栽培学 [M]. 北京: 高等教育出版社.

胡立勇, 2009. 油菜优质高效栽培技术 [M]. 武汉: 湖北科学技术出版社.

冀彩萍, 2017. 粮油作物生产技术 [M]. 北京: 中国农业出版社.

姜铭北, 方亲富, 夏苏华, 2012. 油菜秸秆还田技术 [J]. 中国农业信息 (13): 76-77.

姜子英, 2006. 粮食作物栽培 [M]. 北京: 中央广播电视大学出版社.

蒋锦标, 卜庆雁, 2014. 果蔬生产技术 (北方本) [M]. 北京: 中国农业大学出版社.

柯利堂, 2009. 马铃薯的繁种与栽培技术 [M]. 武汉: 湖北科学技术出版社.

雷世俊, 赵兰英, 2014. 葡萄栽培详尽典范读本 [M]. 北京: 中国农业出版社.

李振陆, 2015. 作物栽培 [M]. 3版. 北京: 中国农业出版社.

马淑华, 2016. 浅谈双低杂交油菜栽培技术 [J]. 农业与技术, 36 (4): 92.

苗耀奎, 张二冬, 2011. 现代草莓生产实用技术 [M]. 北京: 中国农业科学技术出版社.

山东省农业科学院, 1986. 中国玉米栽培学 [M]. 上海: 上海科学技术出版社.

石雪晖, 杨国顺, 金燕, 2014. 南方葡萄优质高效栽培新技术集成 [M]. 北京: 中国农业出版社.

孙周平, 2010. 马铃薯高产优质栽培 [M]. 沈阳: 辽宁科学技术出版社.

汤一卒, 2008. 作物栽培学 [M]. 南京: 南京大学出版社.

王江蓉, 2017. 双低油菜免耕直播栽培技术 [J]. 现代农业科技 (7): 40.

王永平, 郭正兵, 2010. 园艺技术专业技能包 [M]. 北京: 中国农业出版社.

杨宝林, 2009. 作物生产技术: 水稻分册 [M]. 北京: 中国农业出版社.

杨宝林, 2009. 作物生产技术: 油菜分册 [M]. 北京: 中国农业出版社.

杨文钰, 屠乃美, 2006. 作物栽培学各论 (南方本) [M]. 北京: 中国农业出版社.

于泽源, 2009. 果树栽培 [M]. 2版. 北京: 高等教育出版社.

翟秋喜, 魏丽红, 2014. 葡萄高效栽培 [M]. 北京: 机械工业出版社.

张学梅, 2015. 大棚马铃薯优质高产栽培技术 [J]. 南方农业, 9 (15): 29-30.

张义勇, 2007. 果树栽培技术 (北方本) [M]. 北京: 北京大学出版社.

张志恒, 2012. 草莓安全生产技术指南 [M]. 北京: 中国农业出版社.

郑丽真, 2009. 油菜测土配方施肥技术 [J]. 农技服务, 26 (7): 34-35.

中国农业科学院油料作物研究所, 1990. 中国油菜栽培学 [M]. 北京: 农业出版社.

周厚成, 2008. 草莓标准化生产技术 [M]. 北京: 金盾出版社.

周晏起，卜庆雁，2012. 草莓优质高效生产技术 [M]. 北京：化学工业出版社.

朱必翔，1993. 杂交油菜栽培技术 [M]. 北京：中国农业科技出版社.

宗静，齐长红，2017. 设施草莓生产技术 [M]. 北京：中国农业出版社.

左热古丽·艾麦提，2017. 大棚马铃薯栽培技术要点 [J]. 乡村科技（3）：57.

图书在版编目（CIP）数据

作物生产技术 / 杨宝林，史培华主编 . —北京：
中国农业出版社，2019.11（2023.6 重印）
高等职业教育农业农村部"十三五"规划教材
ISBN 978-7-109-25680-4

Ⅰ．①作…　Ⅱ．①杨…②史…　Ⅲ．①作物－栽培技
术－高等职业教育－教材　Ⅳ．①S31

中国版本图书馆 CIP 数据核字（2019）第 139023 号

中国农业出版社出版
地址：北京市朝阳区麦子店街 18 号楼
邮编：100125
责任编辑：吴　凯
版式设计：杨　婧　责任校对：巴洪菊
印刷：中农印务有限公司
版次：2019 年 11 月第 1 版
印次：2023 年 6 月北京第 3 次印刷
发行：新华书店北京发行所
开本：787mm×1092mm　1/16
印张：20.5
字数：500 千字
定价：56.00 元